本书为2016年度国家社会科学基金一般项目"维特根斯坦数学哲学研究"（批准号：16BZX072）的最终结项成果

数学、语言与实践

维特根斯坦数学哲学研究

徐 弢 著

Ludwig

Josef

Johann

Wittgenstein

中国社会科学出版社

图书在版编目（CIP）数据

数学、语言与实践：维特根斯坦数学哲学研究 / 徐弢著 . — 北京 : 中国社会科学出版社 , 2024.3
ISBN 978-7-5227-3243-5

Ⅰ.①数… Ⅱ.①徐… Ⅲ.①维特根斯坦（Wittgenstein, Ludwig 1889–1951）– 数学哲学 – 哲学思想 – 研究 Ⅳ.① O1-0

中国国家版本馆 CIP 数据核字（2024）第 051757 号

出 版 人	赵剑英	
责任编辑	郝玉明	
责任校对	谢　静	
责任印制	王　超	

出　　版	中国社会科学出版社	
社　　址	北京鼓楼西大街甲 158 号	
邮　　编	100720	
网　　址	http：//www.csspw.cn	
发 行 部	010 - 84083685	
门 市 部	010 - 84029450	
经　　销	新华书店及其他书店	

印　　刷	北京明恒达印务有限公司	
装　　订	廊坊市广阳区广增装订厂	
版　　次	2024 年 3 月第 1 版	
印　　次	2024 年 3 月第 1 次印刷	

开　　本	710×1000　1/16	
印　　张	31	
字　　数	475 千字	
定　　价	158.00 元	

凡购买中国社会科学出版社图书，如有质量问题请与本社营销中心联系调换
电话：010 - 84083683

谨以此书献给我的家人

本书所引维特根斯坦主要哲学著作
英文或德文缩写表

NB　　Wittgenstein, Ludwig, *Notebooks 1914–1916*, 2nd, edition, ed.G.H. von Wright and G.E.M Anscombe, trans. G.E.M. Anscombe, Oxford：Blackwell, 1979.

TLP　　Wittgenstein, Ludwig, *Tractatus Logico-Philosophicus*, trans. D. F. Pears and B. F. McGuinness, London and New York：Routledge & Kegan Paul, 2002.

AWL　　Wittgenstein, Ludwig, *Wittgenstein's Lectures*, *Cambridge 1932–1935, from the notes of A. Ambrose and M. McDonald*, A. Ambrose ed., Oxford: Blackwell, 1979.

MWL　　Wittgenstein, Ludwig, *Wittgenstein*：*Lectures*, *Cambridge 1930–1933*, *from the Note of G.E.Moore*, D.Stern, B.Rogers, and G. Citron, eds. Cambridge：Cambridge University Press, 2016.

BB　　Wittgenstein, Ludwig, *The Blue and Brown Books* , Oxford: Blackwell, 1958.

LFM　　Wittgenstein, Ludwig, *Wittgenstein's Lectures on the Foundations of Mathematics, Cambridge 1939*, from the notes of R. Bosanquet, N. Malcolm, R. Rhees, and Y. Smythie, Cora Diamond ed., Ithaca：Cornell University Press, 1976.

BT　　Wittgenstein, Ludwig, *The Big Typescript(TS 213)*, German-English Scholars' Edition, ed. and trans. by C. Grant Luckhardt and Maximilian

1

A. E. Aue，Oxford：Basil Blackwell，2005.

PR　　　　Wittgenstein，Ludwig，*Philosophical Remarks*，R.Rhees，ed.，R. Hargreaves and R. White trans.，Oxford: Blackwell，1964.

PG　　　　Wittgenstein，Ludwig，*Philosophical Grammar*，R. Rhees，ed.，A. Kenny，trans.，Oxford：Blackwell，1974.

RFM　　　Wittgenstein，Ludwig，*Remarks on the Foundations of Mathematics*，G. H. von Wright，R. Rhees and G. E. M. Anscombe，eds.，G. E. M. Anscombe，trans.，Oxford: Blackwell，1978.

PI　　　　Wittgenstein，Ludwig，*Philosophical Investigations*，The German Text，trans.G.E.M.Anscombe，P.M.S.Hacker and Joachim Schulte，Revised 4th edition，P.M.S. Hacker and Joachim Schulte，eds.，Oxford: Wiley-Blackwell，2009.

OC　　　　Wittgenstein，Ludwig，*On Certainty*，G.E.M.Anscombe and G.H.von Wright eds.，Denis Paul and G.E.M.Anscombe trans.，Oxford：Blackwell，1969.

CV　　　　Wittgenstein，Ludwig，*Culture and Value*，*A Selection from the Posthumous Remains*，ed.，G.H.von Wright，trans. Peter Winch，Oxford：Blackwell，1998.

WVC　　　Wittgenstein，Ludwig，*Wittgenstein and Vienna Circle*，*conversations recorded by Friedrich Waismann*，Brian McGuinness ed.，trans. Joachim Schulte and Brian McGuinness，Oxford：Basil Blackwell，1979.

Z　　　　Wittgenstein，Ludwig，*Zettel*，Oxford: Basil Blackwell，1967.

LPA　　　Wittgenstein，Ludwig，*Logisch-philosophische Abhandlung*，Werkausgabe Band 1，Frankfurt am Main：Suhrkamp Verlag，1984.

PB　　　　Wittgenstein，Ludwig，*Philosophische Bemerkungen*，Werkausgabe Band 2，Frankfurt am Main：Suhrkamp Verlag，1984.

WWK　　　Wittgenstein，Ludwig，*Ludwig Wittgenstein und der Wiener Kreis,Gespräche, aufgezeichnet von Friedrich Waismann*，Werkausgabe Band 3，Frankfurt am Main：Suhrkamp Verlag，1984.

PGW　　　Wittgenstein, Ludwig, *Philosophische Grammatik*, Werkausgabe Band 4, Frankfurt am Main: Suhrkamp Verlag, 1984.

BGM　　　Wittgenstein, Ludwig, *Bemerkungen Über die Grundlagen der Mathematik*, Werkausgabe Band 6, Frankfurt am Main: Suhrkamp Verlag, 1984.

VB　　　Wittgenstein, Ludwig, *Vermischte Bemerkungen*, Werkausgabe Band 8, Frankfurt am Main: Suhrkamp Verlag, 1984.

在任何一个宗教派别中，都没有像数学中那样多的由于误用隐喻的表达式而犯下罪恶。

——［英］路德维希·维特根斯坦:《杂评 /VB》

目　　录

引言　语言批判视角下的维特根斯坦数学哲学 ················· 1

  第一节　研究维特根斯坦数学哲学的重要理论意义　··········· 1

  第二节　维特根斯坦数学哲学长期遭受误解的原因分析 ········· 5

  第三节　维特根斯坦数学哲学的理论背景 ··············· 14

  第四节　维特根斯坦数学哲学的研究策略与问题意识 ·········· 31

  第五节　本书的研究策略与框架安排 ················ 35

第一章　维特根斯坦对数学柏拉图主义的批判与超越 ··········· 40

  第一节　数学柏拉图主义的主要论题 ················ 40

  第二节　数学柏拉图主义的内在困境分析 ··············· 50

  第三节　维特根斯坦对数学柏拉图主义的批判与超越 ········· 54

第二章　维特根斯坦论数学命题 ················· 71

  第一节　维特根斯坦论数学命题与逻辑命题之间的关系 ·········· 71

  第二节　维特根斯坦论数学命题与经验命题的关系 ··········· 87

第三章　从数的定义到数词语法说明 ··············· 103

  第一节　弗雷格与罗素关于基数定义的一般形式 ··········· 104

  第二节　前期维特根斯坦论数的定义与数的一般形式 ·········· 110

  第三节　数的定义的内在困难分析 ················ 123

  第四节　数字数词的语法研究：数字数词的意义在于使用 ······ 139

第四章　维特根斯坦论数学语法 ·················· 153

　　第一节　作为句法的几何学 ················· 153

　　第二节　作为句法的算术 ··················· 158

　　第三节　数学语法规则与游戏规则 ··········· 163

　　第四节　数学语法就是计算 ················· 173

第五章　维特根斯坦论数学无限 ·················· 186

　　第一节　无限问题在西方历史上的由来 ······· 186

　　第二节　对集合论实无限观的批判：

　　　　　　无限只是可能性，不是现实性 ······· 197

　　第三节　无限可能是法则性质，而不是延展性质 ······· 210

　　第四节　无限性是时间和空间的内在性质 ······· 224

第六章　维特根斯坦论数学矛盾 ·················· 232

　　第一节　罗素悖论的两种表述：谓述式表述和类的表述 ······· 235

　　第二节　弗雷格对罗素悖论的回应及困难 ······· 238

　　第三节　罗素对悖论的解决：简单类型论和分支类型论 ······· 243

　　第四节　维特根斯坦对罗素悖论的消解 ······· 247

　　第五节　维特根斯坦对希尔伯特一致性证明思想的批判 ······· 255

　　第六节　维特根斯坦澄清数学矛盾中的概念混淆 ······· 267

第七章　维特根斯坦论数学证明 ·················· 283

　　第一节　数学证明的规范性作用与确定数学命题的意义 ······· 284

　　第二节　数学证明必须是综观的 ············· 294

　　第三节　数学证明与数学命题的必然性 ······· 305

　　第四节　数学证明与数学命题的创造性 ······· 313

第八章　维特根斯坦论数学基础 ·················· 326

　　第一节　从奠基到澄清：对"数学基础"概念的哲学分析 ······· 328

　　第二节　对逻辑主义数学基础观的批判 ······· 334

　　第三节　对直觉主义数学基础观的批判 ················· 357

　　第四节　对形式主义数学基础观的批判 ················· 365

第九章　维特根斯坦论数学实践 ························ 377

　　第一节　数学实践与生活形式 ····················· 377

　　第二节　数学实践与数学规范性 ····················· 383

　　第三节　数学实践与数学确定性 ····················· 389

　　第四节　数学实践与遵守规则悖论的解决 ·············· 396

第十章　维特根斯坦对哥德尔不完全性定理的评论 ········ 423

　　第一节　哥德尔不完全性定理标准解读及其引起的哲学问题 ··· 425

　　第二节　学界对维特根斯坦对哥德尔定理评论的评论 ·········· 430

　　第三节　维特根斯坦对"P是真的但不可证"的批判分析 ········ 438

　　第四节　维特根斯坦对哥德尔定理的哲学意义的澄清 ·········· 449

结　束　语 ································· 452

参考文献 ································· 456

后　　记 ································· 477

引言　语言批判视角下的维特根斯坦数学哲学

第一节　研究维特根斯坦数学哲学的重要理论意义

路德维希·维特根斯坦（Ludwig Wittgenstein，1889—1951）是20世纪西方最有影响力的哲学家。维特根斯坦在20世纪西方哲学界的影响力有事实为证。1999年，美国《时代》周刊评选出20世纪一百位各行各业的最有影响力人物，哲学界唯一入选的哲学家就是维特根斯坦，其中物理学家是阿尔伯特·爱因斯坦（Albert Einstein，1879—1955），逻辑学家是库尔特·哥德尔（Kurt Gödel，1906—1978）以及计算机之父阿兰·图灵（Alan Turing，1912—1954）。维特根斯坦在语言哲学、逻辑哲学、心理学哲学、数学哲学等诸领域均作出重要贡献。维特根斯坦的哲学思想不仅直接促进了分析哲学中的逻辑经验主义和日常语言分析学派的兴起和发展，同时也是当代哲学家不断进行哲学创作的思想源泉。

维特根斯坦的哲学思想不仅限于哲学圈内，而且对于文艺评论、美学、教育、建筑、艺术、宗教神学等领域都产生了广泛而持久的影响，甚至其影响波及欧洲大陆哲学。有学者指出："虽然欧洲大陆哲学家当前的思想传统，与英语国家的分析传统迥异，但是，他们同样关注维特根斯坦的著作。"[①] 虽然维特根斯坦一生中只出版过一本哲学著作——《逻辑哲学论》，其绝大部分哲学著作是在他去世后，由其学生兼遗稿执行人安斯康姆

---

① A.C.Grayling, *Wittgenstein:A very Short Introduction*, Oxford：Oxford University Press，1988，Ⅲ.

（G.E.M. Anscombe）、里斯（R.Rhees）以及冯·赖特（G.H.von Wright）整理编辑出版的遗著（*Nachlass*）[①]，但是，维特根斯坦的几乎每部著作都在哲学史上引起了广泛的关注，其后期最著名的《哲学研究》更是成为一代代哲学人研习的经典，人们不断解读和研究它，使之成为哲学人思想灵感的重要源泉。

与维特根斯坦的语言哲学、心理学哲学以及逻辑哲学等广为人知而形成鲜明对比的是，维特根斯坦的数学哲学的默默无闻、不为大众所知，如果要说有些影响，也主要局限在小范围的学术圈内。而实际上，这却是对维特根斯坦本人最大的不公，因为维特根斯坦对数学哲学的思考占到他整个哲学思考的相当大的比重。维特根斯坦早年之所以问学于罗素门下，就是因为想解决数学基础领域中的罗素悖论问题，直至到他晚年的1944年[②]，维特根斯坦对数学哲学的思考就一直没有中断过。可以说，数学哲学研究一直处于他哲学思考的中心地位。1944年春夏月，剑桥哲学家约翰·威斯盾（John Wisdom）为维特根斯坦写了一篇简短的传记，打算将其收入一本人物传记辞典之中。出版前，威斯盾将那份简短传记寄给维特根斯坦过目，维特根斯坦只作了一处修改，他在那段话后面加上一句："维特根斯坦的主要贡献在于数学哲学。"[③]这是晚年维特根斯坦对自己一生哲学思考的总结。这一总结是非常准确的。其实，无论是早期的《逻辑哲学论》，还是中期的《维特根斯坦与维也纳小组》《哲学评论》《哲学语法》《大打字稿（TS213）》，它们中都包含了大量关于逻辑、数学基础的讨论，更不用说后期的《关于数学基础的演讲，剑桥1939年》《关于数学基础的评论》这样专门讨论数学哲学的著作，甚至连《哲学研究》也花费不少篇幅探讨数学哲学问题。

既然，数学哲学思考占据维特根斯坦的整个哲学生涯的分量这么重，

[①] Ludwig Wittgenstein, *Wittgenstein's Nachlass*, *The Bergen Electonic Edition*, Edited by The Wittgenstein Archives at the University of Bergen, Oxford: Oxford University Press, 2000.

[②] 从1944年之后到1949年，维特根斯坦主要关注的是心理学哲学，从1949年到其1951年去世之前他主要关注的是知识的确定性问题。

[③] Ray Monk, *Ludwig Wittgenstein: The Duty of Genius*, New York: Macmillan, 1991, p.470. 中译本参见［英］瑞·蒙克《维特根斯坦传：天才之为责任》，王宇光译，浙江大学出版社2011年版，第470页。

那么，研究维特根斯坦的数学哲学思想，对于我们全面准确地把握维特根斯坦前后期的哲学思想，具有至关重要的意义。如果我们对维特根斯坦的数学哲学思想没有深入的分析与系统的研究，那么，说我们已经理解了维特根斯坦哲学思想就是相当浅薄的。在笔者看来，研究维特根斯坦的数学哲学具有非常重要的理论意义和价值，这主要体现在以下几个方面。

第一，研究维特根斯坦的数学哲学有助于我们全面而系统地把握维特根斯坦数学哲学思想中的合理内核，正确地认识到维特根斯坦数学哲学中包含的深刻的哲学洞见，全面澄清维特根斯坦的数学哲学由于种种原因长期以来遭受的不公正的误解[①]，恢复维特根斯坦数学哲学应有的评价，为维特根斯坦数学哲学起到迟来的辩护与正名作用。具体来说，研究维特根斯坦的数学哲学，不但可以帮助我们准确地理解数学为什么具有必然性、规范性与确定性，同时又具有创造性这些问题，正确地把握数学命题与逻辑命题、经验命题之间的错综复杂的关系，还可以帮助我们理解数学中的无限问题、无矛盾证明问题以及数学证明和数学猜想的性质及作用，阐明遵守规则以及数学这门学科对于我们人类生活实践的重要作用。研究维特根斯坦的数学哲学，对于我们重新从哲学角度理解数学实践本身，认识数学与人类生活形式之间的关系都具有非常重要的意义。

第二，如果说数学哲学是维特根斯坦整个哲学拼图的重要构成部分之一，对于维特根斯坦哲学整体图景的构成，起到了举足轻重的作用，而维特根斯坦的哲学又以难懂而出名，那么，研究维特根斯坦的数学哲学，就可以极大地帮助我们把握和理解维特根斯坦的哲学思想发展的总体脉络。特别是在弄清维特根斯坦的数学哲学与他的语言哲学、心理学哲学之间的关系之后，我们就可以准确地理解维特根斯坦数学哲学对于他的哲学思想发展的重要作用，准确地把握维特根斯坦所提出的极具原创性的哲学观念，比如后期维特根斯坦所强调的"哲学治疗"的哲学观，又比如通过研究维特根斯坦的数学哲学中的语法规则问题，可以帮助我们更好地理解他的后期的《哲学研究》中提出的遵守规则悖论问题，再比如弄清楚维特根

---

① 本引言下面一小节会专门谈到维特根斯坦数学哲学遭受的误解以及不公正的待遇，并尝试分析其原因。

斯坦所谓的"数学证明必须是综观的"这一断言之后，可以帮助我们正确地理解维特根斯坦后期强调的哲学"综观"方法对于正确把握语法和概念分析的重要意义，等等。

第三，研究维特根斯坦的数学哲学可以有效地推进我们对于数学哲学本身的理解。维特根斯坦的数学哲学与其他的数学哲学流派很不相同，他对数学的哲学理解独树一帜。维特根斯坦对数学基础的很多看法，既可以被看成与其他的数学基础流派相互争论的结果，同时，也更体现了他自己深刻的哲学洞见和思想特色，可以为我们思考当代数学哲学争论的问题提供有益的借鉴作用。维特根斯坦数学哲学的论战性非常强，他几乎对当时所有的数学哲学流派的观点（比如柏拉图主义、逻辑主义、直觉主义、形式主义、经验主义等）都发表了不同的批判性的看法，例如，他对西方传统数学哲学，特别是数学柏拉图主义，展开了激烈的批判，清醒地看到了数学柏拉图主义的内在困难。维特根斯坦的批判观点之新颖，思想之深刻，令人回味悠长。正如弗洛伊德（Juliet Floyd）所指出的那样："因而，对我而言，维特根斯坦的关于数学的讨论，集中地体现了他的哲学中最有价值的部分，这使他应被理解为一名以极其新颖的方式与西方自柏拉图延续至图灵传统的核心主题相抗争的哲学家。"[1]弗洛伊德这句评价是十分中肯的。维特根斯坦批判数学柏拉图主义的范围上至古希腊的伟大哲学家柏拉图，下至现代计算机理论的创始人阿兰·图灵，因为在数学哲学方面，图灵也没有逃离这一强大的柏拉图主义传统的引力的影响。[2]

维特根斯坦对数学柏拉图主义的批判和超越，对于我们重新思考数学柏拉图主义的得失，具有重要的启发意义。维特根斯坦对于数学柏拉图主义的批判，只是他对当时极具影响力的数学哲学流派之一的批判，除此之外，他还批判地考察了其他的流派。由于维特根斯坦的数学哲学思想深深地介入了数学哲学内不同流派思想争论的核心，因而，研究维特根斯坦数学哲学，对于我们当前重新思考数学基础问题具有重要意义。例如，目前

---

[1] Julie Floyd, "Wittgenstein, Mathematics and Philosophy", in Alice Crary and Rupert Read, eds., *The New Wittgenstein*, London: Routledge, 2000, p.232.

[2] 在本书的第一章，笔者会专门详细地讨论数学柏拉图主义的内在困境以及维特根斯坦对数学柏拉图主义的批判和超越。

国外有学者用维特根斯坦的哲学思想框架，重构了当代数学基础研究中的集合论研究[①]，因而，研究维特根斯坦的数学哲学对于我们积极参与当代数学哲学争论都具有非常重要的意义。

第二节　维特根斯坦数学哲学长期遭受误解的原因分析

　　维特根斯坦的数学哲学自诞生以来就遭受了不公正的待遇。比如，自1956年维特根斯坦后期重要数学哲学著作《关于数学基础的评论》出版后就遭受了严重的否定评价，安德森（A.R.Anderson）就曾这样评论道："他［维特根斯坦］的应用于数学基础问题的方法，是否能为他作为哲学家的名声，做出实质性地贡献，这是非常可疑的。……很难回避这一结论，维特根斯坦并没有清楚地理解，人们在数学基础中所关注的问题。"[②] 虽然，克雷塞尔（G.Kreisel）早年曾跟随维特根斯坦在剑桥学习过，但是，他的评价也是相当负面的，他写道："对我来说，它（指维特根斯坦的《关于数学基础的评论》）似乎令人吃惊地是一位拥有杰出心智人物的不重要的产物……维特根斯坦关于数理逻辑的观点并不值得关注，因为，他对此知之甚少，其所知范围仅限于弗雷格—罗素一类货色。"[③] 很明显，克雷塞尔的这种评价有失公允，不过，克雷塞尔在其晚年未出版的信中，明确地承认了他早年对维特根斯坦的攻击是不公正的。克雷塞尔后悔地写道："在某种

---

① 根据国际知名哲学网站 Daily Nous 在 2018 年 12 月 17 日的一份新闻报道，挪威研究委员会（Research Council of Norway）授予挪威卑尔根大学（University of Bergen）哲学教授索林·班古（Sorin Bangu）与凯文·卡希尔（Kevin Cahill）1000 万克朗（约合 116 万美元）研究经费，以支持他们为期四年的研究项目，题目为"带有人类面孔的数学：在一种自然化的维特根斯坦式框架下的集合论"（Mathematics with a Human Face: Set Theory within a Naturalized Wittgensteinean Framework）。这就说明，目前国外学界开始逐渐认识到，维特根斯坦哲学思想对于数学基础研究的重要性。关于该项目的详细报道，请参见 https://dailynous. com/2018/12/17/ 1-16-million- awarded-study-wittgensteinian-approach-math/。

② Alan Ross Anderson，"Mathematics and the 'language-game'"，*Review of Metaphysics*，Vol.Ⅱ，1957-58，pp.446-558.

③ George Kreisel，"Wittgenstein's Remarks on the Foundations of Mathematics"，*The British Journal for the Philosophy of Science*，Vol.9, No. 34, 1958, pp.135-158.

意义上，我被认为在一篇我所写的关于维特根斯坦 20 世纪 50 年代的《关于数学基础的评论》的评论中开了玩笑……我已经犯了错误，这个错误直到 20 年后我才意识到。"①

另外，维特根斯坦的数学哲学著作中关于哥德尔不完全性定理的评论，在相当多的职业数学家和逻辑学家眼中，甚至成了"声名狼藉的"（notorious）的代名词。比如哥德尔本人就曾经严厉地批评维特根斯坦这些评论，他写道："5.5.4 维特根斯坦疯了吗？他是认真的吗？他有意做出一些荒唐之极的陈述。他关于所有基数的集合所说的东西，完全是幼稚的看法。"②1972 年 4 月 20 日，哥德尔回复了门格尔（Karl Menger）1 月份的信，就维特根斯坦关于自己著名的不完全性定理所作的一些讨论发表了评论：

> 5.5.5b 从你所引的段落［RFM（指《关于数学基础的评论》）：117—123，385—389］中，的确可以清楚地看出，维特根斯坦并不理解它（或者假装不理解它）。他把它解释为一种逻辑悖论，而事实上恰恰相反，它是数学的一个绝无争议的部分（有穷数论或组合数学）之中的一个数学定理。顺带说一下，你引的那整段话，在我看来全是废话。比如这个说法："数学家对于矛盾的迷信的恐惧。"③

凡此类似负面的评价还有很多，不一一列举。维特根斯坦的数学哲学自诞生之日起，就遭受了巨大的误解和非议，这其中的历史原因的确令人深思，亦相当复杂，在此，笔者只想分析指出其中值得关注的几点。

第一，维特根斯坦自己写作的原因。我们都知道，维特根斯坦并不是按照我们现代标准的论著格式进行哲学写作的，他的写作风格非常独特。早期维特根斯坦在《逻辑哲学论》中，就是用一种类似格言式或警句式的

---

① Arthur Gibson and Niamh o'Mahony ed., *Ludwig Wittgenstein: Dictating Philosophy, To Francis Skinner—The Wittgenstein-Skinner Manuscripts*, Springer, 2020, pp.406-408.

② ［美］王浩：《逻辑之旅：从哥德尔到哲学》，邢滔滔、郝兆宽、汪蔚译，浙江大学出版社 2009 年版，第 227 页。

③ ［美］王浩：《逻辑之旅：从哥德尔到哲学》，邢滔滔、郝兆宽、汪蔚译，浙江大学出版社 2009 年版，第 227—228 页。

方式进行写作的[①]，这些格言式写作高度凝练，论证过程非常紧凑，有时压缩得比较厉害，让人一时难以把握他的思想要领；中期维特根斯坦则试图增加了不少论证过程，但是，由于中期是维特根斯坦思想快速发展的时期，往往很多新的观点提出来之后，随即加以修正，让人不知所措。当年的维也纳小组主要成员魏斯曼（Friedrich Waismann，1896—1959）就曾经抱怨过自己和维特根斯坦的合作比较吃力，因为他们当时曾经计划合作写一本书，但是，由于维特根斯坦的想法变化快得魏斯曼跟不上节奏，最终导致该计划流产。[②]魏斯曼曾经写信给石里克（Moritz Schlick，1882—1936）抱怨道："［维特根斯坦］拥有一种不可思议的天赋，总能以新眼光看待每一件事物，但是，我认为很明显与他合作是多么困难，因为他总能追随当下的灵感，而摧毁掉他刚刚计划好的东西。"（WVC p.26）后期维特根斯坦则由于采取对话式写作风格，写作中出现了很多反对者的声音，如果不仔细地研究文本，很难真正把握维特根斯坦想表达什么。所以，维特根斯坦的数学哲学的著作，总体上也体现了以上几种风格的混杂，这在客观上增加了我们正确理解和把握其思想的难度。

第二，几位维特根斯坦遗稿编辑者和整理者的主观选择的原因。维特根斯坦是一位对自己要求近乎完美与苛刻的哲学家，如果他认为自己作品没有修改到令他满意的程度，他是不会轻易出版自己的著作的。可以说，维特根斯坦是精益求精的典范。但是，这也在很大程度上造成了

[①] 维特根斯坦后来在《哲学研究》中承认自己早期《逻辑哲学论》的写作风格比较独断，并对之进行批判，同时也对独断论（Dagmatismus）展开了批评。"为了使我们的主张不至于陷入不正当或空洞，我们就得把范本作为如其所是的东西，作为参照物——就像作为一把尺子——摆在那里，只有这样，而不是把范本作为现实必须与之相应的先入之见（这是我们在从事哲学时很容易陷入的独断主义）。"（PI §131）有学者分析指出："独断主义和意识形态（Ideologie）具有共同的地方，即它们都被打上了这些要求的烙印：即纯粹断言的空洞性和不正当性；与实在相对应的先入之见；以及不重要的抽象系统，而这些抽象的系统与生活世界、日常的以及人类的实践的需求正好相反。"参见 Peter Keicher, "Heidegger und Wittgenstein zur Ontologie und Praxis der Technik", in Alois Pichler &Herbert Hrachovec eds., *Wittgenstein and the Philosophy of Information*, Vol.6, Heusenstamm: Onto Verlag, 2008, pp.181-193。

[②] 关于魏斯曼和维特根斯坦之间合作计划流产以及相互的恩怨，参见 Gordon Baker ed., *The Voices of Wittgenstein The Vienna Circle:Ludwig Wittgenstein and Friedrich Waismann*, London and New Work: Routledge, 2003, preface, XIX,XX。

他在世时没有留下更多更完整的著作，而只留下了大量的未完成的遗稿（*Nachlass*）。据说，维特根斯坦去世时留下了两万多页的不同手稿和打字稿，在临死前留下的遗嘱就是让他的几个学生兼遗稿执行人安斯康姆、里斯以及冯·赖特根据自己的喜好，从遗稿中择优选取而出版。比如，后期维特根斯坦的最重要的数学哲学著作《关于数学基础的评论》，就是由他的三位学生共同编辑出版的，而这三位学生在选择老师留下的遗稿时，难免会受到各自主观好恶和判断的影响，所以，这就导致他们在编辑相关内容时，选取的主题和风格难以保持高度统一和连贯。

另外，维特根斯坦的手稿太多，亦修改得比较厉害，所有这些因素加在一起共同造成了人们在阅读和理解其相关文本时经常感到不连贯和不系统，甚至断裂。[1] 对此，穆霍泽（Felix Mühlhölzer）曾这样评论指出：

> 此外，《关于数学基础的评论》是编者们从笔记中编辑选择的结果，它不仅充满裂隙与经常是任意的，而且有时甚至改动了维特根斯坦登记条目的顺序。因而，我们所见到的《关于数学基础的评论》，对于编者而言，不是微不足道的产物，但这不是维特根斯坦的作品了。[2]

这种评价虽有夸大之嫌，但是，这种没有完成的遗稿以及人为编辑的因素，的确要为我们阅读和理解维特根斯坦文本时出现的困难负很大一部分的责任，客观上妨碍了文本的可读性与可理解性，增加了理解的难度。[3]

第三，相当多的持否定意见的评论者出于职业化的偏见，轻视甚至误

---

[1] 达米特曾指责维特根斯坦的《关于数学基础的评论》中表达的思想不准确、晦涩，有些段落相互矛盾，有些段落是没有结论的，达米特虽给出了一些批评意见，但是没有正确地看到编辑者们更应该为这些问题负责。参见 Michael Dummett, "Wittgenstein's Philosophy of Mathematics", *The Philosophical Review*, Vol.68, No.3, 1959, p.324。

[2] Felix Mühlhölzer, *Braucht die Mathematik eine Grundlegung? Ein Kommentar des Teils III von Wittgensteins Bemerkungen über die Grundlagen der Mathematik*, Frankfurt am Main: Vittorio Klostermann, 2010, S.11.

[3] 这里需要强调的是，编辑们的工作只是造成了理解这些文本的难度，而并不是说这些文本完全不可理解。更准确地说，维特根斯坦的《关于数学基础的评论》中的文本需要放在他整个的哲学视野下才能得到准确理解。

解了维特根斯坦的数学哲学。这些否定的评论者大都恰恰是维特根斯坦所批判过的那些接受传统教育和训练的学者，他们难以超越既定的思维模式，正确地理解维特根斯坦这种另类的数学哲学。我们前面提到的安德森、克雷塞尔等作为职业的数学家和逻辑学家，他们大多是坚定的逻辑技术主义者，而后期维特根斯坦在《关于数学基础的评论》中曾多次批判过数理逻辑对于数学的侵害。维特根斯坦写到"逻辑对数学的'灾难性入侵'"和"'数理逻辑'使数学家和哲学家的思考完全盲目"。（RFM Ⅴ §24 §48）由此可见，面对后期维特根斯坦的这种反对逻辑技术主义的观点，这些逻辑主义技术支持者持否定的评价意见，也就不难理解了。在这里需要指出的是，在数学哲学问题上，维特根斯坦更应该是哲学家，而不是职业的数学家或逻辑学家，因为他总是用哲学的眼光来分析数学基础领域出现的问题，澄清争论中的模糊之处。

　　另外，反对者认为，维特根斯坦的数学哲学著作质量不高的重要原因就在于，维特根斯坦没有能力处理数学基础领域中，特别是高等数学中的诸多问题，维特根斯坦逻辑和技术能力的欠缺，导致了他的数学哲学中讨论问题不可靠。此处需要指出的是，这种反对意见充满了狭隘的偏见和误解。维特根斯坦在其数学哲学著作中的讨论，大多以初等数学中的问题作为切入口，但这一事实并不意谓着维特根斯坦本人没有能力处理高等数学问题，只不过他认为没有必要而已。因为在维特根斯坦看来，数学基础领域中产生的很多混淆，需要从初等数学入手才能看得更加清晰，因为高等数学领域中哲学误解的根源就在于初等数学领域中的概念混淆，虽然初等数学领域中的概念使用相对于高等数学来说显得比较原始，但正是这些初等数学中原始的数学概念和语言的使用，对于我们准确理解与澄清高等数学中的哲学问题具有非常重要的意义。维特根斯坦一贯地强调："在某些运用语言的原始方式那里，我们可以清楚地综观语词的目的以及语词是如何起作用的；因而，从这些原始方式来研究语言现象有助于驱散迷雾。"（PI §5）不仅如此，维特根斯坦在中后期代表作《哲学评论》与《哲学语法》中，多处讨论过高等数学与技术化的问题，这表明维特根斯坦完全有能力处理高等数学主题。对此，杉克尔（Stuart Shanker）也曾指出："《哲学评论》与《哲学语法》对于我们理解后期维特根斯坦数学哲学研究极其重要，原因在于维特根斯坦在这两本著作中极其详细地讨论了一般地只属于《数学基础的评论》中高等数学的诸多技术性主题。"[1]

维特根斯坦在《关于数学基础的演讲，剑桥 1939 年》开始部分曾经解释他可以进行数学基础研究的根据时说：

> 作为一名哲学家我可以谈论数学，是因为我只处理那些从我们的日常语言，比如"证明""数""列""序"等产生的困惑。通晓我们的日常语言，这就是我可以谈论它们的原因，另外一个原因是，我将要谈论的所有这些困惑，都可以通过最基本的数学——我们从 6 到 15 岁所学的计算中，或者我们应该很容易就学过的，比如，康托尔的证明中例示出来。（LFM Lecture I p.14）

维特根斯坦提到了两点理由：其一，他通晓日常语言，即知晓很多数学语言在日常语言中的用法；其二，他非常熟悉初等数学领域中的知识。这也就是说，在维特根斯坦看来，数学基础领域所产生的混淆并不需要使用高等数学的知识和技术，而只需在最基本的数学领域中，比如通过初等算术就可以例示出来。这种方法其实就是回忆的方法，回忆我们以前学习过的初等数学的基本知识以及相应的事实，就能够澄清很多概念方面的困惑或混淆。所以，维特根斯坦主张研究数学基础领域的问题需要从初等数学研究反思入手。另外，针对《关于数学基础的评论》这本书，赖特（Crispin Wright）曾经指出：

> 很明显，维特根斯坦对数学基础问题的处理回避了专业术语，那些抱有应像数学一样处理数学哲学理智旨趣的人们肯定不会很喜欢这本书。这一哲学领域的很多问题需要形式化的研究和阐明，但是，维特根斯坦最关心的那些问题只有经过艰苦的思考才能解决，同时可以

---

[1] Stuart Shanker, *Wittgenstein and the Turning-Point in the Philosophy of Mathematics*, New York: State University of New York Press, 1987, Preface, ix.

用自然语言来表达出来。①

第四，维特根斯坦哲学观的彻底性和难以理解性。维特根斯坦哲学以难以理解而著称，这些难以被理解和认同的哲学观导致了人们对其数学哲学思想理解和认同度较低，因为维特根斯坦的哲学观和他的数学哲学观是内在地联系在一起的。如果不能准确地把握和理解维特根斯坦前后期的哲学观，那么，我们对于其数学哲学就不能有一个清晰的理解框架和前提。维特根斯坦对西方传统哲学批判得非常激烈和彻底，他认为西方传统哲学问题或命题，都是无意义地误用语言逻辑或语法的结果，这些问题或命题之所以被提出来，原因就在于这些哲学家们没有真正地理解我们语言的内在逻辑或语法。维特根斯坦在《逻辑哲学论》中强调逻辑和语言分析方法，主张"一切哲学都是'语言批判'"（TLP 4.0031）。维特根斯坦认为绝大多数的哲学命题或问题不是错误的，而是无意义的，哲学问题的产生是由于哲学家们不理解语言的内在逻辑（TLP 4.003）。前期维特根斯坦不主张在哲学中提出具体的理论，而认为哲学本质上是由命题分析的阐明而构成的活动。

在后期维特根斯坦看来，哲学问题的表达往往充满了概念上的混淆，对于这些由于误解而产生的无意义的哲学问题，我们不是去回答它们，而是指出这些哲学问题所提问的方式本身表明存在着概念的混乱和思想的混淆，我们需要阐明这些概念没有通过正常的使用而获得明确的意义，通过概念的澄清，消解原来的哲学问题。正如有学者评论指出：

> 维特根斯坦在 1930 年以后的哲学中，发展出一种新的同时也是灵活精确的方法，即从哲学角度追问语言的使用。这一哲学追问任务的核心就在于：考察我们语言实际所应用的形式，首先考查其确切的意义。如同苏格拉底曾经不断地诘问雅典人声称的知识那样，维特根斯坦考查那些人声称的可表达哲学问题的语言语句。由此，维特根斯

---

① Crispin Wright, *Wittgenstein on the Foundations of Mathematics*, Cambridge, Mass.: Harvard University Press, 1980, Ⅷ.

坦强调指出，经过这种考查，许多哲学的表达和专业术语实际上并不能成立，因为它们并不获得明确清晰的意义。①

因此，维特根斯坦强调说："哲学是一场针对由于我们的语言方式迷惑我们的理智而做的斗争"（PI §109）。后期维特根斯坦还提出了一个极具创新色彩的概念——"哲学治疗"。维特根斯坦认为真正的哲学研究类似一种治疗方法。他认为我们并不是要把我们的语言规则系统按照逻辑或数学的方式打造得更加完善和纯粹，而这只是一种幻觉而已，人们应该追求通过语言的分析澄清对概念的误解，以此获得完全的清晰。他说：

> 我们所追求的清晰当然是一种完全的清晰，而这只是说：哲学问题应当完全消失。真正的发现是这一发现——它使我做到只要我愿意就可以打断哲学研究——这种发现给哲学以安宁，从而它不再为那些使哲学自身成为存在，成为疑问的那些问题所折磨。……并没有一种单独一种哲学方法，但确有哲学方法，就像有各式各样的治疗法。（PI §133）

维特根斯坦认为，那种过分理想化地追求语言逻辑本质和秩序的执念，其实类似于一种病态的行为，需要积极地从理智方面进行治疗，将人们从语言的幻相和迷惑中解放出来，实现哲学问题的彻底解决，让他们恢复理智的清醒状态。

由是观之，维特根斯坦无论是前期还是后期，其哲学观点都是非常彻底和反对西方传统的，所以，这就造成了人们难以接受和认同他的这种彻底的哲学观。如果人们不能理解这种哲学观，那么，维特根斯坦的数学基础研究方面的著作就似乎更加难以理解，因为在某种意义上，他的数学哲学著作是他的哲学观的具体体现和应用。再加上，维特根斯坦本人的数学

---

① Wolfgang Kienzler, "Was ist Philosophie? ", in Thomas Rentsch(Hrsg.), *Einheit der Vernunft? Normativität zwischen Theorie und Praxis*, Paderborn: mentis Verlag, 2005, SS.13-24. 中译文参见［德］沃夫冈·肯策勒《什么是哲学?》，徐弢译，贺腾校，载《德国哲学》2021年卷第40期，社科文献出版社2022年版，第203页。

哲学观点的激进性和批判性，也客观上增加了人们误解其思想的可能性，因为维特根斯坦数学哲学观点之激进，批判范围之广，在其同时代人中无出其右。所有这些也就导致维特根斯坦的数学哲学长期以来不被人理解和重视。

第五，还有一个重要的历史原因就是 1931 年在哥尼斯堡（Königsberg）召开的精确科学的认识论第二次会议。由于历史的机缘的错失，导致维特根斯坦的数学哲学思想失去了及时面向公众的机会。根据维也纳小组重要成员魏斯曼的回忆和记录，魏斯曼曾准备在 1931 年 9 月在哥尼斯堡举行的第二次关于精确科学中的知识论会议上做一次学术报告，具体阐述维特根斯坦在数学基础问题上的新的看法。维特根斯坦一开始就比较赞成这个计划，后来两人商定由魏斯曼代表维特根斯坦参加那次会议，魏斯曼也确实参加了那次会议。

魏斯曼提交的会议论文的题目是《数学的本质：维特根斯坦的立场》（*The Nature of Mathematics:Wittgenstein's Standpoint*）。虽然魏斯曼的报告是与卡尔纳普的关于数学基础的逻辑主义观点的报告、海丁（A.Heyting）关于直觉主义的观点的报告，以及冯·诺依曼的关于形式主义的报告作为重点并列的第四组报告，但是却没有提前在会议议程中预告。后来，上面提到的三个报告都发表在《认识》（*Erkenntnis*）杂志的第二卷上（1931 年第 91 页以下）[1]，唯独魏斯曼的报告稿没有送到编辑手中。

无独有偶，也恰恰是在那次会议上，数理逻辑学界的闪耀新星哥德尔公布了他的新发现——不完全性定理（Gödelian incompleteness theorems）[2]，这立刻震惊了数学和逻辑学界。由此，我们可以想象，人们关注的焦点一下就转移到了哥德尔的新发现上去了。所以，有评论者认为

---

[1] 这三篇论文重印于 Paul Benacerraf and Hilary Putnam ed., *Philosophy of Mathematics:Selected Readings*, Second Edition, Cambridge：Cambridge University Press，1983，pp.41-65。中译本参见［美］保罗·贝纳塞拉夫、希拉里·普特南编《数学哲学》，朱水林、应制夷等译，商务印书馆 2010 年版，第 47—76 页。

[2] 哥德尔的不完全性定理主要是两组关于数理逻辑的定理，即第一不完全性定理和第二不完全性定理。第一不完全性定理（first incompleteness theorem）是说：在任何一致的形式化的系统 F 中，对这样的系统中可以给出关于算术的说明，存在关于这个形式系统 F 的语言陈述，它既不可证，也不能被否证。根据第二不完全性定理，这样的形式系统不能证明这个系统自身是一致性的（假定它确实是一致的）。参见斯坦福哲学百科词条中对"哥德尔不完全性定理"的介绍：https://plato.stanford.edu/entries/ goedel- incompleteness/。

"魏斯曼对它（指魏斯曼阐述维特根斯坦数学哲学观点的那篇论文）出版的耽搁，以及哥德尔在哥尼斯堡的发现给人们以深刻印象，从而大大削弱了维特根斯坦思想的影响"（WVC，p.21）。对于这种阴差阳错，我们只能说，历史对维特根斯坦的数学哲学开了一个玩笑，如果我们再联系维特根斯坦数学哲学后来的遭遇，就会感慨维特根斯坦的数学哲学思想真是命运多舛，生不逢时。

第三节　维特根斯坦数学哲学的理论背景

要想准确地把握和理解维特根斯坦的数学哲学思想，我们首先需要了解维特根斯坦数学哲学提出的理论背景。维特根斯坦数学哲学提出的理论背景主要是康德的数学哲学与 20 世纪数学基础领域的三大流派。在此，我们先对康德的数学哲学作一简单回顾，然后对这三大流派的基本思想作一简单的介绍。谈到西方近代数学哲学发展史，我们首先绕不开的就是德国古典哲学的创始人伊曼纽尔·康德（Immanuel Kant，1724—1804）。

数学哲学是康德先验哲学讨论的一个重要组成部分。康德在《纯粹理性批判》以及《未来形而上学导论》等著作中，都花费了相当笔墨来讨论数学哲学相关问题。康德的数学哲学对后来西方数学哲学发展产生了深远影响。有学者指出"在近代，康德是最有影响力的数学哲学家，他的《纯粹理性批判》在相当大的程度上为下个世纪数学哲学的发展定下了步调"[1]。西方 19 末 20 初世纪关于数学基础问题各流派争论的线索都源自康德的数学哲学。[2] 如果我们不清楚康德哲学中提出的主要问题以及解决策略，我们就不能从总体上把握后来西方数学哲学发展的来龙去脉。

长期以来，数学真理以其严格的必然性和普遍性成为众多自然科学效法的榜样，自然科学能否运用数学的方法来进行系统的表述，甚至成为该门学科是否已经真正成为成熟科学的标志。康德关注的数学哲学问

---

[1]　参见 William Ewald ed., *From Kant to Hilbert: A Source Book in the Foundations of Mathematics*, Vol.I, Oxford: Clarendon Press, 1996, p.132。

[2]　我们将在下面详细地论述康德对数学基础三大流派思想之间的影响。

题主要是数学知识论问题：纯粹数学到底是如何可能的？[①]数学知识的必然性和普遍应用性是如何可能的？简言之，如何从先验哲学角度给数学知识的普遍性和必然性一个非常合理的说明和论证，这是康德数学知识论研究的主要任务。一方面，数学知识是必然真理的代名词，数学等式比如"7+5=12"必然为真，不是偶然地为真，这种必然性从何而来？这需要从哲学角度给出分析和说明。另一方面，康德还需要从哲学角度说明数学知识的普遍应用性，即数学知识如何可以普遍地应用于物理世界？换言之，说明数学知识的普遍应用性就是说明数学知识的不断增长和增加新的内容。康德的数学哲学不仅要解释数学知识的必然性，同时还要说明数学知识的普遍应用性（不断增加新的内容）。

康德的先验哲学解释策略主要是从分析判断和综合判断之间的区分入手，强调数学判断本质上是先天综合判断，而不是单纯的分析判断。传统的分析判断和综合判断之间两分的观点，实际上是在先天必然的真理与后天偶然的真理之间，划出一条截然两分的界限，而康德认为这种传统判断的分类是有问题的，除了传统的分析判断和综合判断外，应该还包括第三类判断，即先天综合判断（Synthetic *a priori* judgments）。在康德看来，先天综合判断包含在所有理性科学的基本原则之中。先天综合判断既是先天必然的，同时又是普遍综合的。先天综合判断可以保证人类知识（包括数学知识）既是必然的，又是普遍综合的，即可以增加新的内容。说明"先天综合判断是如何可能的"是康德的《纯粹理性批判》的总问题。[②]其中，说明纯粹数学是如何可能的问题，就是要说明数学知识和判断作为先天综合判断是如何可能的问题。康德认为，数学知识不是分析的，而是综合的。[③]数学判断本质上是先天综合判断，因为先天综合判断既是先天的，就保证了数学知识的先天必然性，同时又是普遍综合的，就是说数学知识

---

① 参见 Immanuel Kant, *Critique of Pure Reason*, Translated and Edited by Paul Guyer and Allen W. Wood, Cambridge: Cambridge University Press, 1998, p.147。

② 参见 Immanuel Kant, *Critique of Pure Reason*, Translated and Edited by Paul Guyer and Allen W. Wood, Cambridge: Cambridge University Press, 1998, p.146。

③ 参见 Immanuel Kant, *Critique of Pure Reason*, Translated and Edited by Paul Guyer and Allen W. Wood, Cambridge: Cambridge University Press, 1998, p.143。

又是普遍可应用的，可以不断增加新的内容。

康德在《纯粹理性批判》中主要是通过先验感性论来说明数学知识作为先天综合判断是如何可能的，具体而言，则是表明时间和空间作为人类先天的感性直观形式，使得作为先天综合判断的数学知识和判断成为可能。时间是人类先天的内感官直觉形式，通过对感性经验和非感性经验起到形式的约束作用，即将它们展现为时间中的序列，算术计数就是量在时间序列中的不断重复和展开，从而使得算术的知识成为可能；空间是人类先天的外感官直觉形式，迫使感觉经验在欧几里得空间中被表现出来，对感性经验起到形式的限制作用，从而使得几何学的知识成为可能。康德对于空间和时间的阐明和分析，就是表明空间和时间使得纯粹数学（几何和算术）作为先天综合判断是存在的。他说："因此，时间和空间是知识的两个来源。从这两个来源中可以汲取不同的先天综合知识……也就是说，空间和时间作为一切感性直观的两个合在一起的纯形式，使得先天综合判断成为可能。"①

因而，在康德看来，正是时间和空间的作用，使得数学判断和知识是先天的，因为数学的知识，无论算术还是几何学，都是时间和空间作为先天感性直观形式作用于我们感觉经验的结果。不仅如此，数学判断（算术判断和几何学判断）都不是分析的，而应该是综合的。康德举"7+5=12"为例来说明算术判断不是分析的，而是综合的。他说，我们无论怎么分析"7"和"5"这两个概念，都不会得出"12"这个概念，因为康德理解的"分析的"概念意谓着主词概念必然内在地包含了谓词概念，如果不能这样设想就必然产生矛盾。康德认为，我们之所以会得出"7+5=12"这一判断必须借助于我们的直观，通过比如"手指"或"点"帮助，我们直观地理解到"7+5=12"。因而，算术判断都是综合的，不是分析的。几何学也一样。他举了欧几里得几何学中的"两点之间直线最短"为例，来说明几何学判断也不能只靠分析，而也必须借助直观的帮助才能实现。②

① Immanuel Kant, *Critique of Pure Reason*, Translated and Edited by Paul Guyer and Allen W. Wood, Cambridge: Cambridge University Press, 1998, p.166.
② 参见［德］康德《任何一种能够作为科学出现的未来的形而上学导论》，庞景仁译，商务印书馆1997年版，第19页。

　　另外，康德也采取了类似的综合的观点来说明数学推理的本质，即数学推理不同于逻辑推理（分析的），而是综合的。数学推理的前提和结论之间不是一种像逻辑判断单纯的分析的过程，而应该是综合的过程，作为综合性质的数学推理是增加了新的内容的。关于数学真理，叶峰指出："康德的回答，用通俗的语言极其简单地概括起来就是：我们用于认识世界的认知官能本身有一些结构和功能（又叫先天认知形式）；我们的认知官能，用这样一些'先天'的结构和功能，来组织我们的感官所接受到的、从外部世界来的感觉材料；而先天综合真理，就是由我们的认知官能的这种先天的结构和功能决定的真理。"[①]

　　以上只是非常简略地回顾了康德对于数学哲学问题的分析和相应的处理策略。康德在数学哲学中提出的关于数学知识的必然性以及普遍应用性问题，对于后来的西方数学哲学影响深远。20世纪数学基础争论的问题，主要还是受到康德数学哲学的启发，或者说从不同的角度来回应康德提出的问题。关于康德数学哲学的历史贡献，有学者评论指出："尽管这些问题本身依然成为20世纪数学哲学思考的主题，但是康德对它们的特定解答已经不重要了。"[②]对康德数学哲学的特定回答和策略形成挑战的主要是19世纪非欧几何的发展，以及算术公理化［通过皮亚诺（G.Peano，1858—1932）和戴德金（J. W. R.Dedekind，1831—1916）的工作］趋势与形式逻辑取得的革命性的（弗雷格的逻辑工作）突破和进展。20世纪初在数学基础领域出现了三大流派，它们分别为以弗雷格、罗素为代表的逻辑主义，以布劳威尔为代表的直觉主义以及以希尔伯特为代表的形式主义。这三大流派都可以被看作在某种程度上回应康德所提出的数学哲学的知识论问题。

　　同时，这三大基础流派也在很大程度上受到了康德数学哲学的影响。直觉主义者（intuitionist）赞同康德关于直观对于数学知识形成的作用，认为数不过是人的基本直觉构造的产物，主张"数学本质上是心灵的无语

①　叶峰:《从数学哲学到物理主义》，华夏出版社2016年版，第10页。
②　Michael Detlefsen, "Philosophy of Mathematics in Twentieth Century", in Stuart G. Shanker ed., *Routledge History of Philosophy*, Vol. IX, *Philosophy of Science,Logic and Mathematics in Twentieth Century*, London and New York：Routledge, 2004, p.53.

言的活动"①，认为数学命题是先验综合命题，但是拒绝康德的几何理论，比如直觉主义创始人布劳威尔放弃了康德关于空间的先验性的观点，主张仅以人类关于时间的纯直觉作为数学的最终依据②；逻辑主义者（logicists）比如弗雷格坚持认为算术命题是分析的，但是继承了康德关于几何是先天综合判断的观点③；希尔伯特的形式主义（formalists）则保留了康德观点中更大的部分④。下面我们就大致地概述一下数学基础领域的三大流派的基本观点。

　　首先，逻辑主义（logicism）的主要代表是弗雷格（Gottlob Frege，1848—1925）与罗素（Bertrand Russell，1872—1970）。逻辑主义的思想先驱可以追溯到戴德金。概括地说，逻辑主义主张数学的真理可以通过纯粹逻辑的方法被归约为逻辑真理（逻辑定义与定理）。鲁道夫·卡尔纳普（Rudolf Carnap，1891—1970）曾主张把逻辑主义的论点概括为两点："1. 数学概念能通过明确的定义从逻辑概念中导出；2. 数学定理能通过纯粹的逻辑演绎从逻辑公理中推导出来。"⑤学界有观点认为，逻辑主义有两种版本：强逻辑主义和弱逻辑主义。强逻辑主义者认为，所有数学分支中的真理都可以被归约为逻辑真理；弱逻辑主义者认为，只有算术中的定理才能被归约为一类逻辑真理。⑥在逻辑主义者看来，逻辑真理是所有分析真理的典范，它们之所以为真，就在于表达它们的语义表达式的意谓之间，存在内在的

---

①　"Brouwer, Luitzgen Egbertus Jan", in Robert Audi ed., *The Cambridge Dictionary of Philosophy*, second edition, Cambridge: Cambridge University Press, 1999, p.103。

②　参见张清宇《布劳威尔》，载张尚水编《当代西方著名哲学家评传》第五卷《逻辑哲学》，山东人民出版社 1996 年版，第 99 页。

③　比如逻辑主义创始人弗雷格就认为算术命题都是分析的，但是在几何问题上他基本上继承了康德关于几何命题都是先天综合判断的观点，"弗雷格的工作属于新康德主义传统一部分的判断是正确的"。参见 Gottfried Gabriel, "Frege, Lotze, and The Continental Roots of Early Analytic Philosophy", in Michael Beaney and Erich H. Reck eds., *Gottlob Frege: Critical Assessments of Leading Philosophers*, Vol.I, London: Routledge, 2005, p.161。

④　参见 "Mathematics, foundations of", in Edward Craig ed., *Routledge Encyclopedia of Philosophy*, London and New York: Routledge, 1998。

⑤　［奥］鲁道夫·卡尔纳普：《数学的逻辑主义基础》，载［美］保罗·贝纳塞拉夫、希拉里·普特南编《数学哲学》，朱水林、应制夷等译，商务印书馆 2010 年版，第 48 页。

⑥　参见 Stanford Encyclopedia of Philosophy 关于 "logicism and Neologicism" 的词条，https://plato.stanford.edu/entries/logicism/。

必然的联系。与康德的观点不同，逻辑主义者一般将数学特别是算术判断看成分析的，而不是综合的。在他们看来，如同逻辑判断是分析地为真，数学判断或命题也都是分析的，而不是综合的。逻辑主义者认为，数学真理的确定性也来自逻辑真理的确定性，数学的方法实际上就是逻辑方法的运用而已。逻辑主义者深信，数学基础领域产生危机的主要原因就在于数学的基本概念，比如自然数等概念缺乏清晰的逻辑定义。化解危机之道在于从逻辑角度重新定义自然数，将数学的基本法则还原为纯粹的逻辑公理和定理，以此为数学基础奠定一个不可撼动的逻辑基础。逻辑主义的主要代表有弗雷格和罗素，1931 年，随着哥德尔不完全性定理的发现，以及后来策梅洛—弗兰克公理集合论开始取代罗素的类型论（theory of types），逻辑主义开始走向衰落。①

　　逻辑主义的思想先驱可以追溯到戴德金，因为戴德金首先在其著作中表达了追求思维的纯粹法则——逻辑过程的精确性以及严格性的观点。戴德金曾在著名论文《数是什么和应该是什么？》（*Was sind und Was sollen die Zahlen?*）中这样写道：

　　　　在说算术（代数、实分析）仅仅是逻辑的一部分，我意指我考虑数的概念完全独立于时间和空间的直觉——那也就是说我宁愿将其视为思想的纯粹法则的直接产物……只有通过这种方式建立数的科学的逻辑过程以及因而获得连续的数域，将时空带到我们心灵中所创造的这种数域的关系中，我们才能准确地研究时空的性质。②

　　囿于时代的局限性，戴德金当时没有能完成构建一套形式化的逻辑演

---

①　逻辑主义之后还出现了所谓的"新逻辑主义"（neo-logicism），新逻辑主义对逻辑主义的核心观点进行了部分修正，最初萌芽出现在 20 世纪 60 年代中期，20 世纪 80 年代初出现了实质性的推进。新逻辑主义主要提出了所谓的"抽象原则"（abstraction principles）来保证弗雷格意义上的数作为逻辑对象（logical objects）是存在的。具体可参见斯坦福哲学百科"Logicism and Neologicism"词条，https://plato.stanford.edu/entries/logicism/。

②　Julius Dedekind, "Was sind und Was sollen die Zahlen?", in William Ewald ed., *From Kant to Hilbert: A Source Book in the Foundations of Mathematics*, Vol.II, Oxford: Clarendon Press, 1996, pp.790-791.

绎系统的任务，但是却对后来的数学哲学思想产生了重要影响。构建一套
新的形式化的逻辑演绎系统这一历史重任后来在弗雷格那里得以实现。

可以说，弗雷格在现代历史上首次通过构建一套符号逻辑的演绎系统
最终清晰地表述了逻辑主义的基本论题，以此来证明算术的基本法则都可
以从逻辑公理和定理中推导出来。关于弗雷格的逻辑学的历史贡献，我国
已故逻辑学家王宪钧先生指出："弗雷格是第一个建立了初步自足的命题演
算和谓词理论的，也是第一个给出自然数的精确定义的逻辑学家。"[①]弗雷
格1879年发表的《概念文字》(*Begriffsschrift*)可以说是现代数理逻辑的
奠基之作，一般逻辑史学家将其看作自亚里士多德建立形式逻辑2000多
年以来最重要的逻辑著作之一。这里所谓的"概念文字"其实就是一种模
仿算术纯思想的公式语言，本质上是一种新的逻辑符号语言，是一种表意
语言。这种表意语言剔除了不必要的修辞和点缀，通过纯粹的推理链条来
获得普遍的命题和可靠的真理。

弗雷格在《概念文字》中把所有需要证成的真理分为两大类：一类是
纯粹通过逻辑的方式而证明的真理；另一类是通过经验的事实而得以支撑
的真理。那么，算术命题到底属于以上两类真理中的哪一类呢？为了回答
这一问题，弗雷格认为首先：

> 必须查明仅仅依靠推理，以及超越所有特定的个别对象的思想法
> 则的帮助，人们在算术中到底能走多远。我的最初的一步就是试图将
> 一个序列中排序的观念还原为逻辑的后承概念，以便由此进入数的概
> 念，为了防止任何直观性的东西偷偷地溜进来，我集中全力去保持这
> 些推理链条免于漏洞。[②]

很明显，弗雷格认为算术命题属于第一类，即可以通过纯粹的逻辑方
式而被定义或证明的真理。为了实现这一目标，弗雷格认为，有必要构建

---

① 王宪钧:《数理逻辑引论》，北京大学出版社1982年版，第293页。
② Gottlob Frege, "Begriffsschrift", in Jean van Heijenoort ed., *From Frege to Gödel*, Cambridge, Massachusetts: Harvard University Press, 1967, p.6.

一套新的能表达"纯粹思想的公式语言",这一"概念文字"是一种理想的逻辑语言,它比日常语言更加准确和严格,更适合于应用逻辑推理。弗雷格的这种表意文字与日常语言的关系就如同显微镜和眼睛的关系。[①]弗雷格认为他构造的这种表意文字的应用范围更广,可以服务于特定的科学目的。

弗雷格的这种"概念文字"在相当大的程度上实现了当年莱布尼茨所提出的"普遍文字"(universal characteristic)的理想。弗雷格的这种符号语言通过扩展数学中的函数概念,用主目和函数(argument and function)的分析模式,取代传统逻辑中的主词和谓词(subject and predicate)的分析模式,并引入了量词理论(quantification theory),构建了一套新的逻辑演绎系统,极大地促进了现代逻辑的发展,被公认为现代数理逻辑的开山之作。《概念文字》中还从纯粹逻辑的角度定义了"遗传性"与"祖先关系"等概念,并用"遗传性"与"祖先关系"定义出了数学归纳法,这为进一步实现数学逻辑主义计划提供了必要的前提。

弗雷格在《算术基础》以及后来的《算术的基本法则》(两卷本)中继续具体落实他的逻辑主义的规划。弗雷格在《算术基础》序言中首先确立了哲学研究的三原则:其一,严格区分心理的主观的东西和逻辑的客观的东西;其二,在命题的语境中研究语词的意谓,而不是孤立地研究语词的意谓;其三,要时刻看到概念和对象之间的区别。[②]弗雷格认为,逻辑研究一定不能混淆心理主义的研究。逻辑研究的是思维的客观的法则,是客观存在的真理,这种客观存在的真理不依赖我们的主观心理的感受而存在。弗雷格《算术基础》最重要的任务,就是说明算术实际上只是逻辑分析的一部分而已,算术规律可以归约为逻辑规律,同逻辑判断一样,算术判断是分析的、先验的,同时给数或自然数严格地下一个逻辑定义,因为数是整个算术的核心概念,如果连数都没有一个严格的逻辑定义,算术的基础就是不牢固的。

---

① Gottlob Frege, "Begriffsschrift", in Jean van Heijenoort eds., *From Frege to Gödel*, Cambridge, Massachusetts: Harvard University Press, 1967, p.6.

② Gottlob Frege, *Die Grundlagen der Arithmetik—Eine logisch mathematische Untersuchung über den Begriff der Zahl*, hrsg.von Christian Thiel, Hamburg: Felix Meiner Verlag, 1988, S.10.

　　弗雷格首先批判了以前流行的关于数的本质的观点，认为数既不是事物的堆集，也不是人的心灵的主观的产物，而是表达概念的某种客观的东西。弗雷格认为，每个数意谓的是个别的对象，而关于数的陈述表达的是概念。弗雷格从计数的一个普遍事实出发，认为人们可以把两个集合放在"一一对应"中来比较和确认两者是否相同。我们说两个概念是等数的"equinumerous"，即存在一个概念下的对象和另一个概念下的对象之间形成一一对应的关系。比如一个餐桌上餐具与茶具是等数的，当且仅当每个餐具和茶具之间形成一一对应的关系。"弗雷格展示了如何用逻辑中的资源来定义等数，而不预设任何自然数或一般数的概念。"[①]那么，什么是等数呢？弗雷格借助了一条所谓"休谟原则"（Hume Principle）来加以说明：对任意的概念 F 和 G，F 的数（the number of F）等于 G 的数当且仅当 F 与 G 是等数的。

　　借助"数的相等"与"一一对应"概念，弗雷格在《算术基础》中给出了数的定义，他认为数是所有等数概念的外延："属于概念 F 的数就是'与概念 F 等数的'概念的外延。"[②]紧接着弗雷格定义了 0 和 1 以及"后继"等概念[③]，从而整个自然数都可以根据这些定义逻辑地推导出来。

　　另外，弗雷格在《算术基础》中认为算术命题是分析的，不是综合的，对康德的观点进行了批判，认为康德低估了分析命题的作用，对"分析"的概念的理解过窄[④]，而主张从逻辑角度重新解释分析性。弗雷格认为，分析判断不仅可以纯粹地逻辑定义、分析或证明，而且可以扩展我们的认识。这里需要指出的是，弗雷格认为几何学的真理和算术的真理之间是不同的，欧几里得几何学的真理，如同康德所谓的是先天综合的，在这里，他同意康德关于几何学的哲学观点，但是他主张算术的真理完全可以从逻辑的角度重新解释。也就是说，弗雷格的逻辑主义并不包括几何学，

---

① ［美］斯图尔特·夏皮罗：《数学哲学——对数学的思考》，郝兆宽、杨睿之译，复旦大学出版社 2014 年版，第 105 页。

② Gottlob Frege, *Die Grundlagen der Arithmetik—Eine logisch mathematische Untersuchung über den Begriff der Zahl*, hrsg.von Christian Thiel, Hamburg：Felix Meiner Verlag, 1988, §68.

③ 第一章会详细分析弗雷格如何定义自然数，这里就不再赘述。

④ Gottlob Frege, *Die Grundlagen der Arithmetik—Eine logisch mathematische Untersuchung über den Begriff der Zahl*, hrsg.von Christian Thiel, Hamburg：Felix Meiner Verlag, 1988, §88.

而只包括算术。

罗素继承和发展了弗雷格开创的逻辑主义，并提出了自己关于逻辑主义的独到观点。罗素的逻辑主义和弗雷格的逻辑主义之间存在一些差别。比如弗雷格比较赞同康德对于几何学判断作为先天综合判断的分析。而罗素认为，数学的所有分支（包括算术和几何）都是逻辑分析的判断，都可以通过逻辑分析与还原而得到，都是先天为真的。也就是说，与罗素相比，弗雷格受康德几何学认识论的影响要更大些。罗素认为，非欧几何的出现以及由康托尔（Georg Cantor，1845—1918）、戴德金以及魏尔斯特拉斯（K.Weierstrass，1815—1897）等人在数学分析领域中取得的重要进展，给数学带来了彻底的观念上的革新。数学不再像传统观念那样只是关注数或量的科学，因为有不少数学分支如射影几何与数无关，而且通过基数的定义，通过归纳理论与祖先关系，通过广义的序列理论以及通过运算的定义等，可以将原来只与数相关的理论加以推广与扩展，结果就是，原来单一的算术学科，现在可以分化出许多独立的学科。在这样进行数的理论逻辑推广的过程中，人们其实创造了新的逻辑演绎系统，传统的算术在其中融合与扩大了。这些逻辑演绎系统既是逻辑的，也是算术的。

罗素认为，随着数学的公理化和逻辑化，符号逻辑的兴起，数学和逻辑之间关系越来越紧密，在某种意义上，两者并无实质性差别。罗素在《数理哲学导论》中曾经这样写道：

> 数学一直与科学相关，逻辑与希腊相关，但是在现代，数学和逻辑已经发展到这一地步：逻辑已经更加数学化，数学已经更加逻辑化。后果就是，我们完全不可能在两者之间划出一条界限，实际上，两者是二而一的关系。[①]

在罗素眼中，数学和逻辑都是重言式的真理，两者没有实质性的区别。数学的必然性就来自逻辑的必然性。罗素认为，现代数理逻辑的创立

---

① Bertrand Russell, *Introduction to Mathematical Philosophy*, New York: Dover Publications INC, 1919, p.194.

恰好为我们重新研究数学的关系结构提供了基本的逻辑分析工具。我们可以通过运用新的逻辑工具来将纯粹数学的真理还原为逻辑定理。

数学家们已经将传统的纯粹数学还原为关于自然数的理论，通过皮亚诺的逻辑分析（算术公理化）的工作，自然数的理论自身可以被归约为最少量的一组前提（比如三个初始概念：0、数以及后继，五个初始命题），而那些没有定义的词项都可以从这些前提中推导出来。罗素认为，我们实际上还可以继续从逻辑角度重新定义皮亚诺的这些初始概念，逻辑地推出相应的关于自然数的公理。罗素与怀特海合著的三大卷的《数学原理》（*Principia Mathematica*）①就是践行其逻辑主义的基本方案的具体努力，以此来证明数学的基本命题都可以用逻辑的方法来定义或推导出来。另外，罗素本人在逻辑上的重大发现就是以其名字命名的悖论——罗素悖论的发现对于弗雷格的逻辑主义计划打击很大，以至于弗雷格晚年都在忙于回应罗素悖论带来的挑战，但是最终还是失败了，弗雷格自己晚年承认了逻辑主义方案的失败。②罗素本人为了应对悖论而提出了类型论的方案，当然罗素的类型论也面临了不少困难。

其次，直觉主义的最大代表是荷兰的著名数学家、哲学家布劳威尔（Luitzen E.J. Brouwer，1881—1966）。布劳威尔的直觉主义继承了康德关于直觉对于数学建构作用的观点，认为数学本质上是无语言的心灵直觉活动的产物，数学独立于语言和逻辑而有其自身的独立地位。直觉主义者批判逻辑主义的观点，认为数学不是单纯的逻辑演绎和归约，如果数学真理如逻辑主义宣称的那样仅是一组逻辑公理的集合，那么数学和逻辑之间的根本差别就会被忽视，另外，某些逻辑公理的存在，缺乏感觉以及知识论的证据。按照布劳威尔的观点，逻辑语言（logico-linguistic）的方法的最大困境就在于缺乏经验的指导，很容易导致其构建的逻辑系统产生矛盾，这种处理数学的逻辑主义的方法根本上是一种外在的观察者立场

① Bertrand Russell & Alfred North Whitehead, *Principia Mathematica*, Volume, I-III, London: Cambridge University Press, 1910.

② "我的关于澄清什么是人们所称的数的努力，已经以失败而告终"，弗雷格在1924年3月23日他的日记中这样写到。参见 Gottlob Frege, "Tagebuch Von Gottlob Frege", *Deutsche Zeitschrift für Philosophie*, Berlin, Vol.42, No. 6, 1994, S.1073。

（observational standpoint）的方法，其所谓严格地处理数学和逻辑并没有考虑选择数学和逻辑这些学科研究主题的真正目的。[①] 布劳威尔认为，我们应该运用内省（introspective）的方法——直觉的方法，而不是外在的逻辑语义的方法来研究数学。我们需要重新确立数学和逻辑之间的根本区别，以及恢复逻辑和数学各自的自主性。

根据布劳威尔对直觉主义数学方法的概括和说明，直觉主义数学有两个核心行动和要点。其一，是我们需要将数学从数学语言中完全分离出来，认识到直觉主义的数学本质上是无语言（languageless）的心灵的活动，这种心灵的活动源自心灵对于时间的重复感知，即生命的时刻被分裂为两个不同的事物，其中一个事物让位于另一个事物，但它们都在记忆中得以保留。如果纯粹的被剥离了所有性质的二性（two-ity）就是这样产生的，那么所留存下来的就是所有二的共同基质（common substratum）的空洞的形式，而这种共同的基质就是直觉主义的基本直觉。其二，我们要认识到不断产生新的数学实体（entities）的可能性。这里分两种情况，一种是数学实体，一种是数学实体的属性或种类（species）。第一种情况，即在无穷展开的序列 P1，P2，P3，如此等等，这些项是从前面获得的数学实体的自由选择的结果，选择第一要素 P1 的自由要受到 Pv 后的一些项的持续的限制；在第二种情况中，所设想的以前获得的数学实体的属性只要它们满足这一条件，即如果它们对于某些数学实体有效，则它们也对所有被视为与它们等价的实体有效，这里的等价的关系包括对称性、自反性以及传递性，这些属性有效的数学实体被称为数学种类的要素。布劳威尔认为第二个直觉主义的行动可以创造一种可能性，或者说引入了直觉主义的连续统（intwitipnist contiwaccm）作为有理数的自由拓展的无穷序列的种类。[②] 从布劳威尔对于直觉主义的两个行为的说明中，我们可以

---

① 参见 L.B.Brouwer, "Historical Background, Principles and Methods of Intuitionism", in William Ewald eds., *From Kant to Hilbert:A Source Book in the Foundations of Mathematics*, Vol.II, Oxford: Clarendon Press, 1996, pp. 1197 -1207.

② L.B.Brouwer, "Historical Background, Principles and Methods of Intuitionism", in William Ewald eds., *From Kant to Hilbert:A Source Book in the Foundations of Mathematics*, Vol.II, Oxford:Clarendon Press, 1996, pp.1202 -1203.

看到，布劳威尔试图离开数学语言，单凭心灵的直觉创造来说明数学的产生和数的发展。

除此之外，直觉主义还反对实无限，主张潜无限。直觉主义者认为，无限只能是潜在的，而不是实在的。他们只承认构造性证明，试图禁止排中律的无差别地普遍地使用。由于直觉主义数学只承认有限建构出来的数学系统，所以，在有限的数学系统中，每一关于可能的有限建构的陈述都可以被判断，也就是说可以运用排中律；然而对于无限的数学系统，排中律则不能适用，因为，比如在有限领域中，我们可以判断一个自然数要么具有一个性质 f，要么不可能具有性质 f，但是在无限的数学领域，我们没有一个确定的方法来计算一个自然数是否拥有这个性质 f，那么，假定存在一个具有性质 f 的自然数就会导致荒谬。所以，在布劳威尔看来，排中律只能限制在有限构造的数学系统领域，而不能无限制地应用于无限领域。因为在直觉主义者看来，在无限的系统中，比如自然数的性质是逃离性质（fleeing property）与不透明的（opaque）。[1] 由于直觉主义不承认排中律应用范围的普遍性，导致直觉主义的逻辑与经典逻辑有所区别，经典逻辑中的许多定律比如排中律、反证法、二难推理以及双重否定消去规则在直觉主义逻辑中都不成立。[2] 直觉主义数学由于观点比较激进，对经典逻辑修正过多，遭受了许多经典逻辑学家们的猛烈批评。在数学基础争论的历史上，布劳威尔的直觉主义和希尔伯特的形式主义之间的争论非常激烈，希尔伯特对布劳威尔的直觉主义批判很多。

最后，形式主义的代表人物是希尔伯特。希尔伯特（David Hilbert，1862—1943）是 20 世纪最伟大的数学家之一，他几乎在数学的各个领域都有突出的贡献。希尔伯特在数学基础领域最突出的成就，就是他提出的"公理化方法"（axiomatic method），主张对于几何公理或算术公理系统给

---

[1] L.B.Brouwer, "Historical Background, Principles and Methods of Intuitionism", in William Ewald eds., *From Kant to Hilbert:A Source Book in the Foundations of Mathematics*, Vol.II, Oxford: Clarendon Press, 1996, p.1201.

[2] 虽然反证法、排中律、二难推理和双重否定消去规则在直觉主义逻辑中可以相互推导，但是它们在直觉主义逻辑中都不成立，具体分析过程请参见邢滔滔《数理逻辑》，北京大学出版社 2008 年版，第 194 页。

出一致性的证明，成为研究数学基础问题的有力工具，因此，他的主张在数学基础领域也通常被人们称为形式主义。数学形式主义者认为，数学不过是操控形式化的符号的无意谓的游戏。乍一看，这一表述有些极端，难以揣摩，但是如果我们联系希尔伯特对于数学基础问题的分析，就比较容易理解了。希尔伯特在数学基础问题上是一名乐观主义者，他深信，数学基础问题都应该可以被彻底澄清和解决。希尔伯特的名言是："我们必须知道，我们必将知道（Wir mussen wissen. Wir werden wissen）。"①

希尔伯特认为，逻辑主义和直觉主义的方案都存在不少问题。针对集合论和数学分析中出现的悖论问题，他认为布劳威尔以及外尔（Hermann Weyl, 1885—1955）等人所提出的直觉主义走上了歧途，偏离了由康托尔、戴德金、皮亚诺等人开创的数学集合论与公理化的正统，直觉主义的极端修正主义立场是对于数学正统帝国的未遂政变（Putschversuches），注定是要失败的。②希尔伯特认为，只有通过纯粹形式化的公理化的方法才能拯救数学，为数学重新奠基。希尔伯特曾这样写道：

> 稳固地为数学奠基的目标也是我的目标；我想通过消除那些集合论中显露的矛盾，让数学重新恢复作为无可争辩的真理的古老名声；但是我也相信，这在完全地维护它所取得的成果方面是可能的。由此，我所赞同的方法就是公理化的方法；公理化的方法就是它的本质。③

希尔伯特认为，公理化的方法是精确研究的合适的不可或缺的工具，在其相应的领域上，它必须是逻辑上无可争辩的，同时也是富有成果的。

对于弗雷格的逻辑主义，一方面，希尔伯特认为，需要继承由康托

---

① 这句话也是希尔伯特的墓志铭。
② 参见 David Hilbert, "Neubegrundung der Mathematik, Erste Mitteilung [Abhandl.(1922)]", in *Gesammelte Abhandlungen*. Ban. Ⅲ, *Analysis · Grundlagen der Mathematik Physik · Verschieden Lebensgeschichte*, Zweite Auflage, Berlin: Springer Verlag, 1970, S.160.
③ David Hilbert, "Neubegrundung der Mathematik, Erste Mitteilung [Abhandl.(1922)]", in *Gesammelte Abhandlungen*. Band Ⅲ, *Analysis · Grundlagen der Mathematik Physik · Verschieden Lebensgeschichte*, Zweite Auflage, Berlin: Springer Verlag, 1970, S.160.

尔、戴德金以及皮亚诺等人开创的集合论以及数学分析的传统。但是另一方面，他认为，弗雷格和戴德金的逻辑主义的方法存在着内在缺陷。在此，希尔伯特基本同意康德的观点，认为数学并不能通过逻辑而加以奠基。对于弗雷格和戴德金，希尔伯特说：

> 弗雷格曾经将数学奠基在逻辑之上，戴德金试图将数学奠基在作为纯粹逻辑的一章的集合论基础之上：他们都没有实现自己的目标。弗雷格并没有足够谨慎地处理通常的逻辑的概念构成在数学基础上的应用：他将一个概念的外延（Umfang）看作毋需进一步给定的东西，如此一来，他干脆将这些非限定的外延看作事物自身。从某种程度上讲，他由此深陷极端的概念实在论。相似的境况出现在戴德金身上；他的典型的错误在于，他采取了一种将所有事物的系统作为开端的观点。因而，戴德金的杰出的充满诱惑的思想，即主张将有穷数奠基在无穷数之上的观点，现在看来，这一思想的道路也是行不通的——至少不能通过我的下面的方式加以阐明——这无疑是可以确定的。[1]

希尔伯特还在《论无限》（*Über das Unendliche*）一文中这样写道："康德教导我们——而且这是他学说的主要组成部分——数学处理的主题是与逻辑无关地被给定的。因此数学绝不能单靠逻辑建立起来。由此可知，弗雷格和戴德金如此建立数学的企图注定是要失败的。"[2]

希尔伯特认为，他的公理化的方法可以有效地避免弗雷格和戴德金方法的缺陷，实现为数学重新奠定基础的目标。因而，希尔伯特确立了与弗雷格和戴德金相对立的观点。希尔伯特认为，数论或数学基础研究不是去研究数或集合等逻辑对象，而是研究数学符号自身。希尔伯特将数论研究的对象自身看作记号，认为我们研究数学基础问题，就必须重新识别这些

---

[1] David Hilbert, "Neubegrundung der Mathematik, Erste Mitteilung [Abhandl.(1922)]", in *Gesammelte Abhandlungen*. Band Ⅲ, *Analysis · Grundlagen der Mathematik Physik · Verschieden Lebensgeschichte*, Zweite Auflage, Berlin：Springer Verlag, 1970, S.162.

[2] David Hilbert, "Über das Unendliche", in Jean van Heijenoort eds., *From Frege to Gödel*, Cambridge, Massachusetts：Harvard University Press, 1967, p.376.

记号，记号的形状 (Gestalt) 既独立于时间和地点，也独立于构建这些记号的特定的条件，"在这里，即为纯粹数学——也为所有科学思想、理解以及表达交流——奠基的过程中，我确定了这样一种哲学的观点：在开端处就是数字记号（am Anfang ist das Zeichen）"①。

希尔伯特认为，这些数学记号 (Zahlzeichen) 以及形成的完整的数字自身是我们数学考察的对象，但是它们并没有任何意义（bedeutung）。除了这些数学记号外，我们还使用其他的数学记号，它们指称某种东西，起到表达交流的作用，比如数学记号 2 可以被看作 1+1 的数学记号的缩写，数学记号 3 被看作 1+1+1 的数学记号的缩写；此外我们还使用数字记号 =，>，这些数学记号起到表达交流的作用。希尔伯特认为，整个数学都应该从数学记号的形式角度着眼进行研究，不仅对于初等数学是这样，对于高等数学也是如此。希尔伯特要求"必须对整个数学理论包括它的证明进行严格的形式化工作，从而，在数学建构中，数学的推论和概念的构建——按照逻辑演算的模型——作为形式化的构成部分包含在内"②。

希尔伯特因而引入了不同的数学记号，并对之作了不同的区分。希尔伯特的这种形式主义计划，也称希尔伯特方案，试图从元数学的角度、运用公理化的方法对数学演算系统给出严格的一致性的证明，从而消除隐藏的矛盾，保证数学演算系统的稳固和严密。但是在 20 世纪 30 年代后期，随着哥德尔不完全性定理的发现，希尔伯特的形式主义的计划也以失败告终。哥德尔不完全性定理的主要结论是，不存在一致性的公理系统，它的定理能通过一种有效的程序（比如算法）被列出来以证明所有关于自然数算术的真理。换句话就是说，对于任何这样的一致性的形式化的公理系统，在该系统内部，总能找到一些关于自然数的陈述，它们是真的，但是不能被证明。哥德尔的发现宣告了希尔伯特试图通过一致性证明来寻找完备的公理系统的希望的破灭。

---

① David Hilbert, "Neubegrundung der Mathematik, Erste Mitteilung [Abhandl.(1922)]", in *Gesammelte Abhandlungen*. Band Ⅲ, *Analysis · Grundlagen der Mathematik Physik · Verschieden Lebensgeschichte*, Zweite Auflage, Berlin：Springer Verlag, 1970, S.163.

② David Hilbert, "Neubegrundung der Mathematik, Erste Mitteilung [Abhandl.(1922)]", in *Gesammelte Abhandlungen*. Band Ⅲ, *Analysis · Grundlagen der Mathematik Physik · Verschieden Lebensgeschichte*, Zweite Auflage, Berlin：Springer Verlag, 1970, S.165.

　　综上所述，我们前面提到的康德的数学哲学对后来西方数学哲学的发展影响深远，康德的数学知识论对西方数学哲学最大的贡献就是提出了数学知识的必然性以及普遍性是如何可能的等问题，这些问题进一步刺激了后来西方不同数学基础流派的回答。综观康德的数学哲学与数学基础的三大流派（逻辑主义、直觉主义以及形式主义），它们都在关心以下几个核心的数学哲学的问题：数学知识或真理的必然性和确定性如何获得？如何解释数学真理的必然性？如何解释数学的普遍应用性与增加新的内容？数学判断到底具有什么样的性质？数学推理的必然性源自何处？如何为数学奠定一个牢固不可撼动的基础？康德主义的解决策略是先验哲学策略，主张人类有一种先验的认知结构（transcendental cognitive structure），比如时间和空间作为先天感性直观形式使得数学的普遍性必然性知识成为可能。

　　康德的数学哲学最大的问题就是他的先验的认识结构的设定，现代的数学哲学家们很难认同康德式的这一先验认知结构的解决策略，但是却对康德提出的问题依然保持浓厚的兴趣。逻辑主义的解决方案是认为，只有逻辑分析才能说明数学的必然性、普遍性与确定性，试图通过纯粹的逻辑定义或严格的逻辑推演为数学奠定坚实的逻辑基础；而直觉主义者认为，我们应该从人类心灵中的直觉活动本身出发来解释数学的产生和发展，数学推理的必然性与确定性只能来自人类的直觉活动本身，与语言和逻辑没有关系；形式主义者则认为，为了给数学奠定新的基础，只能采用形式主义的公理化的方法，通过一致性的证明来确定数学系统的完备性和一致性。但是哥德尔的发现在很大程度上证明了形式主义的方法也是行不通的。[①] 关于三大流派，我国著名数学家张景中院士曾经这样总结："进入 20 世纪中叶以来，逻辑主义、直觉主义、形式主义之间的争论逐渐平息了。数学家们发现，无论哪一派的主张，都不可能令人满意地、一劳永逸地解决数学基础的问题。……丰富的数学内容无法简单地归结为逻辑，也不能仅将其视为人的直觉的创造物，它的正确性更不能用符号的推演来最终证明。"[②]

[①]　但是形式主义却留下了许多宝贵的遗产，比如希尔伯特本人思想衍生出来的证明论、模型论等已经成为现代数理逻辑研究的重要分支。

[②]　张景中、彭翕成：《数学哲学》，北京师范大学出版社集团 2010 年版，第 91—92 页。

　　维特根斯坦的数学哲学思想与前面概述的康德数学哲学以及数学基础的三大流派之间都存在着直接或间接的关系。如前所述，康德数学哲学以及数学基础三大流派都在思考这些核心的数学哲学问题：数学的必然性和确定性到底是如何获得的？如何解释数学的必然性、确定性以及普遍应用性？客观地说，康德与三大流派的解决方案虽然都有独到的地方，能够从某一角度来深入地分析或拓展这些问题。但是，他们的解决策略各有各的缺陷与弊端，最终都不能令人满意。维特根斯坦的数学哲学就是在这样的背景之下产生的。维特根斯坦的数学哲学在很大程度上就是要继续回答以上所提的数学哲学问题，在尽量避免以上诸学派认识论框架的缺陷的基础上，从语言批判角度来重新分析数学基础争论中出现的各种问题，通过研究数学语言和语词的具体使用，找到相关哲学观念不清的根源，消除由于语词的误用而导致的各种哲学混淆与不清，最终彻底消解数学基础领域中产生的哲学问题，平息相应的哲学争论。

第四节　维特根斯坦数学哲学的研究策略与问题意识

　　我们首先大致了解一下维特根斯坦的数学哲学的基本策略。维特根斯坦对于数学哲学的思考离不开语言批判和分析，他的数学哲学可以说是在语言批判的视角下的分析和研究。维特根斯坦对数学哲学的研究实际上实现了数学哲学的"语言学转向"。这一转向的重要意义在于，不再像传统的数学哲学家比如康德以及后来不少追随者那样从认识论角度来反思和回答问题，而是从语言批判和分析角度来澄清数学基础争论中产生的混淆。关于数学基础领域表达式的误用，维特根斯坦曾经这样写道："在任何一个宗教派别中，都没有像数学中那样多的由于误用隐喻的表达式而犯下罪恶"（VB S.451）。

　　维特根斯坦对数学基础问题进行语言批判的目的，就是进一步地追问很多数学认识论问题提出的前提的合理性，以及识别这些提问本身有无意义。如果通过这种追问，这些所谓哲学问题本身是无意义的，是混淆的结果，那么，数学基础争论中的很多问题就都是由于语言的幻相而产生的伪哲学问题，而不是真正的哲学问题。我们需要做的也就不是正确地回答它们，而应思考如何消除由于语言的误用而产生的语言幻相和混乱，最终彻底消解（dissolve）这些哲学问题，让数学哲学家们免受这些伪哲学问题导致的痛苦折磨，还思想以"安宁"（peace）。[①]

维特根斯坦认为，真正的数学哲学研究并不是刻意地修正或推进具体的数学家的研究工作，这既不明智的，也没有必要。我们应该充分认识到哲学家的本职工作在于帮助数学家们在处理相关问题时澄清由于哲学概念的误用而导致的混淆，看清数学到底是如何起作用的。维特根斯坦在《哲学语法》中曾经这样写道：

> 哲学家们容易陷入一名笨拙的主任的角色，这名主任不是去做好自己的本职工作，即监督他的员工，看他们工作做得是否够好，而是忍不住接替了他们的工作，直到有一天他发现，由于承担了他人的太多工作而累得难以忍受，而他的员工却在一旁袖手旁观还批评他，他特别愿意承担数学家们的工作。（PG V §24）

维特根斯坦认为，以往的数学哲学家就是这样的主任。正如那名主任没有摆正自己的职业角色，数学哲学家往往喜欢帮数学家们干具体的活，而这在维特根斯坦看来是不明智的。

按照维特根斯坦的理解，数学哲学家应该从哲学角度，从语言的使用和分析角度，澄清数学家由于误用语言而导致的各种混淆和不清，消解掉各种数学哲学伪问题。"维特根斯坦没有兴趣重建数学，他的兴趣在于拔除生出数学中混淆的哲学根子。"[②] 维特根斯坦的数学哲学强调的不是构建一套套的理论，而是消解数学哲学问题。哲学研究并不是去干涉

[①] 参见 David Loner, "Alice Ambrose and the American Reception of Wittgenstein's Philosophy of Mathematics", *Journal of the History of Philosophy*, Vol.58, No. 4, October , 2020, pp.779-801。

[②] ［英］瑞·蒙克：《维特根斯坦传：天才之为责任》，王宇光译，浙江大学出版社 2011 年版，第 262 页。

具体的数学实践本身，而是要描述数学实践。维特根斯坦在《哲学研究》中说："哲学不可用任何方式干涉语言的具体用法，因而最终它只能描述语言的用法。因为它也不能为语言的用法奠定任何基础。它让一切如其所是。它也让数学如其所是，它也不促进任何数学发现。"（PI §124）我们可以看到，维特根斯坦的数学哲学并不是去提出不同的、具体的数学哲学理论，而是主张通过对数学语言的批判和具体分析澄清数学语言使用的方式，弄清楚不同数学语言游戏中不同的概念之间的区别与联系，清除由于误用数学语言而导致的各种哲学混乱，消解掉很多伪数学哲学问题。

总体而言，维特根斯坦数学哲学研究基本上是数学基础问题上的一种革命性的语言批判，也就是从语言角度澄清数学基础问题争论中的各种混淆，它指出很多数学基础问题都不是真正的哲学问题，而都是伪问题，是无意义的。可以说，维特根斯坦真正地实现了数学哲学的"语言学转向"（linguistic turn），看到数学哲学问题产生是由于数学家或哲学家误解了我们用来阐述数学问题的语言的内在逻辑和语法。

另外，维特根斯坦在不同的时期可能思考和关心的数学哲学主题略有差异，但是他对于数学基础问题的思考始终充满了浓厚的问题意识。维特根斯坦关心的数学基础问题是他进行数学哲学语言批判的基础，所以，我们有必要对维特根斯坦关心的数学哲学问题大致分类。这些问题虽然看上去有些杂乱，但是如果仔细分析其内部关系以及重要性，大致可以将其归为以下十个方面。

第一，如何说明数学的必然性与确定性？

第二，数学的实在或对象对于数学哲学的研究有无必要？如无必要，理由何在？

第三，如何说明数学的创造性和应用性？

第四，数学命题的性质和作用是什么？

第五，数学命题和逻辑命题、经验命题的关系是什么？

第六，如何理解数学的无限？

第七，如何理解数学的矛盾与一致性证明？

第八，如何理解数学证明的性质和作用？

第九，数学需要基础吗？如无必要，理由是什么？

第十，如何评论哥德尔不完全性定理？

关于以上所列问题，需要作些简略的说明。笔者认为，第一个问题既是维特根斯坦数学哲学的首要问题，也是康德以来数学哲学家一直思考的中心问题。如何从哲学角度说明数学的必然性与确定性可以被看作维特根斯坦思考数学基础问题的总的问题。第二个问题是与第一个问题紧密相关的。可以说，维特根斯坦对数学柏拉图主义的批判仍然是以坚持认同第一个问题的重要性为前提的。第二个问题涉及维特根斯坦对柏拉图主义进行的有力的批判，因为柏拉图主义认为数学就要研究数学对象比如数、集合等，数学真理是关于实在的真理，数学真理的必然性独立于人们的主观心理状态而存在，等等。维特根斯坦在数学哲学的研究中聚焦的问题是，数学研究是否需要关涉实在或对象，如果不需要设定数学实在或对象的话，那么，我们应该如何理解数学的必然性和确定性？所以，维特根斯坦对数学柏拉图主义的批判不是随意的，而是以深刻的哲学思考为基础的。关于第三个问题，数学不断处于发展变化的态势之中，数学不断增加新的内容，可以不断地应用于未知的经验世界，这本身是一件非常神奇的事情。那么，如何解释数学的必然性与确定性的同时解释其创造性和应用性也就成为维特根斯坦的数学哲学必须解决的问题。这一问题亦可以看作对康德的数学哲学关于数学综合性和增加新内容问题的继承。

第四个和第五个问题，主要就是说明数学命题本质以及与其他的命题之间的区别，这可以看作维特根斯坦对于数学语言分析的必然追问，如果我们不清楚数学命题是什么样的命题，它与逻辑命题以及经验命题之间的关系的话，那么，我们根本就无法理解数学语言和命题的具体运作以及作用。第六个问题即数学的无限问题处于数学基础不同流派争论的核心，不同流派立场激烈交锋的战场就是"无限"这个概念如何理解的问题（如实无限观与潜无限观、外延无限观与内涵无限观之间的争论等）。维特根斯坦对于"无限"概念的分析和研究应该是他1929年重返剑桥之后所从事的最重要的哲学创作。① 所以，正是维特根斯坦对"无限"概念的重新理解，使得其教学哲学思想从前期向后期发生了转变。第七个问题是关于矛盾和一致性证明的问题，这一问题对于维特根斯坦来说也很重要，他在与维也纳小组交谈时非常重视这一问题，亦多次批判希尔伯特的关于消除隐藏矛盾的一致性证明的观点。所以，我们研究维特根斯坦对于矛盾和一致性证明问题的看法，对于我们理解维特根斯坦和希尔伯特数学哲学之间的关系具有重要意义。第八个问题主要涉及数学证明的性质和作用。数学证明是维特根斯坦后期的数学哲学代表作《关于数学基础的评论》讨论的核心概念，通过讨论数学证明的性质和作用，维特根斯坦基本上形成了自己的关于数学基础的独特观点。第九个问题即关于数学基础本身的哲学追问，维特根斯坦对于这个问题也比较关注，考察他的看法，可以理解"数学基础"与"数学哲学"这些概念之间的差别和联系。第十个问题关于维特根斯坦对哥德尔不完全定理的评论。维特根斯坦对当代数学基础中的典型个案问题的看法，以及对哥德尔不完全性定理的评论对于我们理解相关重要的哲学概念"真"与"可证"或"不可证"问题，具有十分重要的意义。

第五节　本书的研究策略与框架安排

本书的研究策略主要有三点。

第一，主要以问题为导向，而不以时间顺序为导向的研究策略。我们主要关注维特根斯坦的数学哲学中的不同问题的提出，重新梳理其哲学观

---

① 拉姆塞在 1929 年写给摩尔的一封信中，曾这样报告维特根斯坦重返剑桥后的哲学研究工作："这两个学期我和他在工作上有密切接触，我觉得他有了可观的进展，他从命题分析的某些问题开始，现在，这些问题已引着他走向了位于数学基础争论的根源处——无限性问题。起初我担心，数学知识和技能的缺乏会是他在这个领域工作的严重障碍。但他已有进展使我相信事情并非如此，他在这儿也能做出价值一流的工作。"由此可见，维特根斯坦重返剑桥之后的那段时间关注最多的就是数学基础中的无限性问题。另外，1929 年 7 月 12 日到 15 日在英国亚里士多德学会和心智协会年度讨论会上，维特根斯坦原本准备报告《略论逻辑形式》，但是这篇论文刚打印出来，他就觉得不满意，而在会上念了完全不同的一篇关于数学中的无限的论文，非常可惜的是，那篇论文最后遗失了，没有留下任何记录。以上相关内容，请参见［英］瑞·蒙克《维特根斯坦传：天才之为责任》，王宇光译，浙江大学出版社 2011 年版，第 273—275 页。

点论证的过程、评估其效果，而不是以维特根斯坦前中后期思想发展的时间顺序为线索来展开研究。笔者认为，我们应该紧紧围绕维特根斯坦数学哲学中的不同问题来展开论述，而不是刻意追求历史地考察维特根斯坦前中后期的思想发展阶段来展开论述，因为本书主要是哲学思想的研究，而不仅是哲学史的考察。维特根斯坦曾经明确说过："哲学就是哲学问题。"（PG Part I §141）哲学史的考察可以为哲学的研究提供参考，但是不能替代哲学问题研究本身。哲学研究应该是在问题视域中展开的研究。维特根斯坦的数学哲学固然经历了不同的发展阶段，但是我们更应该看到他的前中后期思想之间的内在统一性和连续性。

我们需要关注的是：维特根斯坦在数学基础领域到底思考和解决了哪些哲学问题，或者说他为什么这么思考数学哲学问题。我们要搞清楚维特根斯坦在思考和解决这些哲学问题时，到底是如何论证自己的观点的？如果他没有清楚地表述和论证自己的观点，我们现在又该如何重构他的论证过程？我们在面对敌对意见时，又该如何为维特根斯坦的相关观点进行辩护或改进？我们虽然不可能面面俱到地重构维特根斯坦论述的所有哲学观点，但是我们紧紧围绕前面提到的问题线索来重构相关论证过程，应该既是可行的，也是必要的。

第二，肯定的层面与否定的层面相结合的策略。有学者指出，总体而言，维特根斯坦的数学哲学包括两个层面：肯定的层面与否定的层面。[1]即：一方面是维特根斯坦正面阐述自己的观点；另一方面是维特根斯坦对其他数学哲学观点的批判。的确如此。维特根斯坦在他的数学哲学中，不仅大量地批判了其他的数学哲学流派的相关思想，指出这些思想很多都出于不同的原因是错误或无意义的，是应该抛弃的，而与此同时，维特根斯坦也正面地阐述了自己在相关数学哲学问题上的观点。比如，维特根斯坦反对数学柏拉图主义，认为柏拉图主义者经常关注的"数学是关于什么的？"（What is mathematics about?）这个问题本身是无意义的，数学不关涉任何对象与实体。他还反对直觉主义数学观，认为数学不能被看成脱离

① 参见 Simon Friederich, "Motivating Wittgenstein's Pespective on Mathematical sentences on Norms", *Philosophia Mathematica*, Vol.19, No.1, 2011, pp.1-19。

语言和数学实践的心灵的单纯的活动。维特根斯坦反对逻辑主义，认为将数学还原为逻辑的观点并无可能与必要，且不实用。维特根斯坦亦反对形式主义，认为数学并不仅仅是对于纸上符号的操作游戏，而且还有严格的规则与应用。不仅如此，维特根斯坦自己提出了不少观点，比如，他认为数学命题是句法命题，数学计算是一种严格遵守规则的活动，数学证明确定数学命题的意义，数学证明不同于实验，数学证明必须是综观的，等等。

鉴于以上事实，我们在研究维特根斯坦的数学哲学时，就不可能不考虑这两个方面的结合问题，否则，如果我们偏重这两个方面中无论哪一个，都容易失之偏颇，甚至扭曲维特根斯坦数学哲学思想的本来面貌。笔者原本想采取"先破后立"的方法，即先论述维特根斯坦对其他学派观点的批判，再来系统地介绍维特根斯坦的正面的观点，但是这种方法也存在不少弊端，容易给人造成这一不好印象：维特根斯坦是为了批判一家观点而批判，没有自己的观点。所以，本书采取的策略是将正面的肯定的观点与否定的观点在适当的地方相结合，可以相互交叉，无论先后顺序，只要不造成维特根斯坦数学哲学思想的分裂就可以，那样我们就可以比较准确地把握维特根斯坦的数学哲学思想全貌了。

第三，以开放的姿态来研究维特根斯坦的数学哲学。这也就是说，不轻易地给维特根斯坦的数学哲学扣上某某"主义"的帽子，而更应该看到他的数学哲学思想与别人思想之间的差异以及相似之处。维特根斯坦对几乎所有的数学基础流派都有批判，在很多地方，他都试图保持和别人不一样的思考，同时也在某种程度上有所继承别人思想。所以，我们要想非常清楚地在维特根斯坦和其他竞争的观点之间划出明确的界限，也是比较困难的。因而，这就造成我们不能轻易地下定论说，维特根斯坦属于某某学派，这种贴标签式的行为既算不上严肃的学术研究，也不是明智的研究策略。有评论者指出："实际上，如果把维特根斯坦数学哲学思想线索拉在一起，还不清楚它到底意谓着我们今天所称谓的哪一种一致的'主义'（unified-ism）。"[1]笔者比较同意这一判断，并且认为，我们在研究维特根

---

[1]　Sorin Bangu, "Ludwig Wittgenstein: Later Philosophy of Mathematics", in *Internet Encyclopedia of Philosophy*, https://www.iep.utm.edu/wittmath/.

斯坦的数学哲学时，千万不要一上来就带有自己个人的数学哲学立场，并从这种立场出发来给维特根斯坦贴上某某"主义"的标签，这种做法是相当愚蠢的。

笔者建议，明智的做法是，先悬置自己的个人立场，同时也尽量避免带着某种先入为主的眼光来看待维特根斯坦的数学哲学。与其给维特根斯坦的数学哲学下某种"主义"的结论，不如全面地评估维特根斯坦对于主要数学哲学问题的论证和结论，准确把握其论述的精髓，然后再提出相应的观点。开放的研究姿态与"无定论"式的研究策略，是我们研究维特根斯坦的数学哲学必须践行的基本策略。

本书的写作结构与框架安排如下。本书试图主要以问题为线索来安排不同的章节写作。本书总体计划安排十章（不包括引言与结束语），不同的章下面安排若干小节分别展开论述。具体来说，第一章论述维特根斯坦对数学柏拉图主义的超越。这一部分主要论述数学柏拉图主义的主要论题及其内在困境，最后阐明维特根斯坦对其批判和超越的策略。第二章主要论述维特根斯坦关于数学命题与逻辑命题、经验命题之间的关系，也即考察数学命题与逻辑命题之间的相似和差异之处，同时主要论述清楚数学命题的必然性与经验命题的偶然性以及数学命题如何可以应用到经验世界的内在根据。

第三章主要论述维特根斯坦对数的定义的研究以及他的观点的转变，从主张对数下定义到主张对数词的使用进行研究。维特根斯坦从数的定义到数词使用的分析反映了他的数学哲学思想方式的转变。第四章主要研究维特根斯坦关于数学语法性质的观点，认为维特根斯坦数学语法的观点与棋类游戏存在着相似之处，并且试图从句法规则角度分析数学命题。第五章主要论述维特根斯坦数学中的无限问题。试图从潜无限与实无限、外延无限与内涵无限、无限的时间和无限的空间、无限的可分析与可能性等角度展开"无限"语法分析，揭示"无限"在维特根斯坦那里作为规则或语法可能性来看待的重要哲学意涵。

第六章主要论述维特根斯坦关于数学矛盾问题的看法。着重论述维特根斯坦关于矛盾律与真假游戏、数学演算以及句法规则之间的关系。第七章论述数学证明的性质与作用，主要试图阐明维特根斯坦主张数学证明必须是综观的理由，并从数学证明角度论述清楚数学的必然性与创造性。第八章主要论述维特根斯坦对数学基础争论中的哲学混乱的清除，特别是论述维特根斯坦对逻辑主义数学基础观、直觉主义数学基础观以及形式主义数学基础观的批判，并且阐明在维特根斯坦看来数学不需要一个基础的原因，即数学不需要特别的基础，数学是自足的演算系统。第九章主要试图从数学实践角度重新理解维特根斯坦的数学哲学思想，认为数学基础争论方面产生的哲学混淆大都源于没有真正地理解数学实践本身。数学作为一种技术性和实践性很强的规范活动，可以有效地预测人类的社会实践活动的开展，对于我们人类社会的生存和发展具有至关重要的作用。数学的发展与人类社会的生活形式密切相关。同时从数学实践角度，阐明维特根斯坦对于"理解规则和遵守规则"的理解，分析清楚维特根斯坦如何消解"遵守规则悖论"。第十章主要论述维特根斯坦对哥德尔不完全性定理的评论，阐述维特根斯坦评论的目的以及如何阐明哥德尔的定理的说明"P是真的但不可证"的哲学意义。最后是结束语，主要是总结这本书的主要思想和中心论点，得出相应的结论。

第一章 维特根斯坦对数学柏拉图主义的批判与超越

第一节 数学柏拉图主义的主要论题

数学柏拉图主义（mathematical platonism）是西方传统数学哲学中最有影响力的观点之一。该观点认为，存在着抽象的数学对象或实在，这些数学对象或实在是非时空的、非因果的、不可摧毁的、永恒的存在，数学的理论就是要提供关于这些对象或实在的真的描述。数学研究就是要发现关于这些对象或客观实在的真理。由于这些数学的对象分享了柏拉图的理念（Platonistic Forms）的性质，所以这种数学观又被称为数学柏拉图主义。[①]从历史角度看，数学柏拉图主义观点可以追溯到古希腊的柏拉图。柏拉图非常重视数学研究对于哲学研究的重要意义，他认为，数学研究是研究哲学或辩证法的必要环节，甚至在他的学园门口挂上一块牌子，上面写着"不懂几何者莫入"。柏拉图认为，几何学家使用和谈论的那些可见的图形，并不是他们心中思考的对象，他们心中真正思考的对象是这些几何图形所模仿的东西，而这就是那些图形的本身，比如正方形本身、三角形本身、对角线本身，等等。"他们（指数学家）真正寻求的是只有用思想的方式才能

---

① 参见 Stewart Shapiro, "Philosophy of Mathematics and Its logic: Introduction", in Stewart Shapiro ed., *The Oxford Handbook of Philosophy of Mathematics and Logic*, Oxford: Oxford University Press, 2005, p.6; Mark Balaguer, "Realism and Anti-Realism in Mathematics", in Andrew Irvine ed., *Philosophy of Mathematics*, Amsterdam: Elsevier B.V, 2009, p.36。

'看到'的那些实在。"① 根据柏拉图的观点，数学家研究的对象是实在的，就像理念一样，是永恒的存在。数学家在纸上画的三角形或圆形都只是对于三角形或圆形理念的模仿或分有，理念是经验对象存在的原型，没有理念的存在，就不可能有经验的对象存在。对于柏拉图而言，数学对象的实在性在于数学对象的理念性质本身。数学对象或实在独立于我们人类的主观心灵而存在，是客观的、必然的。研究数学就必须研究这些数学对象之间的性质。数学家的主要任务就是对这些数学对象作出真的描述。

那么，如何获得这些客观存在的数学真理呢？柏拉图认为可以通过"回忆"的方法来实现。柏拉图认为，学习知识本质上就是灵魂的回忆。② 苏格拉底证明了灵魂是不朽的，灵魂在没有降生之前就已经拥有知识，只不过由于人类肉体的出生，导致灵魂中的已有的知识被肉体感官蒙蔽，所以，后天的学习不过就是不断刺激人们的灵魂，让他们重新回忆起灵魂中原来就有的知识。柏拉图的"学习就是回忆"的说法是从先天的角度对人类学习知识给出了较早的论证，这一先天论的观点对于后来唯理论哲学家比如笛卡尔与莱布尼茨等人的天赋观念论影响深远，但是，我们也很容易发现柏拉图的论证的前提，即论证灵魂不朽非常具有争议性，且其中存在浓厚的神秘主义的色彩。

关于数学柏拉图主义的主要论题，不同的版本有不同的说法。我们先看第一个版本，其中包含三个论题：

（1）存在性论题（existence thesis）：一些数学本体是存在的；

（2）抽象性论题（abstractness thesis）：数学本体比如对象或结构是抽象的，不是具体可感知的；

（3）独立性论题（independence thesis）：数学本体是独立于理性主体

---

① Plato, "Republic", 510e, in J.M.Cooper ed., *Plato:Complete Works*, Indianapolis：Hackett Publishing Company, 1997, pp.1131-1132. 中译本参见［古希腊］柏拉图《国家篇》，载《柏拉图全集》（第二卷），王晓朝译，人民出版社 2002 年版，第 508—510 页。

② 关于柏拉图的学习就是回忆的说法，可参见［古希腊］柏拉图《斐多篇》，载《柏拉图全集》（第一卷），王晓朝译，人民出版社 2002 年版，第 51—133 页。

的任何语言、思想与实践。[①]我们可以看见，以上这三个论题实际上都在强调数学本体的存在性、抽象性以及独立性。

第二个版本的数学柏拉图主义亦包含三个论题：

（1）语义论题（semantic thesis）：数学命题陈述真理，这些真理是普遍必然的；

（2）本体论论题（ontological thesis）：数学对象，如数、集合、函数等类似柏拉图理念，占据着一个非因果、非时空的领域，亦即，数学对象或实在是抽象的，是独立于我们的语言和心灵而存在的（主要想表达数学对象或实在的客观性，不受我们人类主观认识的影响）；

（3）知识论的论题（epistemological thesis）：只要我们人类拥有一种特殊的直觉（intuition）的认知能力（虽然我们不能与它们直接地通过因果关系发生互动），我们人类就能够认识这些数学对象或真理。

比较以上两个版本的数学柏拉图主义的论题，我们很容易发现，两个版本之间有重合部分，第一个版本的数学柏拉图主义论题是被包含在第二个版本之中的，第二个版本比第一个版本更加全面。所以，为了避免重复，下面我们讨论的是第二个版本的数学柏拉图主义并对其作进一步阐明。

第一个语义论题主要是主张数学命题陈述真理，这些真理是普遍必然的。这是一个非常朴素的数学真理观，只要我们学习过初等数学，我们就都知道数学具有普遍必然性。"对于一名柏拉图主义者来说，一个数学陈述的意义是以它的真值条件来说明的；对于任意陈述，在数学实在领域都有某种东西与之对应，使其为真或为假。"[②]

第二个本体论论题主要是想论证数学对象，无论是数、集合、函数等都是绝对的实体存在，这些数学对象是抽象的，不是具体的存在，数学对象的存在独立于我们人类的主观认识。在数学柏拉图主义者看来，无论人类认识或没有认识这些对象，这些数学对象都是独立地存在的，无论人类存在或不存在，这些数学对象也都永恒地存在着，并且不受时空、因果因

---

① 参见斯坦福哲学百科关于 "Mathematical Platonism" 的说明，https:// plato.stanford. edu/ entries/ platonism -mathematics/。

② Michael Dummett，"Wittgenstein's Philosophy of Mathematics"，*The Philosophical Review*，Vol.68，No.3，1959，p.325.

素的限制和影响。

关于第三个论题，其主要是想论证，只要人类拥有特定的认知能力（这种认知能力不是一般的经验认识能力，而是一种理性的认知能力），我们就可以获得关于这些抽象的数学对象的知识与真理。以上这三个论题是紧密联系在一起的。可以说，数学柏拉图主义者首先必须设定语义论题，而为了进一步说明为什么数学真理是必然的这一核心问题，数学柏拉图主义者提出了本体论的论题，因为在他们看来，只有假定数学对象或实在的绝对客观存在性，才能从根本上保证数学真理的客观性、普遍性与必然性。第三个知识论论题是为了进一步回答我们人类如何获得这些普遍必然的数学知识和真理的问题。知识论论题的回答是数学直觉或特殊的认知能力。

近代数学柏拉图主义的重要代表是弗雷格与哥德尔。近代数学柏拉图主义的复兴主要归因于弗雷格的逻辑主义的工作。作为一名坚定的逻辑主义者，弗雷格认为，数学研究的对象就是数、真值、函数以及思想，所有这些研究对象都是不依赖人们的心理过程而客观存在的。[①] 数学以上这些研究对象数都不是主观的东西，而是客观实在的，存在于"第三领域"。弗雷格批判地考察了施罗德、密尔、洛克、莱布尼茨、贝克莱等人关于数的错误的观点，认为数既不是像施罗德所讲的是事物的性质，也不是密尔所主张的像小石子那样的空间的普通物理对象的堆集，亦不是像洛克和莱布尼茨所说的那样只是观念中的东西，更不是贝克莱所讲的只是心灵的创造，而是一种客观的东西。弗雷格主张通过对数的概念的逻辑分析保证其客观实在性。弗雷格在《算术基础》26节中这样说：

> 在给出关于数的判断之前所发生的内在心理过程的这样的描述，即使再精确，也绝对不能替代对概念的真正规定。这种描述绝对不能被考虑来证明数学命题，通过它们，我们不能获悉数的性质。因为，如同北海不是心理的对象或心理过程的结果一样，数也绝不是心理的

---

① 弗雷格的柏拉图主义不仅包括数，而且包括真值、函数以及思想，参见 T.Burge, "Frege on Knowing the Third Realm", in M.Schirn ed., *Frege: Importance and Legacy*, Berlin& New York: de Gruyter, 1996, p.349。

对象或心理过程的结果……所以，数也同样是某种客观的东西。[①]

根据弗雷格的观点，数的客观存在性就像北海的客观存在一样，是不以人的意志为转移的，是独立实存的。

弗雷格通过一番考察数的概念的性质，最后得出结论认为：

> 数既不是空间的，也不是像密尔的小石子堆和姜汁糕点堆的物理的东西，更不是主观的表象，而是非感官的、客观的东西。客观性的基础绝不在心灵的主观的作用的感觉印象之中，在我看来，客观性的基础只能在理智之中。[②]

弗雷格认为，我们不能像观察物理对象的性质那样去研究数学，数学的研究对象比如数，不是时间、空间之内看得见、摸得着的东西，数作为对象是不可能像物理对象那样可以直接通过外在感官感知的方式而获得的，而只能通过理智的逻辑分析来把握数的概念和对象。"弗雷格是本体论的实在论者，相信自然数是独立存在的。"[③]

弗雷格在《算术基础》中主要从哲学角度阐明和论证了数的概念分析的重要性，以此保证具体的数作为对象的客观性。另外，弗雷格还在另一篇名为《逻辑》的论文中这样写道：

> 自然的法则不是被我们发明的，而是被发现的，就如同北冰洋中一座荒岛在人们发现它之前已经存在很多年了，所以，自然的法则，以及那些数学的法则始终有效，而不是因为它们被发现才有效。这一点向我们表明，这些思想，如果是真的，不仅独立于我们认知它们是

① Gottlob Frege, *Die Grundlagen der Arithmetik—Eine logisch mathematische Untersuchung über den Begriff der Zahl*, hrsg.von Christian Thiel, Hamburg: Felix Meiner Verlag, 1988, §26.
② Gottlob Frege, *Die Grundlagen der Arithmetik—Eine logisch mathematische Untersuchung über den Begriff der Zahl*, hrsg.von Christian Thiel, Hamburg: Felix Meiner Verlag, 1988, §.42.
③ ［美］斯图尔特·夏皮罗：《数学哲学——对数学的思考》，郝兆宽、杨睿之译，复旦大学出版社2014年版，第105页。

如此而为真，它们的真独立于我们如此思考。[①]

很明显，对弗雷格来说，数学的法则和真理就像北冰洋的荒岛一样是客观存在的，是独立于我们的认知和发现而实存的，是超越时间的东西。这就是一种典型的柏拉图主义的数学观。

弗雷格认为，思想的逻辑结构也可以按照数学中的函数和主目的方式来区分，即可以被区分为函数和主目两个部分。那么，相应地，在语义表达式的层面上，也可以区分为两种范畴，专名（Eigenname）与概念词（Begriffswort）。专名意谓的是具体的对象，而概念词意谓的是概念。概念词就是函数，是不饱和的，需要与专名意谓的对象结合在一起才能成为一个完整的表达式。相应地，思想的饱和的构成部分是对象，而不饱和的部分就是概念。概念和对象结合在一起才能形成完整的思想。

一个对象属于一个概念就叫那个对象落在那个概念之下。对象和概念都是客观实在的。数的陈述包含的是对一般概念的断言，而每个具体的数意谓的是独立的对象。每个数词就是不同的专名，专名意谓具体的不同的对象。根据弗雷格的关于概念和对象的区分，不同的数意谓的是不同的对象，数的表达式表达的是概念，而不是对象。比如"木星有4个卫星"这一表达式其实表达的是有4个对象落到"木星的卫星数"这一概念之下。弗雷格接受了以下几个关键性假设。

（1）每个概念 F 都有一个外延 $\{x|F(x)\}$，它是一个对象。

（2）概念的外延满足以下等同性条件（公理 V）。公理 V 断定两个函数概念的外延相等的条件，可以符号化为：

$$\{x|Fx\}=\{x|Gx\} \leftrightarrow (\forall x\,(Fx \leftrightarrow Gx))\,[②]$$

---

① Gottlob Frege, "Logic", in Michael Beaney ed., *The Frege Reader*, Oxford: Blackwell Publishers Lt.d., 1997, p.233.

② 弗雷格系统中的公理 V 就是外延相等公理，是说：概念 F 和概念 G 具有相同的外延（值域），当且仅当，无论落在概念 F 的哪个对象也落在概念 G 之下，反过来也一样。参见 Gottlob Frege, *Basic Laws of Arithmetic*: *Derived using concept-script*, Vol. I & II, Translated and Edited by Philip A.Ebert&Marcus Rossberg with Crispin Wright, Oxford: Oxford University Press, 2013, §3, §9。

弗雷格定义"一个概念 F 的数"：$^{\#}F$。

$^{\#}F=_{df}\{G:G\approx F\}$ 也即 F 概念与 G 概念等数意谓着："G，F 中的对象一一对应。"

用二阶语言表达：给定一个概念 F，概念 F 的数就是二阶概念 λF（$F\approx G$）的外延。这样，弗雷格就给数下了定义，认为"归属于概念 F 的基数就是'与概念 F 相等数'的概念的外延"[1]。或者一般地说，数是所有与该概念相等数的概念的外延，比如 0 是所有"与自身不相等"（sich selbst ungleich）的概念的外延[2]，也就是空集，空集也就是指，没有一个对象落在这个概念之下。弗雷格随后证明了这一关于 0 的定义的合理性，因为没有一个对象落入概念 F 之下与没有对象落入概念 G 之下两者之间是等数的。

随后，为了得到数 1 的定义，弗雷格需要定义自然数序列中相邻两项之间的"后继"（逆关系："前驱"）关系，弗雷格如下这样定义"后继"（Successor）[或"前驱"（Predecessor）]关系。

这个命题（1）："存在 F 这个概念与落入这个概念之下的对象 x，n 为归属于 F 这个概念的基数，并且 m 是归属于'落入 F 这个概念但是与 x 不相等'的概念的基数。"与这个命题（2）："n 在自然数序列中直接是 m 的后继"意谓相同。[3]

这也就是说，如果 n 在自然数序列中是 m 的后继（n=m+1），则意谓着 m 是 n 的前驱（Precedessor），可以将以上命题（1）符号化如下：

$$Precedes\,(m,\,n)=_{df}\exists F\exists x\,(Fx\&n=^{\#}F\&m=^{\#}(\lambda y\,(Fy\&y\neq x)))$$

定义好自然数序列相邻两项之间的"前驱"（或"后继"）关系之后，弗雷格开始定义数 1。弗雷格认为，为了定义数 1，首先需要表明 1 是 0

[1] Gottlob Frege, *Die Grundlagen der Arithmetik—Eine logisch mathematische Untersuchung über den Begriff der Zahl*, hrsg.von Christian Thiel, Hamburg：Felix Meiner Verlag, 1988，§ 68.

[2] Gottlob Frege, *Die Grundlagen der Arithmetik—Eine logisch mathematische Untersuchung über den Begriff der Zahl*, hrsg.von Christian Thiel, Hamburg：Felix Meiner Verlag, 1988，§ 74.

[3] Gottlob Frege, *Die Grundlagen der Arithmetik—Eine logisch mathematische Untersuchung über den Begriff der Zahl*, hrsg.von Christian Thiel, Hamburg：Felix Meiner Verlag, 1988，§ 76.

的后继，即我们还必须理解自然数序列中的确存在某种直接是 0 的后继的东西。弗雷格认为，人们更喜欢用"与 0 相等"这个谓词（概念），也即意谓着：有且只有一个对象 0 落入这个概念之下。他进一步说明了，在自然数序列中，归属于"与 0 相等"这个概念的基数紧跟 0，因而 1 这个数是 0 的后继。因而，弗雷格将 1 定义为：数 1 是那些归属于"与 0 相等"的这个概念的外延，也可以表述为：1 在自然数序列中是 0 的后继[①]；数 2 是那些归属于"与 0 相等"或"与 1 相等"的概念的外延；数 3 表示那些归属于"与 0 相等"或"与 1 相等"或"与 2 相等"的概念的外延；如此等等。

弗雷格定义个别自然数，可以用符号表示如下[②]：

$$0 =_{df} \#(x \neq x)$$

$$1 =_{df} \#(x=0)$$

$$2 =_{df} \#(x=0 \lor x=1)$$

$$3 =_{df} \#(x=0 \lor x=1 \lor x=2)$$

以此类推。

弗雷格以上关于自然数的定义其实就是说，数 1 是表示只包含一个对象的集合[③]，数 2 表示的是包含两个对象的集合，数 3 表示的是包含 3 个对象的集合。弗雷格认为，我们通过定义 0，后继，1，以及等数（一一对

---

①　Gottlob Frege, *Die Grundlagen der Arithmetik—Eine logisch mathematische Untersuchung über den Begriff der Zahl*, hrsg.von Christian Thiel, Hamburg：Felix Meiner Verlag, 1988, §77.

②　参见叶峰《二十世纪数学哲学：一个自然主义者评述》，北京大学出版社 2010 年版，第206 页。

③　有匿名评审专家曾批评认为，弗雷格没有使用过"集合"来定义数的问题，根据笔者的考察，弗雷格虽然在《算术基础》的 28 节批判过托迈（Thomae）关于基数作为集合的思想，但是其批判针对的是托迈观点中的"项集"（item-sets）概念中存在不清晰的缺陷，而不是批评"集合"（set/Menge）概念本身，弗雷格用"概念的外延"（Begriffumfänge）来定义数，"概念的外延"完全可以理解成"集合"，很多专门研究弗雷格的专家学者也是这样处理和分析的。参见 Christian Thiel, "Einleitung des Herausgebers", Gottlob Frege, *Die Grundlagen der Arithmetik—Eine logisch mathematische Untersuchung über den Begriff der Zahl*, hrsg.von Christian Thiel, Hamburg：Felix Meiner Verlag, 1988, XIV,XV。另外，"罗素悖论"一般也被称为"集合论悖论"，而导致"罗素悖论"产生的弗雷格的公理 5，就是谈概念外延相等公理的，这也从侧面说明了弗雷格的概念外延理论的确可以被称为集合论，当然不是托迈"项集"或"堆集"意义上的集合论，而是概念的外延或概念类意义上的集合论。

应），就可以给出所有自然数的定义。任意一个自然数 n 是有限基数，意谓：n 属于以 0 开始的自然数的序列[1]，所以，弗雷格给出"自然数"概念的定义为：

> n 是自然数，当且仅当 0 < n，也即 n 是一个自然数，当且仅当，从 0 经过有限次后继关系可达到 n。

由此，弗雷格认为，自然数就是客观存在的对象，是抽象的、独立于人的感官而存在的，只能通过理智的逻辑分析才能掌握。当然，弗雷格的这种逻辑主义的计划后来由于发现了罗素悖论而面临了严重的危机。

另外，哥德尔也是坚定的数学柏拉图主义者。前面提到的数学柏拉图主义的三个基本论题都适用于哥德尔。关于数学柏拉图主义的本体论论题，哥德尔坚持认为，数学对象比如数、集合等都是客观实在的东西，数学家或逻辑学家的任务就是研究这些客观存在的数学对象及其属性。哥德尔认为，数学对象不是像康德、布劳威尔与外尔等人认为的只是人类心灵的构造，而是独立存在的。比如，他曾经这样写道："说一个基数具有一定的属性而存在，被定义为意谓着这样一个基数的集合是存在的。"[2] 哥德尔还说："数学世界的客观存在问题，与外部世界的客观存在同出一辙。"[3] 根据哥德尔，集合论研究的前提就是承认这些数学对象，比如，集合是存在的，并具有一定的性质。既然哥德尔坚持认为数学对象是客观独立存在的，那么，我们应该如何认识这些数学对象或真理呢？哥德尔的回答是数学直觉（mathematical intuition）。这是哥德尔对于柏拉图主义的第三个论

---

[1] Gottlob Frege, *Die Grundlagen der Arithmetik—Eine logisch mathematische Untersuchung über den Begriff der Zahl*, hrsg.von Christian Thiel, Hamburg: Felix Meiner Verlag, 1988, 84.

[2] Kurt Gödel, "What is Cantor's continuum problem?", in Solomon Feferman, John W. Dawson, Jr. Stephen C. Kleene, Gregory H. Moore, Robert M. Salovay, Jean van Heijenoort eds., *Kurt Gödel: Collected Works, Volume II, Publications 1938-1974*, Oxford and New York: Oxford University Press, 1990, p.254.

[3] 转引自［美］王浩《逻辑之旅：从哥德尔到哲学》，邢滔滔、郝兆宽、汪蔚译，浙江大学出版社 2009 年，295 页。

题即认识论论题的回答。

　　哥德尔认为，我们可以通过这种特殊的数学直觉来把握数学对象的存在以及相应的真理。在谈到康托尔的集合论时，哥德尔说："对于那些承认数学对象是独立于我们的构造而存在，以及我们拥有关于这些个别数学对象的一种直觉的某人来说，同时，对于那些仅要求普遍的数学概念对我们来说是足够充分的，以致我们能够认出它们的有效性以及与它们相关的公理的真的那些人来说，我相信，在其原始的内容以及意义方面，存在一个关于康托尔集合论令人满意的基础。"[①]哥德尔认为，我们人类具有一种特殊的数学直觉能力，这种能力能帮助我们把握数学中那些抽象的对象比如数和集合以及相应的真理，这种数学直觉最终可以帮助我们去判定康托尔连续统问题。那到底什么是哥德尔所谓的数学直觉呢？

　　哥德尔将数学直觉类比为我们对于物理对象的感知能力。在谈到数学直觉时，哥德尔强调说：

　　　　但是，尽管它们与感官经验相距甚远，我们的确拥有关于集合论对象的类似于感觉的某种东西，这点从以下事实中可以看出，即这些集合论公理自身迫使我们承认它们为真。我看不到有任何理由，为什么我们应该拥有的对于这种知觉能力即数学直觉的自信要少于我们对于感觉的自信，而感觉引导我们去建立物理学的理论并期望未来的感觉将与它们相吻合。[②]

　　这也就是说，在哥德尔看来，我们应该保持对数学直觉的信心，就像保持对物理对象的感知能力的信心一样。正如物理对象的感知能力可以帮

[①]　Kurt Gödel, "What is Cantor's continuum problem?", in Solomon Feferman, John W. Dawson, Jr. Stephen C. Kleene, Gregory H. Moore, Robert M. Salovay, Jean van Heijenoort eds., *Kurt Gödel: Collected Works*, Vol. II, *Publications 1938-1974*, Oxford and New York: Oxford University Press, 1990, p.258.

[②]　Kurt Gödel, "What is Cantor's continuum problem?", in Solomon Feferman, John W. Dawson, Jr. Stephen C. Kleene, Gregory H. Moore, Robert M. Salovay, Jean van Heijenoort eds., *Kurt Gödel: Collected Works*, Vol. II, *Publications 1938-1974*, Oxford and New York: Oxford University Press, 1990, p.268.

助我们去建立相应的物理理论，我们对数学对象的直觉能力也最终可以帮助我们建立起值得信赖的数学公理或理论。总之，在哥德尔那里，数学对象比如集合论所讲的集合是客观独立地存在的，并且具有不同的性质，通过特定的数学直觉可以把握这些集合的性质与相应的公理的真。

第二节　数学柏拉图主义的内在困境分析

　　数学柏拉图主义面临的最大的困境是认识论的困境，即人类如何具有这种特定的直觉的认知能力来把握这种数学抽象的对象和真理？数学柏拉图主义者是很难清楚地解释这一问题的。数学柏拉图主义主张抽象的数学对象是独立客观存在的东西，目的是保证数学真理或命题的客观性。在数学柏拉图主义者看来，这种抽象存在的数学对象是超出时间和空间范围的，是非因果性的，是永恒不变的，亦是不可摧毁的。正是由于这种数学对象或实在存在的这些描述性质类似于柏拉图的理念，所以它们才被称为柏拉图主义。我们学习过哲学史的都应该知道，柏拉图的理念论虽然在哲学史上的贡献很大，可以说是首先在西方哲学史上提出了一套系统的本体论理论体系，但是这种本体论或实在论最大的问题就在于：具体的事物和理念世界之间的关系问题，具体的世界如何与设定的理念世界发生和谐的关系的问题一直是晦暗不明的。柏拉图尝试从分有或模仿角度来解释和说明这种关系，但是两个世界之间的沟通依然困难重重，两个世界之间存在着严重的分裂，这也就导致柏拉图在晚年承认他的理念论中包含了严重的错误。①

　　实际上，数学柏拉图主义面临的最大挑战也如同柏拉图的理念论面临的挑战，那就是，难以有效地说明我们人类理性主体如何能获得关于这些抽象的独立的数学对象和实在的知识。或者换句话说，难以清楚地说明抽象的数学对象如何与我们人类主体世界发生关系的问题。因为人类的世界是生活在时间和空间之中的世界，是受到因果关系影响的世界，而柏拉

---

① 关于柏拉图晚年对自己的理念论的批判，可以参见柏拉图晚年的对话《巴门尼德篇》。

图主义设定的那样一个抽象的独立的数学对象世界，作为永恒世界的代名词，是远远超出了我们现实的经验世界之外的世界。在很大的程度上，数学柏拉图主义设定的那样的数学世界是高高在上的，远离了我们的具体的生活。这也就很自然地导致了一个问题，即那样的一个由抽象的数和集合构成的世界到底是如何与我们具体的生活世界之间形成有效的互动和关联的？数学柏拉图主义难以回答这一问题，这也就是数学柏拉图主义面临的最严重的认识论的挑战。

弗雷格和哥德尔的关于数学对象的柏拉图主义哲学说明中都存在这样的认识论问题。弗雷格为了实现他的逻辑主义的规划，即将算术归约为逻辑定义或定理这一目标，坚持很强的概念实在论立场，认为具体的数作为对象存在，以及数的陈述所包含的概念，都是必然的客观的。但是他对于我们如何获得关于这些客观独立抽象地存在的数学概念或对象的知识，并没有给出一致性的说明。相反，罗素悖论的出现在很大程度上表明这种绝对柏拉图主义是站不住脚的。[①] 弗雷格认为，数作为数学对象，就像概念与函数以及真值（真、假）一样，都是逻辑研究的对象，都属于超越物理实在和心理主观领域的"第三领域"，它们属于思想的范畴，思想领域存在的逻辑对象不是主观的表象，但却可以被所有人"把握"。弗雷格写道：

> 因此，这里最好选择一种特殊的表达，而"把握"一词为我们提供了一种表达。相应于思想的把握必须有一种特殊的精神能力，思维能力。在进行思考时，我们不是制造思想，而是把握思想。[②]

但是对于如何把握，为什么人人都有这种把握"思想"的能力，弗雷格似乎也没有解释得很清楚。

---

① 参见 Paul Bernays, "On Platonism in Mathematics", in Paul Benacerraf and Hilary Putnam ed., *Philosophy of Mathematics: Selected Readings*, Second Edition, Cambridge：Cambridge University Press, 1983, p.261。

② ［德］弗雷格：《思想：一种逻辑研究》，载《弗雷格哲学论著选辑》，王路译，商务印书馆 2013 年版，第 151 页。

　　哥德尔的关于数学直觉的说明，也是想论证我们有能力获得关于这些抽象的数学对象比如集合的知识。但是他没有说明的是我们如何获得这一特殊的数学直觉，并且也没有说明我们所获得的这种数学直觉是否可以普遍地解释我们所获得一切关于数学对象的真理和知识。著名的数学哲学家保罗·贝纳塞拉夫（Paul Benacerraf）曾经这样评价哥德尔的数学柏拉图主义的立场，他说："因为正像哥德尔所指出的，我们从我们似乎有更直接的'知觉'（更清晰的直觉）的领域中演绎出序列来'验证'公理，但是，我们绝对没有被告知如何知道这些更清晰的命题。"①

　　正如我们前面所提到的，哥德尔为了说明数学直觉，将数学与经验科学进行类比，认为数学直觉对于数学对象的认识论意义类似于感知能力对于经验科学比如物理学的认识论意义。但是，数学毕竟不同于经验科学。因为数学是普遍必然的，而经验科学则不是必然的。说我们依靠感性经验来认知经验对象，这在认识论上比较有说服力，但是说我们用一种比较独特的数学直觉能力来理解数学对象，则很容易导致模糊不清。对于哥德尔强调的数学直觉的作用，贝纳塞拉夫再次评论道：

　　　　我认为，他看到必须要说些东西来填平由他对数学命题的实在论和柏拉图主义解读所创造的横在构成数学主题的实体和人类认知者之间的裂隙。不是用数学命题的逻辑形式或已知对象的性质来修补这一裂隙，他设定了一种特殊的能力，通过这种能力我们与这些对象"互动"。我同意他对基础问题的分析，但是很明显不同意这一认识论问题，即到底有什么大道向我们敞开，通过它们我们可以认知这些事物。②

---

① Paul Benacerraf, "Mathematical Truth", in Paul Benacerraf and Hilary Putnam ed., *Philosophy of Mathematics: Selected Readings*, Second Edition, Cambridge：Cambridge University Press, 1983, pp.415-416.

② Paul Benacerraf, "Mathematical Truth", in Paul Benacerraf and Hilary Putnam ed., *Philosophy of Mathematics: Selected Readings*, Second Edition, Cambridge：Cambridge University Press, 1983, p.416.

哥德尔的所谓的数学直觉能力，是不是一种特殊的认知能力，哥德尔自己也有着自己的说法。他曾经这样说：

> 我们应该注意到的是，数学的直觉（mathematical intuition）不必被认为是一种能为对象给出直接知识的能力，而似乎是，正如在物理经验中的情况一样，我们在某些直接被给予的别的东西的基础上形成那些对象的观念，只要这里的其他的别的东西不是原初的感觉就行。[①]

但是，从以上哥德尔的论述中，我们还是不明白到底这种数学直觉是指什么。这种数学直觉如何能够使我们获得关于数学对象的知识，依然是不清楚的。

如前所述，数学柏拉图主义者设定了数学对象的客观实体性、独立性和抽象性，这些抽象独立的数学对象或实体远离了我们普通的经验世界，所以，他们就面对了一个认识论的困境：如何说明人类理性主体可以普遍地获得关于这些数学对象或实体的知识。这一认识论困境是数学柏拉图主义者难以克服的，因为只要他们坚持本体论的论题，就会产生这种认识论的困境。这种很强的柏拉图主义或数学实在论观点必然会在数学对象世界与人类的认知主体之间人为地造成难以逾越的鸿沟。前面提到的弗雷格和哥德尔等人就是近代数学柏拉图主义者的主要代表。他们其实坚持的是对象柏拉图主义，也就是说，在他们的柏拉图的世界中，客观地抽象地独立存在的是对象，而不是结构。

在 20 世纪后半叶，西方数学哲学中还出现了另外一种柏拉图主义，即结构柏拉图主义。他们看到了对象柏拉图主义的弊端，试图不说数学对象的存在性，而希望从结构和关系的角度来重新拯救数学柏拉图主义。结构柏拉图主义者认为，重要的不是对象的存在，而是对象之间的关系和结

[①]　Kurt Gödel, "What is Cantor's continuum problem?", in Solomon Feferman, John W. Dawson, Jr. Stephen C. Kleene, Gregory H. Moore, Robert M. Salovay, Jean van Heijenoort eds., *Kurt Gödel: Collected Works*, Vol. Ⅱ, *Publications 1938-1974*, Oxford and New York: Oxford University Press, 1990, p.268.

构。不存在数 3 的对象，而只存在自然数模型中第 4 个位置（position）。[1]
但是在笔者看来，只要结构主义者强调的结构是抽象的，实际也就会面临
与对象柏拉图主义一样的认识论困境。另外，谈结构实际上也离不开谈对
象，如果不设定对象，对象之间的关系和结构的阐明也必将落空。所以，
在笔者看来，结构柏拉图主义希望用结构取代对象来说明，实际上是换汤
不换药，都会面临前面所提到的认识论的困境，即任何说明人类获得关于
这些抽象的对象或结构的知识问题。从数学柏拉图主义自身的立场出发，
无论是对象还是结构，都不能有效地面对这一挑战。概言之，数学柏拉图
主义的贡献在于它认识到了数学知识的普遍性与必然性，但是给出的回答
不能令人信服，认识论难题始终难以解决，而且很容易导致神秘主义。

第三节　维特根斯坦对数学柏拉图
主义的批判与超越

一　数学不关涉抽象对象实在，不描述对象或实在的性质

前面提到的数学柏拉图主义的认识论的困境，产生的最主要的根源其
实就在于，这些数学柏拉图主义者们设定了一大批抽象的独立的数学对象
或实在，这样就在抽象的数学对象（超时空和非因果的）与人类的认知主
体之间设置了不可逾越的鸿沟，这一鸿沟的存在导致的后果是，人类难以
有效地获得关于这些数学对象或实在的知识。我们如果承认数学柏拉图主
义的语义论题，即认为我们需要把握所谓的客观必然性的数学真理，那么，
我们就很容易被语言引诱地认为，我们需要设定客观独立存在的抽象数学
对象或实体，以此来保证数学知识或真理的客观必然性。也就是说，如果
我们坚持数学柏拉图主义的语义论题，我们就必然要设定本体论论题，而
要坚持本体论论题，那么，我们也必然会遭遇认识论困境。而从坚持语义
论题和本体论论题出发，数学柏拉图主义的认识论问题其实是无解的。如

---

[1] 参见 Mark Balaguer, "Realism and Anti-Realism in Mathematics", in Andrew Irvine ed., *Philosophy of Mathematics*, Amsterdam: Elsevier B.V, 2009, p.41。

何走出这里的困境，最根本最有效的方法就是同时否定数学柏拉图主义的三个论题。除此之外，别无他法。

　　维特根斯坦对于数学柏拉图主义的内在困境是非常清楚的，他从始至终都在明确地反对数学柏拉图主义。数学柏拉图主义坚持客观存在的事实或对象，主要目的是说明数学命题的客观的真或假，也就是说明数学命题的真假二值性，但是，维特根斯坦则明确反对数学命题具有真假二值性。如何说明数学命题的真假二值性？数学柏拉图主义者借助现代形式逻辑的帮助，特别是函项和主目的划分来将数学命题形式化，也即试图用数学术语将数学命题看成一个个函项，主目可以将真值（真与假）赋予函项。弗雷格和罗素等人坚持在形式逻辑中引入量词理论就是例证。对此有学者指出："维特根斯坦反对这种实践，根据维特根斯坦的反柏拉图主义，数学命题并不与这样的命题函项相对应，通过拒斥将数学的逻辑形式化，维特根斯坦的数学与传统的方法截然对立。"① 维特根斯坦认为，数学柏拉图主义的内在困境或问题产生的根源在于数学柏拉图主义者对于数学本性以及数学实践的误解，他们没有真正地看到数学家真正所做的事情本身。如果我们认真地分析数学家所做的事情本身，就会发现数学柏拉图主义者提出的问题基本上都是伪问题，是无意义的，是对于数学活动的语法误解所致。维特根斯坦所要做的就是从语言角度，批判地澄清各种关于数学基础领域的不同的本体论或认识论误解，还数学研究活动以本来面目。

　　维特根斯坦对于以上数学柏拉图主义的内在困境的批判与超越策略在于，同时否定数学柏拉图主义的前两个论题，即语义论题和本体论论题，如果成功的话，那么，第三个论题引出的问题其实就会被消解。首先，我们来看看维特根斯坦对于数学柏拉图主义的第一个论题语义论题的拒斥。虽然，维特根斯坦也明确地坚持数学的必然性和确实性，但是，他否认数学命题表达客观存在的必然性真理。根据维特根斯坦的看法，数学命题由等式组成，数学命题对于世界本身并无所说，数学命题本身是无意义的，不表达任何思想和真理。维特根斯坦在《逻辑哲学论》中这样写到，"数

① Timm Lampert, "Wittgenstein on the Infinity of Primes", *History and Philosophy of Logic*, Vol.29, 2008, pp.63-81.

学命题是等式，因而是伪命题"（pseudo- propositions/Scheinsätze）（TLP 6.2）；"数学命题并不表达思想"（TLP 6.21）。那么，什么是维特根斯坦所谓的"思想"呢？维特根斯坦认为，思想是有意义的命题（TLP 4），那么，进一步的追问是，什么是有意义的命题呢？根据早期维特根斯坦意义图像论的观点，有意义的命题就是指能够成为事实的逻辑图像的经验命题，这些经验命题能够为真或者为假，有意义的命题能够表达世界中发生的事情即事实，具有真假两极性。而如果说数学不表达思想，就等于说数学不是有意义的命题，数学命题是无意义的（nonsensical）原因在于数学命题没有真假二极性（two-polarity）。

那么，为什么数学命题不表达客观必然性的思想或真理呢？这就涉及维特根斯坦对于数学柏拉图主义的第二个论题本体论论题的拒斥。维特根斯坦认为，数学不关涉抽象的对象或实在，而只关涉数学计算或句法本身，数学命题没有像经验命题那样的明确的真假条件。维特根斯坦在《逻辑哲学论》中将数学类比于逻辑，认为数学是一种逻辑的方法（TLP 6.2）。"我的基本思想是'逻辑常项'（logical constants）不代表任何东西，不可能存在事实逻辑的代表物。"（TLP 4.0312）"在这一点上，很清楚的是，不存在（在弗雷格和罗素意义上）的'逻辑对象'（logical objects）或'逻辑常项'。"（TLP 5.4）在维特根斯坦看来，逻辑或数学的记号不能意谓任何具体的实在或对象，因为逻辑和数学的记号只有在一定的句法规则的作用下才有意义，逻辑和数学中的对象的说法是误导的，因为逻辑和数学中根本就不存在对象。"维特根斯坦对任何类型的'逻辑对象'的存在都表示怀疑，无论是数，概念的外延，还是罗素主张的'逻辑常项'。"[1]

在维特根斯坦那里，数学不是一种对于数学对象或实在的描述的科学，而是一种根据一定的运算规则进行等式变换的活动。数并不是像弗雷格等柏拉图主义者认为的那样是逻辑对象，数就是数学记号，没有必要像弗雷格那样严格地区分数字和数，因为弗雷格认为数学真正的研究对象不是数字这些记号，而是数本身，数本身和数字一定要区别开来，数学不是

① Michael Beaney, "Wittgenstein and Frege", in Hans-Johann Glock and John Hyman eds., *A Companion to Wittgenstein*, Oxford: Wiley Blackwell, 2017, p.79.

一门只研究数学记号的形式科学，数学记号与表达式具有相应的涵义和意谓，亦具有内容。但是，维特根斯坦却对弗雷格的这种"内容数学"表示反对，而强调数学的形式属性。因而，在这一点上，我们明显可以看出，维特根斯坦对于形式主义数学观的同情。吉奇（Peter Geach）曾经报告过一段维特根斯坦与弗雷格之间对话，这段对话是以维特根斯坦的口吻来描述的，很能说明维特根斯坦与弗雷格在数是不是对象问题上的差异态度：

> 最后一次我见到弗雷格，是当我们在火车站等我的火车时，我向他问："难道你没有在你的数是对象的理论中发现任何困难么？"他回答说："有时我似乎看到困难，但是再一次我又看不见它了。"①

以上记载说明，晚年弗雷格对于数是对象的理论，心中充满纠结与疑虑。维特根斯坦认为，只有不去设定或研究那些抽象的数学对象或实在，才能从根本上走出数学柏拉图主义的认识论困境，才能避免回答人类有限的理性主体如何认识那些抽象的数学对象的问题。维特根斯坦认为，数学并不关涉对象或实在，数学符号并不像一般的经验命题或自然科学命题那样直接指称对象，数学不研究抽象的对象及性质，谈论抽象的数学实在或对象是无意义的。数学柏拉图主义者试图以模仿谈论经验命题的方式来讨论数学命题，实际上是混淆了数学命题与一般的经验命题或自然科学命题。②

为了更好地理解维特根斯坦关于数学不关涉相应对象的观点，我们有必要先理解他对于形式概念和真正的概念、变名和真名之间的区分的观点。关于形式概念（formal concept）与真正的概念（proper concept）、变名（variable name）与真名（proper name）之间的严格区分③，是前期维

---

① Peter Geach, "Frege", in G.E.M.Anscombe and P.T.Geach eds., *Three Philosophers*, Oxford: Blackwell, 1973, pp.129-162.

② 关于维特根斯坦论述数学命题和经验命题之间的区别问题，本书在第三章还要继续详细阐明，这里只是作一概述。

③ "proper name"在一般的语言哲学中被翻译为"专名"，但是考虑到维特根斯坦这里强调这几对概念之间的区别，强调"形式的"与"真正的"之间的对立，故而笔者主张将"proper name"翻译为"真名"，类似地，将"proper concept"翻译为"真正概念"，而不是"专有概念"。

特根斯坦的基本哲学立场。这两对概念之间的区分，实际上与前期维特根斯坦的言说和显示之间的区分紧密相关。首先，我们来看形式概念和真正的概念之间的区分。根据维特根斯坦的观点，与真正的概念中的对象可以通过命题（或函项）表达或言说出来不同，形式概念中的对象不能通过命题（或函项）表达出来，而只能通过标示该对象的记号显示出来（TLP 4.126）。一个名称可以显示，它标示一个对象，一个数学记号显示，它标示一个数。形式概念的形式属性，只能通过标示对象的记号或名称而显示出来，却不可言说出来。形式概念不能通过函项的方式来言说，或描述形式概念的形式属性。标示一个形式概念基本特性的记号，是其意谓归属于这个概念之下的所有符号的特有特征（TLP 4.126）。维特根斯坦主张用命题变项（propositional variable/satzvariable）来表达形式概念（TLP 4.127）。其次，我们再来看看变名和真名之间的区分。与前面形式概念和真正的概念之间的区分类似，变名也不像真名那样真正地意谓一个对象，而是标示一个变动的名称，是一个伪概念。出现在真正概念中的对象，一般就用真名标示，而出现在形式概念中的对象，一般只能用变名来标示。

按照早期维特根斯坦的观点，数学等式两边的数学记号是没有真正的意谓的，数学记号不同于真名（proper name），而只是变名（variable name），真正的名称意谓相应的对象，可以对特定的对象或实在进行描述，但是数学记号由于不是真正的名称，所以，它们不能直接意谓对象或实在。维特根斯坦不仅指出数学命题本身是无意义的，还分析了所谓"数学对象"中的"对象"概念本身就是形式概念或伪概念，不是真正的实质性概念，因而，所有谈论"对象"的说法都是无意义的。根据维特根斯坦的观点，"对象"这一名称本身，不是真名，而只是变名，其基本特性就在于，它是用变量（variable）来表示的，它并不意谓具体的某个对象，而只是变名而已。"1是一个数"，严格来说，是不可说而只能显示的，通过关于1的数学运算来显示。

正如学者马耶夏克（Stefan Majetschak）曾指出的，维特根斯坦的

"对象"作为形式概念是"完全独立于本体论的假定的"[1]。如果我们把形式概念和本来意义的概念，把变名和真正的专名之间关系弄混了，那么就只能产生无意义的命题。维特根斯坦认为，弗雷格和罗素关于函项和类的观点，其实就是没有认清这一区分，因而产生了很多混淆。所以，我们在数学上，一般不能说什么什么数学对象存在之类的语句。我们也不能追问数学中的所谓对象——数本身到底是什么，不能像弗雷格那样坚持从逻辑的角度给数下一个所谓严格的逻辑定义[2]，而这在维特根斯坦看来，就是试图言说不可说的东西。数是一个形式概念，不是一个真正的概念。数本身是什么，只能通过具体的标示数的数字的应用显示出来。

根据维特根斯坦的观点，数学命题纯粹是一种等式（equations）的变换，等式两边的数学记号按照一定的规则可以相互替换。维特根斯坦写道："数学运用等式，这是数学方法的根本特征。由于这一方法，每一个数学命题对于实在都无所言说。"（TLP 6.2341）"数学获得其等式的方法是替换的方法。由于等式表达两个表达式的替换（substitutability），我们可以根据等式，从一定数目的等式出发，替换不同的表达式来获得新的等式。"（TLP 6.24）根据维特根斯坦的看法，数学运用等式的方法表明了数学的根本特征，这一特征的核心就在于，等式并不能具体指称什么对象或实在，而只能表明数学记号之间的形式特性。

数学命题不同于一般的经验命题，能够在经验的检验条件下为真或为假。数学命题的真假也不同于经验命题的真假的判定，它只能从等式变换的规则（计算法则）中判断其正确与否，而不必像经验命题那样需要诉诸事实作为支撑或判据。维特根斯坦说："数学命题的证明的可能性仅仅意谓着，它们的正确性可以被人们感知，而不必将它们所表达的东西与事实相比较从而确定其正确性。"（TLP 6.2321）在这个方面，数学命题和逻辑命题之间存在着很强的相似性，它们的正确性都是直接从表达式的结构中看

---

[1] Stefan Majetschak, *Ludwig Wittgensteins Denkweg*, Freiburg/München：Karl Alber Verlag, 2000，S.89.

[2] 虽然维特根斯坦在《逻辑哲学论》中从形式角度给数下了一个形式定义，但是他对弗雷格、罗素等人关于数的定义的观点是持否定和批判的态度的。关于维特根斯坦自己对数的形式定义以及他对弗雷格等关于数的逻辑定义的批判，本书将在第三章继续展开论述。

出来的，而无需与经验事实相比较。

维特根斯坦认为，作为等式的数学命题本质上是一种句法规则，这种句法规则对于实在并无所说。关于数学等式的句法性质，维特根斯坦这样写道："现在这也就很清楚了，等号（das Gleichheitzeichen）是给予同意的规则，也就是一个记号可以被其他的记号替换的规则，但是这一规则同时也是算术中的构型。"（WWK S.151）算术中的等号，其实就是表示等号两边的记号可以相互替换的规则，等式将等号两边的公式或记号连接起来，形成算术的基本结构。但是，算术中的等号的这种句法规则对于实在本身并没有描述什么。维特根斯坦是这样区分句法规则与一般的表述经验实在的陈述句的，他说：

> 句法规则是一种记号规则。一个记号规则和一个陈述之间的区别在于：在命题中，记号是为了意谓事物而出现的，而命题借助于记号，因而通过它来言说实在。命题表征实在。相对而言，而记号规则只与记号自身打交道，记号根本不代表任何事物。因而，记号规则也不摹绘关于实在的图像：它既不是真的，也不是假的。在命题中出现的这种记号，可以说是"透明的"；而在记号规则中，它们并不是这样。这种记号规则是一种关于记号使用的规定（Festsetzung），因而它们只有在被使用的概念文字内部才有意谓。（WWK SS.240-241）

如果数学命题本身只是记号规则或句法规则，那么，数学命题根本不摹绘实在的图像，我们不能谈论作为记号规则的数学命题的真假，因为，作为句法的数学记号规则本身并无真假可言，而只是规定数学记号应该如何有意义地被使用。比如，我们规定1+1=2，而不是规定1+1=3，这里没有理由可谈。你不能怀疑为什么1+1不能等于4，因为1+1=2，2+1=3，所有这些基本算术中的等式都只是数学记号规则的不同规定而已。我们就是这样来规定这些数学记号使用的，这里没有进一步的怀疑和论证的余地。但是，说数学的记号规则本身只是一种关于记号使用的规定，并不是说，数学中所有的一切都是偶然的、任意的，并非如此。一旦我们规定好了相应的数学记号的使用，那么，在特定的数学运算系统中，数学的计算就要遵守相应的运算规则，这是必然的和确定的，而不是偶然的、任意的。比如，我们一旦规定了 1+1=2，1+2=3，那么，2+3 必定只能等于 5。数学等式替换是由数列的内在关系决定的，而这种内在关系只能通过句法规则显示出来。比如，2+2=4，这是一个数学命题，"这个数学命题是关于数词 4 使用的规则"[①]。

后期维特根斯坦依然坚持认为，数学并不研究这些柏拉图主义者虚构的数学对象或实在，数学命题也不是对于这些数学实在或对象的描述，数学有着自己的计算任务。维特根斯坦在后期的《关于数学基础的评论》中这样写道：

> 与炼金术相比似乎是自然的。我们或许可以谈到数学中的炼金术。将数学命题看成关于数学对象（mathematische Gegenstände）的陈述，也即将数学看成关于这些对象的研究，这已经是一种数学的炼金术吗？在某种意义上，在数学中我们不可能去诉诸记号的意谓，因为数学首先为它们给出意谓。（BGM V §16 S.274）

我们都知道，"炼金术"这一概念在西方科学发展史上是个贬义词，是与"科学"相对立的概念，有着"前科学"或"非科学"的涵义。很明显，在维特根斯坦看来，数学如果像柏拉图主义者那样去谈论抽象的神秘的数学对象或实在，就如同数学中的炼金术，是荒谬不可理解的。

维特根斯坦还在《关于数学基础的演讲，剑桥 1939 年》中多次批判数学柏拉图主义的数学对象观或实体观。英国剑桥大学的著名数学家哈代（G.H.Hardy，1877—1947）在一篇论文《数学证明》（*Mathematical Proof*）中就坚持一种典型的柏拉图主义的观点，认为数学命题是说出关于数学实在的一些事情（Say something about a mathematical reality）。哈代认为，数学就是要研究这些关于数学实在的命题的真和假的情况，因为在

[①] Arthur Gibson and Niamh o' Mahony ed., *Ludwig Wittgenstein: Dictating Philosophy*, *To Francis Skinner—The Wittgenstein -Skinner Manuscripts*, Berlin: Springer, 2020, p.317.

他看来，数学命题的真是客观存在的。哈代说：

> 数学的定理是真的或假的；它们的真或假独立于我们对它们的认知。在一定的意义上，数学真理是客观实在（objective reality）的一部分……当我知道一条数学定理，就存在我知道的某个东西或一些对象；当我相信一条数学定理时，那就存在某些我们相信的东西；无论我们相信这是真的或假的，这都是相同的。[①]

比如，哈代会认为，康托尔的陈述"$\aleph_1 > \aleph_0$"就是表达一条确定无疑的数学真理的命题[②]，其客观性是独立于我们人类的主观认识本身的。

维特根斯坦曾经这样评价哈代的这种柏拉图主义观点：

> 如果你说数学命题是关于数学实在的——尽管这是非常含糊不清的，但是它有非常确定的后果。如果你否定它，那么也同样会导致奇怪的后果——比如，人们会被引导至有限论。两者都是相当错误的。但是这并不意味着，某些数学命题是错误的，而是说，我们认为它们的主旨并非在此。我不是说超限数命题是错误的，而是说错误的图画伴随着它们。（LFM p.141）

在维特根斯坦看来，像超限数这样的命题很容易误导人们以为，存在着不依赖于人们的认知的客观的数学真理，其实这是柏拉图主义错误的图画观在作祟。维特根斯坦还批判地指出："从字面上来讲，这（指哈代的关于数学实在的观点）似乎根本没有意谓什么东西。什么是实在？我并

[①] G.H.Hardy，"Mathematical Proof"，*Mind*，New Series，Vol.38，No.149 1929，pp.1-25.

[②] 这里对康托尔的陈述"$\aleph_1 > \aleph_0$"作一简要解释。康托尔把集合元素的数量叫作集合的基数或集合的势。有穷集合的基数是自然数，无穷集合的基数叫超限数。有穷基数——自然数的全体构成了最小的无穷集，这个无穷叫"可数"的无穷，康托尔用"$\aleph_0$"记号（读作阿列夫零）来称谓它。全体实数集的基数叫作"连续统"的无穷，记号是"$\aleph_1$"。很容易证明 $\aleph_1 > \aleph_0$，因为 $\aleph_1 = 2^{\aleph_0}$ 这里提示一点，对于有穷集，集合的子集数比元素多，因为 $2^n > n$，对于无穷集，可以用反证法来证明。具体证明过程可参见张景中、彭翕成《数学哲学》，北京师范大学出版社集团 2010 年版，第 60 页。

不知道这意谓着什么。但是很明确的是，哈代将数学命题类比于物理学命题……而这种类比是极其误导的。"（LFM pp.239-240）维特根斯坦认为，谈论与数学命题相对应的实在是充满混淆的说法。维特根斯坦还举例来分析了这点。比如，我们说"一个实在与数词'2'相对应，我必定指向了某个东西"，比如我们举起两根手指，并且指向它们。但是你并不知道它对应于什么实在，这是不清楚的。关键在于，我们能够清楚地解释数词"2""3"等的使用，但是如果我们被要求，解释什么实在与"2"相对应，我们不知道该说些什么（LFM p.247）。

二 数学要关涉的是数学语法规则及其运用

维特根斯坦认为，数学不描述任何对象或实在，数学要关涉的是句法规则的具体使用，也即在数学的具体计算中应用句法规则。我们是做数学，而不是描述数学。我们要关注的是数学具体做了什么，以及数学中的计算本身和其应用。维特根斯坦说："我们在数学著作中发现的，并不是关于某种东西的描述（Beschreibung von etwas），而是这个事情本身。我们做（machen）数学。正如人们所说的，'描述历史'和'做历史'之间有别，所以，人们也在一定的意义上只能做数学。数学是其自身的应用（Die Mathematik ist ihre eigene Anwendung）。这一点是极其重要的。由此可以得出许多结论。当我说：3个李子+4个李子=7个李子，3个人+4个人=7个人，诸如此类，我并非把数应用到不同的对象，而是我总是拥有相同的应用。数并没有被取代，它们存在。被取代的只是对象。"（WWK S.34）

维特根斯坦在这里讲得很明确，我们不是通过数学描述什么东西，而是做数学，也即通过应用数学的句法规则来做具体的数学计算。数学中的诸多算术公式，比如"3+4=7"这一算术公式，并没有描述什么具体的实在或对象，而只是一种纯粹的句法规则，无论是李子还是人，这个算术公式的应用总是相同的。我们不能说将"3+4=7"应用到李子或人上去有何不同，因为所应用的规则是一样的，都是这个算术公式。数不意谓或代表抽象的对象，而只能通过算术公式，即句法规则来应用于不同的经验对象，经验对象当然是不同的，所以，维特根斯坦强调说"数并没有被取代，它们存在。被取代的只是对不同的对象"。当然，这里维特根斯坦说"数存在"并非理解为柏拉图意义上的抽象的数的对象存在，而是说，与数相关的规则一直存在在那里，我们只要应用这些规则来做数学就可以了。

维特根斯坦关于数学命题是句法规则或记号规则的观点，是对弗雷格关于形式主义批判的观点基础上再批判分析的结果。我们有必要先弄清楚托迈（J.Thomae）等人的形式主义算术（formal arithmetic）的基本观点，以及弗雷格是如何批判托迈的形式主义的观点的，然后，再来看维特根斯坦是如何看待弗雷格关于形式主义的批判观点的。托迈的形式主义算术的基本观点主要是指：数学特别是算术，只是关于数学记号的游戏，不意谓具体对象。通过弗雷格的转述，我们知道托迈的形式主义算术观如下：

> 数的形式的观念是在比逻辑更加适度的限制范围内起作用的。它并不追问，什么是数以及它们要求什么，而是要追问，我们在算术中对数作何要求。现在，对于形式的观念来说，算术是一种关于记号的游戏，一种人们或许将其称为空洞的游戏，因而，表明（在计算游戏中）除了在归属于它们的特定的组合规则（游戏规则）之下它们的行为外，它们并没有任何内容。一个国际象棋玩家以相似的方式使用他的棋子：他赋予棋子在游戏中限制其行为的特定的属性，棋子只是这种行为的外在的记号。当然，在棋子和算术之间存在着重要的区别。棋子的规则是任意的；算术的规则系统是这样的系统，通过简单的公理，数与直觉的多样性有关，最终，可以为我们在知识的本性方面起到必要的作用。①

这也就是说，以托迈的形式主义算术的观点来看，如同象棋游戏，算术只是根据一定的规则处理算术记号的游戏而已，数学记号根本没有具体

---

① Gottlob Frege, *Basic Laws of Arithmetic*: *Derived using Concept-script*, Vol.II, Translated and Edited by Philip A.Ebert&Marcus Rossberg with Crispin Wright, Oxford: Oxford University Press, 2016, pp.97-98.

的意谓。

弗雷格对托迈的这种形式主义算术观比较反感。他在《算术的基本法则》(第二卷)(88—137节)里花了相当大的篇幅来批判地分析托迈的形式主义算术观点的弊端和困难,认为数学与游戏之间存在着根本的不同,而且这种不同不能像托迈所理解的那样诉诸"为知识的本性起到必要的作用"来阐明,而只能通过"数的记号意谓某种东西,而棋子则根本没有意谓"这一区别来说明。① 弗雷格认为,数学特别是算术不仅仅是对于数字记号的操作游戏,数学是有着自己的丰富的内容的,而不是空洞的记号游戏。在弗雷格看来,数学命题特别是算术命题也是有意义的命题,是被用来表达客观存在的必然真理和思想的。弗雷格对于数学的数的理解包括两个方面:认识论的方面和逻辑分析的方面。这两种理解之间存在着些微差别:一方面弗雷格在认识论角度将数理解为对象,因为他认为数词是专名,专名意谓的就是对象;但是另外一方面,弗雷格又从逻辑分析角度,将数的说明理解为概念和对象之间的结合,比如说"这是5棵树"这一句子不是被理解为两种不同的对象,即5与树,而是关于一个概念的陈述。这个例子中的"树"这个概念就是通过这一性质,即5个对象,也即5棵树归属于它来说明。②

维特根斯坦则对弗雷格的关于形式主义批评的观点进行了进一步的分析和批判。维特根斯坦认为,弗雷格否定形式主义算术观固然有一定的合理性,但是,形式主义算术本身也存在着合理的地方,我们不能忽视这点。维特根斯坦这样写道:"形式主义中有些东西是正确的,有些东西是错误的。把每一种句法理解为游戏规则系统是形式主义正确的地方。"(WWK S.103)维特根斯坦接着对弗雷格的观点进行了点评:

因为,形式主义也有其正确的地方。弗雷格曾有理由批评形式主

---

① 关于弗雷格对于形式主义算术观的具体批判细节,请参见 Gottlob Frege, *Basic Laws of Arithmetic*:*Derived using Concept-script*,Vol.Ⅱ,Translated and Edited by Philip A.Ebert&Marcus Rossberg with Crispin Wright, Oxford:Oxford University Press, 2016, §§88-137。

② 参见 Wolfgang Kienzler, *Wittgensteins Wende zu seiner Spätphilosophie 1930—1932*:*Eine Historische und systematische Darstellung*, Frankfurt am Main:Suhrkamp Verlag, 1997, S.194。

义这一观点：算术的数就是记号。但是，记号"0"并没有把"1"加到"1"上去的那种特性，弗雷格的这一批评是对的。只是弗雷格没有看到，形式主义其他的正确的方面，即数学的符号并不是记号，数学的符号甚至可以没有意谓。弗雷格面对的抉择是：要么认为我们只是与纸上的墨迹打交道，要么认为这些墨迹是关于某些东西（von etwas）的记号，而这些记号所代表的东西就是它的意谓。正如国际象棋游戏所表明的那样，这种二择一的抉择都是不正确的：在这里我们并不是和木质的棋子打交道，而且棋子不代表任何东西，也即它们并没有弗雷格意义上的意谓。仍然存在第三种情形，记号可以像游戏那样被应用。如果人们在这里（在国际象棋游戏）想谈到"意谓"，可以最自然地这样说：国际象棋的意谓就是所有国际象棋游戏共同具有的东西。（WWK S.105）

以上引文表明，维特根斯坦并不完全认同弗雷格对于形式主义算术的批评，他认为弗雷格只看到了形式主义的片面错误的一面，而没有看到形式主义正确的一面。在维特根斯坦看来，数学既不是像形式主义坚持认为的那样只是数学记号游戏而已，研究数学就是要研究数学记号的特性（通俗地说，就是要与纸上的墨迹打交道），也不是如同弗雷格主张的研究这些数学记号所意谓的对象和实在，而是存在第三种选择，那就是数学记号同象棋游戏规则一样可以被应用。

维特根斯坦在另一处通过魏斯曼之口也表达了相似的观点，魏斯曼总结维特根斯坦与弗雷格之间的区别时说：

对于弗雷格来说，存在着这样的二选一的抉择：一个记号要么具有意谓，即它代表一个对象——逻辑记号代表逻辑对象，算术记号代表算术对象——要么只是用墨水在纸上所画的图形。但是这种二择一的抉择并不合理地存在。正如国际象棋游戏所表明的那样，存在第三种情形。国际象棋游戏中的兵，既没有它代表某种东西即关于某种东西的记号意义上的意谓，也不是单纯的从木头中雕刻的、在棋盘上

来回移动的棋子。这个兵是什么，只能通过国际象棋的游戏规则而规定。（WWK S.150）

维特根斯坦对魏斯曼以上的总结表示同意。在维特根斯坦看来，关于数学的数到底只是纯粹的记号还是具有相应的意谓，弗雷格的二择一的选择是不成立的，还有第三种情况弗雷格没有考虑到，那就是：数学中的数只能通过数学的句法规则而规定。在此，我们不难看到维特根斯坦对于形式主义算术观的某些观点的同情态度。

现在，可能有人会提出疑问了，维特根斯坦既然同情弗雷格所批判的托迈的形式主义算术观，那么是不是意味着，维特根斯坦又退回到了弗雷格所批判的托迈的形式主义的老路上去了呢？难道维特根斯坦的关于数学的句法规则的观点只是托迈的形式主义算术观的翻版吗？答案是否定的。通过以上分析，我们应该看到，维特根斯坦只是同情托迈的形式主义算术观的部分观点，即认为数学符号并不意谓具体的或抽象的对象（弗雷格恰恰没有看到这点），而应该看到规则对于数学的重要性。但是，维特根斯坦并不认同托迈的关于数学只是纯粹操作数学记号的游戏的观点，而认为数学作为特殊的句法规则具有重要的应用，托迈虽然看到了数学的规则性质，但是没有从应用角度来强调和理解数学的句法规则性质，而这正是维特根斯坦所强调的。

维特根斯坦通过魏斯曼之口同意这个说法："如果人们愿意，这个兵的'意谓'就是对它有效的规则的总体。人们也可以这样说：数学记号的意谓就是对它有效的相同规则的总体。"（WWK S.150）维特根斯坦认为，数学的句法规则性质是与其应用分不开的。这也就是数学不是国际象棋游戏的最终理由。维特根斯坦说："现在，如果有人问我：你是如何区别语言的句法和国际象棋的游戏呢？我会这样回答：通过它的运用，也只能通过它的运用。我们能够建立起一套语言的句法，而毋需知道这种句法是否被运用。[超实数的数]句法只能运用于它能被运用的地方，人们对此不能说得更多。"（WWK S.104）

维特根斯坦认为，如果数学语法脱离了具体的应用，那么数学句法就如同国际象棋游戏那样可以是任意的，完全人为的。但是我们知道，数学有着极其严格的规则，不是任意的。维特根斯坦也承认，如果我们就数学语法本身来说，这种规则可以被理解为任意的，但是数学的语法规则的意义就在于：它们能被广泛地应用于各种实际的数学计算过程之中。所以，从运用的角度来说，数学的语法规则当然不是任意的游戏规则。维特根斯坦正是通过强调数学句法的规则与其应用性紧密联系在一起的，来表明数学与国际象棋游戏之间存在根本的不同，这也就是维特根斯坦与托迈形式主义的算术观不同的地方，这一观点也可被理解为对于弗雷格批评托迈形式主义算术观的回应。可以这样说，维特根斯坦从句法规则以及应用的角度，重新阐明了数学的规则性质及其与象棋游戏的类似之处与差别之处。维特根斯坦还认为，我们不能从语言的角度来证明为什么是这种句法而不是那种句法是正确的。维特根斯坦说"重要的是，句法不能通过语言来论证其正确性"（WWK S.104）。数学的句法规则性质在某种意义上是先验的，我们不能从经验的角度来证实或证伪某一句法的正确与否，也不能从语言的角度来证明其正确与否。语言的句法形成了完全自主的命题系统。

三　数学运算表达形式概念之间的内在关系

维特根斯坦一直强调用"内在关系"概念来理解数学运算规则的普遍性，正因为数学运算规则的内在性，运算规则的普遍性不能直接通过文字描述出来，而只能在规则的应用中体现出来，按照维特根斯坦的说法是在归纳（der Induktion）中自行显示出来（WWK S.154）。维特根斯坦举了例子来说明这点。比如当依次写下两行数字：

$$1 \quad 2 \quad 3 \quad 4 \quad 5$$
$$1 \quad 4 \quad 9 \quad 16 \quad 25$$

当我们问某个人理解了上面两行数字之间的关系了吗？他能继续写下去吗？只要学习过初等数学的人应该就能明白这个运算规则。比如一个小学生，如果他学习过相关的平方运算，就应该能理解这两行数字的运算规则。你问他能否运用这个运算规则，他应该不会否认，你再问他，是不是每次继续写出一步时心中都默默地想着这个规则呢？回答很可能是否定的。小孩会说，他只知道如何继续这两个数列，并没有在写下每一步时都想着说出这个运算规则。再进一步，有人说以上这两行数列之间的关系可以写作：

$$X$$

$$X^2$$

那么，这里文字表述的 X、X^2 和以上两行数列之间的差别是什么呢？根据维特根斯坦的看法，我能写出 X 和 X^2 并不代表着我知道如何正确地运用这个规则（WWK S.154），同理，有人可以正确地继续前面提到的两个数列，但是并不意味他可以明确地说出相关规则。这里存在着不对称关系。我们可以说，前面的两行数字以及 X 和 X^2 都只不过是一个具体的例子，难以完整地描述出规则的普遍性。所以，维特根斯坦认为，数学运算规则的普遍性不是直接通过一个个具体的运算实例就可以完全地表达出来的，而只能在对规则的具体使用中显示出来。维特根斯坦这样写道："规则绝不是通过一个单独的、具体的构造形式而表达出来，也不能通过上面的写法而表达出来，它的本质的普遍性是不可表达的（unausdrückbar）。普遍性在使用中自行显示。我在构型中必须能察看出这种普遍性。"（WWK S.154）

维特根斯坦认为，我们在 X 和 X^2 看到的普遍规则并不比前面写下的单个数字中看到的规则更好或更糟。我们并没有应用文字描述（比如 X 和 X^2）的规则到具体的数字上去，否则的话，我们就需要另外的规则来保证我们从文字中看出的规则可以有效地应用到具体的数字上去，而这就会产生无穷的第三者后退。这也就是说，我们必须建立新的规则来保证我们正确应用刚才提到的那个规则，这样导致的后果必然会是止步不前（WWK S.154）。

换句话是说，我们运用规则是直接的，不需要求助更多的关于规则的描述。所以，这里存在一个关于规则的误解：我们为了正确地理解数学运算规则，需要建立新的规则来保证我们对于规则的理解的正确性，也就是说，我们需要新的规则来保证旧的规则的具体应用，而这在维特根斯坦看来，只会导致第三者无穷后退，是非常误导性的偏见。维特根斯坦说："规则并不像砖块之间的灰浆。我们不能为了运用其他的一条规则而来建立一条

规则，我们不能'借助于'一条规则来应用另一条规则。"（WWK S.155）

按照维特根斯坦的理解，规则和规则之间的关系是内在的，不是像砖块和砖块之间需要灰浆来黏合在一起，而是内在地关联在一起。数学和逻辑上的关于规则的许多理解是错误的，很多人在规则和规则之间插入一个中介才能将规则之间的关系建立起来，而在维特根斯坦看来，这是一幅错误的蒙蔽人们心智的图画。维特根斯坦说："不用绳子，事物之间必须是直接相互关联的，也就是说，它们必须像链条中的环节一样，已经处在相互关联的状态之中了。"①（WWK S.155）维特根斯坦认为，我们不要追问如何应用规则，因为这种追问往往误导性地将人们引向建立新的规则，其实不然，规则自身就是一种普遍性的说明（Anweisung）。一个方程式就是一个替代规则，比如说 2 可以被"1+1"替代，言说效果等同于"1+1=2"中的"="的效果。总之，规则对于维特根斯坦来说，就是一种内在的关系，就在于方程式本身（WWK S.155）。

---

① 这里可以参考维特根斯坦在《逻辑哲学论》中的"链条比喻"，参见 TLP 2.03。

第二章　维特根斯坦论数学命题

第一节　维特根斯坦论数学命题与
逻辑命题之间的关系

数学命题与逻辑命题之间的关系如何？数学只是逻辑的一部分吗？数学命题也是逻辑命题吗？我们应该如何理解数学命题和逻辑命题之间的关系？维特根斯坦在他的数学哲学中深入地思考了以上这些问题，并给出了他独到的理解和回答。维特根斯坦认为，数学命题和逻辑命题之间既有相似性，也有差异之处，我们既要看到两者之间的相似性与共同之处，也要看到它们之间的不同之处，只见其一不见其余，都是片面的。

一　数学命题和逻辑命题之间的相似性：必然性、确定性与无所言说

我们先来看看数学命题和逻辑命题之间的相似性。考察维特根斯坦关于数学命题和逻辑命题之间的相似性的观点，基本上可以总结出以下几点。

（1）数学命题和逻辑命题都是必然的和确定的，不是偶然的。它们与经验命题的不同之处就在于它们都具有必然性和确定性，数学命题和逻辑命题的必然性与确定性来自句法规则性质。

（2）正因为数学命题和逻辑命题都是必然的和确定的，所以数学命题和逻辑命题都不受经验验证或检验的影响。在这个意义上，数学和逻辑都是先验的。

（3）数学命题和逻辑命题都对世界本身没有所说。也就是说，数学命题和逻辑命题都不描述任何具体的事实，并不关涉世界中的事实或本质。前后期维特根斯坦基本上都是坚持这种观点的。

首先，我们来看看第一点，数学命题和逻辑命题的必然性和确定性问题。根据维特根斯坦的观点，数学命题和逻辑命题都是必然的与确定的。数学命题是必然的，也就是说，它不是偶然地碰巧为真，而是必然地为真。数学命题比如"1+1=2"，无论你什么时候进行这个计算，你所获得的都是一样的结果。数学命题的必然性和有效性是超越时空的，数学命题的必然性来自数学命题自身的句法和规则性质，如果你接受了某种特定的加法运算规则，你就必然得出相应的结果，无一例外。"5+7=12"这一句子不仅是说，5个东西加上7个东西，得出了12个东西，而且是说，如果按照算术的加法规则计算，必然得出12这个结果。算术命题中的各种计算，都是在一定的计算规则下的运算，都是必然的。

数学命题不仅具有必然性，而且具有高度的确定性，数学命题不会导致不确定的结果，只要数学运算的方法得当，你就可以获得相应的确定的结果。后期维特根斯坦曾把数学命题称为不能有任何怀疑，而且是我们进行其他思考基石的"枢轴命题"。他曾这样写道："这就是人们如何进行计算的，即在这样的情况下，计算被人们当成是绝对可靠的、确定正确的"（OC §39），"数学命题好像已经被正式地打上了无可争议的烙印，也就是说'争论其他的事情吧；这是不可动摇的，是你进行争论所依靠的枢轴'"（OC §655），"数学命题也许可以被称为固定了的东西"（OC §657）。数学命题是我们有意义谈论其他命题的基础，是描述我们有意义命题的框架与形式。我们必须依靠数学命题来进行其他命题的陈述。维特根斯坦说：

> 数学命题既不处理记号，也不处理人，因而它也不做什么。它指明我们认为是固定不变的联系。但在一定程度上，我们看不见这些联系，而看到其他的东西。可以说，我们是背向着这些联系。或者说，我们依赖着这些联系。（BGM Ⅳ §35）

正因为数学命题具有必然性和确定性，所以，我们可以谈到数学命题的证明。数学命题的证明就是充分地展示数学命题的必然性和确定性。如果数学命题没有必然性和确定性，那么我们就不会谈到数学证明及其作用。与数学命题具有必然性和高度的确定性类似，逻辑命题（演绎逻辑与推理）也具有必然性和确定性，逻辑命题不是偶然地为真，只要给定相应的逻辑前提和推演规则，逻辑推演就必然地为真，逻辑命题的必然性可以通过逻辑演算来证明。逻辑证明也表明逻辑命题的必然性和确定性，只要一个逻辑命题被证明为真，并且该证明确实有效，那么，这个逻辑命题就获得了必然性和确定性。数学命题和逻辑命题都可以得到证明，这恰好就表明了它们都是必然的和确定的。

维特根斯坦正是由于坚持数学命题和逻辑命题的必然性和确定性，所以，他反对从经验主义或自然主义的角度对数学和逻辑命题作出自然主义的解释，因为自然主义或经验主义数学观只能从经验或自然的角度出发来解释数学命题，不能保证数学命题的必然性和确定性，所以，从这个角度来说，数学命题和逻辑命题都是必然的，而不是经验的偶然的。"维特根斯坦坚持数学的必然性的特征。自然主义（心理学的或经验主义的）解释的努力都是错误的。"[①]维特根斯坦的关于数学命题和逻辑命题都是必然的和确定的观点应该是受到了前辈弗雷格的影响，我们知道，弗雷格在《算术基础》的开始就强调了哲学研究的三条原则，其中第一条原则就是要求我们区别逻辑的东西和心理学的东西、客观的东西和主观的东西。在弗雷格看来，数学和逻辑研究的东西都是客观的必然的真理，而不是主观的偶然的东西，弗雷格大力地批判了密尔等人的自然主义或经验主义的逻辑观和数学观，强调保持数学和逻辑的必然性、规范性、客观性以及认识的可靠性。维特根斯坦虽然没有谈到主观的东西和客观的东西之间的区分，但是他完全接受弗雷格所谓的逻辑和数学的必然性和确定性的观点，与经验主义和自然主义的数学观和逻辑观划清了界限。

① 　Donald W.Harvard, "Wittgenstein and the Character of Mathematical Propositions", in Stuart Shanker ed., *Ludwig Wittgenstein: Critical Assessments: From the Tractatus to Remarks of Foundations of Mathematics*, *Wittgenstein on the Philosophy of Mathematics*, Vol.3, London: Croom Helm Ltd., 1986, p.259.

其次，我们来看看数学命题和逻辑命题不受经验的检验的问题。正是由于数学命题和逻辑命题都是必然的和确定的，所以，数学命题和逻辑命题都不受经验事实的证实或证伪，也即不受经验层面的检验或驳斥。根据维特根斯坦的观点，数学命题和逻辑命题属于句法规则的范畴，并不关涉任何具体的经验事实，所以也就不受经验世界中发生的事实的限制或影响。维特根斯坦认为，数学和逻辑的必然性来自它们的先验性。维特根斯坦说，"逻辑先于一切经验——先于某物之为如此的情况的。逻辑先于'如何'，而非先于'是何'"（TLP 5.552）。"一个逻辑命题不仅一定不能被任何经验驳倒，而且也一定不能为任何经验所证实"（TLP 6.1222）。数学也和逻辑一样，也是先验的。这里所谓的"先验的"意谓着，它们不能为经验所证实或驳倒，主要原因在于它们只是纯粹的句法规则，是经验事实得以描述的框架和形式，所以我们不能指望着从经验的角度来证实或驳倒一个数学命题和逻辑命题。故而我们在应用数学命题的过程中，出现了与经验不一致或冲突的地方，我们不能修正数学命题，因为数学命题是必然的和确定的，是不可以被修正的，而要修正的只能是经验事实。维特根斯坦在《关于数学基础的评论》中曾经这样写道："如果 2 个苹果和 2 个苹果加在一起只有 3 个苹果，也即在我已经放了 2 个苹果并再放了 2 个苹果之后，只有 3 个苹果的话，我不会说'所以，毕竟 2+2 并不总是 4'；而是说'或许 1 个苹果弄丢了'。"（RFM p.97）这也就是说，我们一般将数学命题看成我们表述经验命题的框架，这一框架对于我们的经验描述具有规范性的作用，不受具体的经验事实的证实或驳斥。一旦面临经验和计算结果不一致的情况，我们不能怀疑数学计算被经验事实修正了，而只能是经验事实出了问题，因为数学命题是不能被怀疑的，对数学命题进行怀疑是没有意义的。数学命题和逻辑命题都是句法规则，具有规范性的作用，它们是我们进行有意义的怀疑的前提。所以维特根斯坦说"数学形成了规范性的网络"（RFM p.431）。

最后，维特根斯坦认为数学命题和逻辑命题都对世界本身无所言说，都具有非描述性。数学命题是句法规则，句法规则主要是负责数学表达式的具体用法和规范，并不直接涉及数学的对象和事实，所以数学命题是非描述性的。"数学命题作为规则不能被看作描述。"① 根据维特根斯坦的观点，逻辑命题也和数学命题一样，对于世界并无所说。这也就是说，逻辑命题也具有非描述性，逻辑命题不描述世界中发生的事实，"在这一点上，很显然的是，不存在'逻辑对象'或'逻辑常项'（在弗雷格和罗素意义上）"（TLP 5.4）。维特根斯坦关于数学和逻辑无所言说的观点，主要是对弗雷格和罗素认为逻辑命题有所言说观点的批判。前期维特根斯坦认为，逻辑命题是重言式命题，重言式命题对于世界本身并无所说，而是显示世界和语言的某些特性。与逻辑命题相似，数学命题作为等式，也对于世界本身并无所说，而只是显示世界和语言的一些性质。数学命题和逻辑命题都是必然的，不受经验检验的影响。早在 1914 年 4 月，维特根斯坦在向摩尔口述的笔记中，就这样写道："所谓逻辑命题显示语言的因而也是宇宙的逻辑特性，因而没有说任何东西。"② 维特根斯坦在《逻辑哲学论》中亦这样写道："但是，实际上，所有逻辑命题所说相同，也即什么也没有说。"（TLP 5.42）"逻辑命题是重言式。"（TLP 6.1）"因而逻辑命题无所说（它们是分析命题）。"（TLP 6.11）维特根斯坦举了一个例子来说明，逻辑命题对于世界本身并无所说。比如，我问你明天的天气怎么样，你却告诉我，"明天要么下雨，要么不下雨"，这实际上就是一个重言式的逻辑命题（P∨~P），那么，实际上，你并没有告诉我明天的天气到底如何，我没有从你那里获得具体明确有用的信息。所以，这种重言式的命题对于世界本身没有任何言说，没有增加任何新的有用的信息。

关于逻辑命题作为重言式的性质，维特根斯坦是这样刻画的："人们能够仅从符号自身就认出它们是真的，这是逻辑命题独特的标志，而这一事实自身也包含了整个逻辑哲学。"（TLP 6.113）在维特根斯坦看来，重言式是逻辑命题的基本特征，作为重言式的逻辑命题的真和假，可以通过真值表对逻辑形式和结构作出判定，而没有必要将逻辑命题与实在相比较。这里的理由在于，所有的重言式命题都包含了一种特定的结构属性，我们可

---

① Timo-Peter Ertz, *Regel und Witz：Wittgensteinsche Perspektiven auf Mathematik*, *Sprache und Moral*, Berlin：Walter de Gruyter, 2008, S.75.

② ［奥］维特根斯坦：《向摩尔口述的笔记：1914 年 4 月》，陈启伟译，载《维特根斯坦全集》第一卷，河北教育出版社 2003 年版，第 29 页。

以通过检查这些符号之间是否真正地存在这些逻辑结构属性，从而判断一个命题是不是重言式命题。只要我们学习过现代形式逻辑，就可以明白这一点。有些逻辑命题是不是重言式，不是一目了然的，而需要按照严格的逻辑规则来进行推导和证明，逻辑证明在很大程度上就是验证逻辑前提和逻辑结论之间的内在关系和属性的。尽管作为重言式的逻辑命题对于世界本身并无所说，但是，它们却可以显示出语言和世界的一些特性。正如维特根斯坦说："逻辑命题把一些命题结合起来形成无所说的命题，从而显示这些命题的逻辑属性。"（TLP 6.121）"逻辑命题描述世界的脚手架，或者说它们展现世界的脚手架。"（TLP 6.124）在前期维特根斯坦那里，逻辑可以展现或显示语言和世界的共同的特性，这种特性不可言说，而只能被显示出来。

维特根斯坦在《逻辑哲学论》中就数学命题说了不少和逻辑命题相似的话。维特根斯坦说："通过逻辑命题而显示在世界中的逻辑，也显示在数学的等式之中。"（TLP 6.22）"数学是逻辑的方法。"（TLP 6.234）"应用等式是数学方法的根本特征，正是因为这种方法，每一数学命题必定都无所说。"（TLP 6.24）在前期维特根斯坦看来，数学命题作为等式如同逻辑命题作为重言式一样，都对世界本身无所言说，但是它们都显示出语言和世界的某些特性或框架。这就是前期维特根斯坦关于数学命题和逻辑命题之间的相似之处，即：数学命题和逻辑命题都不关涉世界中发生的具体事实，而只研究等式符号或命题结构之间的形式关系或特性。这种形式关系或特性不可直接言说出来，或者说，对于世界本身并无所说，而只能通过应用等式或重言式来显示出来。中期维特根斯坦进一步深化了前期的一些说法，他说：

> 重言式的方法相当于（entspricht）数学中等式的证明。我们在重言式中所应用的特征——它们使得两个结构之间的一致性变得显明——也在等式的证明中运用。如果我们证明一个数的运算，我们不断修正等式的两边，直到显示（zeigt）它们的相等。实际上，重言式的应用也是基于这种相同的程序。……数学和逻辑的共同之处在于，

证明不是命题，而是说证明展示（demonstriert）某种东西。逻辑使用命题展示某种东西，数学通过数字展示某种东西。数学建立在直观的基础上，即建立在对符号的直观（Anschauung der Symbole）的基础之上，这在一定的程度上是正确的，在逻辑的重言式的应用中使用的也是相同的直观。（WWK S.219）

在维特根斯坦看来，重言式的证明的方法和数学等式的证明的方法类似，都是展示两个结构之间的一致性。逻辑运算或证明与数学运算或证明的目的就是使两个结构之间的一致性变得更加清晰明了。为了能清楚地展示两个结构之间的一致关系，人们不得不诉诸直观的方法。所以，维特根斯坦强调说，在一定的意义上，逻辑和数学都需要运用直观的方法[①]，以便看出结构之间的一致性或差异性。

维特根斯坦关于"数学也是逻辑的方法"的观点，显然是受到了弗雷格和罗素等人的逻辑主义思想的影响，维特根斯坦在《逻辑哲学论》中从逻辑演算和真值函项的角度来处理算术运算的一般形式，也可以被看成受到逻辑主义的影响之一，但是，维特根斯坦毕竟与逻辑主义者保持了不小的距离，他并没有接受罗素关于数学命题与逻辑命题两者都是重言式（tautology）的观点，而是坚持认为，数学命题作为等式而存在，而逻辑命题则是作为重言式而存在。等式不是重言式。但是，逻辑主义者往往将数学命题看成逻辑命题的变形而已，认为两者之间没有根本的区别。

罗素在《数理哲学导论》一书的脚注中曾这样写道："'重言式'定义数学的重要性，是我的以前的学生维特根斯坦向我指出的，他正在研究这个问题。我不知道他是否解决了这个问题，甚至不知道他是生还是死。"[②] 罗素在这里明确误解了维特根斯坦前面关于数学命题与逻辑命题关系的观

[①] 需要指出的是，前期维特根斯坦这里只是强调在一定的意义上，我们可以谈到数学和逻辑的直观的方法，而不能像直觉主义者那样过分夸大直观在数学建构中的作用，这说明，维特根斯坦自觉与直觉主义数学观保持了相当大的距离。

[②] Bertrand Russell, *Introduction to Mathematical Philosophy*, London：George Allen & Unwin Ltd., 1919, p.205.

点。维特根斯坦说："数学和逻辑确实有某些共同的东西。罗素观点的正确性在于，我们不仅在数学中，而且也在逻辑中与系统打交道，两个系统都可以归约为运算。这里的错误在于把数学理解为逻辑的一部分的企图。"（WWK S.218）这也就是说，虽然，数学和逻辑都是一种系统的分析和论证的方法，都在某种意义上可以归约为各自的运算，但是两者之间的差别是存在的，数学不是逻辑的一部分，数学主要用数字和等式进行运算，而逻辑则主要用重言式和命题来进行演算。

综上所述，维特根斯坦认为，数学命题和逻辑命题都具有必然性和确定性，这种必然性和确定性来自它们的句法规则性质，并且不受经验事实的证实或驳斥，数学命题和逻辑命题都没有对世界本身言说什么，但是它们却可以通过一定的方式（数学通过等式，逻辑通过重言式）来显示语言和世界的内在结构和关系。另外，数学和逻辑为了显示结构之间的一致性和关系，必须在一定的程度上用到直观的方法，这也是数学和逻辑之间的另一共同之处。

二　数学命题与逻辑命题之间的差异性：数学等式与逻辑重言式

人们通常以为，数学命题和逻辑命题一样，因为在他们看来，数学命题和逻辑命题都是处理普遍必然性的真理，都是研究极其严格的数学或逻辑推理的，因而是一致的，两者之间并无实质性的区别。比如逻辑主义者通常就持有这种观点。罗素在《数理哲学导论》中曾经这样写道：

> 数学一直与科学相关，逻辑与希腊相关，但是在现代，数学和逻辑已经发展到这一地步：逻辑已经更加数学化，数学已经更加逻辑化。后果就是，我们完全不可能在两者之间划出一条界限，实际上，两者是二而一的关系。[1]

在罗素眼中，数学和逻辑都是重言式的真理，两者没有实质性的区

---

[1] Bertrand Russell, *Introduction to Mathematical Philosophy*, London: George Allen & Unwin Ltd., 1919, p.194.

别。数学的必然性就来自逻辑的必然性。

但是，针对逻辑主义者将数学命题等同于逻辑命题的做法，维特根斯坦提出了自己的不同观点：一方面他认为，逻辑主义固然有其合理的地方，即看到了数学命题和逻辑命题之间的相似性，比如两者都是普遍必然的、确定的，都不受经验检验的限制；但是另一方面，维特根斯坦认为，数学命题和逻辑命题之间还是存在着本质的差别的，不可混淆。数学命题不同于逻辑命题，数学并不是逻辑的一部分。维特根斯坦说"等式不是重言式（Die Gleichung ist Keine Tautologie）"（WWK S.219）。逻辑主义者试图将数学命题看成逻辑命题的一部分的做法，实质上是混淆了两者，在两者之间作出了错误的类比或还原。数学和逻辑是不同的独立的学科。维特根斯坦注意到，在数学和逻辑之间，既存在着相似性也存在着差异性，如果我们只看到其中某一个方面，而没有看到另外一个方面，就都是片面的、不可取的。维特根斯坦认为，数学命题是等式或方程式，而逻辑命题本质上是重言式，这是两者之间的区别。

维特根斯坦认为，数学命题与逻辑命题之间存在着根本的差异，数学命题不是重言式命题（很多人误以为数学命题也是重言式命题[①]），数学命题是作为等式或方程式而存在的。数学的计算可以说是按照一定的规则进行的，等式两边可以根据一定的句法规则进行特定的替换。数学等式有着自己的应用。为什么数学命题不是重言式命题而是等式呢？前期维特根斯坦给出的理由是：数学命题是伪命题，不是真正的命题，是无意义的。维特根斯坦写道："数学是逻辑的方法。数学命题是等式，因而是伪命题（pseudo-propositions /Scheinsätze）。"（LPA 6.2）"数学命题并不表达思想。"（LPA 6.21）那么，我们到底应该如何理解数学命题是等式和伪命题的观念？伪命题和作为重言式的逻辑命题在维特根斯坦那里到底是如何区别的？维特根斯坦这样解释道："如果两个表达式通过等号的方式结合在一起，这就意味着它们之间可以相互替换。但是这一

---

① Donald W.Harvard, "Wittgenstein and the Character of Mathematical Propositions", in Stuart Shanker ed., *Ludwig Wittgenstein: Critical Assessments: From the Tractatus to Remarks of Foundations of Mathematics, Wittgenstein on the Philosophy of Mathematics*, Vol.3, London: Croom Helm Ltd., 1986, p.261.

点必须在这两个表达式自身中显示出其是否如此。"（TLP 6.23）维特根斯坦在这里给等式的解释就是：等式其实就是表示等号两边的表达式可以相互替换。等式的这种替换应当被理解为句法规则。哪些表达式之间可以用等式连接起来，哪些不能通过等式连接起来，都是由相应的替换规则决定的，不是随意的。正是由于作为等式的数学命题体现了表达式的替换规则的应用，所以这些数学等式并不意谓具体的数学对象或实在，而只关涉数学运算规则。因而维特根斯坦说，数学命题是伪命题，不能表达真正的思想。

　　为什么数学等式两边的表达式并不表达思想呢？这其实很好理解，因为数学记号都是抽象的记号，它们并不意谓可以感知的经验对象，所以它们并不表达思想，正如有学者指出的："那些能被感知的、能被图像化的，成为描述内容的东西才能被思想以及在语言中被言说，而那些不能被感知的，不能具有描述内容的东西不能被言说，只可显示一些形式属性。"① 数学命题之所以是伪命题，不是真正的有意义的命题，原因在于数学符号的抽象性，不能像真名意谓经验中的对象。数学符号表示的是形式概念，不是真正意义的概念。而在维特根斯坦看来，意义图像论的核心要点就是说明命题如何具有意义，根据维特根斯坦对于命题如何具有意义的分析，只有能够意谓对象的名称组成的命题才是有意义的命题，"简单指号是可能的要求是意义确定性的要求"（TLP 3.23）。也就是说，命题的意义分析必须下降到简单记号即名称意谓简单对象的最底层面，简单记号或名称组合成原初命题，原初命题表达相应的事态，不同的原初命题可以根据相应的真值函项的组合成复合命题，复合命题对应的是事实，命题构成语言，诸事实构成世界。按照这种分析思路，命题能够具有意义的最终条件就是语言和世界相对应，复合命题与事实相对应，原初命题与事态相对应，简单记号或名称与对象相对应，换言之，在语言和世界的各个层面上，都是同构的或一一对应的关系。所以，在维特根斯坦看来，命题最终有意义的条

---

① Donald W.Harvard, "Wittgenstein and the Character of Mathematical Propositions", in Stuart Shanker ed., *Ludwig Wittgenstein: Critical Assessments: From the Tractatus to Remarks of Foundations of Mathematics, Wittgenstein on the Philosophy of Mathematics*, Vol.3, London: Croom Helm Ltd., 1986, p.261.

件就是名称能意谓简单的对象，也即只有能够被感知和图像化的东西才能有意义地言说，才能够被思想，思想就是有意义的命题（TLP 4），而数学符号则不符合这一要求，所以，数学命题不是真正有意义的命题，是无意义的，是伪命题。

维特根斯坦在《逻辑哲学论》中曾经举例说明伪命题（pseudo-propositions /Scheinsätze）的性质。维特根斯坦这样刻画伪命题的性质：

> 比如，在这一命题，"存在 2 个对象，它们是……"，它可以用（∃ x,y）来表达……凡是在它以一种不同的方式被使用的地方，即它被使用为专有的概念词的地方，结果就会产生无意义的伪命题。所以，人们不能，比如，像言说"存在书本"一样地去言说"存在对象"。不可能说"存在 100 个对象"或者说"存在 $\aleph_0$ 个对象"。并且，说所有对象数的整体也是无意义的。这点对于语词"复合物""事实""函项""数"等也适用。它们都标示形式概念（formal concepts），在概念文字中用变量来表示，而非通过函项或类来表示（如同弗雷格和罗素所以为的那样）。"1 是一个数""只存在一个 0"，所有相似的表达式都是无意义的。（TLP 4.1272）

根据维特根斯坦的观点，比如"存在 100 个对象""存在 $\aleph_0$ 个对象""1 是一个数""只存在一个 0"，等等此类的数学表达式都是伪命题，都是无意义的（nonsensical/unsinnig），因为这些表达式中的概念并不是真正的概念，而是形式概念，形式概念并不能通过函项的方式表达出来，而只有真正的概念（concept proper）可以用函项来表示（TLP 4.126）。

在维特根斯坦看来，与无意义的数学命题相比，逻辑命题不是无意义的，而是意义缺失的（senseless /sinnlos）。维特根斯坦这样写道："一个重言式没有真值条件，因为它是无条件地为真；一个矛盾式在任何条件下都不为真，重言式和矛盾式是缺乏意义的。"（LPA 4.461）"然而，重言式和矛盾式不是无意义的。它们是符号论的一部分，如同'0'是算术符号的一部分一样。"（LPA 4.461）数学命题是无意义的（nonsensical/unsinnig），而逻辑命题是意义缺失的（senseless/sinnlos）[①]，这是两者之间的根本不同。根据前期维特根斯坦的观点，主要存在三种命题：有意义的命题、意义缺失的命题与无意义的命题。

（1）有意义（senseful/sinnvoll）的命题，即真正的命题，其实就是指经验命题。这种命题有真值条件，即能够为真或为假，判断经验命题的标准是看这个命题与经验事实是否一致，如果一致，那么这个命题就是真的，否则就是假的。维特根斯坦在《向摩尔口述的笔记：1914 年 4 月》中这样写道："具有意义意即是真的或假的，为真为假实际上构成了命题与实在的关系，我们说命题具有意义（Sinn），即指此而言。"[②]

（2）意义缺失的（senseless/sinnlos）的命题，主要是指逻辑命题，包括矛盾式命题与重言式命题[③]。重言式是永真的命题，矛盾式命题是永假的命题。按照前期维特根斯坦在《逻辑哲学论》中的说法，重言式命题是真值条件的极限状态，是无条件地为真，矛盾式命题是无条件地为假。它们都可被理解为真值条件的缺失，因为它们算不上具有真假二极性这一真值条件，因而，它们是意义缺失的。

（3）无意义的（nonsenseical/unsinnig）命题，也即伪命题，主要是指形而上学的命题，包括数学命题。这些命题也没有真值条件，不能为真或为假，主要原因在于混淆了真正概念和形式概念，试图用函项来表达形式概念的内部属性和关系，试图言说不可言说的而只能显示的东西，比如对象是什么，逻辑形式是什么，人生的意义、伦理与美学以及上帝等形而上

[①] 中期维特根斯坦依然坚持认为逻辑命题是意义缺失的（senseless），并强调指出，逻辑命题之所以是"意义缺失的"，是因为其意义的量为零，它是命题的一种退化形式。逻辑命题并没有为一个命题增添什么。参见 Arthur Gibson and Niamh o'Mahony ed., *Ludwig Wittgenstein: Dictating Philosophy, To Francis Skinner—The Wittgenstein -Skinner Manuscripts*, Berlin：Springer ，2020, p.275。

[②] ［奥］维特根斯坦：《向摩尔口述的笔记：1914 年 4 月》，陈启伟译，载《维特根斯坦全集》第一卷，河北教育出版社 2003 年版，第 36 页。

[③] 中期维特根斯坦还是坚持认为逻辑命题的最主要特征是重言式，并指出判断一个命题是不是重言式命题的关键在于根据相关的逻辑规则。同时，他批评了弗雷格和罗素等人将"自明性"（self-evidence）作为逻辑命题的标准，认为这种"自明性"带有心理主义的色彩。参见 Arthur Gibson and Niamh o'Mahony ed., *Ludwig Wittgenstein: Dictating Philosophy*, *To Francis Skinner—The Wittgenstein -Skinner Manuscripts*, Berlin：Springer, 2020, pp.270-273。

学命题属于此类，同时根据上面的分析，数学的命题也属于此类命题，因为数学命题试图用函项来表达形式概念的属性，试图言说不可说的东西，因而是无意义的。

维特根斯坦之所以将数学命题与形而上学命题都归属于第三类的无意义的命题，而不是第二类的逻辑命题，是因为无意义和意义缺失在前期维特根斯坦那里是有着根本的区别的。[①] 简单地说，虽然意义缺失和无意义都不能有真值条件，不能为真或为假，但是意义缺失与无意义的不同地方在于：无意义是根本谈不到真假条件的，而意义缺失则属于真假条件的极限情形，比如重言式命题无条件地为真。所以，无意义的数学命题与意义缺失的逻辑命题还是不同的。

为什么维特根斯坦认为数学命题是无意义的？理由其实就在于维特根斯坦的很强烈的反柏拉图主义（anti-platonism）的数学哲学立场，也就是说，维特根斯坦根本不承认，数学记号、符号或数字意谓具体的对象或抽象的对象与实在，数学记号或指号不意谓什么东西，所有数学记号或表达式之所以放在一起，主要原因就在于，这些表达式或记号是按照一定的句法规则结合在一起的，而这些句法规则和记号的选择，是按照数学家们历经长期数学实践的检验而形成的。正如维特根斯坦的著名研究专家哈克（P.Hacker）所言，"不同于逻辑真理，数学等式替换和转化表达式的规则，特别是转化量化的经验命题。在《逻辑哲学论》中，维特根斯坦主张，等式根本就不是真正的命题"[②]。

维特根斯坦在中期继续坚持数学等式不是重言式的观点，并且给出了进一步的解释。维特根斯坦认为，作为等式的数学命题与作为重言式的逻辑命题是不能混淆的，数学并不是逻辑的附属之物。维特根斯坦说"我们做数学……数学就是其应用"（WWK p.34），在此，维特根斯坦正确地看

---

① 详细分析请参见徐弢《前期维特根斯坦意义理论研究》，人民出版社 2018 年版，第 360—363 页。

② P.M.S. Hacker, "A Normative Conception of Necessity:Wittgenstein on Necessary Truth of Logic, Mathematics and Metaphysics", in Volker Munz, Klaus Puhl and Joseph Wang eds., *Language and World Part One:Essays on the Philosophy of Wittgenstein, Proceedings of the 32th International Ludwig Wittgenstein-Symposium in Kirchberg*, Frankfurt：Ontos Verlag, 2009, p.18.

到了数学独立于逻辑的地位，那也就是说，数学并不从属于逻辑。"句法是自主的（autonomous）。语言必须要言说自身"（PG Ⅱ§63）。在维特根斯坦看来，数学等式本质上是句法，句法是自主的，有着自身的应用。数学的应用使数学命题获得意义，单纯的数学命题或表达式本身是没有意义的。数学自身的句法特性决定了其能应用于经验命题。维特根斯坦认为，我们不是描述数学，因为数学不关涉对象或实在，我们是做数学。"数学命题并不是描述的（descriptive），而是规定的（prescriptive）。"[1] 假定我们被给予了以下算术表达式：

$$3+4=7$$

维特根斯坦认为，以上等式所表达的并不是一个重言式（在真值条件的意义上）。罗素主张可以通过逻辑符号改写以上的等式，以此来证明数学等式可以还原为逻辑表达式的做法是错误的。以上的算术等式，根据罗素的逻辑符号，可以改写如下：

$$(E3x)\varphi x.(E4x)\psi x.\sim(\exists x)\varphi x.\psi x:\supset:(E7x).\varphi x\lor\psi x.$$

罗素以为，可以通过这种逻辑符号的改写证明以上的数学等式是一个重言式，即是一个逻辑命题。但是，维特根斯坦却明确对罗素的这种观点表示反对。维特根斯坦反对的理由在于：不是由于发明一种逻辑符号，或改写某一算术等式，就能证明该算术等式是重言式，恰恰相反，我们为了能够进行某种逻辑符号的改写，必须以我们理解和运用某些算术等式为前提。也就是说，如果不理解相关的算术表达式应用，我们就根本不可能给出相应的逻辑符号的改写。维特根斯坦这样说："为了描述这一命题，我必须已经知道 3+4=7。这整个重言式是算术的应用，而不是其证明。"（WWK S.35）。维特根斯坦这里所讲的意思很明确，就是想告诉我们数学

---

[1] Donald W.Harvard, "Wittgenstein and the Character of Mathematical Propositions", in Stuart Shanker ed., *Ludwig Wittgenstein: Critical Assessments: From the Tractatus to Remarks of Foundations of Mathematics, Wittgenstein on the Philosophy of Mathematics*, Vol.3, London: Croom Helm Ltd., 1986, p.261.

里的"这些表达式属于完全不同的计算，具有不同的证明"①。根据维特根斯坦，数学有其自身的应用，数学等式的表达式不仅在证明方面，而且在应用方面都是不同的，所以，我们不能说，这个数学命题或等式只能被证明为某某逻辑命题。恰恰相反，某某逻辑表达式的出现实际上代表了数学表达的某种应用而已。维特根斯坦上述所举的例子是很小的数的例子，如果涉及大数，那么就更加明显了。如果我们被给出一个相当大的数，比如35678900882348+4475859493727484509=？如果想得出正确的结果，我们根本不能向罗素的逻辑技术寻求帮助，因为那样的话，改写的逻辑符号与表达式会非常烦琐和冗长，而只能遵守算术中的十进制的加法规则。所以，维特根斯坦认为"一个算术命题的正确性绝不是通过一个命题成为重言式而表达出来"（WWK S.35）。

另外，维特根斯坦还在另外一处表达了相似的观点，对等式和重言式的区别阐释得更加清楚。他说"人们很轻易地相信，等式就是重言式。人们可能将 28+16=44 用以下的方式表达出来：

（E28x）φx.(E16x）ψ x. 表明：⊃:(E44x).φx∨ψ x.

这一表达式是一个重言式。但是，为了找出右边的数，作出重言式，人们必须利用演算，而这种演算是独立于重言式的。重言式是演算的应用，而不是其表达。演算是一种算盘，一种计算盘，一种计算机器，它们用线和数字等进行工作。虽然人们事后把演算用于构造重言式，但是演算完全与命题和重言式无关。实际上，在学校里每个人都是用数进行演算的，非常严格，根本没有考虑什么是重言式的问题。所以，演算的本质不可能从重言式得到说明"（WWK S.106）。在这里，关于为什么算术等式不是重言式的道理，维特根斯坦讲得更加清楚。

在维特根斯坦看来，数学等式作为演算活动，本质上是独立于逻辑的重言式命题的。前面所提的两个例子也表明，实际上我们构造重言式，不得不以理解和掌握相关的数学演算为前提，不是数学必须还原为逻辑重言

① Christoffer Gefwert, *Wittgenstein on Mathematics, Minds and Mental Machines*, Aldershot, Hampshire: Ashgate Publishing Company, 1998, p.131.

式，恰恰相反，逻辑重言式的构造之所以可能必须以数学演算为基础。维特根斯坦认为罗素在《数学原理》中主张逻辑命题有所言说，描述什么东西的观点是不正确的，因为在罗素看来，重言式言说或描述的东西就是相应的数学演算内容，数学演算内容就是逻辑重言式的意义。但是维特根斯坦坚持认为，逻辑命题是重言式，是意义缺失的，逻辑命题不描述什么东西。算术等式并不能还原或证明为逻辑命题。数学等式并不是重言式。"如果等式是重言式的话，那么它就没有作为替换规则的价值。等式就如同定义一样是一种替换规则（Ersetzungsregel）。"（WWK S.158）在维特根斯坦看来，数学等式最主要的作用就是替换规则，而重言式命题显然不能做到这点。

维特根斯坦在《哲学评论》中开始对《逻辑哲学论》中关于数学命题的观点进行修正和深化。维特根斯坦认为，数学命题应与重要意义的经验命题相比较，数学等式不显示什么东西，但是确实断言了某些东西。数学等式不能显示什么东西，而是主张等式的两边显示一些东西。维特根斯坦这样写道：

> 在我看来，你或许将数学等式与重要意义的命题相比较，而不是与重言式相比较。因为一个等式恰好包含了这种断言要素——等号——它被发明出来并非显示何物。因为无论什么东西，只要能显示自身，就都不需要等号。等号并不与"p•(p ⊃ q).⊃.q"中的推导符号".⊃."相对应，因为推导符号".⊃."只是构成重言式诸要素的一部分。它并不能脱离其语境，而像"•"和"⊃"一样，是属于这个命题的。但是等号"="则是一个使得等式成为某种命题的东西的系词。一个重言式显示某些东西，一个等号不显示什么东西；而是它表明它的两边显示某种东西。（PB §120 S.142）

在维特根斯坦看来，数学等式中的等号作用与逻辑重言式中的推导符号作用是不一样的。等号是一个系词，主要起到将等号两边的表达式相连接的作用，而重言式中的推导符号则不是系词，而是构成重言式一部分的东西。维特根斯坦在这里强调，并不是等号本身显示什么东西，而是等号的两边的表达式显示一些东西，即显示这两个表达式可以在一定的条件下相互替换。而重言式则显示前提和结论之间的内在结构和关系，比如刚才提到的"p·(p ⊃ q).⊃.q"肯定前件式，也称分离规则（modus ponens）。这一重言式主要是说，如果给定了"p"，并且"p ⊃ q"，那么，必然会得出"q"。因为在这里，推论规则就是这样规定的。这里的分离规则或肯定前件式明显地不同于等式的替换规则。维特根斯坦认为，数学等式本质上是一种句法规则。他说："一个等式是一种句法的规则（syntaktische Regel）。"（PB §121 S.143）

　　根据前面的分析，维特根斯坦认为数学命题是作为等式出现的，而逻辑命题是重言式命题，数学等式不同于重言式命题，两者不能相互替换，在这一观点的基础上，维特根斯坦进一步论述了数学命题的综合性与逻辑命题的分析性之间的重要区别。维特根斯坦在《哲学评论》中这样写道："我认为，我前面所说的关于算术等式的本质，即等式不能被重言式替代的话，解释了康德坚持主张，5+7=12 不是分析命题，而是先天综合命题的观点。"（PB §108 S.129）

第二节　维特根斯坦论数学命题与经验命题的关系

　　数学命题和经验命题之间的关系是怎样的？我们应该如何区别数学命题和经验命题？由于数学命题可以被经常运用到我们的经验生活中，具有独特的地位和作用，数学命题与经验生活之间也存在着千丝万缕的联系，所以，这就导致人们往往搞不清楚数学命题和经验命题之间的关系，常常弄混两者之间的区别和联系。因而，正确地阐释数学命题与经验命题之间的关系，对于我们正确地理解数学命题自身的性质以及它们在我们的经验生活中的地位和作用，具有十分重要的理论意义。

　　维特根斯坦在其数学哲学著作中大量地探讨了数学命题和经验命题之间的关系，既论述了两者之间的根本区别，同时也指出了两者之间的联系。尽管维特根斯坦在不同的时期，相关思想的表述和说法之间可能存在着差异，但是基本的观点还是明确和一致的。维特根斯坦认为，数学命题根本上不同于经验命题，两者之间存在着根本的性质差异。

如果经验命题主要是指自然科学命题，那么，维特根斯坦经常强调的一个基本观点就是：数学不同于自然科学，数学的研究方法与自然科学研究方法之间存在着根本的不同，故而，数学命题也不同于自然科学命题。维特根斯坦认为，数学研究的主要方法是计算或证明的方法，而自然科学研究的主要方法是做实验。维特根斯坦前后期基本上都坚持这种看法。比如前期维特根斯坦坚持主张"计算不是实验"（TLP 6.2331），后期维特根斯坦主张"虽然我只是——以一种不太熟练的方式——指出一个算术命题与一个经验命题之间的根本的不同之处，但是也指出它们之间存在相似性"（RFM I§110）。如果我们使用传统的知识论的术语来表达数学命题和经验命题之间的不同的话，那么，数学命题是先天的、先验的、必然地为真的、确定的；而经验命题是后天的、后验的、偶然地为真的。数学命题的必然性来自句法的规则，而在经验命题中，则没有必然性的位置。经验命题主要描述的是个别对象和特定实体的属性，而数学命题根本就不描述任何对象和实在的属性。在维特根斯坦看来，数学不关涉实在和对象，数学命题不表达关于世界中的事实，数学不表达思想，数学命题是无意义的。维特根斯坦这样写道："让我们记住，在数学中，记号自身做数学，它们并不描述它。"（PR§157）数学命题纯粹是句法规则。然而，数学命题可以被应用到经验的事实上去，使这种应用成为有意义的。这也就是说，数学命题本身是无意义的，数学命题的应用是有意义的。

一　数学命题与经验命题之间的区别

概括地说，根据维特根斯坦，数学命题和经验命题之间的不同或差异主要体现在以下几个方面。

（1）数学命题是必然的，而经验命题不是必然的。数学命题的必然性是一种规范性的必然性，而经验命题则没有这种规范性的必然性，是因果

偶然的。^①

（2）数学命题作为句法规则不描述任何事实或实在，而经验命题描述事实或实在的性质。经验命题不具有句法规则的性质，数学命题不受经验的检验。

（3）确定数学命题的意义的方法是通过数学证明（proof），而确定经验命题的意义的方法是证实（verification）。数学的证明方法不同于经验的证实方法。

首先，我们来看看第一点。虽然维特根斯坦在其转折时期，比如他和魏斯曼的谈话时期，他有时并没有清楚地区别"证明"（proof）与"证实"（verification）这两个词的使用，然而，我们可以清楚地理解他的主要思想是：数学命题的意义主要是通过证明而确定的，而不是通过经验证实来确定的。比如，他曾经说："为了强调数学命题的意义，人们必须搞清楚它是如何被证实的。简言之，一个数学概念的涵义就是它的使用的方法，一个数学命题的意义就是它的证实的方法（由此可以得出，数学命题和它的证明并不能相互分开）。"^②很显然，维特根斯坦在这里没有区别"证明"和"证实"，他谈到数学命题的"证实"，但是更准确地说，应该理解为"证明"才对，这可能是维特根斯坦用词不慎所致。因而，我们不能被维特根斯坦的粗心或用词不慎蒙蔽，应该清楚数学命题的意义的确定是来自证明，而不是证实。"证实"只能被应用到经验命题，"证明"和"证实"不可混淆。

数学命题是必然的，而经验命题则不是必然的。维特根斯坦认为，数学命题作为句法或语法规则是必然的，不是偶然的，因为句法规则并不和因果关系打交道。而因果性是经验命题要关注的对象。数学命题是必然

---

① 这里所谓的"因果偶然的"的说法主要来自维特根斯坦《逻辑哲学论》中的观点，他说："一事因一事的发生而必然发生的那种强制性是不存在的。只有一种逻辑的必然性。"（TLP 6.37）维特根斯坦认为，世界中发生的一切都是偶然的（TLP 6.41），因果必然性是不存在的，只有一种必然性就是逻辑必然性，所以，只有因果的偶然性。因果律不是规律，而是规律的形式（TLP 6.32）。很明显，维特根斯坦的观点受到休谟关于因果必然性观点的影响。

② Friedrich Waismann, "The Nature of Mathematics: Wittgenstein's Standpoint", in S.G.Shanker trans.and ed., *Ludwig Wittgenstein, Critical Assessment*, Vol.3, London: Croom Helm, 1986, p.61.

的，数学命题的必然性可以通过数学证明来获得。维特根斯坦写道："一个证明应该不仅表明如何是这样，而且还表明它如何必须这样。"（RFM Ⅲ§9）数学命题作为句法规则主要起到一种规范性的作用，这种规范性主要就是规定我们如何进行具体的数学演算与等式变换。比如，如果学习了基本的算术加法规则，那么，我们就可以利用算术的加法规则进行有效的计算。算术的加法规则本身具有很强的规范性，我们如果不按照这种规范性行事，就会得出错误的结果，而且如果经常得出错误的结果，那么，我们在社会现实中就必然会受到相应的惩罚。所以，我们不能不按照算术的基本运算法则来进行具体的算术运算。

算术命题的这种规范性完全不同于经验命题。维特根斯坦这样写道：

现在，某人说在一个遵守 +1 规则的基数系列中，我们所学会的技术是这样的一种方式，即 449 后面跟随 450。我们把 +1 这种运算应用于 449，我们就从 449 获得 450，这并不是一个经验命题，毋宁说，这是一种规定：只有当结果是 450 时，我们才应用这种运算。（RFM Ⅵ §22 p.324）

这也就是说，如果我们承认算术的加法运算法则，我们必然算出：449+1=450，不仅仅我们这次算出这样的结果，而且，对于将来来说，只要我们应用这种运算，必然会得出相应的结果，其他人也一样，在中国得出这样的结果，在外国其他的地方也必然得出这样的结果。算术命题的必然性超越了时间、空间以及地域的限制，说数学命题是必然的，就是说数学命题以及运算结果的有效性不受这些经验条件的限制。而经验命题则不能做到这点。经验命题往往带有很强烈的经验色彩，它不能脱离具体的经验条件的限制而为真。经验命题不是必然地为真，它是偶然地为真的。比如我们可以举这样的例子来说明，说"这朵玫瑰花是红色的"，如果这朵玫瑰花确实是红色的，那么这一命题是真的，但是，玫瑰花可以有不同的颜色，有白色、黄色等，这朵玫瑰花如果是其他的颜色，这一命题就不是真的了，而可能是假的，所以，说"这朵玫瑰花是红色的"的真是偶然的，不是必然的。玫瑰花不必然是红色的，可以是其他颜色的。

维特根斯坦认为，数学命题与经验命题最大的区别就在于：数学命题具有规范性的地位，而经验命题则没有规范性的地位。数学命题的必然性其实就来自数学语法的规范性，数学命题的必然性可以被称为规范的必然性，而经验命题则既无规范性也无必然性。维特根斯坦写道：

> 经验教会我，我这次得到这个，经常得到那个；但是数学命题说的就是这些？经验教会我，这就是我所走过的路，但那是数学陈述？——但是它说的到底是什么？它和经验命题到底有何关系呢？数学命题有规则的尊严。说数学是逻辑，这是对的：它在我们语言的规则之内运动。这给予了它特别的稳定性，与众不同的无懈可击的地位（数学被置于标准的量器之中）。（BGM I §165 S.99）

从这里我们可以看到，在维特根斯坦那里，数学命题和逻辑命题都作为句法规则而具有规范性的地位，这种规范性的地位保证了数学命题和逻辑命题的稳定性以及必然性。

数学命题的必然性与确定性都来自其规则性质。数学语法规则规定数学记号应该如何使用。因而，数学的必然性可以称为规范的必然性。数学命题是衡量的尺度，而经验命题是被衡量的对象。维特根斯坦写道："我想说的是：数学总是一种尺度，而不是被衡量的对象。"（RFM III §75 p.201）这也就是说，数学命题可以被用来衡量经验命题。经验命题只是陈述事实，而不能起到规范性的作用。数学命题作为句法规则一定要规范数学记号的使用。关于数学命题的规范性质与经验命题的陈述性质，维特根斯坦曾经在1935年剑桥讲演中这样写道："说规则是陈述，是个关于记号的陈述，这种说法是错误的。……它是关于如何使用这个记号的规则。规则起着与陈述完全不同的作用。"（AWL 1935, Lecture XII p.153）

其次，我们来看看第二点差别：数学命题不描述任何事实，而经验命题恰恰以描述经验事实为基本特征。根据前面的论述，我们已经知道，数学命题不具有描述性，数学命题作为句法规则自成系统，"数学命题具有双重特征，它既是法则（Gesetz），也是规则（Regel）"（BGM IV §21 S.235）。数学命题实际上是语法命题（grammatical propositions），即关于如何应用计算和等式的命题规则，作为语法的数学命题解释数学记号的意谓，是语法本身约定的结果，维特根斯坦这样说："语法是由约定构成的。"（PG I §138）"语言中语词的使用就是其意义，语法描述语言中语词的使用。"（PG VII §23）维特根斯坦强调数学命题是语法约定①的结果，不受经验事实的影响，因为语法不直接描述经验事实，而只描述语言中语词的具体用法。维特根斯坦说："计算的要点并不在于计算的正确还是错误——算术命题不受经验的检验。"（RFM VI §23）维特根斯坦认为，数学命题谈不上经验检验意义上的正确或不正确，经验检验意义上的真或假只能适用于经验命题。经验命题则必须描述具体的经验对象的属性以及关系。数学命题不是去发现和描述一些已经存在的抽象的实体或实在的性质和关系，而是通过数学证明构造自洽一致的句法规则系统，不同的数学命题构成了不同的句法规则系统，这些系统本身对于经验事实并无所说。对于经验命题或自然科学命题，我们可以谈论检验意义上的真假，但是对于数学命题，我们则不能谈论检验意义上的真假，而只能谈论证明意义上的真假。因为纯粹的数学命题，比如算术公式作为句法规则本身并无真假或对错可言，在很大程度上，数学的命题是创造概念，建立新的联系。

由此，维特根斯坦得出他一直强调的一个论点即"数学家是发明家，而不是发现者"（BGM I §168 S.99）。这也就是说，数学家并不是像经验科学家或自然科学家那样去发现什么所谓的真理或事实，而只是发明表述数学命题的句法规则与系统，在这个意义上，维特根斯坦的数学哲学应该是某种构造论的（constructivism）②，因为维特根斯坦坚持强烈地反对柏拉

---

① 当然，我们这里所谓的"语法约定"并不是约定主义，因为维特根斯坦在数学哲学上并不是一名约定主义者，他所谓的"语法约定"其实背后有着深刻的社会实践基础，不是单纯的语义的约定的结果。达米特所谓的"彻底的约定论"的解读观点是错误的，他没有充分关注到维特根斯坦哲学中的社会实践层面的因素对于语法约定的形成的作用。关于达米特的观点，参见 Michael Dummett, "Wittgenstein's Philosophy of Mathematics", *The Philosophical Review*, Vol.XVIII, 1959, pp.324-348。

② 参见 Timm Lampert, "Wittgenstein on the Infinity of Primes", *History and Philosophy of Logic*, Vol.29, 2008, pp.63-81。

图主义的立场，反对认为数学命题描述任何抽象的事实或实体，而主张数学家是语言句法的发明者，数学命题是人类的伟大发明和创造的结果，数学命题并不是发现数学真理的产物。数学和自然科学的根本区别也在这里。如果说自然科学家主要是自然科学真理的发现者，不再在自然科学角度作柏拉图主义的辨析，那么，这种说法是说得过去的，是能够成立的。但是即便如此，我们也不能这样说数学。因为数学命题和自然科学命题也即经验命题之间存在着根本的区别，这就是数学命题的句法规则性质使得数学命题不是发现什么实体或真理，而只能发明相关的表述形式和句法规则。

最后，我们来看看第三点差别：研究和确定数学命题意义的方法是数学证明，而确定经验命题的意义的方法是经验证实或证伪。前面已经提到过，在确定数学命题和经验命题的意义的方法方面，存在着根本的不同。数学命题主要是通过数学证明来确定意义的，数学证明对于研究数学命题具有至关重要的作用，而经验命题则不能通过证明来确定意义，只能通过经验的证实或证伪的方法。维特根斯坦说，"数学证明是一个数学命题的分析"（PR §153），"数学命题是一个证明链条的最后一环"（PR §162），如果一个数学证明没有完成或实现，数学命题也就没有真正形成，只有经过证明的数学命题才是真正的数学命题，正如有学者指出的："一个数学'命题'在证明之前没有意义，证明对于数学公式、结构或问题意义重大。"[①]

关于数学命题和经验命题检验正确的方法，前期维特根斯坦在《逻辑哲学论》中就已经作出了明确的区分。他说："而且，数学命题可被证明，这不过是说，无须将其表达的东西自身与其正确性的事实相比较，就可以认识到它们是正确性。"（LPA 6.2321）这里所谓的"认识"意指，我们是通过直观的或证明的方法来检查数学语法规则的一致性，而不必像经验命题那样需要诉诸经验事实的存在或不存在。经验命题的正确性的标准在于外在的经验事实，而数学命题的正确的标准在于内在的句法结构和规则的一致性与否。维特根斯坦认为，在检验经验命题的正确性或不正确性的标

---

① Simo Säätelä, "From Logical Method to 'Messing About': Wittgenstein on 'open problems' in Mathematics", in Oskari Kussela and Marie McGinn eds., *The Oxford Handbook of Wittgenstein*, Oxford: Oxford University Press, 2011, Online Publication Date: Jan. 2012.

准中，我们必须寻求外在的因果性，因果性在经验命题的检验过程中扮演了至关重要的角色，但是，数学证明的过程中则根本不需要因果性的帮助，数学证明完全排斥因果性的参与。"人们所说的证明，并没有把命题作为结果，就像实验那样，而是一种语法规则。"（AWL 1935 Lecture III p.170）

维特根斯坦认为，数学命题作为句法规则或语法系统通过数学证明，在不同的数学命题之间构建了必然的联系，但是，经验命题则不属于语法系统，存在着因果的联系，它们可能是真的，也可能是假的。维特根斯坦说："在数学中，不存在因果联系，只存在范型之间的联系。"（RFM VII §18）维特根斯坦这样来区分数学的规范性与因果性，他说："如果这种计算向您表明的是一种因果的联系，那么，你就不是在进行计算。数学是规范的（normative）。"（RFM VII §61）举一个简单的例子来说明这点。比如，你昨天计算了一道数学题得出一个结果，今天同样计算这道题，得出另外一个结果，这两个结果如果不一样，那么，我们不能说你是在进行严格的数学计算，因为数学计算的结果不可能依赖不同的时间。或者换句话说，我们认为，你的计算有误，不是数学题目有问题，数学题目的答案应该是一样的，是唯一的，数学结果的确定性和必然性不受时间等外在经验因素的影响。

维特根斯坦在后期的《关于数学基础的评论》中曾经详细地探讨了数学证明的性质和作用[1]，其核心思想就是：数学证明是确定数学命题意义的方法，通过数学证明以及所建构的语法规则，在数学命题之间建立起必然的内部关系，数学证明必须是可以综观的，是可以重复的，数学证明是保证数学推理有效的必然手段，数学的必然性与创造性都可以通过数学证明所建立的语法规则来说明，数学证明在数学语法规则的建立过程中发挥了核心的作用；数学证明不同于自然科学的实验方法，自然科学的方法主要是经验验证或证伪，但是数学命题由于只是句法规则，不与经验事实发生直接关系，所以，只能通过数学证明来检验数学命题内部的一致性。

---

[1] 本书会在第七章详细地分析和阐明维特根斯坦关于数学证明的性质和作用问题，这里只是大致作些简要说明，以便我们理解数学命题与经验命题在确定意义和方法上的区别。

维特根斯坦认为，我们一定要区分数学证明与经验证实的不同，从而消除将数学证明混同于经验证实的误解。很多人认为数学证明类似于实验，比如将证明一个问题的不可能性看作一种物理的经验的不可能性，而在维特根斯坦看来，这是彻底的误解和混淆。维特根斯坦特地举了角的三等分的例子，以此说明数学证明与经验证实之间的区别。维特根斯坦说：

> 通过说"不要尝试将一个角三等分，那是没有希望的！"我们可以将一个角的三等分的不可能性表征为一种物理的不可能性，但是，只要我们能够做到那点，它并不是这个"不可能性证明"所要证明的东西。试图将角的三等分看成与物理事实关联的某种东西是没有希望的。（PG Ⅱ §22）

在这里，维特根斯坦给出了具体的角的三等分不可能的例子，来阐明数学中的不可能性的证明不同于物理的经验的不可能性的证实。

在数学史上，角的三等分问题由来已久，可以追溯到古希腊。这一问题主要是关于人们是否可以只用一个圆规和一把直尺将一个角三等分。人们可以将一个角二等分、四等分，自然而然，人们也尝试将一个角三等分，但是无论如何努力，最终都失败了。1837 年，法国数学家皮埃尔·万策尔（Pierre Wantzel，1814—1848）最终证明了，对于任意的一个角来说，人们不可能只用一个圆规和一把直尺将其三等分。也就是说，没有一个普遍的方法来将一个角三等分。对于这种证明的不可能性，维特根斯坦提醒我们，不要将角的三等分的不可能性这一数学的证明看成物理的经验上的不可能性的证实。在数学上，必然性或不可能性的证明，是一种句法或语法规则的证明，换句话是说，不可能三等分角的证明意谓着这样一条句法规则：一般来说，在几何学上，我们在只有作图工具比如一把直尺和一个圆规而没有其他的工具的条件之下，不可能将任意的一个角三等分。如果人们遵守这样的作图规则，那么，他在几何学上必然不可能将一个任意的角三等分。所以，我们可以看到，角的三等分不可能的证明的必然性来自数学总的句法规则，而不是来自实际所用的作图工具或角的物理性质。换言之，为什么数学证明被称为数学的而不是物理的，就是由于数学证明的句法性质。这些句法或语法的规则决定了数学证明的意义，证明的规则是通过句法的规则来建立的。

至于数学证明的作用，有学者曾经指出："证明提供计算的方法，确定一个陈述的意义。"[①] 确定一个数学证明是正确的标准完全不同于确定一个物理的或经验的陈述是否正确。判定一个数学证明是否正确还是错误的方法主要在于数学语法系统自身的内部一致性或自洽性，也就是说，在具体的数学计算系统内部，存在着明确的计算程序和规则来判断一个证明是否正确；而判断一个经验命题的证实是否正确的标准在于将这个经验命题所描述的事实与实际所发生的事实相比较，然后才能作出判定。比如，我们说一个数学命题"方程 $X^2=1$ 有两个根"的证明方法完全不同于这一经验命题"在桌子上有 5 个苹果"的证实方法。前者是必然为真的，因为我们可以根据代数系统的句法规则来证明一元二次方程的确有两个根，而后一个经验命题则不是必然为真的，有可能桌子上摆的是 4 个苹果，而不是 5 个苹果，这需要我们的实际观察来作出判定。针对数学证明与数学命题的关系，维特根斯坦这样写道："一个证明是一个特定命题的证明，如果它是通过关联命题和证明的规则而发生作用的话，那也就是说，这个命题必定归属于命题系统，证明归属于证明的系统。并且，在数学中每一个命题必定归属于一个数学的演算（它不可能居于孤独的荣光之中而拒绝与其他的命题相结合）。"（PG §24）

二　数学命题与经验命题之间的联系

维特根斯坦不仅看到了数学命题和经验命题之间的区别，同时也看到了两者之间的联系。根据前面的分析，维特很斯坦认为，数学命题本身是无意义的，不表达任何思想的，但是数学命题却有着非常重要的应用，数学命题的应用范围主要就是经验事实或对象。数学命题和经验命题之间的

① Mathieu Marion, *Wittgenstein, Finitism, and The Foundations of Mathematics*, Oxford: Clarendon Press, 1998, p.159.

联系有两点。

（1）数学命题作为规范性与必然性的模型可以应用到具体的经验事实中，为经验命题的描述提供基本的框架。换句话说，数学命题的应用范围主要就是经验事实，通过数学命题的具体应用，我们可以更好地理解和把握经验命题。

（2）数学命题的训练和习得离不开经验事实的支撑，经验命题可以通过概括经验规范性帮助我们理解和掌握数学命题的句法规则，从而顺利地遵守规则。

首先，我们来看看第一点：数学命题可以有效地应用于经验事实。维特根斯坦认为，数学命题由于具有必然性和确定性，可以通过数学计算帮助我们进行实践的推理。前期维特根斯坦这样写道："在实际的生活中，我们所想的绝不是数学命题。毋宁说，只是为了从一个不属于数学的命题推出其他的同样不属于数学的命题，我们才使用数学命题。"（TLP 6.211）这里所谓的"不属于数学的命题"，按照笔者的理解，就是指经验命题。维特根斯坦这句话的意思很明确，就是主张数学命题虽然并不直接与经验事实发生关联（因为数学本身只是句法规则），但是却可以有效地应用于经验事实之中，为经验命题之间的推理提供必要的保证。"数学命题创造描述的形式。"[1] 比如，如果一个小孩已经掌握和理解了这样一个算术命题"4+1=5"的内涵，那么，他或她就能够使用这一命题去进行经验事实的推理。如果他或她第一次被给予了 4 个苹果，第二次被给予了 1 个苹果，那么，你问他或她一共得到几个苹果，这个小孩就可以利用刚才学习和掌握的数学的计算公式"4+1=5"，很快得出结果"5"个，而不是其他的什么数字。

所以，我们看到，算术公式或命题"4+1=5"并没有直接对经验事实说出什么东西，但是却可以最大限度地应用于经验事实，小孩可以利用刚才的数学计算在经验命题"4 个苹果 +1 个苹果 =5 个苹果"上进行有效的推理。小孩为什么能够在经验命题中推理正确，原因就在于他或她学习和

---

[1] Ásgeir Berg Matthíasson, "Contradictions and failing bridge: What was Wittgenstein's reply to Turing?", *British Journal for the History of Philosophy*, Vol.29, No.3, 2021, p.543.

掌握了相关的算术计算法则，能够灵活地运用这些法则来解决相应的问题。所以，维特根斯坦强调说："数学命题只不过为描述提供脚手架"（RFM Ⅶ §2）。数学命题主要体现为建立概念之间的联系，我们主要是通过概念来把握这个世界的。有学者指出："数学命题为我们组织与理解经验世界提供了描述（概念的结构）的形式。"[1] 也就是说，数学命题为我们理解具体的经验事实提供了基本的框架，没有这些基本的数学框架，我们不可能精准地描述世界中所发生的事实。在我们具体的生活实践中，经验的描述是以数学命题为基础的，数学命题或计算有着广泛的应用，数学命题的真正意义和价值也就在具体的应用中。数学的规范性与确定性最终必须通过应用于经验世界而体现出来。正如弗洛伊德（Juliet Floyd）所指出的：

> 作为一种衡量的系统，数学（比如逻辑）对于维特根斯坦来说，就是一个在不断演化的、自然的世界中的复杂的人工的、合适的与创造的产物，最终，它对于客观性以及可应用性的要求，取决于我们人类寻找一种另外不充分的、持续的关于其应用结果的一致，从而使实践证明其价值。[2]

关于数学命题的应用的重要性，维特根斯坦强调说，"我要说：对于数学至关重要的是，它的符号是着便服使用的。这是在数学之外的使用，符号的意义也在如此，这意义使得数学做起了符号游戏"（RFM Ⅴ §2）。数学命题或符号的意义在于数学之外的应用，这里所谓的"数学之外"其实就是指外在的经验事实。经验事实是数学命题的应用范围，数学命题在经验事实中的应用不是随意的，是有条件的，这里的条件是我们经验中的事物具有可以度量的性质，我们就可以应用数学命题比如算术计算来描述它们。哪些名词可以带有量词，不是绝对的，而是相对的。比如我们应用

---

[1] Christoffer Gefwert, *Wittgenstein on Philosophy and Mathematics: An Essay in the History of Philosophy*, Abo: Abo Akademi University Press, 1994, p.166.

[2] Juliet Floyd, "Wittgenstein on Philosophy of Logic and Mathematics", Stewart Shapiro ed., *The Oxford Handbook of Philosophy of Mathematics and Logic*, Oxford: Oxford University Press, 2005, p.108.

算术加法到具体的经验事实中，要求经验对象必须可数，如果不可数，就不能运用数学的加法规则来进行计算。我们可以说"1条鱼加上3条鱼等于4条鱼"，这里的经验命题描述的对象是鱼，而鱼是可数的，可以应用算术加法来进行运算。但是如果这里的描述对象发生了改变，不是鱼，而是泡沫或泥巴，我们就不能对其使用算术加法来谈论。因为，泡沫或泥巴并不具有固定的体积和形状，而算术加法计算的对象一定是要有固定的体积和形状的，所以，泡沫或泥巴就不适合进行算术的加法计算。我们谈论"1块泡沫加上1块泡沫等于2块泡沫"是无意义的。所以，我们可以说，数学命题应用到具体经验事实上形成经验命题，也是有前提条件的，不是无限制地被应用的。

其次，我们来看看第二点：数学命题作为规则的训练和习得离不开经验事实的支撑，经验命题可以通过概括经验规范性帮助我们理解和掌握数学命题的句法规则。通过我们前面的分析得知，纯粹的数学命题只是句法规则，这种句法规则或计算规则的意义就在于具体的经验使用，这是数学命题和经验命题相互关联的一个方面；在另外一个方面，某些经验命题在一定的条件下可以为我们掌握和理解数学命题的规则性质提供必要的辅助。数学命题作为句法规则本质上是一种概念的规定，要想掌握和理解这种概念的规定，自然离不开规则的训练和习得，而这必须以经验命题的描述或解释为前提。维特根斯坦写道："对25×25=625这个命题所做的辩护自然是这样的：谁受过如此这般的训练，谁就会在正常的情况下做乘法25×25，就会得到625。然而，这个数学命题说的不是这个。它是说一个可以被强化为规则的经验命题。它规定，如果这就是这个乘法得出的结果，那么，这条规则就已经被遵守。它同时也是一种通过引入经验的控制，起到判断经验范式的作用。"（RFM Ⅵ§23）这里，维特根斯坦强调指出的是，数学命题作为一种规则的具体应用的解释，往往需要借助经验命题的描述，经验命题对于数学命题应用的描述，往往也与规则相似，起到一种范式或引导的作用，帮助大家更好地掌握和理解数学规则的遵守和执行。维特根斯坦这里用了"经验命题可以被强化为规则"这一表述，突出强调的就是经验命题对于数学命题训练的作用。正如有学者所言，对于维特根斯坦来说，"数学命题是许可（licence）从某些特定的经验命题到另一个经验命题的推导的规则"[1]。

经验命题通过描述相关的经验事实和状态，促使人们掌握相关的规则。维特根斯坦这样写道：

> 当我向你写出数列的一段，你在这个数列中看出这种规律时，你可以把这一段看成一个经验事实、心理事实。可是，当你已经在这个数列中发现这条规律，以致你能如此继续这一数列时，这一段数列就不再是经验事实了。可是，为什么它不是经验事实？因为"在这个数列中发现这段数列"毕竟不等同于把它如此继续下去。只有这样，人们才能说这不是经验事实，人们把这个阶段上的这个步骤解释为一个与规则表达相对的步骤。（RFM Ⅵ§26）

这也就是说，在比如教小孩"1，2，4，8，16，如此等等"数列时，我必须通过文字描述向小孩展示这一数列的基本特征。当小孩从这个数列中看出一个规律时，小孩心中可能出现了某种状态，这些都可以被理解为某种心理事实或经验事实，而这些经验事实或心理事实都可以通过经验命题描述出来。但是只有当小孩能自己继续这个数列下去，用自己的行动证明，他或她真正地掌握了这个数列的基本特征之后，这个数列才能真正地从经验的描述上升为数学的规则。这里的规则就是规定如此等等地不断地继续下去。规则规定的是行动，不是描述和解释。所以，维特根斯坦主张，这个前半段可以理解为经验命题，只有当某某人能自己继续这个数列时，才涉及数学的规则。在这里，经验命题和数学命题的关系是，两者既有区别，同时也紧密相关，没有经验的描述，人们难以真正地掌握这些数学规则。维特根斯坦说："一条规则最好被描述为一条你被训练行走的花园小径，这条小径是便捷的。你通过一种训练的过程学会了算术；而这成为你行走的小径之一。你并非被迫这样做，但你正是这样做的。"（AWL 1935，

---

[1] Ásgeir Berg Matthíasson, "Contradictions and failing bridge: What was Wittgenstein's reply to Turing?", *British Journal for the History of Philosophy*, Vol.29, No.3, 2021, p.544.

Lecture XⅢ）

再比如说，我们可以通过数出 625 个坚果来证实我有 25×25 个坚果，这个经验命题实际上是为我们理解数学乘法 25×25=625 提供了便利，因为我们通过这些直观的经验描述，很容易就理解了数学乘法的意义在于生活中的具体应用。关于数学命题的规则性与经验命题之间的关系，维特根斯坦总结得很有深意，他说：

> 规则作为规则来说是分离的，仿佛是孤立地站在那里；尽管赋予它重要性的东西是日常经验的事实。我要做的事情仿佛是这样：把国王的任务描述出来；在这样做的时候，我不要犯以国王的效用来说明国王的威严的错误；不过，我既不应不考虑他的效用，也不应不考虑他的威严。（RFM Ⅶ§3）

维特根斯坦在这里用国王的比喻来阐述数学命题和经验命题之间的关系很是贴切，因为，数学命题就像国王一样具有令人尊敬的威严（因为前面维特根斯坦曾提到数学的规范性的威严）。但是，值得注意的是，数学命题的威严和规范性并不是通过其具体的经验应用而得以说明或辩护的，也就是说，数学命题作为句法规则的威严不能借助实际应用来说明，这是一个错误，规则的威严就在于它是规则，它规定人们应该如何去做，本身是不接受任何经验的解释的。

另外，维特根斯坦也承认，必须在数学命题的规则和效用之间作出平衡，不可偏向或侧重哪一方而无视另外一方，那样的话，都是不对的。这也就是说，我们一方面要正确地看到，数学的命题作为句法规则就是规则，是孤立的，是与经验命题有区别的；但是另外一方面，我们也要看到经验命题对于数学命题规则的积极意义和作用，数学命题的效用必须借助经验事实的描述来实现。对于数学命题和经验命题之间的关系，维特根斯坦还写道："毫无疑问，在某些语言游戏中，数学命题与陈述命题相对立，起着陈述规则的作用。不过，这不是说，这种对立没有朝着各个方向减弱下去，但这又不是说，这种对立不具有极其重要的意义。"（RFM Ⅶ§6）在这里，维特根斯坦一方面强调，数学命题和经验命题之间存在着根本的对立和区别，这种区别表现在数学命题陈述规则，而经验命题不是，这对于我们正确把握和理解数学命题与经验命题的不同具有十分重要的意义；但是另外一方面，他也指出，数学命题和经验命题之间的对立也可以缓解，换句话说，两者之间可以趋向共同的地方，这也就是刚才所强调的经验命题对于我们遵守和理解数学规则具有重要的意义。

第三章　从数的定义到数词语法说明

　　数的定义一直是数学基础研究领域的核心问题之一。我们应该如何理解数？数能否被定义？如果数能被定义的话，那么，数是什么？逻辑主义者比如弗雷格和罗素等人将这一问题看成必须回答的问题，试图从纯逻辑角度给数一个严格的定义。在弗雷格和罗素思想的影响下，维特根斯坦在其数学哲学思想发展过程中一直对数的定义问题非常关注，在不同的时期形成了不同的观点。前后期维特根斯坦对数的定义问题的思考基本上经历了一个由尝试给出数的定义到否定数的定义，进而转向数词的语法说明的过程。

　　大致说来，前期维特根斯坦在弗雷格与罗素等人思想的影响下，尝试给数一个定义，但是这个关于数的定义主要是一个从演算角度给出的数的归纳定义，与弗雷格和罗素的纯粹逻辑概念式的定义既有区别又有联系；中期维特根斯坦试图批判弗雷格与罗素关于数的定义，认为他们的定义中存在着很多的内在困难与概念的混淆；后期维特根斯坦则试图从日常生活角度分析数词的具体使用，进一步指出数的定义的不必要性，而主张我们需要阐明和分析清楚不同的数词的语法。后期维特根斯坦认为，没有一个统一的关于数的定义，严格地纯粹地从逻辑角度给数下定义的做法既无必要也不可能，不同的数词形成了大的家族，它们之间具有"家族相似性"，即它们之间既相互关联，又有区别，但是就没有共同的本质。后期维特根斯坦坚持认为，我们需要的不是数的定义和形式的刻画，而是要关注在日常语言与具体的数学实践中，数的语词到底是如何使用的。在这一章里，我们试图先介绍弗雷格与罗素关于数的定义，然后介绍维特根斯坦自己关于数的定义，再阐明维特根斯坦如何批判弗雷格和罗素关于数的定义的观点，分析指出数的定义的内在困难，最后，论述维特根斯坦如何转向数词使用的语法说明。

第一节　弗雷格与罗素关于基数定义的一般形式

我们先来回顾一下弗雷格和罗素关于数的定义。弗雷格认为数是与某一个给定概念相等数的概念的外延，即一个概念的基数是与这个概念相等数的概念的外延。罗素认为数是与一个给定类似的类。为了实现逻辑主义的为数学奠定基础的目的，即将数学特别是算术归约为逻辑，那就必须为数学最核心的概念下一个严格的稳固的逻辑定义。在弗雷格看来，如果我们不能为数下一个严格的逻辑定义，那么，数学的基础是不稳固的，逻辑主义的规划就无从谈起。因而，数的定义是弗雷格的逻辑主义规划的基础，关系到逻辑主义规划的成败。所以，弗雷格在《算术基础》一书中花费了相当大的篇幅来对数进行定义。与弗雷格的逻辑主义的数的定义观相似，罗素大体上继承了弗雷格的关于数的定义的思想，罗素在其《数学原理》以及《数理哲学导论》中都明确地给出了数的定义，并阐明了相应的理由和根据。在弗雷格和罗素看来，他们从逻辑角度给数特别是基数下定义，以便以此为基础，一步步逻辑地推导出相应的算术基本法则或规律。

弗雷格主要是在《算术基础》中给数下定义的。弗雷格在《算术基础》一书的开始就写道："在这里，首先，数必定要么被定义，要么被认为是不可定义的，这就是本书的任务。判定算术法则的本质依赖于这一任务的完成。"[①]能否成功地给数下定义从而成为弗雷格将算术还原为逻辑的至关重要的一步，关系到人们对于数学性质的理解以及整个逻辑主义规划的成败。弗雷格在批判地考察了历史上一些数学家比如汉克尔、莱布尼茨、康托尔、施罗德、鲍曼、密尔、托迈等人对于数的概念的看法之后，认为他们的关于数的理解都是有问题的，驳斥了人们关于数不可定义的观点，

---

① Gottlob Frege, *Die Grundlagen der Arithmetik—Eine logisch mathematische Untersuchung über den Begriff der Zahl*, hrsg.von Christian Thiel, Hamburg：Felix Meiner Verlag, 1988, §4.

认为数既不是康托尔和施罗德等人理解的外在事物的性质，也不是像密尔主张的那样是事物的聚集的性质，因为 0 这个数明显就是个反例。数更不是主观的心灵构造，亦不是心理学研究的对象，弗雷格主张数是客观存在的，数学中对于数的研究必须彻底与心理主义划清界限。

弗雷格认为，数学研究的对象数是客观的东西，是独立存在的，不是主观的心灵的构造物。任何对数的构造物的描述都不能代替对数的定义，数也不能被定义为"单位"，两者不可混淆。弗雷格通过考察以前很多关于数的看法之后，认为数的定义和说明只能通过概念的分析来实现。"数的说明这个事实由概念的客观性来说明。"[①]弗雷格将概念和对象两分的思想运用到数的定义中去。所以，为了了解弗雷格定义数，我们有必要先了解一下他关于概念和对象区别的观点。根据弗雷格的一篇著名的论文《论概念和对象》中的说法，概念也叫概念词，主要是表示谓述的（predicative）。也就是说，概念词意谓的是概念，专名意谓的是对象，对象的名称、专名则不能被使用为语法的谓词，概念词意谓的概念，需要由具体的对象来填充。因为概念本身是函数性质的，是不饱和的，而对象是饱和的，所以，概念需要与对象相结合才能形成完整的语义，用弗雷格的话来说，就是对象要归属于概念之下。[②]

根据概念和对象之间的区分观点，弗雷格认为，具体的个别的数是对象，用专名来意谓，比如 0、1、2，等等个别的数都是专名，具体意谓不同的对象。我们都将 0、1、2 等自然数称为数，也就是说，将具有若干个数的具体对象归属于概念之下，数表示的是归属于某个概念下对象的个数或外延。弗雷格说："数这个概念。每一个个别的数都是一个独立的对象。"[③]弗雷格通过分析认为，为了说明数的概念，必须分析清楚数的相等的意义，也就是说从数的相等角度来说明数的概念。弗雷格认为数是与某

---

①　Gottlob Frege, *Die Grundlagen der Arithmetik—Eine logisch mathematische Untersuchung über den Begriff der Zahl*, hrsg.von Christian Thiel, Hamburg: Felix Meiner Verlag, 1988, §47.

②　参见 Gottlob Frege, "Concept and Object", in Michael Beaney ed., *The Frege Reader*, Oxford:Blackwell, 1997, pp.181-193。

③　Gottlob Frege, *Die Grundlagen der Arithmetik—Eine logisch mathematische Untersuchung über den Begriff der Zahl*, hrsg.von Christian Thiel, Hamburg: Felix Meiner Verlag, 1988, §55.

一概念相等数的概念的外延。根据弗雷格的分析，数的相等实际上就是表示两者之间可以形成一一对应的关系，这是弗雷格从两条相互平行的直线所受的启发得出的结论。具体来说就是，如果一条直线 a 与另外一条直线 b 相互平行或相等，那么，"与 a 这条线平行的线"这个概念的外延与"与 b 这条线平行的线"的这个概念的外延相等，反过来也成立，如果这两个概念的外延相等，那么两条直线 a、b 相互平行。弗雷格认为我们用归属于一个概念之下的对象与另一个归属于概念之下的对象之间一一对应的关系来代替平行性或相似性，那么，这里的关系依然成立。所以，他得出他的关于数的定义：适合 F 这个概念的数是"与 F 这个概念等数"的概念的外延。[①] 简单地说，数就是与一个给定的概念相等数的概念的外延。随后，弗雷格定义了 0、1 等自然数。弗雷格认为，0 是属于"与自身不相等"这个概念的外延，也就是说，没有一个对象属于这个概念之下。1 是属于"与 0 相等"这个概念的外延。[②] 弗雷格认为通过定义 0、1 与后继等概念，可以逻辑地推出自然数。[③] 弗雷格在晚年的《算术的基本规律》第 1 卷中进一步阐释数的定义，并给出了相应的符号化公式。[④]

罗素关于数的定义的思想主要来自弗雷格和皮亚诺，不过他作了一些修正和改造。罗素在其早期的《数学原则》(*Principle of Mathematics*) 一书的第二部分专门讨论了基数的定义问题。罗素首先分析了数的定义的必要性与可能性，一方面认为我们非常有必要从纯粹的逻辑角度来给数特别是基数下定义，另一方面，我们也有可能给数下一个逻辑的定义，因为数的定义的可能性在于当时数的理论的发展和进步。罗素认为，由于皮亚诺以及康托尔等人的数的分析的工作可以帮助我们有效地处理数的性质问

[①] 参见 Gottlob Frege, *Die Grundlagen der Arithmetik—Eine logisch mathematische Untersuchung über den Begriff der Zahl*, hrsg.von Christian Thiel, Hamburg：Felix Meiner Verlag, 1988, § 68。

[②] 参见 Gottlob Frege, *Die Grundlagen der Arithmetik—Eine logisch mathematische Untersuchung über den Begriff der Zahl*, hrsg.von Christian Thiel, Hamburg：Felix Meiner Verlag, 1988, § 74，§ 77。

[③] 第一章里已经详细地分析了弗雷格如何定义自然数，这里就不再赘述。

[④] Gottlob Frege, *Basic Laws of Arithmetic：Derived using Concept-script*, Vol.I, Translated and Edited by Philip A.Ebert&Marcus Rossberg with Crispin Wright, Oxford：Oxford University Press, 2016, pp.57-58.

题，特别是康托尔关于无限数的思想为我们定义数提供了极大的便利；不仅如此，逻辑演算技术的发展也使得我们能够精确地定义算术的加法。那么，我们应该如何去给数下一个定义呢？罗素认为，我们可以从类的角度获得启示。因为，数可以被应用到类中去。我们可以通过数类中的成员个数，来确定一个类到底有多少成员。罗素接着分析了有限数与无限数之间的不同，他认为，如果数是有限的话，那么，个体可以通过直接列举的办法，而无需提到概念类（concept-class）就可以实现给出数的目的；但如果数是无限的话，那么，通过直接列举个体数的方法就不可行了，而只能通过内涵的定义，即那些形成一个类的一些共同性质的内涵的方法来实现。罗素写道："因此，当任何一个类概念被给出了，就存在一些特定的关于这个概念类所能应用的个体的数，因而，这个数可以被看成这个类的属性。"[①] 罗素认为，我们之所以可以将数看成一个类的属性，主要原因在于这一观念以"全体"（all）的观念为基础，而我们通常用"全体"的观念来表示数的联合。比如，"所有的人"这一概念就是指在一定的方式下人数的联合。类似地，"所有的数"与"所有的点"都分别表示在一定的方式下数或点的联合。

那么，在什么样的条件下，两个类具有相同的数？罗素对这个问题的回答是：两个类具有相同的数，当且仅当两个类的各自的成员即项之间能够形成一一对应的关系，这里的"一一对应"（one-one correlation）强调的是两个类之间的项与项之间一一对应，既不多也不少。罗素说："我们必须说：两个类具有相同的数，当且仅当存在一种一一对应的关系，这个关系域包括一个类，并且与这个类的项相关联的类与其他的那个类等同。"[②] 由此，也可以得出结论，如果两个类没有项或成员，那么，它们总是具有相同数的项，即都是空类或0，空类和空类之间也是可以形成一一对应的关系的。所以，罗素认为："如果两个类之间具有相同数的项，那么它们

---

① Bertrand Russell, *Principle of Mathematics*, First Edition, 1903, Reprinted in Routledge Classics, London and New York：Routledge, 2010, p.113.

② Bertrand Russell, *Principle of Mathematics*, First Edition, 1903, Reprinted in Routledge Classics, London and New York：Routledge, 2010, p.113.

就是相似的。"① 既然两个类之间项数的相同，等价于它们之间存在一一对应或相似的关系，那么，罗素给出了关于数的定义，他说：

> 因而，总结来说：在数学上，一个数就是一个与给定的类相似的类；这一定义允许演绎出所有数的通常的属性，无论是有限数还是无限数，并且这个定义（据我所知）就一般逻辑的基本概念来说是可能的。②

通俗地讲，数就是与一个给定的类相等价或相似的类的总和，数就是与一个给定的集合相似的所有集合的总和。比如，自然数 3 就是表示所有那些与有 3 个成员的类相似的类的总和，也即所有具有 3 个对象的一切类的总和；自然数 4 就是表示所有那些与具有 4 个对象的类相似的类的总和，也即所有具有 4 个对象的类的总和。数本质上就是相应类的属性。

在罗素的关于数的定义中，关键涉及的是两个类之间的一一对应关系，或者也叫相似关系。按照罗素的解释，一一对应其实就是相似的关系。一一对应或相似关系具有自反性、对称性与传递性。用一一对应或相似的关系来定义数，在罗素看来，对于数学的使用来说是准确和充分的。随后，罗素介绍了皮亚诺的 5 条基本公设，它们是：

（1）0 是一个数；

（2）如果 a 是一个数，a 的后继是一个数；

（3）如果两个数具有相同的后继，那么这两个数是相等的；

（4）0 不是任何数的后继；

（5）如果 S 是一个类，0 属于 S 这个类，并且任何一个数的后继也属于 S 这个类的话，那么，每个数都属于 S。

最后一个公设表示数学归纳法。我们可以看到，在皮亚诺的 5 条基本

---

① Bertrand Russell, *Principle of Mathematics*, First Edition, 1903, Reprinted in Routledge Classics, London and New York: Routledge, 2010, p.114.

② Bertrand Russell, *Principle of Mathematics*, First Edition, 1903, Reprinted in Routledge Classics, London and New York: Routledge, 2010, p.114.

公设中，他并没有定义出 0 是什么，也没有定义自然数与后继概念，这些概念都是作为没有定义的概念或者说自明的概念出现在他的公设中的。罗素对于这点是十分清楚的，他有意识地想从纯粹逻辑的角度给 0 以及自然数一个定义。

鉴于皮亚诺没有定义 0、有限整数以及后继等概念，罗素在皮亚诺的 5 条初始命题（公理）的基础上，给出了他关于有限数的定义：满足皮亚诺公理的类的类就是其基数是 α_0 的类，α_0 被定义为类的类 u，其每项成员都是一些一一对应关系 R（一个项与其后继的关系）的域。这样的类具有以下特性：至少有一项不以其他项为后继，每一个后继项都有一个后继者，u 被包含在任意类 S 之中，而这任意类 S 包含一个没有前驱的项 u，并且包含了所有属于 S 的项 u 的后继。按照罗素的说法，这个定义恰好包括了皮亚诺的 5 条公理。[①] 罗素后来在《数学原理》（*Principia Mathematica*）的第 2 卷开始部分就从符号技术角度详细地刻画了基数的定义以及逻辑性质。罗素认为，我们用"Nc'α"表示一个类 α 的基数，它被定义为与 α 相似的所有类的类，即（βsm α），那么，基数的形式可以定义为：

$$\text{Nc}'\alpha = (\beta\text{sm }\alpha)\ [②]$$

罗素关于基数的定义，如果用现代的逻辑符号可以写作：

$$\text{Nc} =_{df} \{x \mid \forall y(y \in x \leftrightarrow \forall z \forall w(z, w \in y \leftrightarrow z \approx w)\}$$

在罗素看来，基数就是所有与一个给定的类相等价或相相似的类。罗素认为，基数的这一形式定义至少具有两个价值：其一，我们所期望的关于基数的所有形式属性都源自这个定义；其二，如果我们采纳这个定义以及其他的更为复杂的实际上等价的定义，也就不必再将一个类的基数看成不可定义的。根据基数的这个定义，"Nc"表示一种关系，也即一个基

① 参见 Bertrand Russell, *Principle of Mathematics*, First Edition, 1903, Reprinted in Routledge Classics, London and New York：Routledge, 2010, p.128。
② Bertrand Russell and Alfred North Whitehead, *Principia Mathematica*, Vol.Ⅱ, First Published in 1913, Second Edition, Cambridge：Cambridge University Press, 1927, p.4.

数与任一是其基数的类之间的关系。因而，比如，1 具有 ι'x 的 Nc 的关系，2 具有 ι'x∪ ι'y 的关系，只要 x ≠ y。根据罗素的观点，0、1 与 2 可以定义如下：0 是表示空类，用 "Nc'∧" 表示，0=Nc'∧，1=Nc' ι'x；x ≠ y.⊃.2=Nc'(ι'x∪ ι'y)。[①] 这也就是说，0 是空类，没有任何成员适合这个类，1 是那些有一个成员的类，2 是那些有两个成员的类，3 是那些具有 3 个成员的类，以此类推。罗素在后来的《数理哲学导论》一书的第 2 章用更加清晰通俗的语言来定义数。他先定义相似性，然后用相似性来定义两个类的基数相等。他说："一个类的数是所有那些与其相似的类的类。"[②]

第二节　前期维特根斯坦论数的
定义与数的一般形式

刚才上面我们非常简要地回顾了弗雷格和罗素关于数的定义，他们都是从概念外延（集合）或类的角度来定义数这个概念，将数看成与一个给定的概念相等数的概念的外延或集合或与一个给定的类相等价的类。前期维特根斯坦在弗雷格和罗素的思想的影响下，也曾经在《逻辑哲学论》中尝试给数下一个定义，但是他的定义与弗雷格和罗素的定义存在着不同。我们下面来看看维特根斯坦在《逻辑哲学论》中是如何给数下定义的。维特根斯坦认为，数学的本质是运算，运算表达的是一种内在的关系，而不是像弗雷格和罗素的命题函项和对象那样表达一种外在的关系。前期维特根斯坦在《逻辑哲学论》中通过逻辑演算的分析，认为数学也可以理解为一种运算，因为数学是一种逻辑的方法（TLP 6.2）。维特根斯坦在《逻辑哲学论》中这样写道："按照一种内在关系顺序排列的系列，我将之称为形式系列。数列的顺序不是由外在关系（external relation）而是由内在关系

---

① Bertrand Russell and Alfred North Whitehead, *Principia Mathematica*, Vol.II, First Published in 1913, Second Edition, Cambridge: Cambridge University Press, 1927, pp.19-21.

② Bertrand Russell, *Introduction to Mathematical Philosophy*, New York: Dover Publication Inc., 1993, p.18.

（internal relation）决定的。对于这些命题序列，这同样也是真的：

$$\text{‘a R b’},$$
$$\text{‘}(\exists x)\text{：aRx.xRb’},$$
$$\text{‘}(\exists x, y)\text{：aRx.xRy.yRb’},$$

如此等等。

（如果 b 处在这些关系中的其中之一，那么我就称 b 为 a 的后继）。"（TLP 4.1252）

那么，什么是内在关系？什么又是外在关系？维特根斯坦是如何区分两者的？维特根斯坦认为，"内在关系"其实表示的是对象或事态的形式属性，内在关系和内在属性是不可能通过命题言说的，而只能通过命题表征相关的事态与对象显示出来（TLP 4.122）。如果一个对象的一种属性不可想象一个对象不具有它，那么它就是内在的，如果一个可能事态的内在关系不可设想一个事态不具有它，那么它就是内在的。一个可能事态的内在的属性的存在，不能直接通过命题来表达或言说出来，而只能借助那个命题的内在属性所展现的事况在命题中显示自身（TLP 4.123，4.124）。如同内在属性一样，可能事态之间的内在关系的存在也通过表征它们的命题的内在关系在语言中显示自身（TLP 4.125）。

维特根斯坦举了例子来说明，他认为"这个蓝颜色和那个蓝颜色之间有稍浅和略深的内在关系"，也就是说，我们只要谈到一种特定的颜色和深浅差异，那么，我们就不可能不说，这个蓝颜色必然比那个蓝颜色稍浅或略深。这两种颜色之间的深浅差异是颜色系统内部的一种关系。那么，什么是外在关系？外在关系就是与内在关系相对的关系，也即如果一个可能事态之间的关系能够被想象不存在的话，那么这个关系就是外在的。比如"这朵玫瑰花是红色的"这个事态表达的就是一个外在的关系，因为我们可以设想"这朵玫瑰花不是红色的，而是白色的"。换句话说，内在关系是先验必然的，而外在关系是后天偶然的。

维特根斯坦认为，数的系列，比如自然数的序列，其实就是这样的形式概念之间的内在关系决定的。比如前面提到的"b 为 a 的后继"这种形式关系就是表明自然数列之间的内在关系，维特根斯坦主张在其概念文字中用

$$a\ R\ b,$$

$$(\exists x)：aRx.xRb,$$

$$(\exists x,y)：aRx.xRy.yRb,$$

$$……$$

来表达（TLP 4.1273）。

这里需要注意的是，这个形式序列的普遍项由于是一个形式概念，只能用一个变项来表示。维特根斯坦的这种对于"后继"关系的理解主要针对的是弗雷格对于"真祖先关系"的定义和说明。

弗雷格在《概念文字》中的第 24 节到 27 节里，依次定义了"遗传性"与"真祖先关系"，然后利用这两个定义，推导出了数学归纳法。弗雷格是这样定义"遗传性"（HP）的：通过合适的非对称关系而产生的序列的成员而传递下来。用现代符号[1]表示为 HP：$\forall x \forall y (F(x) \wedge xRy \rightarrow F(y))$。"真祖先关系"（PA）定义为：对于任何一性质 F，如果 F 在 R 序列中是遗传的，并且每个与 a 有关系 R 的事物都有性质 F，那么，b 也有性质 F。用符号表示为 PA：$(\forall F)((HP) \wedge (\forall y (Ray) \rightarrow Fy) \rightarrow Fb)$，数学归纳法（MI）可被定义为：如果 a 有性质 F，而 F 在 R 序列中是遗传的，并且 b 在 R 序列中是 a 的后代，那么 b 也有遗传性质 F。用符号表示 MI：$(Fa \wedge (HP) \wedge (PA) \rightarrow Fb)$。[2]

维特根斯坦认为，弗雷格关于"真祖先关系"的定义中涉及了"循环"。维特根斯坦在《逻辑哲学论》中说："我们只能用一个变项来表达一个形式系列的普遍项，因为这个形式序列的项的概念是一个形式概念（弗

① 由于弗雷格的《概念文字》中二维平面上的符号书写比较困难，故本书中涉及弗雷格概念文字中的逻辑公式用现代逻辑符号重新改写代替。

② 参见 Michael Beaney, "Frege, Russell and Logicism", in Michael Beaney andErich H. Reck eds., *Gottlob Frege:Critical Assessments of Leading Philosophers*, Vol.I , Oxford：Routledge, 2005, pp.219-220。关于弗雷格的原始定义可参见 Gottlob Frege, "Begriffsschrift", in Jean van Heijennoort eds., *From Frege to Gödel*, Cambridge, Massachusetts：Harvard University Press, 1967,§ 24, § 26, § 27。

雷格和罗素都忽视了这一点，因此他们想用以表达上述那种概括命题的方式是错误的；它包含着一种恶性循环）。"（TLP 4.1273）

为什么维特根斯坦认为弗雷格和罗素等人的反祖先关系定义中涉及了"循环定义"呢？关键在于维特根斯坦与弗雷格以及罗素对"关系"的理解存在根本不同。弗雷格和罗素是从外在关系或实质关系的角度来理解"aRb"关系的，而维特根斯坦则是从"内在关系"或"形式"角度来理解"aRb"关系的。他认为，数列的顺序不是由外在关系而是由内在关系决定的。维特根斯坦主张用"'a R b'，'（∃x）：aRx.xRb'，（∃x，y）：aRx.xRy.yRb'……"来表达数列中的序列关系。这也就是说，数列中的各项之间的关系是通过以上这些记号所示的"形式概念"而显示出来的。比如，如果 a 与 b 之间没有 R 关系，或者说若 aRb 不存在的话，那么只能存在 a 和 b 自身，也就是不能显示出 aRb，如果存在一种关系 R，那么，第一项就是"（∃x）：aRx.xRb"，第二项就是"（∃x，y）：aRx.xRy.yRb"，第三项就是"（∃x，y，z）：aRx.xRy.yRz.zRb"，以此类推。根据维特根斯坦的理解，弗雷格定义"真祖先关系"时其实已经用到了关系 R，而维特根斯坦认为，关系 R 是内在的，是不可以说出来的，而只能通过以上的"形式序列"显示出来。对此，有学者评论指出："维特根斯坦考虑一种形式概念的重要例子即祖先概念。弗雷格和罗素忽视了这一事实，即祖先概念是一个形式概念。他们对祖先关系的定义因而是循环的，因为它试图得出某种东西，而这个东西实际上是某种最基本词汇的构成部分。"[1]

维特根斯坦认为，我们可以通过给出第一项以及这个从命题的前一项产生后一项运算的一般形式，从而获得这个形式序列的普遍项。从逻辑角度来说，一个数学命题可以看成其他的数学命题（运算的基础）的运算产生的结果，命题表达的就是这些命题之间的内在关系（TLP 5.21）。根据维特根斯坦的观点，数学的运算（operation），本质上就是表达一个数学命题作为基础以及另一个数学命题作为结果两者之间结构的内在关系。维特根斯坦所谓的"运算"概念，主要还是强调数学运算的形式化，剥离出特定

---

[1]　Wolfgang Kienzler, "Wittgenstein and Frege", in Oskari Kuusela &Marie McGinn ed., *Oxford Handbook of Wittgenstein*, Oxford：Oxford University Press, 2012, p.73.

的语义内容。正如有学者指出的，"语词'运算'（operation）主要被用来以纯粹形式化的方式刻画对记号的任何算法的（algorithmic）操作，并从任何特定的对对符号的解释中抽象出来"①。因而，维特根斯坦主张，通过内在关系被排列的序列，就等同于从一项产生另一项的运算（TLP 5.232）。

运算只能用变项来表示，因为运算只是表示，我们如何从一个命题形式进入另一个命题形式；运算不能用实质函项来表示，因为运算和实质函项之间存在根本的差别。这主要体现在：运算可以连续地运用，也就是说，运算可以以运算的结果为基础进行重复运算，而函项不可能是其自身的主目，运算只标示形式序列中各个项之间的形式差别（TLP 5.24，5.25）。运算的连续运用就是同一个运算反复不断地运用其自身的结果。比如，"O'O'O'a"就是"Oξ"三次连续地应用于"a"之上所得的最终结果（TLP 5.2521）。维特根斯坦将一个如同"a，O'a，O'O'a……"的形式序列运算的普遍形式概括为："[a，x，O'x]"（TLP 5.2522）。这里的"a"是指应用运算的项，"x"是指运算的任意中间项，"O'x"指运算的结果项。

维特根斯坦认为，我们可以在给出形式序列的一般形式的基础之上，给出真值函项的普遍形式，因为，真值函项不过就是命题对原初命题作若干次运算的结果。维特根斯坦在《逻辑哲学论》中给出的真值函项的普遍形式是：[p̄，ξ̄，$N(\bar{ξ})$]（TLP 6）。根据维特根斯坦自己的解释，这个符号系列是说：每个命题都是对原初命题进行连续运算 N() 的结果（TLP 6.001）。这里的"p̄"是指所有的原初命题，$N(\bar{ξ})$ 中的"N"是否定意思，"ξ̄"是指所有命题变项的值，$N(\bar{ξ})$ 表示对所有命题变项的值进行否定。比如，如果 ξ̄ 有一个值的话，$N(\bar{ξ})$=~p（非 p），如果"ξ̄"有两个值的话，那么 $N(\bar{ξ})$=~p.~q（既非 p 也非 q）（TLP 5.51）。如果"ξ̄"有三个值的话，那么 $N(\bar{ξ})$=~p.~q.~r（既非 p 也非 q 也非 r）。如此等等，以致无穷。另外，我们也可以通过如下几次应用来表达"p⊃q"：首先，把

---

① Juliet Floyd, "Number and Ascriptions of Number in Wittgenstein's Tractatus", in Erich H. Reck, ed., *From Frege to Wittgenstein: Perspectives on Early Analytic Philosophy*, Oxford: Oxford University Press, 2002, p.315.

"ξ"限定在句子P之上，将"N"应用于它，得到"N（P）"，接下来再令变项的取值范围为"N（P），q"这两个句子，把"N"应用于这两个句子，得到"N（N（P），q）"，再接下来，令变项的取值范围就是所得到的这个结果再把"N"应用于它。最后得到这一句子 N（N（N（P），q）），其意义为：并非既非非 P 又非 q，即等值于"~p ∨ q"或"P ⊃ q"。[①]

维特根斯坦所引入的否定算子 N 与谢弗箭（或谢弗竖）之间的关系需要作些解释。维特根斯坦所引入的否定算子 N 与谢弗箭（或谢弗竖）之间既有联系，也有区别。我们先简单地介绍一下谢弗箭（合舍）［或谢弗竖（析舍）］的由来。

美国逻辑学家谢弗（H.M.Sheffer）在 1913 年的一篇论文中证明了布尔代数可以只用一个初始二元的运算符来定义，等价于合取的否定的运算。也就是说，只要用一个运算符（谢弗箭或谢弗竖），就可以表示其他的几个逻辑连接词构成的公式。一个是合舍（joint-denial），意谓："既非……又非……"（相当于日常语言中的"neither……nor……"），用"↓"来表示；"P"与"q"的合舍为真当且仅当，"P"与"q"同时为假。所有真值函项都可以用合舍表示。为了表明这点，我们只要将否定和合取还原为合舍即可。比如，"~p"可以用合舍表示为"p ↓ p"；"p ⊃ q"可以用合舍表示为"~(~p ↓ q)"，也可以进一步表示为："((p ↓ p) ↓ q) ↓ ((p ↓ p) ↓ q))"；"p ∨ q"可以用合舍表示为"~(p ↓ q)"，也可以表示为"(p ↓ q) ↓ (p ↓ q)"。还有一个析舍（alternative denial），意谓："非……或非……"（相当于日常语言中的"either not……or not……"），用"|"来表示。"P"与"q"的析舍为真当且仅当，"P"与"q"至少有一个为假。为了表明这点，我们只要将否定和合取还原为析舍即可。"~p"可以用析舍表示为："p|p"；"p ⊃ q"可以用析舍表示为"p|~q"，也可以表示为"(p|(q|q))"；"p ∨ q"可以用析舍表示为"~p|~q"，也可以表示为"(p|p)|(q|q)"。

[①] 参见［英］迈克尔·莫里斯《维特根斯坦与〈逻辑哲学论〉》，李国山译，广西师范大学出版社 2022 年版，第 291 页。也可参见［美］司各特·索姆斯《分析的开端：20 世纪分析哲学史》卷 1，张励耕、仲海霞译，华夏出版社 2019 年版，第 248 页。

　　维特根斯坦为了表明谢弗箭的优点，在《逻辑哲学论》中曾经这样写道："如果我们从 p ∨ q 和 ~p 推出 q，那么'p ∨ q'和'~p'的命题形式之间的关系就被表示方式掩盖了。但是，例如，如果我们不写'p ∨ q'而写做'p ↓ q. ↓ .p ↓ q'，不写'~p'而写做'p ↓ p'（p ↓ q= 非 p 亦非 q，那么，内在联系就变得明显了。"（TLP 5.1311）维特根斯坦在《逻辑哲学论》（TLP 5.1311）与以上摩尔笔记中应该用的是合舍，而在《逻辑笔记》中应该用的是析舍。值得注意的地方就是几乎所有的维特根斯坦的《逻辑哲学论》版本（无论是德英版本，还是中译本）都没有准确地对维特根斯坦可能误用"谢弗竖"作出一些必要的说明。[①] 因为表面上看，似乎维特根斯坦是在谈"谢弗竖 |"（析舍），但是他其实是按照"合舍"（既非……又非……）来理解"谢弗竖 |"，因为按照通常对于"谢弗竖 |"的理解，"谢弗竖 |"表示"析舍"，而"谢弗箭 ↓"才表示"合舍"。韩林合在《〈逻辑哲学论〉研究》一书中也曾注意到维特根斯坦在《逻辑哲学论》中是从"合舍"角度理解"谢弗箭 ↓"的[②]，但是他在其译本中没有指出维特根斯坦在《逻辑哲学论》中对于"谢弗箭 ↓"与"谢弗竖 |"的混淆。"谢弗箭 ↓"与"谢弗竖 |"与一般逻辑书中公式符号的对比表，比如兰迪尼（G.Landini）就曾列出这样的表格[③]：

罗素的《数学原理》	谢弗箭 ↓	谢弗竖 |
~p	p ↓ p	p|p
p ⊃ q	~（~p ↓ q）	p|~q
p ∨ q	~(p ↓ q)	~p|~q
P &q	~p ↓ ~q	~(p|q)

---

① 这里起码存在两种可能性：一种是维特根斯坦误用或混淆了谢弗竖或箭之间的记法区别，但是理解应该没有问题；还有一种是谢弗竖或箭在维特根斯坦那个时代还没有正式的严格的区分，所以维特根斯坦对谢弗竖或箭的应用是比较随意的，也不能算作错误，只是后来才逐渐地确立了相关的记法区分。

② 韩林合：《〈逻辑哲学论〉研究》，商务印书馆 2016 年版，第 144—145 页。

③ Gregory Landini, *Wittgenstein's Apprenticeship with Russell*, Cambridge：Cambridge University Press，2007，p.108.

续表

罗素的《数学原理》	谢弗箭↓	谢弗竖|
~(p ∨ q)	p↓q	~(~p|~q)
~(P &q)	~（~p↓~q）	p|q

如果进一步消除否定号"~"，我们便可以将常见的逻辑连接词构成的公式，如否定、析取、合取以及条件用合舍（谢弗箭↓）与析舍（谢弗竖\|）分别进行改写，见下表：

常见公式	谢弗箭↓	谢弗竖|
~p	p↓p	p|p
p ∨ q	（p↓q）↓（p↓q）	（P|P）|（q|q）
P ∧ q	（p↓p）↓（q↓q）	（P|q）|（p|q）
p ⊃ q	（（p↓p）↓q）↓（（p↓p）↓q）	p|（q|q）

根据维特根斯坦自己的解释，真值函项的普遍形式是:[Þ, $\bar{\xi}$, N($\bar{\xi}$)]（TLP 6）。这个符号是说：每个命题都是对原初命题进行连续运算 N($\bar{\xi}$)的结果（TLP 6.001）。维特根斯坦认为，按照上面的分析，类似地，我们也可以对 ~p，~q，~r，~s……F，F，F，F，F，F，F……T 进行分析，也就是说，维特根斯坦将合舍的两个命题（~p,~q,）进行扩充，引入无限多的命题。根据合舍的定义，前面所有的值都是假的，只有最后一项是真的。维特根斯坦认为，我们可以通过否定 p，q，r，s……写作:[……T]，那么，任何普遍的命题都可以用这种方式来写出，（ $\bar{\xi}$ ）[……T]，设（ $\bar{\xi}$ ）=x 为这个房间中的个体，那么，命题就等于所有具有 ξ 值的命题的否定（Negation），这也就是维特根斯坦在《逻辑哲学论》中提出的 N（ $\bar{\xi}$ ）运算联结词的由来。

关于维特根斯坦的 N 算子与谢弗箭之间关系的问题，韩林合指出，维特根斯坦的 N（ $\bar{\xi}$ ）与谢弗竖没有本质差别，谢弗竖（合舍）一般是只能应用到两个对象上的二元联结词，但是维特根斯坦联结词 N（$\bar{\xi}$）是能应用多元对象或命题的。[①] 但是，兰迪尼则认为，维特根斯坦的 N 算子与谢弗箭之间的区别也是相当重要的。他认为，如果维特根斯坦的 N（$\bar{\xi}$）可以应用到 N（P1，P2，P3，…Pn）上，而 N（P1，P2，P3，…Pn）表示的是数学意义上的函数符号，那么它就是一个项（term），而不是公式（formula），而谢弗箭（p↓q）则是一个公式（formula），维特根斯坦的 N（p，q）是一个命名或表征一个这样公式的真值条件的词项，它类似于刻画真值条件的公式的真值表表征。[②]

既然我们已经有了形式序列的普遍形式与真值函项普遍形式，那么，我们就可以写出运算的普遍形式。维特根斯坦认为一个运算 Ω'（$\bar{\eta}$）的普遍形式是：[$\bar{\xi}$，N（$\bar{\xi}$）]'（$\bar{\eta}$）(= [$\bar{\eta}$，$\bar{\xi}$，N（$\bar{\xi}$）])，维特根斯坦认为，这就是从一个命题转化到另一个命题的最普遍的形式（TLP 6.01）。

这里还需要作一些说明，为什么前面维特根斯坦用大写拉丁字母"O"来标示运算的变项，而这里用的却是希腊字母"Ω"？根据安斯康姆（G.E.M.Anscombe）的解释，维特根斯坦之所以这样做，是为了避免与自然数"0"相混淆[③]，因为如果用"O"来标示运算的变项，那么就会形成"O⁰"这样不清晰的表达式，所以维特根斯坦用大写希腊字母"Ω"来标示运算的第一项"Ω⁰'"。另外，需要说明的是"Ω'"中的小逗号——"'"到底是指什么？根据学者弗拉斯科拉（Pasquale Frascolla）的解释："这一单个被插入的小逗号是表征应用一个运算到一个给定的基础的形式（the form）；它并不附属于常项比如'N'或'~'，维特根斯坦使用它是想普遍地言说一个运算的结果，或者一个运算的普遍形式（正如在 6.01 中那样）。"[④] 也就是说，维特根斯坦用这个小逗号"'"其实就是指一般的运算结果或者普遍的运算形式，这个小逗号不是逻辑常项。这个运算的普遍形

---

① 参见韩林合《〈逻辑哲学论〉研究》，商务印书馆 2007 年版，第 166 页。

② 参见 Gregory Landini, *Wittgenstein's Apprenticeship with Russell*, Cambridge: Cambridge University Press, 2007, p.128。

③ 参见 G.E.M.Anscombe, *An Introduction to Wittgenstein's Tractatus*, London: Hutchinson, 1959, p.125。

④ Pasquale Frascolla, *Wittgenstein's Philosophy of Mathematics*, London and New York: Routledge, 1994, p.8.

式实际上只不过是前面的真值函项运算的普遍形式对于运算序列的应用而已，也可以看成真值函项运算的普遍形式的另一种改写。

先看运算的普遍形式："[$\bar{\xi}$ ，N($\bar{\xi}$)]'（ $\bar{\eta}$ ）[=［ $\bar{\xi}$ ， $\bar{\xi}$ ，N($\bar{\xi}$)］]"的第一部分"[$\bar{\xi}$ ，N($\bar{\xi}$)]'（ $\bar{\eta}$ ）"，这其实是用前面所提到的真值函项普遍形式中的任一中间项（ $\bar{\xi}$ ）与对该任一中间项作否定运算的 N($\bar{\xi}$)，合在一起来代替运算 Ω'（ $\bar{\eta}$ ）中的"Ω'"所得。在维特根斯坦看来，运算 Ω'（ $\bar{\eta}$ ）只不过表示：每一个运算项都是连续运用真值函项的方法 N（否定）到运算初始项" $\bar{\eta}$ "的结果。实际上用"[$\bar{\eta}$ ， $\bar{\xi}$ ，N($\bar{\xi}$)]）"表示即可，所以，维特根斯坦将两种表达方式放在一起，两者其实意谓相同:［ $\bar{\xi}$ ，N($\bar{\xi}$)]'（ $\bar{\eta}$ ）(=［ $\bar{\eta}$ ， $\bar{\xi}$ ，N($\bar{\xi}$)］)。左边是从运算的角度来写的，右边主要是从真值函项运算的角度来写的，两者其实可以等价。

维特根斯坦在给出形式序列的普遍形式、真值函项的普遍形式以及运算的普遍形式 Ω'（ $\bar{\eta}$ ）的基础上，终于给出了数的归纳定义。维特根斯坦这样写道："这就是我们如何进到数的。我给出以下的定义:

$$X=\Omega^{0}{}'\ X\ 定义。（第一定义）[1]$$
$$\Omega'\ \Omega^{v}{}'\ X=\Omega^{v+1}{}'\ X\ 定义。（第二定义）$$

所以，与这些处理记号的规则相应，我将这一系列:

$$X,\ \Omega'\ X,\ \Omega'\ \Omega'\ X,\ \Omega'\ \Omega'\ \Omega'\ X\cdots\cdots$$

以如下的方式写出:

$$\Omega^{0}{}'\ X,\ \Omega^{0+1}{}'\ X,\ \Omega^{0+1+1}{}'\ X,\ \Omega^{0+1+1+1}{}'\ X\cdots\cdots$$

因而，我不写 '[$X,\xi,\Omega'\ \xi$]'，我写作 '[$\Omega^{0}{}'\ X,\ \Omega^{v}{}'\ X,\ \Omega^{v+1}{}'\ X$]'。并且我给出如下的定义:

$$0+1=1\ 定义，$$
$$0+1+1=2\ 定义，$$

---

[1] "第一定义"与"第二定义"说法为笔者所加。

$$0+1+1+1=3 \text{ 定义,}$$

（如此等等）（TLP 6.02）。

为了帮助我们更好地理解维特根斯坦关于数的归纳定义，这里需要作些解释和说明。总体而言，维特根斯坦之所以构造这样的一些数的归纳定义是为了表明自然数的系列："0，1，2，3……"可以通过归纳或还原的方法得出。因为维特根斯坦认为，通常的自然数序列可以归纳地还原为"0，0+1，0+1+1，0+1+1+1……"，而这一形式序列的普遍形式就是"0+1+ 1+1+……"。维特根斯坦通过"Ω'"来表示运算，用第一个定义"X=Ω⁰' X"表示运算的首项，其中"Ω"右上角的"0"表示的是没有进行一次运算，所以Ω⁰' X"表示首项，"X"也表示形式序列的首项。第二个定义"Ω' Ωᵛ' X=Ωᵛ⁺¹' X"表示的是这个形式序列运算的中间项，其中，"V"是一个变项，表示的是整个形式序列运算的一般项的运算次数，也就是说，如果一个形式序列"Ω'"（运算了一次）并且重复应用运算结果再进行运算"V"次的话（就用"Ωᵛ'"表示），那么，两相合计（加法 [1]）就是运算了"V+1"次（维特根斯坦用"Ωᵛ⁺¹'"表示）。根据维特根斯坦前面给出的这两个关于数的归纳定义，那么一个形如"X，Ω' X，Ω' Ω' X，Ω' Ω' Ω' X，……"的形式序列就可以被前面的数的定义公式来依次替换，得出"Ω⁰' X，Ω⁰⁺¹' X，Ω⁰⁺¹⁺¹' X，Ω⁰⁺¹⁺¹⁺¹' X……"。

具体证明过程如下：

假定有这样一个形式序列："X，Ω' X，Ω' Ω' X，Ω' Ω' Ω' X……"

根据第一个定义"X=Ω⁰' X"，

得：X=Ω⁰' X；

根据第二个定义"Ω' Ωᵛ' X=Ωᵛ⁺¹' X"，将其中的"v"取0为值，

得：Ω' Ω⁰' X=Ω⁰⁺¹' X，（1）

而根据第一个定义"Ω⁰' X=X"，将公式（1）左边的"Ω⁰' X"替换为"X"，

---

① 弗拉斯科拉（Pasquale Frascolla）还证明维特根斯坦的这个关于数的归纳定义也适用于乘法运算的（r×s）。具体分析请参见 Pasquale Frascolla, *Wittgenstein's Philosophy of Mathematics*, London and New York：Routledge，1994，pp.13-23。

我们得：$\Omega'\,X=\Omega^{0+1}\,'\,X$，同理，如果我们以得出的运算结果再运算一次的话，

那么，我们用"$\Omega'\,\Omega'\,X$"（2）表示再运算一次，将刚才得出结果"$\Omega'\,X=\Omega^{0+1}\,'\,X$"代替公式（2），我们得：

$\Omega'\,\Omega^{0+1}\,'\,X=\Omega^{0+1+1}\,'\,X$（根据第二个定义），所以"$\Omega'\,\Omega'\,X$"与"$\Omega^{0+1+1}\,'\,X$"等价，可以相互替换，

如果再重复一次运算，我们必得"$\Omega'\,\Omega'\,\Omega'\,X$"，而用刚才得出的结果"$\Omega^{0+1+1}\,'\,X$"来替换"$\Omega'\,\Omega'\,\Omega'\,X$"中的"$\Omega'\,\Omega'\,X$"，

我们得：$\Omega'\,\Omega^{0+1+1}\,'\,X=\Omega^{0+1+1+1}\,'\,X$（根据第二定义）

依次类推，以致无穷……

最后，我们会得出：$\Omega^{0}\,'\,X$，$\Omega^{0+1}\,'\,X$，$\Omega^{0+1+1}\,'\,X$，$\Omega^{0+1+1+1}\,'\,X$……

这样，我们就在两个形式序列之间建立起了一一对应关系：

A：X，$\Omega'\,X$，$\Omega'\,\Omega'\,X$，$\Omega'\,\Omega'\,\Omega'\,X$……

B：$\Omega^{0}\,'\,X$，$\Omega^{0+1}\,'\,X$，$\Omega^{0+1+1}\,'\,X$，$\Omega^{0+1+1+1}\,'\,X$……

这里所得出的数列"$\Omega^{0}\,'\,X$，$\Omega^{0+1}\,'\,X$，$\Omega^{0+1+1}\,'\,X$，$\Omega^{0+1+1+1}\,'\,X$……"就是根据前面的两个定义以及运算 Ω'（$\bar{\eta}$）得出的数列，这个数列的一般项可以写作 $[\Omega^{0}\,'\,X,\ \Omega^{v}\,'\,X,\ \Omega^{v+1}\,'\,X]$，这里的"$\Omega^{0}\,'\,X$"表示的是第一项，"$\Omega^{v}\,'\,X$"表示的是运算的中间项，表示的是连续运算"v"到第一项所得结果，最后一项"$\Omega^{v+1}\,'\,X$"表示需要连续运算"v+1"次到第一项而得的结果。

那么，维特根斯坦最终如何定义得出自然数呢？很简单，可以通过将形式序列 A："$X,\ \Omega'\,X,\ \Omega'\,\Omega'\,X,\ \Omega'\,\Omega'\,\Omega'\,X,$　……"按照自然数由小到大的顺序替换为"0，1，2，3……"即可。根据前面的证明，我们把刚才所得出的数列 B："$\Omega^{0}\,'\,X$，$\Omega^{0+1}\,'\,X$，$\Omega^{0+1+1}\,'\,X$，$\Omega^{0+1+1+1}\,'\,X$，……"运算 Ω' 项数依次与形式序列"$X,\ \Omega'\,X,\ \Omega'\,\Omega'\,X,\ \Omega'\,\Omega'\,\Omega'\,X$……"的项数一一对应，而形式序列"$X,\ \Omega'\,X,\ \Omega'\,\Omega'\,X,\ \Omega'\,\Omega'\,\Omega'\,X$……"按照自然数由小到大的顺序替换为"0，1，2，3……"，

那么，我们最终得出：0=0，

$$0+1=1,$$

$$0+1+1=2,$$

$$0+1+1+1=3,$$

（如此等等，以致无穷）。

这样，我们就看到，我们可以证明出维特根斯坦给出的关于数的归纳定义是有效的。维特根斯坦给出这个定义的主要目的就是说明：自然数其实不过是形式序列 $[\Omega^0{}'\ X,\ \Omega^v{}'\ X,\ \Omega^{v+1}{}'\ X]$ 的具体应用的结果，也即连续地运用运算"$\Omega{}'$"的结果，这样，维特根斯坦就在自然数和形式序列的运算指数（次数）之间建立起了一一对应联系。所以，维特根斯坦说："一个数是一个运算的指数（exponent of an operation）。"（TLP 6.021）正如弗拉斯科拉所总结的："维特根斯坦试图定义无穷的序列表达式 $\Omega^{0+1+1\ldots+1}{}'$ X，其中，'0+1+1+1+……+1'作为逻辑运算普遍理论的语言中的项与通常的算术项'0+1+ 1+ 1+……+1'相对应。"[1] 维特根斯坦认为，自然数序列"0，1，2，3……"其实可以被理解为对应于形式序列运算的不同次数。因为，自然数序列完全可以从数的形式序列的连续运算中定义而出。"数的概念就是所有数的共同的部分，是一个数的普遍形式。数的概念是一个变数。数的相等的概念是所有特定的数的相等的情况的普遍形式。"（TLP 6.022）这里我们可以看见，维特根斯坦完全是从运算的形式角度来理解数的概念的，数学中的数是一个形式概念，是一个变数，而不是实质概念。

维特根斯坦给出了自然数（维特根斯坦说是整数）的普遍形式：$[0,$ $\xi,\ \xi+1]$ (TLP 6.03)。这个形式序列描述了如何从 0 开始一个自然数的序列，以及如何从一个自然数进入下一个自然数。概言之，维特根斯坦的"运算"以及其应用概念在《逻辑哲学论》中扮演了核心的角色。无论是维特根斯坦对于真值函项的分析和说明，还是对于数的概念的形式分析，都是借助"运算"这一概念而实现目的的。维特根斯坦用"运算"概念分析数学中的数，并给出形式的定义，以此来表明数学中数列的内在关系与普遍性。维特根斯坦认为，我们完全不需要罗素的类型论（theory of Class）

---

① Pasquale Frascolla, *Wittgenstein's Philosophy of Mathematics*, London and New York: Routledge, 1994, p.6.

来表示数学的普遍性，罗素的类型论在数学上是多余的（TLP 6.031）。因为罗素的类型论所表达的普遍性是外在的偶然的，不是必然的内在关系。数学的普遍性只能通过形式概念的内在普遍性展现出来，而不能通过外在的函项或类以及对象之间的外在关系而描述。需要提醒的是，维特根斯坦"运算"概念的内涵性[①]，而不是外延性。

第三节　数的定义的内在困难分析

通过前面的分析和介绍，我们可以看到，维特根斯坦虽然在《逻辑哲学论》中给出了数的归纳定义，但是这个数的定义与弗雷格和罗素的逻辑定义是不一样的。这也就是说，在一开始，前期维特根斯坦虽然受到弗雷格和罗素的逻辑主义思想的影响，这里的影响主要就体现在他也尝试用逻辑演算的方式来定义数，但是，他的关于数的定义无论是从结论（数是运算的指数）还是从形式上，都与弗雷格以及罗素的不相同，这里的关键在于维特根斯坦定义数的初衷和出发点与弗雷格和罗素的定义数的出发点是不一样的。

维特根斯坦并没有像弗雷格和罗素那样雄心勃勃，他们试图通过定义数为逻辑主义奠定一个基础，也就是说，维特根斯坦并没有试图通过定义数来推演出其他的算术规律，将算术还原或归约为逻辑定义和公理，而只是希望能够通过运用他所理解的逻辑和运算的一般形式来给数一个说明。维特根斯坦从运算的角度来定义数，而不是从类或集合的相似的角度来定义数，这既是维特根斯坦的独创，也说明维特根斯坦是从内涵的角度而不是从罗素的外延角度（类的概念与性质）来定义数的。所以，我们从以上的比较中可以看出，前期维特根斯坦并不是一名坚定的逻辑主义者，而是从一开始就与弗雷格和罗素的逻辑主义保持了相当大的距离，虽然他采纳了逻辑演算的方法来分析数特别是自然数的一般形式。这也是我们理解维特根斯坦的数学哲学思想时要特别注意的地方，不可将其

[①] 参见 Mathieu Marion, *Wittgenstein*, *Finitism*, *and the Foundations of Mathematics*, Oxford: Clarendon Press, 1998, p.23。

混同于逻辑主义。

中后期维特根斯坦则进一步发展了他对于数的定义问题的看法，认为弗雷格、罗素等人关于数的定义中存在着内在困难和概念上的混淆，我们需要揭示数的定义中存在的困难，澄清相应的混淆。通过分析这些困难产生的根据，维特根斯坦努力表明数的逻辑定义根本是不可能的，我们只能从数学的运算法则角度去理解数学记号的应用。在维特根斯坦看来，数是形式，而不是概念，人们并不能普遍地得到数，数在本质上是不可定义的，我们不能去普遍地追问数的本质，数学中的不同的数构成了一个大的家族，虽然它们之间相互类似，但是却没有一条明确的界线可以画出，因而追问数的本质和下定义是徒劳的，也是不必要的。维特根斯坦后期主张数学演算作为一种人类技术的实践而存在，因而数学可以被看作一种人类学现象。总体来说，维特根斯坦对弗雷格和罗素关于数的定义的批判的观点，其论证主要体现在以下几个方面。

（1）弗雷格和罗素关于数的定义其实不能建立在数的"一一对应""相似"的基础之上，因为"一一对应""相似"这些概念都存在着很大的问题，是非常模糊的说法，没有实际的用处。维特根斯坦在不同的时期，对于数的定义的批判的说法稍微有些不同，但是基本思想是明确的，他反对数的定义的核心论证是：数的定义不能建立在一一对应，或相似的基础之上，因为数的定义中的一一对应只是基于可能性，而不是基于现实性，弗雷格和罗素的数的定义混淆了可能性与现实性，数的分派可能性实际上涉及的是句法，句法并不关心现实性。数的分派或一一对应的可能性只能以数的理解为前提，而不是相反。20 世纪 20 年代中期，维特根斯坦曾在与维也纳小组成员魏斯曼等人的交谈中，专门分析讨论过弗雷格与罗素关于数的定义中存在的问题。我们知道，无论是弗雷格还是罗素，他们在给数下定义的过程中，主要是借助一一对应（分派）、相等或相似这些说法来给数下定义的。对于他们来说，数就是与一个给定的集合或类相似（或一一对应）的集合或类的总和。正因为两个集合或类之间存在着一一对应或分派的关系，所以两个集合（概念）或类的基数是相等同的。换句话说，相似的关系或一一对应（分派）的关系这一事实决定了数的定义在逻辑上是可能的。

　　弗雷格关于数的定义中所寻求的休谟原则即"相互一一对应"（beiderseit eindeutigen Zuordnung）原则不可能在数的定义中发挥应有的作用。理由是弗雷格的这种关于数的逻辑定义可能有循环定义之嫌。关于德文"beiderseit eindeutigen Zuordnung"有必要作些辨析和澄清，因为这个短语不好翻译，字面上可以理解为"相互明确的对应"，但是这种字面的理解没有深入弗雷格的本意。弗雷格在这里其实谈的就是两个类或集合之间的相互一一对应的关系。《算术基础》一书的最初英译者是奥斯汀（J.Austin），他将这一德文词组翻译为"one to one correlation"，意为"一一对应关联"。而最新的英译者贾逢特（D.Jaquette）则批评奥斯汀的译法有问题，认为这很明显导致了恶性循环。他刚开始主张用"mutual univocal correlation"（相互明确的关联）来翻译这个德文短语，但是后来他也承认弗雷格的原初想法中其实也包含了"一一对应"的意思，所以他最终主张用"mutual univocal（one-one)correlation"［相互单义的（一一对应）的关联］这一折中的说法来翻译这组德文词语。王路的中译本将这组德文词语翻译为"一一对应"。① 综合以上意见，笔者还是认为将其翻译为"一一对应"更加合适和简洁。

　　我们通过前面分析知道，弗雷格借助数的相等来定义数，而为了理解和定义数的相等，他寻求休谟原则即"相互一一对应"。弗雷格以为自己寻求所谓的"相互一一对应"原则时，也即无需数数，我们只要观察两个集合或类之间是否存在一一对应的关系，就可以确定这两个类或集合是否相等。他以为一个数的单位只要和另外一个数的单位之间存在一一对应的关系，我们就可以用这种"相互一一对应"的关系来刻画这两个数的相等。因而，在《算术基础》的第 68 节，数就被弗雷格正式定义为与一个给定概

---

　　① 关于以上不同译本中不同的翻译，参见 Gottlob Frege, *The Foundations of Arithmetic*：*A Logico-Mathematical enquiry into the Concept of Number*, Translated by J.L.Austin, New York：Harper&Brothers, 1960; Gottlob Frege, *The Foundations of Arithmetic, A Logical Mathematical Investigation into the Concept of Number*, Translated with an Introduction and Critical Commentary Dale Jaquette, Pearson Longman, New York,2007, XXVI;［德］G. 弗雷格《算术基础》，王路译，王炳文校，商务印书馆 2007 年版。

念相等数（gleichzahlig/equal）概念的外延（umfang）。① 从这个定义本身来看，似乎就有循环定义的嫌疑。需要注意的是，德文原文与英文译文之间存在一些差别。在弗雷格的德文原文 "die Anzahl，welche dem Begriffe F zukommt，ist der Umfang des Begriffes 'gleichzahlig dem Begriffe F'" 中的 "gleichzahlig" 可以说是弗雷格硬造的一个新词，不太好翻译。因为这个词是个合成词，由 "gleich"（相等）与 "zahlig"（数的）两部结合而成。"gleichzahlig" 译为 "等数的" 或 "等计数的"，表示两个概念在数方面的相等关系。而奥斯汀的英译本直接将这个德文词翻译成 "equal"（相等），理解上来说不算错，但是这已经将德文原文中的 "zahlig"（数的）消除了，似乎有意避免循环定义的嫌疑。

维特根斯坦认为，弗雷格的关于数的定义中实际上混淆了 "等数"（gleichzahlig）和数（Zahl）之间的关系，不是 "等数" 使得数的定义成为可能，而是数使得 "等数" 成为可能，弗雷格所谓的两个集合或类之间 "一一对应" 关系的准确理解，实际上必须以关于数的概念和理解为前提，两者关系不可颠倒。在维特根斯坦看来，弗雷格通过两个集合外延数目相等来为数下定义的做法是将相等的概念放在数的概念之先，而相等这个概念本身则需要用数来加以说明。在维特根斯坦看来，人们不可以通过分配或 "一一对应" 来说明数，因为分配或 "一一对应" 必须以数的理解为前提。正如有学者指出："维特根斯坦的策略，简单地说，就是通过拒绝承认相等关系概念上先于数的观念，如果后者先于前者的话，那么弗雷格分析数的相等就会涉及循环。"②

维特根斯坦以为杯子分派汤匙为例来进一步分析这里所谓的 "一一对应" 存在的问题，他追问，我们为一个杯子分派一把汤匙，让汤匙和杯子这两个集合或类之间形成一一对应或相似的关系，这到底是怎么做到的

---

① 关于德文原文与奥斯汀的英译文之间的差别，请分别参见 Gottlob Frege, *Die Grundlagen der Arithmetik—Eine logisch mathematische Untersuchung über den Begriff der Zahl*, hrsg.von Christian Thiel, Hamburg：Felix Meiner Verlag, 1988, S.76；Gottlob Frege, *The Foundations of Arithmetic：A Logico-Mathematical enquiry into the Concept of Number*, Translated by J.L.Austin, New York：Harper&Brothers, 1960, p.79。

② Mathieu Marion, *Wittgenstein, Finitism and The Foundations of Mathematics*, Oxford：Clarendon Press, 1998, p.78.

呢？说"我正好可以把汤匙在杯子上分派完"到底意谓着什么？如何理解这里的"可以"？这里很明显涉及的不是物理的力量，不是说我有力气将一把把汤匙分派给一个个杯子，如果回答说"我可以分派汤匙，因为这里正好有这么多汤匙"，这里的回答要解释清楚的话，也必须以数的概念和理解为前提。维特根斯坦认为，说我可以为每个杯子分派一把汤匙，正好可以分派完毕，这里"可以"只是表示一种语法的可能性，这种可能性必须以我提前学习过或理解过数为基础。

两个数目相同的集合之间的分派或一一对应不是指现实性，而只能被理解为可能性，并且这种可能性要以数的理解为前提。换句话说，如果我们事先对于手中的汤匙和杯子的总数一点概念都没有的话，就基本上不可能将汤匙和杯子一一对应起来。如果有人说我根本没有数数，直接就可以一个接一个地分派汤匙或在汤匙和杯子之间建立起一一对应关系，但是很可能的结果是：要么你发现杯子多了，汤匙不够分派，或者杯子少了，汤匙多了，总之你并不能在杯子和汤匙之间建立一一对应和分派，最后还有一种可能是你的确建立起了一一对应或分派，但是只是出于偶然运气与碰巧。

维特根斯坦在这里强调的是，我们在两个集合或类之间要想建立起所谓的一一对应的关系的话，必须以我们对于两个类或集合的元素的总数的理解为前提，否则根本就不能实现。所以，维特根斯坦说：

> 但是要对此作出说明，我就必然事先以数的概念为前提了。不是分派（Zuordnung）决定数（Zahl），而是数使得分派成为可能。因此，人们不能通过分派来说明数字。人们不能把数字概念建立在分派的基础之上。……数的情况也与之相同：如果弗雷格和罗素想要通过相互一一对应或分派来定义数的话，那么人们一定会说：只有当做出这种分派或一一对应时，它才存在。弗雷格的意思是，当两个集合具有相同多的元素时，那么也就已经存在一一对应或分派。丝毫没有！……但是，如果人们在这一整个思维过程中是指分派的可能性，那么这种可能性恰恰是以总数概念为前提的。因而这在任何情况下都不意味着将数奠基于分派基础之上的好处。（WWK SS.164-165）

　　维特根斯坦在这里表达得很明确，集合与集合之间之所以可能形成一一对应或分派关系，就在于我们已经知道了两个集合的总数，否则的话，分派是进行不下去的。

　　另外，维特根斯坦后来还从日常语言分析的角度批判地指出，罗素关于数的定义中所寻求的"一一对应"或"相似"这些概念是含糊不清的，意义是不确定的，因为这些语词具有不同的使用。维特根斯坦1939年在剑桥大学关于数学基础的讲演中这样说："我想继续极其困难的任务———一个真正的陷阱——罗素关于数的定义。如果数是以这种方式（或者弗雷格的方式）被定义的话，似乎一切都很清楚了。如果我现在知道2是什么，我们如何能怀疑这里存在的是2或者4个东西（根）呢？"（LFM Lecture XVI p.156）

　　当时在参加维特根斯坦讲课的图灵回答，我们可以通过逻辑的方法来显示一个二元方程只有两个根，这是简单的。维特根斯坦对图灵的回答不满意，他继续指出：

　　　　这一定义（指罗素关于数的定义）："一个数是与一个给定的类相似的所有类的类。""相似"（我过会将讲到）意谓着一一对应。困难再次出现了，我们称什么为根与如此这般的一一对应？我们似乎可以称它为任何东西。（LFM Lecture XVI p.156）

　　维特根斯坦认为，我们说根据逻辑的方法，得出结论认为一个2元方程只有两个根，或者说"数2与一个2元方程的根一一对应"，这样的说法只不过是用另外一种逻辑的方法来替换原先的说法而已，并没有澄清什么是"一一对应"这一概念，维特根斯坦认为这种做法是"最恶劣的逻辑迷信"（the worst of logical superstitions）。

　　维特根斯坦将以上逻辑迷信的做法比喻为，我们看看一个人张三是否有两只胳膊，并将他的两只胳膊画到黑板上，并且说，所有人都有两只胳膊，张三是人，所以，张三也有两只胳膊。如果张三只有一只胳膊，我们会将其看成两只，如果他没有胳膊的话，我们指着他的身体的两边，说"这是1，这是2"。维特根斯坦认为，难道这样回应张三到底有几只胳膊不奇怪吗？这里产生混淆的关键在于：在我们还没有开始具体数张三有几只胳膊，我们就已经在黑板上将他的两只胳膊画出来了（LFM Lecture XVI p.156）。维特根斯坦举这个例子说明，在实际的具体的数学计算过程中，罗素关于数的定义中寻求"一一对应"或"相等"并不能真正起到作用。

我们说"一一对应决定相似"或"能够与某某相似"，但是，维特根斯坦追问这里所谓的"能够"到底是什么意思？"当每一个杯子立在茶托上时，我们或许可以说茶杯和茶托是一一对应的，否则的话，它们并不是一一对应的，或者是以不同的方式对应的"（LFM Lecture XVI p.157）。这也就是说，一般而言，我们说某某和某某之间形成了一一对应的关系，是有条件的，而且这个条件不是随意就可以普遍化的。脱离了具体的语境和条件，我们笼统地说两个类之间有一一对应，是没有什么意义的。所以，维特根斯坦认为"我们有在不同的意义上的相似的数"。维特根斯坦总结说："一一对应是这样的一个图像：

你可以用各种方式来使用这幅图像。但是关于它是如何被使用的——除了他自己使用的地方外，罗素并没有告诉我们什么。"（LFM Lecture XVI p.160）维特根斯坦认为，我们在日常的生活实践中，使用所谓的"一一对应"的方式很多，不同的使用方式具有不同的意义，有时候并没有统一的标准来规定一定要怎么使用。所以，在维特根斯坦看来，从日常生活角度看，罗素关于数的定义中所寻求的"一一对应"或"相似"这些概念是含糊不清的，意义是不确定的，因为这些语词具有不同的使用。

（2）罗素的关于数的定义混淆了经验的总体（描述函项）与句法系统（运算）、现实性与可能性之间的区别。数的定义的普遍性不能通过类或集合中的经验总体来体现，而只能通过归纳法[①]显示出来。维特根斯坦认为，在逻辑里没有对象，也没有对对象的描述，集合论或类型论试图描述集合或类型的性质来把握数以及数的做法是行不通的。按照维特根斯坦的理解，罗素将数定义为与一个给定的类相类似的类的总体，从经验发生的角度来理解类的实际性质，没有考虑到类中暂时不存在但依然可能发生的性质，因而是不完整的，有缺陷的图像。罗素的关于数的定义实际上只是从经验出发，把经验的已经发生的总体当成完成了的东西，没有看到经验之外的可能发生的东西，混淆了经验总体与句法系统之间的区别，因为数的定义以及命题实际上是句法系统中的一部分，只涉及可能性，而不是经验的现实性。维特根斯坦说："经验不能给我们这种可能性的系统。经验告诉我们的仅是什么，而不告诉我们可能是什么。可能性不是经验概念，而是句法概念。罗素的根本错误在于：他总是试图将可能性归约为现实性。他混淆了描述与描述的句法之间的区别。"（WWK S.214）

在维特根斯坦看来，数学命题包括数的命题都不是描述经验的，而只是关于描述经验形式的句法系统，我们不能混淆两者之间的区别。数的命题的句法性质不是经验的，就如同时间和空间不是经验的一样，因为时间和空间也只是涉及可能性，而不是经验的现实性。维特根斯坦这样写道：

> 空间是何处的可能性，时间是何时的可能性，数是多少的可能性（die Zahl die Möglichkeit des Wieviel）。如果人们将空间、时间——或者数与世界的偶然性质关联在一起，那么，这就表明，人们已经走上了完全颠倒的道路。空间、时间与数是表现的形式（Formen der Darstellung）。它们会表达任何一种可能的经验，因此，将它们奠基于经验事实基础之上的做法完全颠倒了本来的关系。（WWK S.214）

说"数是多少的可能性"其实意谓，我们在具体进行算术运算时，应

[①] 正如我们在上一节里所论述的维特根斯坦用归纳的方法来展示自然数（维特根斯坦说是整数）的普遍形式：[0，ξ，ξ+1]（TLP 6.03）。

该考虑的是不同的数之间的运算可能性。比如4可以被看成具有2和2相加的可能性，这里不是说经验的现实性，而是说，如果有4这个数的话，就可以表示成两两相加的可能性（PB §102S.125）。4也可以被表示成1和3相加的可能性。2+2=4以及1+3=4，这些都是句法，只表示不同的运算可能性。

维特根斯坦明确指出，我们不能将时间、空间以及数等奠基于经验事实之上，因为它们是使得经验事实和表达成为可能的前提。可能性与现实性是不能混淆的，没有发生和实际存在的东西尽管没有经验事实性，但是仍然具有将来发生的可能性，而在思考时间、空间和数时，考虑的就是可能性，而不是经验的现实性。我们在给数下定义时也只能从可能性角度或句法角度来理解，而不能仅靠经验事实或已经发生的东西来排除可能发生的事情或性质。所以，维特根斯坦说："如果在我们的世界中不存在这部分或那部分数的类的话，那么，考察这样部分的类仍然是有意义的。我们首先就不能排除这种可能性，但是这种排除却发生了，如果有人像罗素那样将数定义为实际的性质（*tatsächlicher* Eigenschaften）的类的话。"（WWK SS.214-215）

维特根斯坦认为，罗素对于空间和时间性质的观点充满了误解，这导致罗素对于数的定义的看法也充满了误解。几何空间的点之间的联系是内在的，不是外在经验的，时间也一样，也是内在的，时间的说明是说明何时，而不是说明同时性，数的说明是说明多少，而不是说明数的相等。数的相等的说法是外在的，不是内在的。数的命题本质上是内在的句法关系。维特根斯坦说：

> 我在"经验总体"（*empirische Gesamtheit*）与"系统"（*System*）之间做出区分。这个房间里的书和椅子是经验的总体。它们的广度取决于我们的经验。逻辑质点、数、空间以及时间点都是系统的。……如果我们知道为一个系统奠定基础的原理，也就知道了整个系统。一个经验总体归因于一个命题函项，而一个系统归因于一个运算（*Operation*）。（WWK S.216）

维特根斯坦在这里明确指出，运算和函项是要严格区分的。运算可以应用到自身，也即可以连续地运用，但是函项却不是自身的主目，不可以连续地运用于自身。维特根斯坦早在《逻辑哲学论》中就这样写道："一个函项不可能是自己的主目，但是一个运算的结果可以是其自己的基础。"（TLP 5.251）

20世纪20年代中期，维特根斯坦在与维也纳小组成员交谈时，还是基本坚持运算和函项相互区别的思想的。他说："运算与函项是完全不同的。一个函项不可以是其自身的主目，相对而言，一个运算可以应用到自身的结果。"（WWK S.217）数的定义只能通过运算来进行归纳，而不能像罗素那样用命题函项，因为算术命题本质上是运算，不是实质性的陈述函项。命题函项最多只能描述经验的整体，但是不能刻画数学的句法和规则系统。所以，维特根斯坦最终这样评价罗素的定义，他说："在数学中我们必须总是处理系统而不是总体。罗素的根本错误在于，他没有认识到系统的本质，他用相同的符号—命题函项—表述经验整体与系统，而没有对二者做出区分。"（WWK S.217）

（3）弗雷格和罗素的数的定义没有说明证实的方法，因而是错误的。维特根斯坦进一步论述自己对于定义的理解。他认为，"定义是路标（*Wegzeichen*）。它们标明证实（*Verifikation*）的道路"（WWK S.221）。那什么是证实呢？维特根斯坦所理解的"证实"其实就是指一种句法的要求，即要求所有的符号都可以被定义好，并且我们也能理解没有定义的符号的意谓。"定义是变形的规则（Umformungsregel）。它规定一个命题如何转变为另一个命题，在这些转变过的命题中不再出现相应的概念。"（WWK S.221）我们可以看到，维特根斯坦所理解的定义其实就是变形规则，即解释和说明命题的意义，说明符号在命题中应该如何使用。作为变形规则的定义本质上是由证实的方法即句法要求决定的。维特根斯坦说："定义将一概念归结为一个或其他更多的概念，而这些概念又可归结为其他的概念，如此等等。归结的方向是由证实的方法决定的。"（WWK S.221）在维特根斯坦看来，弗雷格和罗素的关于数的集合或类的定义，实际上并没有达到证实的要求，亦即没有能满足句法规则的要求，没有能清楚地说明命题中符号应该如何使用的要求。维特根斯坦认为，没有达到证实要求的数的定义是错误的。

弗雷格和罗素在数的定义中应用了抽象化的原理，即将一个集合或类看成所有的与其相类似的集合或类的总体，但是这种抽象化原理并没有满足证实的要求。按照罗素的思想，数 3 是表示所有 3 个成员的类的总和。但是，维特根斯坦举例说，如果有人问我："这个房间里到底有几把椅子？"我们能否通过类和类成员的相等或相似来回答这个提问呢？我能回答"和那个房间一样多"吗？回答当然是否定的，因为回答"这个房间里到底有几把椅子"这个语句追问的是一个房间中椅子数目到底有多少，而不是追问这个房间的椅子数是否与另外一个房间一样多。

按照维特根斯坦的说法，罗素的数的类型论的定义没有达到证实的要求。维特根斯坦说：

> 说所有相互双射的类，具有相同数目的成员，这是正确的，但是这些类的说明并不是数的说明。要么，我们把类内在地理解为性质（命题函项），但是对等价类的说明并没有告诉我们，这些类中到底有多少项。要么，我们将类外在地理解为外延，那么，对这些类的描述已经包含了数的图像，想要通过这样的类来定义数是错误的。数的说明是说明多少（*Wieviel*），不是说明相等（*Gleichzahligkeit*）。……弗雷格—罗素的定义是错误的，因为它没有说明证实的方法。（WWK S.222）[①]

在这里，维特根斯坦还是强调，对数的说明应该是说明多少，而不

[①] 这里"说所有相互双射的类"是对德文原文"dass, alle Klassen, die sich eindeutig aufeinander abbilden lassen"的翻译，虽然维特根斯坦在这里没有明确使用集合论的术语"bijektiv"（双射），但是表示的意思是两个类的成员相互一一对应，即"双射"的意思，比如 Wikipedia 中对"集合论"（Mengenlehre）词条中对集合论创始者康托尔（G.Cantor）的介绍中，有一句话如下："Er nannte zwei Mengen gleichmächtig, wenn sie sich bijektiv aufeinander abbilden lassen, das heißt, wenn es eine Eins-zu-eins-Beziehung zwischen ihren Elementen gibt."（他称两个集合是相等同的，当它们相互之间存在双射关系，即它们的成员之间有一一对应的关系。）参见 https:// de.wikipedia.org/wiki/Mengenlehre。

是说明类与类之间的相等关系。因而，弗雷格和罗素试图从集合与集合之间相似的性质以及类的对应关系来定义数的做法是失败的，因为它们没有满足相应的句法要求和标准。维特根斯坦认为，证实不是将一个类或集合与另一个类或集合相比较，这是倒因为果的做法，因为数和数之间的内在关系并不以数的实际特性为基础，而是以数学语法为基础的，数学记号的序列和秩序不能以集合或类的性质来定义，而只能通过数的句法规则来决定。一个数在记法中不可以作为集合的特征来出现。维特根斯坦又举了例子来说明这点——他举了5根竖线这一记号来表示李子树：

│ │ │ │ │ │李子树

维特根斯坦认为，如果这个记号传达意谓的话，那么它必定包含了所有对其传达意谓重要的东西，没有包含的东西对其来说是不可能重要的，也就是说，所有对其重要的东西应该都包含在这个记号的意谓之中了。这个记号包含的是一个句法的图像，但是不包含一种特性或关系的说明（WWK S.223）。这个记号并不能理解为李子树的类是按照这5根竖线而一一对应地建立起来的。这里并没有出现一个起到描述作用的类，这里，竖线的类和"李子树"一词一样是起到命题的构成部分的作用而出现的。竖线在这里是作为符号（Symbol）而不是作为类（Klasse），"因此，罗素的论证是建立在将记号（Zeichen）和符号（Symbol）相混淆的基础之上的"（WWK S.223）。根据维特根斯坦的分析，数的记号是作为符号起作用，而不是作为记号起作用，因为符号涉及的是句法规则，而不是单纯的集合或类的性质。

（4）弗雷格和罗素的逻辑混淆了概念和形式，数是形式，不是概念，数的表达式是命题中出现的图像。不同类型的数与概念无关，数不能分解成诸集合或类的子集或子类，人们并不能通过概念的普遍化得到数，数是形式，是变数，与普遍性与特殊性无关。维特根斯坦反对将数理解为世界中某物的概念的外延的做法，而认为我们应该将数理解为形式概念，而不是实质概念。弗雷格和罗素关于数的定义中运用到的集合或类型，实际上是将数理解为概念，试图将概念普遍化来把握所有的经验，但是这种做法在维特根斯坦看来是错误的。按照维特根斯坦的理解，数实际上是变数，是形式，不是可以用概念（集合或类）普遍刻画的对象。维特根斯坦在《逻辑哲学论》中就曾经明确指出，数不是实质意义上的概念，而是形式概念（TLP 4.1272）。形式概念是通过命题变项来表示的，命题变项的值就标明了那些归属于这个概念之下的对象（TLP 4.127）。形式概念不能像实质意义的概念可以描述或言说，而是不可言说的，只能通过符号的使用来显示自身。数也是不能通过概念直接定义的，而只能在数的符号的使用中显示自身。"一个形式概念被给予了，任何归属于这个概念之下的对象也立即被给予了。因而，引入一个归属于一个形式概念的对象以及形式概念作为初始观念是不可能的。因而，比如说，像罗素那样既引入一个函项的概念，又引入一个特定函项的概念作为初始概念是不可能的，也不可能引入数的概念与特定的数的概念。"（TLP 4.12721）维特根斯坦在这里指出，罗素没有清楚地区分开实质概念和形式概念，没有看到数作为形式概念的不可定义性。我们不能将形式概念与其下属的对象作为初始概念来引入，罗素哲学就犯了这样的错误。"作为一个形式概念，一个数只能在对象自身的符号中显示自身。"[1]形式的东西不可以定义，而只能通过符号的使用显示出来。比如，人们说"存在 2 个具有 f 性质的东西"，人们用罗素式的记法表示为：

$$(\exists x, y).fx.fy. \sim (\exists x, y, z).fx.fy.fz$$

维特根斯坦认为，这里的数 2 是作为符号的可摹绘的特征出现的。罗素在引入数 2 时，必须使用这一图像化的原则。这里的图像化的原则就是指符号系统和句法规则。我们通过使用这个符号系统，显示出有 2 个具有 f 性质的东西。数是形式，不是概念，概念是言说某物具有某某性质的方法，但是形式是使得概念的表述具有意义成为可能的前提，形式不可言说，只能显示。数只能被定义显示，而不可言说。维特根斯坦认为，我们不能像罗素那样把形式的数定义为主谓命题的类或集合，因为我们在这里

---

[1]　Dennis A.de Vera, "Grammar, Numerals, and Number Words: A Wittgensteinian Reflection on the Grammar of Numbers", in *Social Science Diliman*, Vol. 10, No.1, 2014, pp.53-100.

135

处理的并不是实际发生的东西，而是使得我们的表述成为可能的东西，即句法系统和规则。要从性质和概念的角度定义形式的数是不能成立的。维特根斯坦写道："如果一个形式是可以定义的，那么离开定义我们就无法理解它。但是表达一种意义的可能性恰恰是以我们理解的一种无需说明的形式为基础的。命题显示它的形式。试图定义所有表达可能性与理解基础的东西是无意义的。"（WWK S.224）从这里可以看到，维特根斯坦主张形式不可以被定义，如果形式可以被定义的话，那么，离开了定义我们就不能理解它，而实际上，我们为了必须理解它，就不能将形式看成可以被定义的。严格来说，形式是不可以被概念定义的。维特根斯坦说："定义某种东西，它也显示某种东西。数就是定义显示的东西。"（WWK S.224）维特根斯坦指出，罗素试图用命题函项来定义数，将数理解为与给定的类相似的类，这实际上是错误地将数的形式理解为外在特性了，特性的普遍化（Verallgemeinern）与形式的转化（Umwandeln）是不同的。

所以，在维特根斯坦看来，

> 弗雷格和罗素的整个逻辑是建立在对概念（Begriff）和形式（Form）相混淆的基础之上的。数的陈述不是概念。人们不能通过概念的普遍化得到数。弗雷格和罗素是在错误的方向上寻求数的本质。他们曾经以为，数 3 是对 3 把椅子、3 棵李子树等普遍化的结果。为了表达普遍化的特性，他们虚构了抽象化的原则。数 3 不是 3 元组的普遍化。数 3 不是通过一个单一的 3 元组的普遍化而产生的，就像一个图像的形式不可能通过一个单一的图像而产生一样。数 3 是 3 元组共同的形式，但不是其共同的特性。3 的形式只能转化，而不能被定义。形式与普遍性无关，一个形式既不是普遍的，也不是特殊的。（WWK SS.224-225）

维特根斯坦在这里总结得很明确，那就是数作为形式不能通过概念普遍化，数 3 不是所有那些具有 3 个成员或要素的类，因为我们不能将数 3 普遍地表达成所有那些具有 3 个成员的类的总和。"总和"或"全体"等表示普遍性的概念只能通过归纳的形式或变量的方法显示出来。我们可以说，所有具有3个成员的类的形式是3，但是却不可以说3就是所有具有3个成员的属性。维特根斯坦认为，在数学中我们不能用"全体"等来表达一般性，因为全体的数是不存在的，因为，在他看来，"无限的数"表达的是可能性，亦即数可以一直数下去，这是一种句法规则，而不是现实性。"一个涉及所有命题和所有函项的命题从一开始就是不可能的：这样的一个命题所要表达的东西必定是通过归纳来证明的。……数学的普遍性通过归纳得到说明。归纳是数学普遍性的表达。"（PB §129 S.150）

　　维特根斯坦反对从概念的普遍性来定义数的观点，实际上是和他主张逻辑形式不可说而只能显示的观点，以及反对逻辑和数学是研究最普遍法则或规律的思想相一致的。维特根斯坦在《逻辑哲学论》中就坚持认为逻辑形式不可以被言说，因为逻辑形式是使得我们能够有意义言说的前提，是语言和世界（实在）所共有的东西，所以，逻辑形式是不可以被言说的。如果数也被理解为形式，那么，数当然也就不可以被言说，因为形式是表达结构的可能性，只能用句法规则来表达，而不可以直接用概念或定义来言说。我们可以看到，维特根斯坦在与维也纳小组成员交谈时，还是继承了不少前期特别是《逻辑哲学论》中的思想的，并且将其作了补充。我们知道，言说和显示之间的区别，是前期维特根斯坦意义图像论的基本观点，这里维特根斯坦坚持主张数不可以被定义与言说，而只能被显示，这说明前期维特根斯坦所坚持的意义图像论也很明显地应用到数的定义的理解与分析中去。维特根斯坦说："数的表现方法是摹绘的方法。数在符号中显示自身。"（WWK S.225）数的形式是通过具体的数学记号来表示的。不同的数学记号表示不同的数。维特根斯坦把数学记号直接理解为图像，不同的数学记号就是不同的图像，数学记号本身具有独特性与复合性，这里的独特性就是指不同的数学记号之间是不一样的记法，复合性是说数学记号可以包含各种组合的可能性，比如3既可以等于3个1相加的结果，也可以表示一个2和一个1相加的结果。数学记号和句法规则一起，就构成了具有图像功能的符号指引。表达数的符号系统就是把句法规则翻译成图像的系统。

　　总结前面维特根斯坦关于数的定义的观点的分析要点，他一方面主张数作为形式不能定义，只能显示，但是另外一方面又从形式角度定义了数，也即承认数可以有形式定义。这两种说法之间难道不矛盾吗？实际上，维特根斯坦所谓的"数的定义"有两种使用和两层意思：其一，他所说的可以"数的定义"其实是他的使用，即归纳定义，比如他在《逻辑哲学论》中给出的数的归纳定义，如 1+1=2，2+1=3 之类；其二，他所谓的数的不可定义，其实是指弗雷格和罗素的集合或类的意义上的概念定义是不可能的（WWK S.226）。维特根斯坦认为，数不是概念，而是形式，形式的东西不可以用概念或函项的方式来定义或刻画，相反，这种描述或刻画之所以可能必须以句法系统为基础。数的形式定义即归纳定义是可能的，是可以显示数和数之间的内在关系的。比如，中期维特根斯坦还曾经这样写道："我要说，数只能由命题形式来定义，而不依赖于命题的真和假。"（PB §102S.125）弗雷格和罗素关于数的定义依赖于概念，是不必要也是不自然的，逻辑分析需要被自然理解取代，数的陈述并不关于概念、普遍性以及不确定性，我们需要关注的是数在我们的生活实践中如何使用，以及我们如何用数进行计算。

　　综上所述，维特根斯坦认为，弗雷格和罗素关于数的定义是错误的和失败的，主要理由在于：其一，弗雷格和罗素关于数的定义其实不能建立在数的"相等"、"一一对应"、"相似"或"分派"的基础之上，因为在维特根斯坦看来，所谓的两个集合或类之间的"相等""相似""一一对应"等概念都是比较模糊的说法，我们在理解这些概念之前就必须以理解数为前提，因而他们的关于数的定义有循环定义的嫌疑；其二，罗素的关于数的定义混淆了经验的总体（描述函项）与句法系统（运算）、现实性与可能性之间的区别，因为数是关于句法系统和运算的，与经验的总体和描述函项无关；其三，弗雷格和罗素的关于数的集合或类的定义，实际上并没有达到证实的要求，亦即没有能满足句法规则要求，没有能清楚地说明命题中符号应该如何使用；其四，弗雷格和罗素的逻辑混淆了概念和形式，数的陈述表达的是形式关系，不是概念，数的表达式是命题中出现的图像。不同类型的数与概念无关，数不能分解成诸集合或类的子集或子类，人们并不能通过概念的普遍化得到数，数是形式，是变数，与普遍性和特殊性无关。概括地说，以上四个方面充分地说明，弗雷格和罗素关于数的定义是不成功的，维特根斯坦在批判弗雷格和罗素关于数的定义的基础之上开始重新思考一条新的摆脱困境的途径，即不再关注数的定义问题，而是主张集中精力研究和说明数词以及相关词汇的语法，数词的意义不在定义和描述中，而是在具体的数学实践的使用中。

第四节　数字数词的语法研究：数字数词的意义在于使用

　　鉴于弗雷格和罗素关于数的定义中出现的诸多困难，中后期维特根斯坦放弃了思考数的定义问题，认为我们需要研究的是数词的不同语法，而不是给数下一个所谓严格的定义，要从对数的定义问题转向对数字和数词的语法分析，因为我们强调的数的定义背后的逻辑分析方法并不能有效地应对我们多元丰富的数学实践本身。维特根斯坦的这一转变——从数学定义到数字和数词的语法研究——实际上和他的哲学思想本身的转变是一起发生的。中后期维特根斯坦不再强调纯粹的逻辑分析方法对于哲学研究的重要意义，而主张我们要关注的是我们日常使用的语言和语词的用法。后期维特根斯坦的一句名言是"语词的意义在于使用"。后期维特根斯坦不认为有必要构建一整套理想的逻辑语言来代替我们的日常语言，因为我们的日常语言是有着完善的逻辑秩序的，我们需要做的是澄清我们日常语言的语法，而不是试图构建新的理论来解决所谓的哲学问题。

　　相应地，后期维特根斯坦在这种强调日常语言分析的哲学观的影响下，开始认为数学基础领域的混淆应该从日常语言的具体使用和数学实践角度加以澄清。弗雷格、罗素以及前期维特根斯坦本人所主张的逻辑分析方法是非常有局限性的，在处理数学基础中出现的很多概念和观念的混淆时经常感到不实用，所以，逻辑分析的方法不能真正地澄清我们在数学研究领域中产生的哲学问题。数学哲学问题必须从日常语言的语法分析角度，澄清语言的误用所导致的混淆，以此才能彻底消解哲学问题的产生。

因而，数学语词与语言所需要的是语法的澄清，而非逻辑分析或还原。"这种澄清并非旨在一种奠基的意义上将现存的数学的形式还原为一种逻辑的或事后附加的无论何种形式，如同弗雷格或罗素的系统那样，而是旨在获得对每种数学形式表达的实际使用的综观的表现。"[①] 也就是说，数学语言的分析是分析和澄清我们在数学实践中的语法分析，说明数学语词和语言的实际用法。

维特根斯坦在《大打字稿》中曾经这样写道："什么是数？——数词的意义。对这种意义的研究就是对于数词语法的研究。我们不要寻找数的概念的定义，而应该尝试阐明'数'这个词以及数词的语法。"（PGW S.321/BT p.394）他还写道："那么，什么是数（number）？我可以向你表明什么是数字（numeral）。"（LFM Lecture XII p.112）维特根斯坦主张，我们不要再追问什么是数这样的问题，而应该关注数词或数字的语法的说明。"相类似地，算术并不谈论数，因为它并没有给我们找到任何一个数或比较这个数和那个数的方法——而是给我们数词（number words）使用的规则"（LFM Lecture XXVII p.256）。后期维特根斯坦很明确地指出，我们需要转变思路，将研究和考察的重点从数的概念的定义问题，转向研究数字和数词以及相应的语法问题，我们需要研究数词使用的语法规则，以及这些规则如何规定我们使用这些数词。我们要从日常语言角度来分析和研究数学中不同语词包括数词的语法。数词并不是被用来刻画一个概念或函项的，而主要是被用来计算的。维特根斯坦一直强调的是，我们不能脱离具体的数学实践来理解数词，将数词单独地抽象出来追问其意义或定义的这些做法是不得要领的。我们要在具体的生活中理解数词的使用规则以及相应的意义。正如学者蒙克（Ray Monk）所指出的：

> 对于维特根斯坦来说，数学的首要的是技术的混合以及我们应用数学记号的实践；当我们给大巴司机付费时，我们数钱，我们计算需

---

① Felix Mühlhölzer, *Braucht die Mathematik eine Grundlegung? Ein Kommentar des Teils III von Wittgensteins Bemerkungen über die Grundlagen der Mathematik*, Frankfurt am Main: Vittorio Klostermann, 2010, S.3.

要存多少钱以便去度假，我们估算一辆汽车当其撞击一位步行者时速度有多快，等等。对维特根斯坦来说，这些是数学记号的主要使用，这是数学哲学的研究主题。[①]

维特根斯坦的数学哲学着眼点是我们的活生生的数学实践，数学命题以及数学记号的意义就在于这些实践中的使用。

中后期维特根斯坦不再考虑数的定义问题，而转向对于数字和数词使用的语法说明。数字和数词的使用与数的陈述比数的定义更加重要。很多哲学家并没有真正地弄清楚数词使用的语法，也没有澄清数的陈述的使用规则，对于数给出了许多不同版本的定义，这些定义对于我们阐明数字和数词的语法并没有实际的帮助。我们只有仔细地考察数字和数词使用的具体语法规则，才能真正地消除很多关于数的误解和困惑。概括地说，中后期维特根斯坦关于数字和数词使用的语法分析和说明，主要表达了以下几个主要观点。

（1）数字数词的意义在于使用。我们应该在数学的实践中去理解和把握数字和数词的意义，逻辑不是数学的基础，逻辑定义和演算对于算术计算意义不大，算术是其自身的应用。

（2）数字数词使用的多样性取决于语法规则的多样性。数字和数词的说明必须通过习得的数学语言才能实现，数词运用的语法规则的多样性来自数学的语言游戏的多样性。

（3）概念的数词说明与变数的数词说明是不同的。数字说明的基本特征是变数，而不是概念。变数说明的主要是不同的数之间运算的结构形式和变化的语法规则。

（4）对数字的说明不包含普遍性和不确定性，不同数类之间具有"家族相似性"：自然数、有理数、实数、虚数与复数之间没有共同本质，只有一定的相似性和差异性。

---

① Ray Monk, "Bourgeois, Bolshevist or Anarchist? The Reception of Wittgenstein's Philosophy of Mathematics", in Guy Kahane, Edward Kanterian, and Oskari Kussela eds., *Wittgenstein and His Interpreters*, Oxford: Blackwell, 2007, p.287.

首先，我们来看第一点：数字数词的意义在于使用。这也是维特根斯坦强调我们要将关注的重点，从数的定义转向数字数词使用的主要原因：数字数词真正的意义并不在于我们给出多么完美或严格的逻辑定义，以及在此基础上构建多么漂亮的逻辑演算系统，而在于在我们具体的数学实践中如何被使用。维特根斯坦关于数字数词的真正意义在于使用的观点，不仅是他后期哲学观即"语言的意义在于使用"在数学哲学分析上的应用，更是对于弗雷格和罗素等人的逻辑主义以及他自己早期的观点的直接回应与批评。算术的主要目的并不谈论数及其运算的逻辑定义，而主要是为我们给出关于数词使用的规则，算术本质上是在一定的句法规则的约束下进行计算的技术。算术的具体运算并不依赖数的逻辑定义，而是取决于实际应用中的记号规则。维特根斯坦在《哲学评论》中写道："算术是数的语法。数的种类只能通过与之有关的算术规则来区别。"（PB S.130）维特根斯坦认为，作为数的语法的算术的根基并不在于逻辑，算术的根基就在于其自身的应用，算术是自主的，算术的意义是其自身的应用——计算。"数学是一种公共实践的产物，但是与此同时，这种产物从产生它的实践的角度来说部分地是自为的。"[①]算术中的数词只有在具体的应用计算中才有意义，我们不能脱离算术中具体的应用语境来谈论数的逻辑定义。

在算术的基础研究中，一切纯粹的逻辑的分析和定义离开了算术具体的应用都没有什么意义。维特根斯坦说：

> 人们总是怕通过谈论算术的应用来为算术奠基。算术看起来牢牢地立足于自身。其原因当然在于算术就是其自身的应用。算术并不谈论数，而是用数进行计算。计算以计算为前提。难道数不是空间和时间的一种逻辑属性？计算自身只出现在空间和时间之中。数学的每次运算都是其自身的一次应用，也只有这样才能有意义。因此，也就不必在为算术奠基时谈论逻辑运算的一般形式。（PB §109，S.130）

---

① Eduard Glas，"Mathematics as Objective Knowledge and as Human Practice"，in Reuben Hersch eds.，*18 Unconventional Essays on the Nature of Mathematics*，Berlin：Springer，2006，p.289.

如果说前期维特根斯坦对于弗雷格和罗素的数的定义的批判不太彻底，也即他对于数的逻辑定义还有所保留，只是不同意弗雷格和罗素的定义，因为他自己在《逻辑哲学论》中还从逻辑运算角度给数下了一个归纳定义的话，那么，中后期维特根斯坦则开始彻底抛弃从逻辑运算角度给数下定义的努力，完全转向了研究数学的运算和应用自身。我们可以看到，前后期维特根斯坦对于数的逻辑定义的态度从温和的反对，转向彻底的拒斥，而他的这一态度转变是和他对于数学和逻辑之间的关系的认识发生改变紧密相关的。前期维特根斯坦虽然看到了数学命题和逻辑命题之间存在着些微差别，但是总体上还是接受了以逻辑分析的方法来处理数学问题。而到了中后期，维特根斯坦则彻底拒斥了逻辑分析的方法，转向了日常语言分析的方法，主张数学的基础并不在于逻辑的分析和运算，而在于自身的应用即计算实践。维特根斯坦这样写道："我认为，一方面，算术可以独立地发展，算术的应用是自主的（sorgt für sich），因为凡是可以应用算术的地方，人们就可以应用算术。另一方面，我们不必借助一种普遍的运算形式，而对数的概念做一番不知所云的说明——正如我以前所做的那样。"（PB §109 SS.130-131）在这里，我们可以很明确地看到，维特根斯坦对于算术的新的理解。

算术的应用是独立的，算术不需要借助任何外在于算术的东西比如逻辑来加以辩护。算术中的计算本身就是算术的应用。"每一个计算都是封闭的，自我包含的系统，而没有外在的批判。"[1]算术中的加法就是一个自主的封闭的系统，比如，5+7=12，每一次我们只要应用这个计算，得出的结果都是一样的。我们不必借助逻辑上的加法定义就能理解这个运算规则本身。计算活动对于算术来说具有根本的意义，算术的发展并不需要逻辑的定义和说明就能实现目的。另外，维特根斯坦明确地承认了他在《逻辑哲学论》中从逻辑运算角度给数的定义和说明是模糊的和失败的，是需要摒弃的。

维特根斯坦认为，逻辑的方法实际上限定了理解数学应用的范围，对

---

[1] Steve Gerrard, "Wittgenstein's Philosophy of Mathematics", *Synthese*, Vol.87, 1991, p.133.

于数学自身的发展来说是不合适的。我们可以不必借助逻辑来限定数学的应用范围，就能理解数学本身。逻辑并不是我们理解算术定义和真理的前提。我们完全可以脱离逻辑主义的策略来把握数学的句法规则，从而理解算术运算本身。"不同意限定算术应用范围的理由是，我们感觉到，不必在眼前有这样的一个范围，我们就能理解算术。或者我们也可以这样说，直觉本身反对一切不单纯是对现有思想进行分析的东西。"（PB §109 S.131）在这里，维特根斯坦强调我们要依靠直觉来反对过度的逻辑分析，因为直觉可以帮助我们快速地认清算术运算的结构，过度的逻辑分析和定义往往并不适用。在维特根斯坦看来，数字和数词的意义就在于我们在数学运算中的具体使用。我们对于数字和数词的理解本身上根植于数学实践自身的理解。

我们不必试图寻求从逻辑定义和运算角度来说明数，因为前面的分析已经表明，在维特根斯坦看来，弗雷格和罗素关于数的定义中存在很多困难，罗素的定义甚至不能证明 $10 \times 100 = 1000$（LFM Lecture XVI p.159）。我们不能通过罗素数的定义教某人乘法，小孩在小学学习算术中的基本运算时并不需要学习数的逻辑定义。罗素的定义实际上就是重言式，这种重言式并不能为算术运算奠定基础，相反，这种重言式的定义必须以我们知道如何计算为前提（LFM Lecture XVI p.160）。维特根斯坦举了一个例子来说明数字的规则不以定义为前提，而是以句法为前提。比如，2+3+4=2+4+3=4+2+3。我们只要学习过初等算术，就知道以上的等式是正确的，都等于9。以上的等式例示了算术运算中的基本运算法则——加法交换律。加法交换律主要是说明，算术加法计算的结果和数字的先后顺序无关。我们可以不用从逻辑角度定义交换律和加法（像罗素那样），就可以直接用加法交换律来进行具体的计算。数学中的运算规则是自主的，数字和数词的意义就在这些规则的应用之中。维特根斯坦写道："人们感到奇怪的是，这些数字能离开它们的定义而运作的如此正确，或者更确切地说，数字规则能如此正确地工作（如果它们不受定义控制的话）。"（PB §110 S.131）数字规则可以离开数的定义而正常运作，我们对此不用感到奇怪，如果人们感到奇怪的话，那是由于人们没有真正地理解数字的运作规则。

其次，我们来看第二点：数字和数词使用的多样性取决于数字语法规则的多样性。数字和数词的说明必须通过习得的数学语言才能实现，数词运用的语法规则的多样性来自数学的语言游戏的多样性。我们在数学中使用数字是和我们所学习的数学语言紧密相关的。比如，我们一般在数学中所用的阿拉伯数字就是我们习惯和约定的结果。阿拉伯数字表述十进制非常方便，比罗马数字还便捷许多，这可能是阿拉伯数字成为数学特别是算术中的基本常用数字的原因。但是，需要指出的是，我们用阿拉伯数字来表示数词是选择性和竞争性的结果，并不是必然的。在这一历史的选择过程中，数学家发现，相较于其他的数字，阿拉伯数字比较适合表达十进制运算。维特根斯坦认为，我们使用哪些东西作为数字和数词，并不是完全固定的，我们完全可以设想有其他的东西取代我们通常所用的数字和数词来表达数和数之间的关系。维特根斯坦在《哲学语法》中举了很多例子来说明这点。比如，我们可以使用一个字母排列图型来表示自然数中的"0，1，2，3，等等"：

A

A B

A B C

A B C D

在这个图形里，我们可以将第一行的 A 当作自然数中的"0"，将第二行 AB 看作自然数中的"1"，将第三行 ABC 看作自然数中的"2"，将第四行 ABCD 看作自然数中的"3"，等等。很明显，这个字母排列的图型也可以起到自然数"0，1，2，3"的作用。所以，维特根斯坦这样写道："但是，也许我们完全可以不使用数字来说明区别，而只保留图型 A，AB，ABC，等等。或者我们像这样来描述它 1，12，123，等等；或者用 0，01，012，等等，结果是一样的。我们完全可以把这些也叫做数词。"（PG S.329）很明显，我们无论是用"图型 A，AB，ABC，等等，还是数字组合，比如1，12，123，等等；或者用 0，01，012，等等"，都可以表示自然数的序列"0，1，2，3，等等"。维特根斯坦举这个例子是想强调，数词不是固定的，可以根据不同的需要，按照一定的规则用其他的方式来表示。数字和数词的使用的方法是多种多样的，没有一个绝对正确的标准。我们需要弄清如何使用数词，那是根据情况和规则而定的。我们可以发现，虽然刚才维特根斯坦所举的这个例子中，起码有四种方法来表示自然数（"0，1，2，3，等等"）的序列，除了本身的"0，1，2，3，等等"外，其他的三种方法之所以能够起到相同的作用，其原因在于它们都能很好地显示自然数序列前后两个数之间的这种"+1"的关系，而如何规定第一个数"0"，以及如何递增，则都是按照自然数的句法规则而决定的。当然，我们还有其他的类似的方法，也可以起到表述自然数序列的作用。所以，维特根斯坦认为，数字和数词如何被表示不是固定的，而是多彩多样的。

我们使用自然数一般是为了计数，比如在生活中数东西。但是，这里就有一个很重要的问题需要我们回答，为什么自然数一般是从0开始的？为什么不是从1开始的？这里就涉及不同的语言游戏了。在不同的语言游戏下，会有不同的游戏规则需要我们遵守，有的是从0开始的，有的是从1开始的。比如，我们一般数房间里有多少人的时候，是从1开始数起的，一般情况下，我们是不会从0开始数起的，当房间里根本没有人的时候，我们才会说是0。还有一个很重要的情况，比如这次新冠病毒，到目前为止已经开始在世界范围内蔓延开来了，但是，科学家们依然没有找到其0号病人到底是谁，这里的"0号病人"其实就是指病毒的起源到底是指什么。病毒学家在媒体上一直在强调找到0号病人的重要性，而不仅仅是1号病人，找到1号病人是不够的，因为对于这种流行的传染病来说，只有找到了病毒的来源，才能为后来的科学研究、防控和治疗提供重要的参考。

所以，我们看到，在不同的语境和游戏下，所应用的自然数的规则序列也是不一样的。当然了，从纯粹的逻辑定义的角度来看，自然数一定是从0开始的，1，2，3，等等都是0的后继，换句话说，0是1，2，3，等等自然数的祖先。0在数学上的地位是很重要的。当然，也不是说，0从一开始就进入了数学的研究领域，据数学史专家考证，在很早以前有的国家文明还没有发展到一定水平时，0 还没有出现 [①]，也就是说，他们的计数系统中暂时还没有 0。无论如何，0 进入数学运算系统都是一件十分重要的大事，数学家基本都认为，0 的出现标志着人们数学抽象能力和水平的大的提升。除 0 以外，负数、无理数等不同的数的出现也都是人类数学认知水平不断发展的结果。所以，我们看到，在我们的具体的生活实践中，可以在不同的语言游戏中应用不同的游戏规则，数字和数词的意义就在于我们如何按照这些规则来使用。

再次，我们来看第三点：概念的数词说明与变数的数词说明是不同的。数目说明的基本特征是变数，而不是概念。变数主要是说明不同的数之间的结构和变化规则。维特根斯坦认为，我们对数字和数词的说明主要是讲数的特征是变数，而不是概念。关于数的概念本质上是变数，维特根斯坦在《逻辑哲学论》中就明确指出："数的概念不过是一切数所共有的东西，即数的普遍形式。数的概念是变数。而且等数的概念是一切特殊整数的普遍的形式。"（TLP 6.022）"整数的普遍形式是［0，ξ，$\xi+1$］。"（TLP 6.03）维特根斯坦这里所理解的"整数"其实是指"自然数"，自然数首项是 0，"ξ"表示中间的任意变项，"$\xi+1$"表示中间任何变项紧跟的那一项，即后继项。"［0，ξ，$\xi+1$］"这完全是对自然数的形式刻画，并没有说出什么实质性的内容。维特根斯坦说：

> 关于一个概念的外延的数字说明和关于一个变数的范围的数字说明之间的区别是什么？前者是一个命题，而后者不是命题。因为对一个变数的数字说明我可以从其自身得到（它自行显示）。难道我不能通过给出一个变数，使所有的对象能满足一个特定的实质函项的值吗？那样做的话，变数就不是形式了。并且一个命题的意义就会取决

[①] 据数学史专家考证，古埃及文明中缺乏 0，这不仅对于历法不利，而且有碍西方数学的长远发展。古埃及人处理分数的方式极其烦琐累赘，他们不似现代人，把 3/4 看成一个比率，而是将其解读为 1/2 和 1/4 相加的结果。0 的横空出世淘汰了效率低下的分数系统。在古巴比伦计数系统中，由于有 0 的存在，分数的书写十分简便。用 0.5 表示 1/2，0.75 表示 3/4。以上请参见［美］查尔斯·赛弗《神奇的数字零：对数学与物理的数学解读》，杨立汝译，海南出版社 2017 年版，第 17 页。

于一个其他命题的真或假。关于变数的数字的说明就在于变数的转换形式，使它的值的数变得可见。（PB §113 SS.133-134）

维特根斯坦认为，关于概念外延的数目的说明与关于变数范围的数目的说明之间存在着根本的区别，变数的说明不能通过实质函项实现，而只能通过变数的转换形式自行显示。那我们应该如何理解变数呢？维特根斯坦说："何为变数？我根据什么来区别变数的记号和未知数的记号？存在用数代替记号的规则，变数的记号可以以此来意指某一变数。变数贯穿于自然数，下面的情况可以表达这一点：代入规则具有归纳法的形式。"（WWK S.109）

维特根斯坦反对从概念的外延角度来说明数字。他认为以概念的外延来理解数字是误解了数字的应用规则，我们说明数字，应该是说明数字和数词的转化和应用规则，而不是接受通过概念的外延的角度应用于数字的分析结果。维特根斯坦写道：

> 人们当然能把主—谓形式或主目—函项形式理解成表述的规则。那么，重要的和明确的是，每当我们应用数时，都可以把数表述为一种谓述的特性。只是我们必须明白，我们现在所涉及的对象和概念不是作为分析的结果，而是作为规定命题的规则。使命题符合这样的规则当然是有意义的，但是"符合一个规则"是分析的对立面。如同一个人想要研究苹果树的自然生长，不用去看葡萄树，除非去看这棵葡萄树在这个压力下有什么反应。（PB §115 SS.136-137）

维特根斯坦主张，我们不能从主目和函项的角度或概念分析的角度（弗雷格和罗素的分析）来分析数的使用，数的应用不是作为分析的结果，而是应该被表述为规定命题的规则。数字和数词应该说明的是数词和数字的语法规则，而不是概念函项分析的结果。维特根斯坦反对弗雷格和罗素所强调的这种从主目—函项角度说明数，认为这种分析和说明还没有脱离传统的旧的主谓形式的分析的局限性。我们需要关注的是在日常语言中不同数词的使用语法规则，而不是概念和函项的分析。维特根斯坦举例认为，我们为了说明基数的计算，并不总是需要引入符号"（∃x，y…）.φx.φy……""（∃x，y…）.φx.φy……"，这种计算并不是基数的应用。维特根斯坦认为，我们可以在基数的语法中，推出我们关于基数计算所需要的应用概念。维特根斯坦写道：

　　一个数词总是作为一个概念——一个函项的特征在语言中加以使用的吗？回答是：我们的语言的确总是使用数词作为概念词的性质，但是，这些概念词属于不同的语法体系。这些语法体系完全互不相同（你会看到，它们有些在联系中有意义，其他的在联系中无意义），我们对使它们成为概念词的规则不感兴趣。但是，记号（∃x,y…）等恰恰是这样的规则，它是我们语言的表达样式的规则，即表达式"有……"的一种直接翻译，无数语法形式在表达样式中被压缩。（PGW S.345）

　　由此可见，维特根斯坦认为，我们对概念词的规则不感兴趣，我们感兴趣的是被使用为数词的概念词属于什么样的语法系统。

　　最后，我们来看最后一点：对数字的说明不包含普遍性（Allegemeinheit）和不确定性（Unbestimmtheit），不同数类之间具有"家族相似性"。也就是说，自然数、有理数、实数、虚数与复数之间没有共同本质，只有一定的相似性。维特根斯坦认为，对数字的说明不一定非得包含普遍性和不确定性，它也可以是非普遍的和确定的。维特根斯坦说：

　　从来没有一种普遍性对于数字的说明是本质性的。例如，当我说："我看见3个同样大小的圆等距离排列。"如果我对蓝色背景上的3个红色的圆做一个正确的描述，那么肯定不会出现这样的表述：（∃x，y，z）：x是圆的红的，y是圆的红的，等等，等等。我们注意到，关于3个圆的句子并没有（∃x，y，z）φx.φy.φz这种形式的命题所具有的普遍性和不确定性。因为人们可以对后面的这个命题说：我虽

　　然知道，3 个物体具有特性 φ，但是不知道，是哪些（welche）特性。
（PB §115 S.136）

　　维特根斯坦在这里举了一个例子来说明我们日常语言中的表达"我看见 3 个同样大小的圆等距离排列"不能用"（∃x，y，z）φx.φy.φz"或"（∃x，y，z）：x 是圆的红的，y 是圆的红的，等等，等等"来替换。理由是显而易见的，因为"（∃x，y，z）φx.φy.φz"并没有像前面一个句子那样能具体地描述出 3 个对象的特性，比如是圆的。这种逻辑符号语言虽然能包含普遍性，但也是不确定的，逻辑符号语言不能像日常语言那样对对象进行准确而确定的描述。相比逻辑符号语言，日常语言中就不存在这些不确定性和普遍性的问题了。由此可见，我们日常语言中的数词的使用只要恰当，并无不确定的问题，比逻辑符号语言更能起到准确描述的作用。最近有学者（Hanoch Ben-Yami）曾对肇始于弗雷格的谓词演算（理想语言）与自然语言之间的优劣进行了比较研究，指出两者之间存在着重要的语义区别，而这些重要的区别使得前者（谓词演算）对于后者（自然语言）的语义和逻辑的研究是不充分的。[①]

　　维特根斯坦认为，从数字和数词的层面来说，不同的数词之间形成了不同的种类。比如，自然数、有理数、无理数、实数、虚数和复数等，这些不同的数类之间形成了比较大的家族，它们之间并无完全共同的本质，只有或多或少的相似性。维特根斯坦关于数字和数词的说明主要就是这些不同的数词之间的相似性和差异性，因为它们属于不同的语言游戏，就受不同的游戏规则的约束。维特根斯坦说："我会说：存在着很多不同类型的实数，因为存在着不同的语法规则。例如布劳威尔实数就是不同的类型，因为它有着不同于 '<，=，>' 的语法。人们也许会问，复数还是数吗？我同意这种说法。我的做法是这样：我很严格地指出自然数、有理数、实数和复数在语法上的共同之处。……但是，我是冒着忘

---

　　① 具体分析请参见 Hanoch Ben-Yami, *Logica & Natural Language*: *On Plural Reference and its Semantic and Logical Significance*, London and New York: Routledge Taylor & Francis Group, 2004。

记它们之间的区别的危险来这样做的。当今数学的危险在于，试图抹平它们之间的区别，试图使得它们都成为一样的。与之相反，我强调这些数语法规则之间的区别。"（WWK S.188）这也就是说，在维特根斯坦看来，不同的数类比如自然数、有理数、实数及复数等之间既有共同点，也有差别，我们不能只强调一个方面而忽视了另外一方面。我们既要看到这些不同的数在语法规则上的共同之处，更应该看到它们在语法规则上的根本差异之处。

后期维特根斯坦认为，我们根本不可能给数学中的所有的数一个严格的共同的定义，就像苏格拉底在《泰阿泰德》篇中就"知识"的定义问题最终所表明的那样，我们根本就没有任何定义可以赋予一切知识共同的东西。数的定义是一样，我们根本就不可能给数学中所有的数比如自然数、有理数、无理数、实数以及复数等一个共同的定义。维特根斯坦说：

> 如果你问"数是什么？"我可以用基数、有理数、无理数等来举例说明这个概念。你会说人们知道在每种情况下所谓的数吗？如果我给某人一些基数和有理数作为例子，他会把"复数"称作数吗？他不会。所有这些被称作数的东西有什么共同之处吗？显然没有。我们在这里看到的是例子所起的不同的作用。伴随它们的是如同"所有""任何""一些"一样许多不同的作用。（AWL Part Ⅲ Lecture Ⅸ p.96）

维特根斯坦认为，我们不要再来追问数的共同的本质的东西和定义了，我们要学会在不同的语境下举例来说明不同的数类之间的差别。

后期维特根斯坦在《哲学研究》中提出了"家族相似"（Familienähnlichkeiten）来理解数学中各种数之间的关系：

> 我想不出比"家族相似"更好的说法来表达这些相似性的特征；因为家族成员之间的各式各样的相似性就是这样纠缠在一起的……同样，各种数也构成了一个家族。我们为什么要称某种东西为"数"？有时因为它与一直被称为数的某种东西有一种——直接的——亲缘

> 关系；于是又可以说它和另一些我们也称为数的东西有着一种间接的亲缘关系。我们延展数的概念，就像我们纺线时把纤维同纤维捋在一起。线的强度不在于任何一根纤维贯穿整根线，而在于很多纤维之间相互缠绕在一起。（PU §67 S.278）

在后期维特根斯坦看来，数学中的各种数比如自然数、有理数、无理数等之间构成了貌似相似实则不同的家族。数学的发展就是对不同的数的概念发明与使用，这也是数的不断延展过程。"当复数和超限基数被发明出来，我们已称作数的东西并不决定，这些新的数是否也应该被看成如此。这不是说，它们处于一些模糊的将数与其他数学创造物的分界线上：它们构成了新的数学维度，我们必须扩展我们关于它们的使用。"[①]

那种以为可以通过给数下一个普遍的定义的做法，实际上就是想追问数的共同的本质，但是这在维特根斯坦看来是徒劳的，同时也是不必要的。人们以为可以给"数"下一个普遍定义的做法实际上就是试图用"数"这个词来标示一个具有固定边界的概念，但是不同的数比如自然数、有理数和无理数之间的界限并不是像大家以为的那样可以固定地画出。后期维特根斯坦反对探求数的定义，反对追求共同的本质的东西，他认为这种探求共同本质和下定义的方法，反映了本质主义的祈求。后期维特根斯坦提出"家族相似"这一概念就具有反对本质主义的内涵，强调我们要看到不同的语言游戏之间的差异性和相似性，而不要执着于一个共同的本质和定义。

---

① Hanoch Ben-Yami, "Vagueness and Family Resemblance", in Hans-Johann Glock and John Hyman ed., *A Companion to Wittgenstein*, Oxford: Wiley Blackwell, 2017, p.414.

第四章　维特根斯坦论数学语法

维特根斯坦认为，我们应该从语法角度理解数学命题。数学中的各种公理和定理实际上就是各种句法规则。几何学中的不同公理和定理是点、线、面的句法，也即几何学中的公理和定理规定我们如何应用点、线、面等几何学的术语或概念；算术是更一般的几何学，因为算术的结构和几何的结构具有相似性。算术中的各种公理和定理是数的句法，算术的公理和定理规定我们如何应用数的陈述和数词。几何学命题和算术命题分别属于不同的数学语法系统。数学表达式或陈述的意义就在于它们的用法。作为句法的数学本身就保证了其可应用性。数学命题不是关于任何实在的陈述，而是纯粹地规定数学术语应用的句法或语法，这是维特根斯坦关于数学命题的基本看法。下面，我们主要从两个方面来阐述维特根斯坦关于几何学和算术的基本看法。

第一节　作为句法的几何学

几何学是空间中的点、线、面的句法，作为纯粹的句法规则的几何学命题与几何实在无关，几何语词不意谓任何抽象的对象或实在，几何语词或命题的意义就在于按照句法规则具体地应用。维特根斯坦这样写道："爱因斯坦[①]曾经说过，几何学与刚性物体的可能位置有关。如果我通过语言描述刚性物体的实际位置，那么位置的可能性只能通过句法来表达出来。

---

① 参见 *Geometrie und Erfahrung*，Berlin，1921，S.6-7；*Über die spezielle und die allgemeine Relativitätstheorie*，Braunschweig，1917，S.2. 原注。

［我们用很少的一些公理支配空间整体的多样性（空间是一种'确定的多样性'——胡塞尔[①]），因为我们规定的只是语言的句法］。"（WWK S.38）维特根斯坦在这里明确地指出，几何学的表述是通过句法规则来规定几何空间中的可能的位置和关系的，几何学中位置的多样性与可能性只能通过几何学中的公理系统即句法来说明。几何学中的公理或句法并不直接与几何空间中每一具体对象相关，而只与几何空间中的位置的可能性相关。维特根斯坦的这一思想与爱因斯坦的比较接近。维特根斯坦在这里提到了爱因斯坦关于几何学的观点。为了更好地阐述维特根斯坦的观点，我们有必要先介绍一下爱因斯坦的相关观点。

爱因斯坦在《狭义和广义相对论》的第一部分"狭义相对论"中的最开始就明确地阐述了他对于几何学命题的看法。爱因斯坦认为，几何学从一些概念比如"面""点""直线"出发，我们倾向于将它们看成"真的"，但是爱因斯坦接着指出"概念'真理'完全不与纯粹几何学的陈述相关，因为我们总是习惯于用"真理"这一词来指示与'真实'的对象相应的东西；但是，几何学并不涉及几何学中的观念与经验的对象之间的关系，而只与几何学自身的这些观念之间的逻辑联系相关"[②]。爱因斯坦在这里解释了几何学命题的"真理"不是经验对象相符合意义上的"真理"，而应该被理解为几何学自身内部的观念之间的逻辑联系。爱因斯坦进一步论述道："如果，按照我们思维的习惯，我们现在在欧几里得几何命题中补充这样一个命题，即在一个在实践上可视为刚性物体上的两个点永远对应于同一距离（直线间隔），而与我们可能使该物体的位置发生的任何变化无关，那么，欧几里得几何的命题就归结为关于各个在实践上可以视为刚性物体的所有相对位置的命题。做了这一补充的几何学可以看作物理学的一个分支。"[③]爱因斯坦几何命题的"真实性"是以不太完整的经验为基础的，其

[①] "Ideen zu einer reinen Phänomenologie", §72, *Jahrbuch für Philosophie und Phänomenologische Forschung*, Vol.I, 1913, S.133, 原注。

[②] Albert Einstein, *Relativity: The Special and General Theory*, translated by Robert W.Lawson, Methuen & Co Ltd., 1920, p.7.

[③] Albert Einstein, *Relativity: The Special and General Theory*, translated by Robert W.Lawson, Methuen & Co Ltd., 1920, p.7.

相对论不但阐明了几何学命题的这种"真实性"是有限度的，并且阐述了几何命题的这种"真实性"有限范围的大小。爱因斯坦这种关于几何学命题的观点对于维特根斯坦产生了一定的影响，维特根斯坦的观点与爱因斯坦的相比，显得更加激进和彻底。维特根斯坦认为，谈论几何学命题的真假并无实质性的意义，因为几何学命题与经验的对象无关，几何学命题不能被理解为自然科学比如物理学的命题，而纯粹是关于空间中位置和关系的句法命题。几何命题是规定我们有意义使用几何语词和陈述的句法。几何学中的公理和定理就是这些句法规则。维特根斯坦说："语法没有责任去说明现实。语法规则规定了意义（构成了它），因而它们是不可能回答任何意义的，而且在某种程度上是任意的。"（PG Part I §133）

维特根斯坦认为，我们应该区别物理空间和视觉空间。他认为严格地说，我们只能在视觉空间中谈论几何句法，而在物理空间中则不能谈论几何的句法，因为在物理空间中存在的只是不同的经验假设，而经验假设与纯粹的句法规则是不同的，经验的假设需要证实，而句法规则则不可以被证实或证伪。维特根斯坦说："几何学是某些表述——立方体、圆、点、线等的语法。"[①] 按照维特根斯坦的分析，比如，2+2=4，5+3=8，是视觉空间几何的句法，是先天的，不需要任何经验的证明，而在物理空间中，2+2=4 则不一定成立，因为这只是一个假设，需要证实。维特根斯坦说：

> 如果你看见在一间屋子里的两个物体，然后又看见在另一间屋子里的两个物体，这时说它们是四个物体是假设，因为当你将它们放在一起，它们可能会变成五个物体。这种情况在视觉空间不可能发生。你不可能将分成两组的四个雨滴看成不是四个，而在物理世界中，它们可能会结合成一个大雨滴。[②]

在物理空间中，如果是对于水滴来说，2+2 就不是等于 4 了。因为它们

---

① ［奥］维特根斯坦：《维特根斯坦剑桥演讲集 1930—1932》，德斯蒙德·李（D.Lee）编，周晓亮译，载涂纪亮主编《维特根斯坦全集》第 5 卷，河北教育出版社 2003 年版，第 83 页。

② ［奥］维特根斯坦：《维特根斯坦剑桥演讲集 1930—1932》，德斯蒙德·李（D.Lee）编，周晓亮译，载涂纪亮主编《维特根斯坦全集》第 5 卷，河北教育出版社 2003 年版，第 83 页。

可能会变成一个大的水滴。但是，在视觉空间中，则根本不可能发生这种事情。视觉空间中的命题都是先天确定的，因为它们是纯粹的句法命题，不会由于经验对象的性质的干扰而发生改变。维特根斯坦认为，在视觉空间中，一切等边三角形都是等角的，我们不可能想象一个等边三角形不具有等角的性质，但是，如果是在物理世界或物理空间中，那么，这种反例的情况是非常容易想象的。我们可以想象在一个沙滩上，画出一个等边三角形，但是其三个角测量起来并不相等。这也就是说，在物理空间中不同的几何图形的特性是受到具体的测量手段的外在因素影响的，但是这种情况不可能发生于视觉空间。视觉空间中几何纯粹是句法性质的，是先天确定的和必然的。

在维特根斯坦看来，视觉空间主要是指通过人类的眼睛而看见的空间，视觉空间不是点的集合，而是规则的实现。维特根斯坦说：

> 视觉空间的几何学是论及视觉空间中对象的句法。例如欧几里得几何学公理是一个句法的简易规则。……比如通过任意两点可以拉一条直线这一原理有着明确的含义，即虽然不是通过任意两点都已经拉了一条直线，但是可以拉一条直线，这只是意谓着，"一条直线通过这些点"这一句子是有意义的。这就是说，欧几里得几何是关于欧几里得空间对象的句法。（PB XVI § 178 SS.216-217）

维特根斯坦认为，我们不能离开句法或语法规则来理解欧几里得空间中的点、线、面以及立方体等概念之间的关系。对于维特根斯坦来说，几何学的公理纯粹是句法性质的，对于实在并无所说。维特根斯坦说："几何学的公理具有关于语言规定的性质，我们正是用这种语言去描述空间对象的。这些公理有句法规则。句法规则不涉及任何东西，它们是我们自己创造的。"（WWK S.62）几何公理和定理作为句法规则都是我们人为地创造出来的。因而，维特根斯坦认为，数学家是发明家，而不是发现者。维特根斯坦说，"数学家是一个发明者（inventor），而不是一个发现者（discover）"（RFM Part II § 168），"我反复强调说，被称为数学发现（mathematical discovery）的东西更应该被称为数学发明（mathematical invention）"（LFM Lecture Ⅱ p.22）。维特根斯坦认为数学家是发明者，而不是发现者，这是他一贯坚持的反对数学柏拉图主义的观点的继续，这一思想也是他主张数学语法具有创造性和实在独立性思想的必有之义。

我们从视觉空间角度来理解几何命题的句法性质，实际上是从内涵的角度来理解几何的，这与外延的角度即物理的方式来理解几何是完全不同的。从前面，我们可以看到，爱因斯坦认为，我们可以将几何学看成物理学的一个分支，实际上是从物理的角度即外延的角度来理解几何性质的。维特根斯坦则反对这种观点，他认为作为句法性质的几何学不能混同于物理学，数学不是自然科学。内涵几何学或视觉空间几何学研究的是几何结构和内在关系的逻辑联系，是几何空间中位置的可能性，不是现实性，而物理学的几何学研究的不是语法的可能性，而是对象或实在的现实性。维特根斯坦这样写道：

> 人们几乎可以谈及一种外延几何学与内涵几何学。在视觉空间中排列成行的东西，是先验地亦即按照逻辑本性出于这种秩序之中，几何学在这里简直就是语法。物理学家在物理空间的几何学中使之相互发生关系的东西就是仪表的读数，这种仪表读数按其内在本性是不变的，无论我们是生活在一个直线空间还是生活在球体的物理空间之中。这就是说，把物理学家导向对物理空间假想的，不是对这种仪表读数的逻辑特点的研究，而是所读出的事实。（PB ⅩⅥ §178 S.217）

维特根斯坦在这里讲得很明白，物理学主要是一种外延式的几何空间研究，通过仪器测量得出经验事实，而内涵式的视觉空间的几何主要研究的是视觉空间表述的句法。作为句法的几何学研究的是可能性，而不是经验的事实，这种可能性是使得几何命题有意义的条件。关于几何学与一般的自然科学的区别，维特根斯坦写道：

> 几何学不是几何平面、线和点的科学（自然科学），它和某些其

157

他科学是对立的，这些科学研究的是粗大的物质线条、条纹、表面及其性质。几何学和实际生活命题之间的关系是这样的：这些实际生活的命题所处理的是条纹，颜色界限、边和角等，而几何学所说的并不是这些东西。虽然理想的边与角与实际命题所说的这些东西有些相似，但它们的关系是这些命题与语法命题之间的关系，应用几何学是阐释空间对象的语法。（PGW Part Ⅱ §17 S.319）

作为句法的几何学中的公理实际上就是各种规则系统，其决定着不同的几何术语的应用以及意义。几何学的语法是几何学活动的记录，说明几何语言的实际运作过程。我们一定要按照几何句法规则去使用相关的几何语词，比如线、点、面、立方体等。相对于几何空间中的对象，几何学命题可以起到测量尺度的作用，在欧几里得几何中，这一命题"在欧几里得几何中，一个三角形的三个内角和是 180 度"就是一个句法命题，这一句法命题是说，如果我们测量一个三角形的三个内角和的结果不是 180 度，那就说明我们的测量结果错了，比如所用的量角器出错了。几何学命题是关于描述事实方法的一个假定，是一个句法命题（PGW Part Ⅱ §17 S.320）。这也就是说，几何学命题作为句法规则规定了我们测量几何事实的方法，规定了几何学命题有无意义。维特根斯坦在 1932 年剑桥讲演时强调了这点，他说："几何学命题并没有谈到立方体，而是决定了哪个关于立方体的命题是有意义的或无意义的。这也就提出了数学与其应用之间的关系，即给出语词语法的语句与由这个词构成的日常句子之间的关系。"（AWL p.51）

第二节　作为句法的算术

算术是关于数的句法，算术命题也如同几何学命题一样是句法命题或语法命题[①]，算术的语法规则决定算术中语词的使用以及意义。中期维特根

[①] 在维特根斯坦这里，句法和语法之间没有实质性的区别。语言的句法就是语法。句法命题就是语法命题。

斯坦在多处强调指出，算术就是关于数的句法，算术命题也是句法命题。维特根斯坦说："算术是数的语法。数的种类只能通过与之相关的算术规则来区别。"（PB §108 S.130）"很容易理解，几何学和算术陈述是被用作语法陈述的。"（AWL p.177）"几何学和算术不过就是由记号规则构成的，这些规则可以比作制定长度单位的规则。"（AWL p.84）"我要说，一个词的语法位置就是它的意义。……一个词在语言中的用法就是它的意义。语法描述了词在语言中的用法。"（PG p.60 ）"意义就是词在计算中的作用。"（PG p.63）维特根斯坦认为，算术中的数词的意义就在于它在算术语言中的应用。算术语法描述了算术语词的用法和意义。中后期维特根斯坦不喜欢谈论语词的"意义"，而主张用语词的"应用"来替换"意义"。那么，如何理解维特根斯坦所讲的句法呢？算术哲学研究的目的就是从哲学角度澄清不同的算术语词使用的语法规则之间的差别与联系，消除由于表面的相似而导致的各种不同的误解和混淆。维特根斯坦曾经论述过哲学语法研究的目的与一般的语法学家研究语法目的之间的不同。他说："重要的区别在于，语言学家和哲学家所追求的语法研究的目的不同。一个明显的区别是，语言学家关心历史和文字特性，而这两者我们并不关心。而且，我们构造我们的语言是为了解决语法学家所不关心的某些迷惑。……我们的目的是摆脱某些迷惑，语法学家对此并不感兴趣；他的目的和哲学家的目的不同。"（AWL p.31）"哲学的任务并不是去创造一种理想的语言，而是澄清现在对语言的用法。"（PG §72）这也就是说，哲学语法研究的目的是摆脱语言使用过程中的迷惑，算术语法研究的目的是澄清算术的语法，消除由于对语法的误解而产生的混淆。

　　算术本身是由句法规则组成的。维特根斯坦认为，算术的语法规则与算术实在无关，算术的语词并不指涉任何抽象的或具体的对象，而只是关于算术陈述应用的规则表述。算术等式是语法规则，是必然的，算术等式表达的是一种替换规则。维特根斯坦说："句法是由规则组成的。这些规则说明一个语词在什么样的联系中产生唯一的且仅是唯一的意义。无意义的语词组合的图像为句法所排除。"（WWK S.239）维特根斯坦认为，强调算术的句法规则性质的主要目的就是在算术中防止或排除无意义的表述，因为在算术的表述中往往存在很多不符合算术规则的东西。"句法是与无意义的可能性相联系的（'无意义'并不是'意义'的反面。人们确实可以说：这个命题表达了一种意义，但是人们不能说：这个命题表达了一种无意义。无意义是记号的运用）。所以，在记号的本质和事物的本质还有不相适应的地方，在记号的组合多于可能的情况的地方，句法是必须的。语言的这种巨大的多样性必须通过人工的规则加以限制，而这些规则就是语言的句法。"（WWK S.240）算术的句法规则是人为制定的，这种规则制定的目的就是防止无意义的算术陈述的发生。无意义的算术陈述就是没有按照既定的句法规则对算术语词的使用，这种使用是不合法的，因而是无意义的。"无意义的胡说就是没有遵守规则。"①

人们可以判断一个算术陈述符合或不符合一定的相应的句法规则。比如，我们不能说"某物在同一个时间点上既是红色的又是蓝色的"，这就是一个典型的句法命题，因为颜色的句法系统本身就已经排除了这种无意义的说法，在一个给定的颜色句法系统中，一个东西如果在同一个时间、同一地点，它就不可能既是红色的，又是蓝色的。在同一时间和同一地点，我们只能有意义地说出某物具有诸多颜色中的某一种颜色，而不能有意义地谈论两种或多种颜色。颜色不相容问题从《逻辑哲学论》中提出来，维特根斯坦对于这个问题思考了很长一段时间，最终在《维特根斯坦与维也纳小组》以及《哲学评论》中获得了解决。维特根斯坦的解决策略是认为"某物不可能在同一个时间点上既是红色的也是蓝色的"，这是一个句法或语法命题，是先天地为真的。维特根斯坦说："如果我说，在一个视野中一个位置上不能同时具有两种颜色，那么，我就因此说明了一条句法规则，而不是一种归纳。因为这一命题的意思并不是说'一个点从来没有同时具有两种颜色'，而是说'一个点不能同时具有两种颜色'。这里的能够是指一种逻辑的可能性，它的表达式并不是一个命题，而是一个句法规则（规则限定了描述的形式）。……为了给我们的日常语言以数学的复多性，我们只需为其添加这样一条规则：排除那些描述一个点在同一时刻具有不同

---

① ［奥］维特根斯坦：《维特根斯坦剑桥演讲集 1930—1932》，德斯蒙德·李（D.Lee）编，周晓亮译，载涂纪量主编《维特根斯坦全集》第 5 卷，河北教育出版社 2003 年版，第 92 页。

颜色的命题。"（WWK S.241）"句法不允许有'a 是绿的，a 又是红的'这样的构成。"（PB §86）因为这一句法命题完全是为颜色的句法系统所禁止的。颜色系统构成了一个独立的语法规则系统。

与颜色空间中的颜色句法系统相似，算术空间中的算术也构成了这样的句法规则系统。我们不能脱离具体的算术系统来理解数的意义和使用。算术命题就是句法规则，这些不同的句法规则比如加、减、乘、除的法则决定了不同的算术运算以及算术语词的应用。在不同的算术系统中，需要遵守不同的算术句法规则。维特根斯坦曾经举例认为，算术中常用的字母"π"这一无理数表示的就是一个规则，而不意谓任何实在的对象。我们知道，"π"这个无理数表示的是圆周率，是圆的周长和直径的比值，这一比值如果从十进制的小数来看，是无限不循环的，是没有终结的。维特根斯坦说："π 这个字母表示的一个位于算术空间中的规则。……实数就是一个可以得出无限多位小数的规则。"（PB §186 S.228）对于维特根斯坦来说，π 只是一个句法规则，并不表示实际的测量数值是多少。他说：

> π 的真正的意义在于，任何测量都不能告诉我们 π 有什么样的值，或者它处于什么值之间，π 这个数只是一个尺度（标准），据此尺度，我们得以判断测量的质量。在测量之前，尺度就已经给予我们；因此我们不能改变。因此，虽然我们说 π 有某些值，比如 π=3.14159265……但这并非是说，我们对实际的测量有所陈述，而只能意谓着，对于什么时候把测量方法视为恰当的，或不恰当的，我们有着恰当的规定。（WWK S.62）

这也就是说，我们不能认为作为无理数的 π 一定具有一个确定的数值，而应该被理解为一条句法规则，这一句法规则是一个圆的周长与直径的比值关系规定的。π 的这一句法规则性质就提前决定了我们实际测量过程中应该如何取值，按照不同的要求和条件，可以取不同的精确的值。

π 给出了我们测量的标准和方法，规定了我们测量圆周长和直径之间比值的方法，这一句法规则是先天的确定的，不是后天经验的偶然的，但

是如何应用 π 这一句法规则，则需要视情况而定。维特根斯坦认为，所有的无理数如同 π 一样沿着有理近似值前行，永远也不会离开这个序列。如果我们已经有了除了 π 以外的所有无理数的整体，再将 π 填入这个整体的话，那么，我们却不可能找到一个点是真正需要 π 填入的，因为 π 在每一个点上都有一个伴随者。维特根斯坦由此得出结论："无理数不是一个无限小数的延展，而是一个规则。如果 π 是一个延展，那么，我们永远也不会经过 π——我们永远不会发现一个空缺。"（PB S.35）这也就是说，所有的无理数包括 π 在内都不是无限小数的延展，因为如果以延展的角度来理解的话，就会永远没有一个结束的终点，故而应该从句法规则的角度来理解无理数。

维特根斯坦只是举了 π 这一例子来说明无理数实际上也是一种独特的句法规则。[①] 像 π 这样的无理数以及实数都是一种句法规则，自然数、有理数、无理数、实数、虚数以及复数等都构成了不同的句法规则系统，我们要想理解算术中这些不同数的意义，就必须理解和掌握相关的句法规则系统。维特根斯坦说："必须先有数字规则，然后在数字规则中表达。……数字规则作为准备，从一开始就是表达的一部分。为了构建规则而由之产生的系统。"（PB §182 S.225）数字规则与系统是我们进行算术演算的前提，算术的运算必须在算术规则系统之内进行，算术的表述也是一样，必须在算术的句法规则下才能有意义地使用。算术的句法规则排除了无意义的算术的表述。

综上所述，无论几何还是算术，对于维特根斯坦来说，都是语法或句法命题，是规定相关语词应用的规则。在这种意义上，算术和几何之间都是相通的，它们的共同之处就在于它们的句法性质。几何学是关于几何空间中对象的句法，或者更确切地说，是几何语词表述和使用的句法规则，而算术是数的句法或语法。"算术是一种几何学；也就是说，几何学中在纸上的结构就是算术中的运算（在纸上）——也许可以说，算术是一种更一般的几何学"（PB §109 S.131）。几何与算术的共同点就在于它们的结

① 参见 Victor Rodych, *Wittgenstein's Philosophy of Mathematics*, Stanford Encyclopedia of Philosophy, Jan 31, 2018, https://plato. stanford.edu/ entries/ wittgenstein-mathematics/。

构都是独立的，它们自身就保证了其可应用性。几何的句法保证了几何中点、线、面以及立方体等概念或语词的使用，而算术的句法保证了自然数、有理数、无理数、实数、复数以及虚数等数的具体的应用。

第三节　数学语法规则与游戏规则

后期维特根斯坦在哲学中提出了一个非常核心的概念"语言游戏"（language games），强调我们要从语言以及与语言相关的实践活动的角度理解语言中语词的作用，反对那种抽象的意义分析和逻辑分析的观点。这一思想不仅是对于他前期的意义图像论和逻辑分析方法的有力批判，而且开创了一种新的哲学研究的范式，即强调我们关注语言与实践活动的内在联系。"语言游戏"这一概念的内涵十分丰富，在本节中暂时不展开详细阐明和分析，而只是明确指出，"语言游戏"这一概念其实应该是维特根斯坦在对数学基础考察中得出语言和游戏之间的关系的比较和分析的结果。维特根斯坦在转变时期通过考察数学语言和语法现象，发现这种语言或语法与游戏活动存在着很紧密的亲缘关系，他在多处提到和论述到语言与游戏之间的关系，比较语法规则和游戏规则之间的相似性，对于我们正确地理解数学语法规则的特点具有很重要的启发意义。在笔者看来，正是由于对数学语法和游戏之间的内在相似关系的熟悉和深刻理解，使得维特根斯坦最终明确地提出了一个新的概念"语言游戏"。可以说，"语言游戏"是维特根斯坦思考数学语法和游戏规则之间共同点的创造性的产物。

维特根斯坦关于数学语法规则的论述，虽然散见于中后期不同著作，但是我们仍然可以总结出以下几个主要的特点。

第一，数学语法规则的规范性。维特根斯坦认为数学语法与游戏很相似，两者都作为规则具有规范性，正如游戏具有游戏规则一样，数学语法也具有相应的规则。维特根斯坦认为，数学语言与游戏之间存在着相似性，我们可以通过分析这种相似性来更好地理解数学语法规则本身。维特根斯坦在其中后期的著作中多次提到从游戏的角度来理解数学语法规则，通过阐明游戏规则的特点来帮助我们更好地理解数学语法规则的特点。维特根斯坦说："语法描述了词在语言中的用法。因此，在某种程度上，语法和语言的关系就如同游戏的描述，游戏的规则与游戏的关系一样。"（PG §23）我们按照语法的规则去使用语言如同按照游戏的规则玩游戏，两者之间的道理是一样的。我们可以通过澄清游戏的规则，以便于正确地玩游戏，同理，我们也可以通过澄清数学语法规则，以便于正确地使用数学语言，进行恰当的数学计算。

游戏规则限制了我们如何玩游戏，数学语法规则规定了我们如何进行数学计算和表述。维特根斯坦这样写道：

> 根据语言规则使用语言是什么意思呢？……但是必须有规则，因为语言必须是系统的。与游戏做比较：如果没有规则就没有游戏，例如，在此意义上，国际象棋与语言很相似。当我们使用语言时，我们选择恰当的词汇。语言的整体不能被误解。……词的地位由适用于该词的全部语法规则，即对该词的全部说明来决定。所以，国际象棋中的王在游戏中的地位由游戏规则决定，与它的实际形状完全无关。决定一个词在语言中的地位是对该词的全部说明，这些说明可以在使用该词之前就给出来。对于"为什么你选择这个词"的回答是支配该词的使用的语法规则。[①]

这也就是说，我们的数学语言与游戏很类似的地方在于，它们都是系统的，都有着自己的规则。正如没有游戏的规则就不能有意义地玩游戏，我们没有数学语法规则，就不能正确地运用和理解数学公式。正如象棋游戏中的王的地位是由象棋的游戏规则决定的，数学语言游戏中的数词含义以及表述的用法也是由数学语法规则决定的。维特根斯坦说："语词和棋子很类似：知道怎样使用一个词，就像是知道如何移动一个棋子。"（AWL p.3）

第二，数学语法规则的任意性与非任意性：数学语法在不能被证明为正当的意义上是任意的。如同游戏规则一样，因为游戏规则也是任意的。

---

① ［奥］维特根斯坦：《维特根斯坦剑桥演讲集 1930—1932》，德斯蒙德·李（D.Lee）编，周晓亮译，载涂纪亮主编《维特根斯坦全集》第 5 卷，河北教育出版社 2003 年版，第 57—58 页。

维特根斯坦说:"游戏规则是任意的,在此意义上,语法规则也是任意的。我们可以制定不同的规则。而那样一来游戏就是不同的游戏了。"①数学语法规则从纯粹制定的角度来说是任意的,但是一旦进入实际的应用层面,就不是任意的。数学语法规则的任意性和非任意性的关系需要区分清楚。我们先来看语法规则的任意性。维特根斯坦说:"语法没有责任去说明现实。正是语法规则规定了意义(构成了它),因此它们自身是不对意义负责任的,因而在一定程度上是任意的(Willkürlich)。"(PGW S.184)维特根斯坦还说:"规则一定是任意制造的,即并非像一种描述,来自现实,因为当我们说规则是任意的时,我的意图是,它们并不是由现实规定的,就像这种现实的描述那样。"(PGW S.246)根据我们前面的分析可知,数学语法不关涉现实或实在,数学语词不意谓任何抽象对象,数学语法没有说明现实的责任,但是它却规定了数学陈述的意义和使用。一切关于数学的陈述或命题都应该符合数学语法规则,都应该在语法规则的框架下进行表述。但是数学语法自身在不对现实负责的意义上,可以被理解为任意的。这是其一。其二,维特根斯坦所理解的数学语法的任意性的第二个涵义就是说,数学语法并不能通过外在的证明来证明其正当性,因为任何证明和论证都应该在数学语法规则之下进行,而不能颠倒过来强调对语法规则本身进行证明。也就是说,数学语法规则的正当性是不能通过外在的方式来证明的。这是维特根斯坦强调数学语法任意性的更加重要的内涵。维特根斯坦说:

　　　　你不可能证明语法的正当性。因为这样的正当性证明将不得不采取对世界的描述的方式。这样的一个描述可以是另外的一个样子,而且表述这个不同的描述的命题必定是假的。可是语法规定这些命题是无意义的。语法规定我们谈论浓度较高的甜,却不允许我们谈论程度较高的同一性。语法允许一种结合,却不允许其他的结合。也不允许用"甜的"取代"大的"或"小的"。语法是任意的吗? 是的。在如

① ［奥］维特根斯坦:《维特根斯坦剑桥演讲集1930—1932》,德斯蒙德·李(D.Lee)编,周晓亮译,载涂纪亮主编《维特根斯坦全集》第5卷,河北教育出版社2003年版,第67页。

上所说不能证明其为正当的意义上，它是任意的。[①]

维特根斯坦在这里的论证很清楚，也就是说，语法规则不能被证明为正当的，那是由于我们不能通过外在的描述或者另外的句法系统来证明给定的语法规则，而一旦采取了对世界的外在的描述，那么这种描述可以是偶然的，不是必然的，也即它们可能为真也可能为假，那么，偶然的经验的描述如何能证明先天的必然的语法命题呢？这是不可能的。所以，语法命题是不可能被外在的经验描述证明为正当的，数学语法命题作为规则本身的制定是任意的，之所以选择这些语词或记号，而不选择那些语词或记号都是任意的。比如，在算术计算的规则中，我们用到的是加、减、乘、除、开方等规则，这些规则的选择在一定的程度上是任意的，我们谈论数字的大小、相等或不相等，而不在数字计算中谈论"甜的"或"苦的"，这在相当大的程度上是任意选择的结果。所以，我们可以看到，维特根斯坦谈论数学语法的任意性，主要是指数学语法规则不能被外在的经验描述证明。为了说明数学命题不能用其他的方法来证明其正当性，维特根斯坦还举了归纳法为例。他说：

> 归纳法并不能证明代数命题，但是归纳法从应用于算术的立场出发来论证代数等式的列出。这就是说，代数等式通过归纳法才获得意义，而不是由此获得其真理性。归纳法与代数命题的关系不像证明与被证明物之间的关系，而像被表示的内容与符号之间的关系。（PB §167 S.201）

在维特根斯坦看来，数学归纳法并不能证明任何数学命题的真理性，而只是说明数学等式列出的一般形式。数学归纳法只是起到论证数学命题应用的作用。维特根斯坦认为司寇仑（Thoralf Skolem）试图通过递归定义（完全归纳的证明）来证明算术的基本定理比如结合律的做法是没有什

[①] ［奥］维特根斯坦：《维特根斯坦剑桥演讲集1930—1932》，德斯蒙德·李（D.Lee）编，周晓亮译，载涂纪亮主编《维特根斯坦全集》第5卷，河北教育出版社2003年版，第58页。

么实质性意义的。司寇仑在 1923 年的著名论文《使用递归思维模式，而没有使用覆盖无穷域的明显变量的条件下建立初等算术的基础》[①] 中通过使用原始递归定义引入新的函项和谓词，并且使用数学归纳法来证明算术的基本定律。比如，司寇仑是这样证明算术中的加法结合律的：司寇仑采用两个变量 a 和 b，以及一个描述函数 a+b，称 "a+b" 为 a 与 b 的合数，当 b=1 时，这个函数就是 a+1，这个函数在 b=1 时，对于任何 a 的取值都是确定的，如果假设关于 b 这个函数对于任意一个 a 都是确定的了，那么，只要确定 b+1 对于任何一个 a 也都是确定了的。我们下面先引述司寇仑的证明过程。司寇仑首先给出了如下递归定义：

定义 1：定律 1：a+(b+1)=(a+b)+1

这就是说，如果 a 与 b+1 的合数等于 a+b 这个合数的后继。

公式 1：加法结合律：a+(b+c)=(a+b)+c

证明：根据定律 1，c=1，这个公式有效。假设 c 为确定的数，这个公式对于 a，b 的任意取值都有效，那么，对于 a，b 的任意值来说，

（α） a+(b+(c+1))=a+((b+c)+1)

因为根据定义 1，b+(c+1)=(b+c)+1，那么，根据定义 1，必然得出：

（β）a+((b+c)+1)= (a+(b+c))+1，根据以上假设，a+(b+c)=(a+b)+c，从中得出：

（γ）(a+(b+c))+1=((a+b)+c)+1，根据定义 1，我们最终得出：

（δ）(a+b)+c)+1=(a+b)+(c+1)，由（α）、（β）、（γ）、（δ）一次共同推出：

a+(b+(c+1))=(a+b)+(c+1)

这也就意谓着，由 a，b 以及 c+1 为不确定的数的命题得到了证明。

---

① Thoralf Skolem, "The foundations of elementary arithmetic established by means of the recursive mode of thought, without the use of apparent variables ranging over infinite domains", in Jean van Heijenoort ed., *From Frege to Gödel: A Source Book in Mathematical Logic,1879-1931*, Cambridge, Massachusetts: Harvard University Press, 1967, pp.305-306.

也即证明了算术加法的结合律，因为这个结合律不仅对于 1 是成立的，而且对于任意的 c+1 也是成立的。司寇仑认为，这个命题是一个一般命题，是递归证明的一个典型例子，是完全归纳法的证明。而维特根斯坦则对司寇仑以上的用递归定义和数学归纳法来证明算术结合律的做法提出了批评，认为这种证明是不成功的。按照维特根斯坦的理解，算术的结合律表示的是关于算数的无限应用的可结合性，而这种无限的应用的可结合性是不能被证明的。维特根斯坦写道：

> 这是如何证明结合律的呢？据说是：我们知道它对于 c=1 有效，我们知道它对于 n+1 有效，如果是对于 2 来说的话，所以，我们知道它对于所有的数都有效。但是，最后一步是错误的。我们并不能证明它是一个代数公式；它只是作为一个公设，**即一个游戏的规则**。我们所证明的只是这个游戏规则可以被应用，如果 a、b、c 是数的话。（MWL p.98）①
>
> 我们不能把无限的应用可能性与确实被证明了的东西相混淆。无限的应用的可能性是不能被证明的。在递归证明中，需要注意的是，我们并不能得出预先想要证明的东西。（PB §163 S.193）

维特根斯坦认为，司寇仑的证明最多只能算作一个证明的向导，并不能算作证明自身，就如同一个路标起到指明路的方向的作用，但是路标自身却不是路。而根据维特根斯坦的看法，司寇仑的证明的最后一步并不能通过证明实现，而只能通过直观实现。维特根斯坦认为："递归证明不过是对任意特殊证明的一般引导，是一个路标，在一条确定的路上为所有具有确定形式的命题指明回家的道路。"（PB §164 S.196）

对于维特根斯坦来说，数学语法规则自成系统，不需要额外的证明。因为我们根本就不能超出数学语法规则系统去证明这个系统本身的合理性和正当性。维特根斯坦的论证思路是很简单的，因为如果那样的话，我们

---

① 黑体为笔者所加。

就会陷入无穷倒退的窘境。而这是必须避免的。维特根斯坦说：

> 我不能规定符号体系本身的用法，要规定符号体系本身的用法需
> 要另外一个体系。我可以规定一个符号的用法，但只能增加另一些符
> 号。……要整理符号体系，我们所能做的一切只是描述这个体系。语
> 法（规则和词汇）是对语言的描述，它就在于提供符号结合的规则，
> 即规定哪些结合是有意义的，哪些结合是无意义的，哪些是允许的，
> 哪些是不允许的。[①]
> 不存在系统之外的数学。（PB §188）
> 符号只有在语法体系中才能发挥其作用。（PG §86 S.21）

所有的数学表达式和符号的使用必须按照相应的语法规则进行，不能
出现例外的情况，数学语法规则系统自身是不能被证明为正当的，在这个意
义上可以说，数学语法系统的规则是任意的，就如同象棋的游戏规则是人为
制定的，如果我们改变了游戏规则，就改变了整个游戏本身。

另外一个方面，维特根斯坦同时指出，我们不仅看到数学语法规则的
任意性的一面，同时也应该看到它的非任意性的一面。维特根斯坦认为，
我们在具体使用数学语法规则时不是任意的，也就是强调，语法规则在应
用时的非任意性。维特根斯坦说："但是就我们能利用任何语法规则不是
任意的而言,语法不是任意的。语法的使用使得语法成为非任意的。"[②]"语
法规则是任意的,但是它们的应用不是任意的。"[③]根据维特根斯坦的看法，
从规则的制定角度以及不能证明其正当性角度来说，数学语法规则以及逻
辑语法规则本身，如同游戏的规则，都是任意的，但是数学语法规则的具
体应用可不是任意的，因为那样的话，就会导致很多稀奇古怪的不一致的应

---

① ［奥］维特根斯坦：《维特根斯坦剑桥演讲集 1930—1932》，德斯蒙德·李（D.Lee）编，周晓
亮译，载涂纪亮主编《维特根斯坦全集》第 5 卷，河北教育出版社 2003 年版，第 56 页。

② ［奥］维特根斯坦：《维特根斯坦剑桥演讲集 1930—1932》，德斯蒙德·李（D.Lee）编，周晓
亮译，载涂纪亮主编《维特根斯坦全集》第 5 卷，河北教育出版社 2003 年版，第 58 页。

③ ［奥］维特根斯坦：《维特根斯坦剑桥演讲集 1930—1932》，德斯蒙德·李（D.Lee）编，周晓
亮译，载涂纪亮主编《维特根斯坦全集》第 5 卷，河北教育出版社 2003 年版，第 67 页。

用结果，而这对于数学的严格必然性来说是绝对不允许的，也是数学语法规则本身所禁止的。一旦我们采用了一种具体的数学语法规则来进行计算，只要我们正确地遵守计算规则，我们所得出的结果应该都是一样的。

第三，数学语法规则的独立性与自主性。维特根斯坦不仅强调数学语法规则制定的任意性以及应用的非任意性，而且还强调数学语法规则的独立性与自主性。这其实是前面任意性论点的进一步引申。这一点其实不难理解，正是由于数学语法规则在制定方面的任意性，也即语法规则不受外在的描述或其他规则的证明的意义上说，它们是独立的和自主的。"自主性原则：每一个个别的算法都是一个封闭的自含的系统，不受外在的批判。"① 关于语法规则的独立性和自主性，维特根斯坦这样写道："我们不能说一个语法规则符合或违背事实。语法规则独立于我们用语言描述的事实。说语法规则独立于事实，只是提醒我们可能遗忘的事情。而且指出这一点，也是为了警告我们不要出现特别的误解。"（AWL p.65）这里，维特根斯坦主张语法规则独立于外在的经验事实，是因为语法规则是先天制定的和任意的。强调语法规则是独立的目的，是提醒我们要回忆起语词的正确用法。因为，在维特根斯坦看来，哲学的主要方法就是回忆起语词的正确使用，以便澄清误解。维特根斯坦说："哲学家的工作是为了某种特定的目的采集回忆。"（PI §127）哲学学习实际上是一种回忆。我们使得自己回忆起，实际上我们已经是这样使用这些语词的。维特根斯坦还说："如果你说语法规则是任意的，你也许期待有某些进一层的规则来证明它们的正当性。可是，这些规则又反过来需要正当性的证明。语法是自主的。无意义的胡说就是没有遵循规则。"② 这也就是说，如果我们采取另外的语法系统来证明已有的语法规则的正当性，那么，这个另外的语法系统本身的规则就需要有额外的语法系统规则来证明，是无穷倒退，是不可能的。由于不可能通过其他的外在的规则来证明已有的语法规则的正当性，因而，数学语法规则是自主的和独立的。

---

① Steve Gerrard, "Wittgenstein's Philosophy of Mathematics", *Synthese*, Vol.87, 1991, pp.125–142.

② ［奥］维特根斯坦：《维特根斯坦剑桥演讲集1930—1932》，德斯蒙德·李（D.Lee）编，周晓亮译，载涂纪亮主编《维特根斯坦全集》第5卷，河北教育出版社2003年版，第92页。

维特根斯坦强调数学语法规则的独立性和自主性是为了反对任何试图通过逻辑规则角度来证明数学语法规则的努力，他认为这种做法是没有必要的，也是不可行的，因为数学语法规则自身构成了自足的系统，这一系统本身就能保证这些数学语法规则的有意义的应用，根本就不需要数学以外的规则包括逻辑规则来证明其合法性和正当性。甚至，逻辑规则本身作为语法规则，与数学语法规则一样，也不需要任何外在的证明，在这个意义上，逻辑规则也是任意的。他说："逻辑规则，如排中律和矛盾律是任意的。这些说法多少有些可恶，但却是真的。在讨论数学基础的时候，这些规则是任意的，这一点很重要。"（AWL p.71）比如逻辑系统中的公理，人们虽然不能证明它们的正当性，但是却愿意接受它们为真。所以，在数学语法规则是独立的和自主的意义上，维特根斯坦认为，数学语法规则不需要用逻辑规则加以证明，数学语法规则是不需要还原为逻辑公理和规则的。数学亦不需要像逻辑主义者所主张的那样还原为逻辑。维特根斯坦说：

> 我们无法还原数学；我们只能做出新数学。证明的大小是可以还原的，但是数学本身是不可还原的。对棋类也可以这样说。假定棋类是我们根据移动的棋子的方式来定义的，并发现了新的移动棋子的方式，但是这并不是还原原有的游戏；这是产生新的游戏。（AWL p.71）

在这里，数学语法的独立性、自主性与不可还原性，与棋类游戏的自主性和不可还原性是一致的。我们在下棋的过程中要按照一定的棋类规则进行，棋子的每走一步都应该符合棋类的规则，如果我们发现了新的移动棋子的方式，这并不是说，这种新的移动棋子的方式需要还原为旧的棋子移动方式，而是发明了一种新的棋类的游戏。

再比如，在数学中，无理数的出现就很能说明问题。根据一般的数学史的记载，古希腊时期的毕达哥拉斯学派成员发现了无理数。公元前500年，毕达哥拉斯学派的弟子希伯索斯（Hippasus）发现了一个惊人的事实，一个正方形的对角线与其一边的长度是不可公度的（若正方形的边长为1，则其对角线的长不是一个有理数），这一不可公度性与毕氏学派的"万物皆为数"（指有理数）的哲理大相径庭，这自然引起了该学派领导集团的怨恨，最终导致希伯索斯被毕达哥拉斯学派迫害而死。在无理数出现之前，古希腊的算术系统主要是有理数的，无理数明显不符合有理数的规则，无理数完全不能归结到有理数的系统中去，"无理数"这一名称就标志着它与有理数之间的根本区别。无理数在算术系统中出现就相当于在棋类游戏中发现了新的移动棋子的方法或招式，正如游戏中新的招式玩法并不是还原到旧的游戏中去，而是发明了新的游戏，无理数的问世其实也标志着人类发明了一种新的算术规则，这种新的算术规则并不能还原到旧的比如有理数的系统中去，而是形成了一种崭新的语法系统。

第四，数学语法规则的可行性与不可行性。维特根斯坦认为，数学语法规则如同游戏规则一样，既谈不上真，也谈不上假，只谈得上可行与不可行。在这个方面，维特根斯坦提醒我们，要注意区分语法规则和经验假设：经验假设可以有真和假的判断标准，但是语法规则不能用真和假作为标准加以评判；语法规则只能从实际的应用角度，即实践的可行或不可行的角度加以衡量。关于这一点，维特根斯坦还是从语法和游戏规则之间的类比角度来阐明的。他说："我们可以区分'假设'和'语法规则'，一方面，是用'真'和'假'这些词，另一方面，是用'实践上可行的'与'实践上不可行的'的这些词。'实践上可行的'与'实践上不可行的'这些词刻画的是规则。规则既不真，也不假，但是我们对假设却使用这对词。一个人说某个假设是错误的（当他不愿意去重塑其他的东西时），而另一个人则说它在实践上是不可行的（承认他可以重塑其他的东西）。确定句子是被用作假设还是被用作句法规则，这就像是确定游戏是在下国际象棋还是其他的各种棋类，它们是在游戏的某个阶段引入了新的规则而相互区分的。但是，在我们达到这个阶段之前，仅仅盯着游戏，就不会有任何方式告诉我们正在玩的是哪种游戏。"（AWL p.70）我们可以谈论假设的错误与真假，但是却不可以谈论语法规则的真假和对错，因为对于语法规则而言，不存在真假和对错之别，而只存在实践上可行与不可行之别。

数学句子在我们语言中的应用，并不是向我们表明或真或假的东西，而是表明有意义或无意义的东西。这适用于一切数学和算术命题、几何命题等。……正是"有意义"和"无意义"这些词，而不是"真的"或"假的"这些词，显示出数学命题和非数学命题之间的关系。（AWL p.152）

维特根斯坦认为，我们千万别将错误的假设当成实践上不可行的东西，因为假设并不能在实践中被谈论为可行或不可行之类，否则就犯了范畴性的错误。维特根斯坦认为，我们接受在实践中可行的一套语法规则或系统，就如同接受一套测量标准，"接受一种表达体系，就如同接受一种测量杆"（AWL p.71）。我们抛弃一套语法规则系统，就相当于不接受一套测量的标准。这里不能混淆的是：不能将抛弃一套在实践上不可行的语法规则，错误地当成了抛弃假的命题，如前所述，在假设和规则这两者之间是存在范畴的差别的。物理学主要处理的是经验的假设，而数学处理的是语法规则。数学和物理学之间的差别是不容忽视的。

第四节　数学语法就是计算

维特根斯坦认为，数学语法就是计算。数学语法是我们从游戏规则角度理解的产物，如果我们从实际的语法应用角度来看数学语法，那么，数学语法就是计算。维特根斯坦写道："数学完全由计算（Rechnungen/ calculation）构成。在数学中，所有一切都是算法（Algorismus/algorithm），没有什么东西是意义；甚至当数学看起来不像这样的时候，因为我们似乎使用语词来谈论数学的事物，但是这些语词被用来构造一种算法。"（PG p.468）在维特根斯坦看来，数学是由语法规则组成的体系，而语法规则主要是用来规范具体的计算活动，所以数学又是计算活动。也就是说，数学既是语法，又是计算，可以将其合并称为算法。其实，从计算或运算角度理解数学，是维特根斯坦一直坚持的立场。前期维特根斯坦就已经强调，要从运算的角度理解数学，特别是在《逻辑哲学论》时期，根据前面的分析，我们看到，维特根斯坦坚持从逻辑演算和真值函项的角度，给出了运算的一般形式，然后从语言的一般形式出发，给数下了一个形式的定义，即认为数是一个运算的指数。所以，我们可以看到，在前期维特根斯坦那里，运算构成了我们理解数学的前提，我们如果不理解逻辑运算的一般形式，就根本不能得出数本身。需要注意的是，维特根斯坦在《逻辑哲学论》中用的是运算（operation）①概念，后期维特根斯坦较少用运算（operation）概念，用的较多的是演算（Kalkül/calculation）与计算（Rechnungen /calculation），还用到了算法（Algorismus/algorithm）。

维特根斯坦关于数学语法是计算的观点，具有比较丰富的内容，大致概括有如下几点。

（1）数学语词的意义就在于数学计算中的作用。"意义就是词在计算中的作用"，"我要说，一个词的意义就在于它在语言的计算中所起的作用"。（PGW S.10）"语言是一种计算；它是由语言活动来描述特征的。"（PGW §140 S.193）根据维特根斯坦的观点，数学就是由不同的计算构成的规则体系，数学的不同的语法规则实际上就是不同的计算规则，数学的语法本质就是计算。我们可以将数学的语法称为算法。数学算法规定在计算中哪些是合法的，哪些是不合法的。"语法规定哪些符号的组合是允许的，哪些符号的组合不是允许的，也就是说，哪些符号的组合是有意义的，哪些符号的组合是没有意义的。"（MWL p.146）因而，我们需要在数学中区分不同的数学语法或算法形式，不同的算法形式决定了不同的数学命题的意义。我们必须根据特定的算法规则来使用数学语词和陈述，因为不同的语词和陈述分别属于不同的算法系统。维特根斯坦认为，一个数学语词或数字只有在一个算法系统中才有意义，这是一个基本的语义的承诺（linguistic commitment），数学算法和命题都属于一个系统的一部分。我们只能在一个具体的算法系统内部，有意义地谈论相应的数学运算，而不能脱离具体的算法系统来谈论数学计算。"以数学的记号的使用为向导就是遵守规则。……一个符号的外型是任意的，但是一旦它被固定下来

---

① 有学者认为，《逻辑哲学论》中的 "operation"（运算）概念比较接近于邱奇（A.Church）的兰巴达演算（Lambda-Calculus）。参见 Mathieu Marion, *Wittgenstein*, *Finitism and Foundations of Mathematics*, Oxford: Clarendon Press, 1998, p.37.

去使用，就不是任意的。……算法的规则与一个符号的可能意义的界限"
（MWL p.43）。

维特根斯坦认为，我们在数学中使用数学记号时，必须遵守相应的算
法规则，数学算法规则规定了数学符号有意义使用的范围，也即数学符号
的意义的界限。数学的句法规则是在先的，如果没有给出相应的数学算法
规则或句法规则，那么，具体的数学计算和表述就是不可能的。数学的算
法体系主要是从形式的角度来规范数学记号与语词的计算与使用。维特根
斯坦这样写道：

> 确定一种计算的规则体系，也就是由此确定了这种计算符号的
> "意义"。更为正确的表述是：形式和句法规则是对等的。如果我改
> 变了规则——比如我在表面上对其进行补充，那么，我也就改变了形
> 式，即意义。（PB §152）

也就是说，计算符号只有在计算的体系中才有意义。算法体系就是这
种句法系统，它从形式角度规定具体的计算有无意义，如果改变了一个算
法系统或形式系统，那么也就改变了意义。在维特根斯坦看来，我们在
数学算法中应用不同的数学记号，以便确定数学记号的意义。维特根斯坦
说："我说我用符号的这种方法构造了演算法，也就是说我是有意地这么说
的。在我们的语言用词的方式与一种演算法之间并不因此有一种单纯的相
似性，而实际上我可以这样理解演算法概念，即在其中出现了词的运用。"
（WWK S.168）中期维特根斯坦认为，数学算法的规则构成了封闭的自主
的系统。"规则（被理解为极其狭义的）单独决定意义，因而成为最终以
及最后的上诉裁决法庭"[1]。

（2）逻辑演算并不能为数学算法提供基础，相反，逻辑演算的重言式
必须以掌握数学计算为前提。中后期维特根斯坦开始重新反思逻辑演算和
数学算法之间的关系问题。维特根斯坦认为，弗雷格、罗素以及前期维特

---

[1]　Steve Gerrard, "Wittgenstein's Philosophy of Mathematics", *Synthese* 87：Vol.87,1991,
pp.125-142.

根斯坦自己曾经主张，从逻辑演算的角度试图为数学计算提供说明的做法是值得怀疑的、是不成功的。维特根斯坦认为，数学中的算法构成了不同的句法系统，这些句法系统不需要逻辑演算为其提供所谓的基础，也即数学的计算不需要还原为所谓"更坚固、更加严格"的逻辑演算。维特根斯坦认为，罗素的逻辑演算只是数学演算中的一种，不能将其夸大为能有效地为整个算术系统奠定基础。维特根斯坦这一观点背后的思想是：不同的演算系统之间没有优劣之别，都是平等的，我们不能说罗素的逻辑演算比一般的算术计算法更加根本，那种说法是无意义的。维特根斯坦这样说："我的观点与关于数学基础的当代作家观点之间的区别在于，我并不需要嘲笑一种特定的算法系统比如十进制系统。对我来说，一种计算与另外一种计算之间并无轩轾。"（BT p.400e）

我们知道，弗雷格、罗素等逻辑主义者构建了类似的逻辑演算系统来试图为数学特别是算术奠定基础。而中后期维特根斯坦认为，弗雷格、罗素等人从逻辑演算角度出来构建理想的演算系统试图为数学奠基的做法是不会成功的，因为数学算法并不需要逻辑算法为其奠基，数学算法的基础不在逻辑演算系统中，而是在具体的数学实践即计算活动之中。罗素在《数学原理》中花费了巨大的篇幅和精力来试图定义数学的基本概念比如数的概念以及加法、乘法等，试图将数学的计算法则归约为一些逻辑的公理和定理系统，但是，维特根斯坦认为，这种努力是不可能成功的，因为一方面，数学算法系统是自成一体的，不需要外在的逻辑演算来为之奠基，试图从逻辑角度为数学计算系统奠基的努力是不必要的；另外一方面，维特根斯坦还认为，罗素的逻辑演算系统只能处理比较小的算术运算，不能有效地处理较大的数的计算，因而是有着内在的缺陷的。中后期维特根斯坦多次批评罗素的《数学原理》中的逻辑演算系统的有效性。维特根斯坦说：

实际上，《数学原理》中的演算方法只能被用来处理小的数。如果计算大数（比如百万），公式就会变得很长，而且一些缩写法必须要使用，而这无疑取决于日常的技术比如计算（或者其他的非基本的以及有疑问的方法比如归纳法），所以，再一次要强调的是，《数学原

理》依赖于日常生活中的计算技术，而不是相反。（LFM 124）

维特根斯坦承认罗素的《数学原理》中所提出的逻辑演算对于我们加深理解数学的计算有一些帮助，但是这种帮助并不能夸大，不能将其理解为能够为整个数学奠基。

维特根斯坦考察了罗素的逻辑演算和数学计算之间的关系。在维特根斯坦看来，不是逻辑演算为数学计算奠基，而是数学计算是逻辑重言式以及逻辑演算的前提。维特根斯坦认为，数学中的计算只要根据具体的运算法则就可以得出相应的结果，无需寻求从逻辑概念分析角度进行定义和证明。罗素在《数学原理》（三大卷）中试图从逻辑定义和演算角度为算术的基本演算法则奠基，虽然在逻辑发展史上大名鼎鼎，但是令人诟病的是，罗素直到第2卷的83页之后才开始给出了初等数学中的最基本的等式1+1=2的证明[①]，这自然会引起维特根斯坦对罗素的逻辑演算法试图证明数学计算的批判和质疑。维特根斯坦从一开始就对逻辑主义试图从概念和函项角度定义数的做法表示出不同的意见。前期维特根斯坦提出了从运算"Ω"角度理解数学中的数的方法，得出了自然数是运算的指数的结论。让我们再次回顾一下维特根斯坦的相关论述。前期维特根斯坦在《逻辑哲学论》中给出了"Ω'（η̄）"运算形式来定义自然数，认为运算 Ω'（η̄）的一般形式可以定义为：

$$[\bar{\xi}, N(\bar{\xi})]'(\bar{\eta})(=[\bar{\eta}, \bar{\xi}, N(\bar{\xi})])（TLP 6.01）$$

我们需要注意的是，维特根斯坦这里所强调的"Ω"运算序列并不能等同于弗雷格和罗素所主张的逻辑主义演算，"Ω 序列是理解维特根斯坦对逻辑主义回应的关键。他并没有提供一种形式主义说明，也不需要形式主义说明"[②]。维特根斯坦通过"Ω"运算序列，给出了自然数的定义："这就是我们如何进到数的。我给出以下的定义：

$$X=\Omega^{0}{}' X 定义.,$$

---

① 参见 Bertrand Russell and Alfred North Whitehead，*Principia Mathematica*，Vol.Ⅱ，First Published in 1913，Second Edition，Cambridge：Cambridge University Press，1927，p.83。

② Montgomery Link，"Wittgenstein and Logic"，*Synthese*，Vol.166，No.1，2009，pp.41-54。

$$\Omega' \Omega^v{}' X = \Omega^{v+1}{}' X \text{ 定义}.$$

所以，与这些处理记号的规则相应，我将这一系列：

$$X, \Omega' X, \Omega' \Omega' X, \Omega' \Omega' \Omega' X\cdots\cdots$$

以如下的方式写出：

$$\Omega^0{}' X, \Omega^{0+1}{}' X, \Omega^{0+1+1}{}' X, \Omega^{0+1+1+1}{}' X\cdots\cdots$$

因而，我不写 '$[X, \xi, \Omega' \xi]$'，我写作 '$[\Omega^0{}' X, \Omega^v{}' X, \Omega^{v+1}{}' X]$'。并且我给出如下的定义：

$$0+1=1 \text{ 定义},$$
$$0+1+1=2 \text{ 定义},$$
$$0+1+1+1=3 \text{ 定义},$$

（如此等等）。"（TLP 6.02）

维特根斯坦认为，一个数是一个运算的指数（TLP 6.021）。这也就是说，我们可以从运算的次数角度来理解数特别是自然数，没有 "Ω" 运算就是指 0，"Ω" 运算一次就是 1，"Ω" 运算两次就是 2，"Ω" 运算三次就是 3，如此等等。维特根斯坦的这种主张从运算角度理解数的观点与逻辑主义是不同的。因为逻辑主义试图将数学等式或计算理解为逻辑演算的一部分，但是维特根斯坦则坚持反对意见。比如初等数学中的 $2 \times 2 = 4$，前期维特根斯坦认为，我们可以纯粹从 "Ω" 运算来定义和理解，而无需还原为所谓纯粹的逻辑的定义。维特根斯坦这样写道：因而，命题 $2 \times 2 = 4$ 的证明如下：

$$(\Omega^v)^{\mu}{}' x = \Omega^{v \times \mu}{}' x \text{ 定义}.$$
$$\Omega^{2 \times 2}{}' x = (\Omega^2)^2{}' x = (\Omega^2)^{1+1}{}' x = \Omega^2{}' \Omega^2{}' x$$
$$= \Omega^{1+1}{}' \Omega^{1+1}{}' x = (\Omega' \Omega)' (\Omega' \Omega)' x$$
$$= \Omega' \Omega' \Omega' \Omega' x = \Omega^{1+1+1+1}{}' x = \Omega^4{}' x \text{（TLP 6.241）}$$

我们可以看到，维特根斯坦的这个运算证明与逻辑证明是不同的，维特根斯坦的这个运算证明可以从他给数的形式定义与等式变换角度来理解，这与逻辑主义强调的严格的形式证明完全是两回事。"这里的乘法等式自身是通过迭代（iteration）而提供的。"[①]中期维特根斯坦举了 2+2=4 为例来说明，我们只要根据算术的加法规则就可以得出 2+2=4，而无需根据逻辑演算来证明。维特根斯坦说：

> 如果你想知道 2+2=4 表示什么，那么你就必须问，我们是怎么把它计算出来的。这说明：我们认为运算过程是一种本质性的东西，而且这种思想方法就是日常生活中的方法，至少和我们必须计算出来的数字有关。……在日常生活中，我们并不计算 2+2=4，或者计算任何乘法表的规则，我们认为它们就是公理，而且把它们用于计算。但是，当然，我们计算 2+2=4，而事实上，儿童通过数数这么做。按顺序数出 1，2，3，4，5，6，先数 1，2，加 1，2，结果是：1，2，3，4。（PG S.333）

维特根斯坦在这里表达了两层意思：其一，我们一般不计算 2+2=4，这就是说，我们一般不需要从逻辑演算角度来给数学中的计算加以证明，数学中的计算是与我们的生活紧密相关的，我们将数学的计算公式直接当成公理或定理，以便用于生活中的实际计算过程；其二，如果一定要追问我们特别是小孩如何理解 2+2=4，那么，回答当然是我们通过教会小孩数数，只要小孩学会了数数就可以理解和掌握 2+2=4，所以，在这个意义上，我们可以说，我们通过具体的数数来理解计算公式 2+2=4。维特根斯坦接着从逻辑角度考察了恰好存在 1、2 个对象的定义（以及罗素对加法的逻辑证明），分别为：

$$(\exists x).\phi x \ .\&. \ \sim(\exists x, y).\phi x \ \& \ \phi y \ \text{Def.} \ (\varepsilon x).\phi x$$

$$(\exists x, y).\phi x \ \& \ \phi y \ .\&. \ \sim(\exists x, y, z).\phi x \ \& \ \phi y \ \& \ \phi z \ \text{Def.} \ (\varepsilon x, y).\phi x \ \& \ \phi y, \text{等等。}$$

$$(\varepsilon x).\phi x \ \text{Def.} \ (\varepsilon | x).\phi x$$

[①]　Montgomery Link, "Wittgenstein and Logic", *Synthese*, Vol.166, No.1, 2009, pp.41-54.

$$((\varepsilon x, y).\phi x \;\&\; \phi y) \;.=.\; (\varepsilon \|x).\phi x \;.=.\; (\varepsilon 2x).\phi x, \text{等等}。$$

可以表明：

$$(\varepsilon \|x).\phi x \;\&\; (\varepsilon \|\|x).\psi x \;\&\; \sim(\exists x).\phi x \;\&\; \psi x \;.\supset.\; (\varepsilon \|\|\|\|x).\phi x \vee \psi x$$
是一个重言式（PG S.333，BT 400e）。

这里需要对以上符号表达式作一些说明。第一行的"$(\exists x).\phi x \;.\&.\; \sim(\exists x, y).\phi x \;\&\; \phi y \; Def. \; (\varepsilon x).\phi x$"读作：至少存在一个对象 x，x 具有 ϕ 这种性质，并且不存在第二个具有 ϕ 这种性质的对象 y，这其实就是说，恰好只存在一个对象 x 具有 ϕ 这种性质。第二行"$(\exists x, y).\phi x \;\&\; \phi y \;.\&.\; \sim(\exists x, y, z).\phi x \;\&\; \phi y \;\&\; \phi z \; Def. \; (\varepsilon x, y).\phi x \;\&\; \phi y$"读作：至少存在两个对象 x，y 具有 ϕ 这种性质，并且不存在第三个具有 ϕ 这种性质的 z，这也就是说，恰好只存在两个对象 x，y 具有 ϕ 这种性质。第三行"$(\varepsilon x).\phi x \; Def. \; (\varepsilon |x).\phi x$"意指：恰好只存在一个具有 ϕ 这种性质的 x，被定义为："$(\varepsilon |x).\phi x$"，这里的竖线"|"表示 x 对象存在的"唯一性"。第四行"$((\varepsilon x, y).\phi x \;\&\; \phi y) \;.=.\; (\varepsilon \|x).\phi x \;.=.\; (\varepsilon 2x).\phi x$"意指：如果恰好只存在两个对象 x 和 y 具有 ϕ 这种性质，那么就等价于"$(\varepsilon \|x).\phi x$"，即用两条竖线"|"表示恰好有两个对象具有 ϕ 这种性质，也可以被记作"$(\varepsilon 2x).\phi x$"。最下面一行："$(\varepsilon \|x).\phi x \;\&\; (\varepsilon \|\|x).\psi x \;\&\; \sim(\exists x).\phi x \;\&\; \psi x \;.\supset.\; (\varepsilon \|\|\|\|x).\phi x \vee \psi x$"是说：如果恰好只存在 2 个对象具有 ϕ 这种性质，同时恰好只有 3 个对象具有 ψ 这种性质，并且前面的两个对象与后面的三个对象不同，两者之间没有交叉共同部分的话，那么，一共存在 5 个对象，它们要么具有 ϕ 这种性质，要么具有 ψ 这种性质。似乎最下面一行："$(\varepsilon \|x).\phi x \;\&\; (\varepsilon \|\|x).\psi x \;\&\; \sim(\exists x).\phi x \;\&\; \psi x \;.\supset.\; (\varepsilon \|\|\|\|x).\phi x \vee \psi x$"是一个重言式。

对此，维特根斯坦追问道：上面的这些符号证明了 2+3=5 吗？回答是没有。维特根斯坦认为，以上的符号定义里甚至没有证明 $(E\|x)\phi x \;\&\; (E\|\|x)\phi x \;\&\; Ind. \;:\supset:\; (E\| + \|\|x).\phi x \vee \psi x)$，因为，我们在这个定义里并没有提到一个总和的概念。再例如，$E17 \;\&\; E28 \;.\supset.\; E(17 + 28)$，被看作重言式，但是，这个重言式并没有告诉我们 17+28=45，因为只有我们通

过加法计算才能给出最后的结果 45。同样的道理，维特根斯坦认为，如果我们不知道 2+3 的结果的话，那么，我们写出 E2& E3 . ⊃ . E5 作为重言式或许是有意义的，但是如果我们知道这个计算结果时，这个重言式就没有什么意义了。2+3=5 只有在它作为计算的结果时才有意义。维特根斯坦补充道："因此，等式 || + ||| = |||||，只有一个条件，符号'|||||'被认为是符号'5'，这就是说，它是一个独立的等式。"（PG S.334 BT 400e）这也就是说，2+3=5 只是算术加法规则的具体应用，本质上是替换规则的应用，因为算术的加法规则也就是替换规则，是通过归纳法显示出来的。维特根斯坦这样总结道："不研究概念，只探索数字计算就可以告诉我们 3+2=5，这使得我们反对下面这个观念的东西：

'(E3x). ϕ x & (E2x). ψ x & Ind. . ⊃ . (E5x).φx ∨ ψ x'

可能是命题 3+2=5，能使得我们说这一表达式是重言式的东西的本身不可能是检查概念的结果，而必须是根据计算而认识的东西。因为语法是一种计算。就是说，除了数字计算外，重言式的计算（Tautologien-Kalkül）并不能证明它，就算我们对之感兴趣，那也只是不重要的东西。"（PGW S.347 BT S.409）维特根斯坦还举了 5+7=12 为例来说明这点。他认为，我们直接通过掌握数学的运算规则而计算出 5+7=12，根本不需要掌握复杂的逻辑定义和演算证明 7+5=12[①]，因为罗素式的演算证明实际上是以算术的句法规则的理解和掌握为前提的。

不仅如此，维特根斯坦还在 20 世纪 30 年代初在剑桥大学给学生讲课时强调过数学等式不能由逻辑重言式来定义或证明。维特根斯坦的一个基本观点是，数学命题或数学等式根本不是由重言式组成的。罗素却坚持认为，数学等式或计算可以由逻辑重言式加以定义或证明。罗素提

[①] 其实，在逻辑上证明 7+5=12 确实有点复杂，国内逻辑学者徐明曾指出，为了证明 7+5=12，需要用到以下几个条件。其一，对一元函数符号 + 的直观解释，将其在标准算术模型中解释为"后继函数"，比如 x^+ 在这种解释下的值就是自然数序列中紧靠在 x 的值后面的那个自然数，在标准的算术模型中，0^+ 的值就是 1，0^{++} 即（0^+）$^+$ 的值就是 2，0^{+++++} 的值就是 5。其二，就是递归定义加法运算：（∀x）(x+0=x)，（∀x∀y）(x+y$^+$=(x+y)$^+$)，另外还需要借助公理系统 H 中的公理 5，具体证明请参见徐明《符号逻辑讲义》，武汉大学出版社 2008 年版，第 430—431 页。

出了同一理论来解决这个问题。罗素的同一理论（theory of identity）由两个部分构成：①外延的函项理论；②等式是重言式。

而根据维特根斯坦的看法，罗素的同一性理论是错误的。理由在于：其一，对数的说明不是函项或外延式的概念定义和说明[①]；其二，数学等式仅仅表达替换规则，是符号的约定，只能通过数字的计算获得意义，因为"计算论证了采取替换规则的合理性"[②]，计算与重言式之间存在着根本的差别。维特根斯坦以数学的加法运算和罗素的逻辑加法运算之间的区别为例来说明这个问题。在罗素的逻辑演算体系中，他是如何引入加法运算的呢？罗素将加法定理看成以下的重言式，并使用如下定义：

$$(\exists x, y)\varphi x . \varphi y \overset{\text{def}}{=} (\exists (1+1)x)\varphi x$$

$$(\exists x, y)\varphi x . \varphi y . \sim(\exists x, y, z)\varphi x . \varphi y . \varphi z \overset{\text{def}}{=} (Ex, y)\varphi x . \varphi y$$

罗素是这么定义 2+3=5 的：

$$((E2x)\varphi x . (E3x)\psi x . \sim (\exists x)/\text{Ind.}/\phi x . \psi x) \supset (E(2+3)x)\varphi x \lor \psi x$$

在罗素这里，我们可以看到，与这个数学加法相对应的不是一个数学命题，而是一个重言式。维特根斯坦认为，以上的重言式并不能证明数学等式或命题，因为我们实际上是需要先使用数学的计算概念，然后才能应用逻辑重言式进行改写的，而不是相反。维特根斯坦这样写道："我使用一个数的计算应用到重言式的演算中去。因而，重言式不能取代算术的计算。"（MWL p.105）针对罗素试图用逻辑方法证明算术基本法则的做法，维特根斯坦这样反问道："《数学原理》表示法中的命题（A）能够给出5+7=12的意义吗？如果我不知道，右边括号中的数学记号是由左边两个括号中的数学记号相加而得出的，那么，我究竟如何得出右边括号中的数字记号呢？"（PB §103）很明显，维特根斯坦在这里对罗素在《数学原理》中花费大量篇幅试图构建相应的逻辑定义和证明来证明数学语法规则的做

---

① 关于这点，前面我们在讨论数的定义时已经分析过了，这里不再赘述。

② Pasquale Frascolla, "Wittgenstein's Early Philosophy of Mathematics", in Hans-Johan Glock and John Hyman ed., *A Companion to Wittgenstein*, First Edition, Oxford: John Wiley & Sons, 2017, p.310.

法表示了怀疑，怀疑罗素实际上已经知道了算术中的加法规则，然而却按照加法规则重新改写了一遍。

（3）数学算法是可判定的。在中期维特根斯坦看来，数学算法是自足的封闭的系统，是我们检验计算有意义的唯一标准。维特根斯坦说："一个语词只有在一个语法系统中才有意义……每一个命题都必须被理解为一个系统的一部分，语法描述系统。"（MWL p.129）我们不能描述计算，除非我们使用计算。计算只能通过具体的应用被理解。数学算法是自足可判定的 (algorithmic decidability)[①]，因为数学算法就是其自身的应用。正是由于维特根斯坦强调算法是可以判定的，所以，不同的算法构成了不同的规则系统，我们不能任意地增加不符合算法系统的规则进入某个系统，那样做的话，是无意义的，因为新增加的东西如果不可判定，那么就是无意义的，是需要抛弃的。算法决定数学问题提问的限度，没有算法的地方，数学问题的提问是不能回答的，是无意义的。"在数学中，只有在答案是'我必须计算出来的'地方，我才可以发问（或猜测）……只有在可能存在问题的地方，才能做出判定。"（PB §151）维特根斯坦以随意造出的一个无理数——伪无理数"π'"为例来说明这点。

（4）维特根斯坦举了一个关于 π'的例子来说明一个没有规则的表述是如何不能理解的，也就是说"π'"的算法是不可判定的。假设我们将"π'"规定为"在 π 的十进制展开中出现 3 个连续的数字 7 时换成 3 个 5"，但是由于 π 是一个无限的不循环的无理数，我们目前根本就不能回答这一问题，也即我们不能确定在 π 的十进制展开中的哪一个小数位上会出现 7，也不能确定在 π 的十进制展开中一共会出现多少个数字 7，等等，很多都是不确定的，这种含糊的不确定的规定并不是真正的句法规则，归根结底，我们根本就不能运用这一 π'的规则进行计算，π 是一个明确的数字规则，而 π'则不是。维特根斯坦说：

> 但是否可以说，π'包含了对一规则的描述，也就是"那个据此

---

① 参见 Victor Rodych, "Wittgenstein on Irrationals and Algorithmic Decidability", *Syhthese*, Vol. 118, 1999, pp.279-304。

在 π 的展开中出现数字 7 的规则"。抑或这一暗示只是当我们知道我们如何得出这一规则时才有意义？（一个数学问题的解答）……如果知道了解答的方法，那么，π'才有此获得其意义，而如果不知道，我们也就无从谈论我们尚不知道的规则，而 π'也就失去了其全部意义。（PB §184 SS.227-228）

所以，不能获得解答方法的 π'其实不能算作语法规则，这与 π 形成了鲜明的对照，π 的计算和句法规则都是明确的，π 作为圆周率表示的是一个圆的周长与其直径的比值，这是一个无理数的规则，可以被应用到广泛的算术计算与其他的计算之中去。"π 这个字母代表一个位于算术空间的规则，而 π'却没有应用算术表达式，因而它没有为规则指出在这一空间中的位置。"（PB S.36）

正是由于数学中合乎数学语法规则的表述在算法上是可判定的，也就是都是有意义的表述，所以，维特根斯坦拒斥了那些"在 π 的十进制展开中有 3 个连续的 7"的诸如此类的无意义表述。维特根斯坦说："比如，我演算不含有 4 个连续 7 的小数。暂时这是无意义的。我根本找不到办法弄清，什么是我可以演算的，什么是我不可以演算的。"（WWK S.201）维特根斯坦在这里又举了例子来说明没有算法可判定的算术表达式是无意义的。维特根斯坦认为，比如"不含有 4 个连续 7 的小数"这一表述在算法上是没有办法判定的，因而是无意义的表述。有人试图提出反驳说，我可以提出这样一条规则来概括这点，即：如果出现连续的 4 个 7，我就不再用这个小数。这条补充的规则能解决问题吗？这一补充的规则能算作算法的补充吗，在算法上可以判定吗？维特根斯坦认为，回答是否定的。"如果这种情况出现一次，那意味着什么呢？这根本得不出演算法的概念，因为这好像取决于时间。最初的条件只是表面的条件。它毫无意义。"（WWK S.202）维特根斯坦认为，即使补充这一规则也无济于事，因为我们还是没有办法来使用这一规则，我们根本就不清楚这一表述到底意味着什么，也就是在算法上来说，不出现连续的 4 个 7 这样的表述是不可判定的，因而是无意义的。对于维特根斯坦来说，数学计算本身无对错，只是对其应用可以有对错。数学算法的主要目的是检验数学表达式有无符合规则，有无意义可言。维特根斯坦说："计算的概念排除混乱。"（RFM Part Ⅲ §76）"计算的要点并不在于计算得正确还是错误，而是检验计算的重要性。我检验（譬如说）对于这里仍在使用的语词的根据……而是用这种方式检验表达的根据。"（RFM Part Ⅱ §62）

第五章　维特根斯坦论数学无限

千百年来，什么是无限，无限意谓着什么，我们应该如何理解无限，有限和无限之间的关系是什么等一直是困扰人们的重大问题，人们苦苦思索它们，却难以获得普遍的令人信服的答案。无限问题一直以来就是数学和哲学思考的核心问题，无论是从古代的希腊哲学和数学发端之时，还是到近代的数学基础危机，人们争论的核心就是如何从哲学或数学角度理解无限性问题。维特根斯坦对于无限问题非常关注，无论是在前期的《逻辑哲学论》，还是中期的《哲学评论》《哲学语法》以及各种讲演笔记中，他都非常深入地研究和分析了这一问题，形成了自己的关于这一问题的独特思考和回答。在论述维特根斯坦的无限观之前，我们有必要简要地回顾一下西方学者对于无限问题关注和思考的历史，以便为我们正确地把握维特根斯坦的无限观提供必要的理论背景。

第一节　无限问题在西方历史上的由来

自古希腊以来，无限问题就吸引了无数的哲学家和数学家的目光，他们试图揭开无限的神秘面纱，但是一代代哲学家和数学家提出的解答方案在历经了岁月长河的洗涤之后又开始被重新评价和审视，人们又开始提出新的解答，如此循环往复，难以终止。西方历史上最早提出无限问题的是哲学家，哲学家也是历史上最早对无限进行哲学反思的一批人。比如，面对世界的本源问题的追问，古希腊的阿那克西曼德（Anaximander，约前610—前546年）曾经提出"无限者"（apeiron）概念，他认为世界的本源不是泰勒斯所讲的水，而是无限者，因为这个希腊文"apeiron"的词根"peras"通常翻译过来就是"极限"（limit）或"界限"（bound）的意思，而"apeiron"就是指没有"peras"，即"没有极限、无限的"的意思。英文一般翻译为"the infinite"。[1] 阿那克西曼德认为，作为本原的东西必须是无限的，而具体的事物则是有限的。这个无限者是中立的，是抽象的概念，剔除了泰勒斯的"水"的概念中的物质层面的因素，显得更加抽象。无限者是不确定的东西，是没有定型的东西，它是不可消失的，是终极的存在者，它可以解释万事万物的生成和变化。相对水来说，无限者更加适合作为万物的本源。一般的哲学史学家都认为，阿那克西曼德的"无限者"概念的提出相对于泰勒斯的"水"的概念来说是一个巨大的进步，因为这意谓着人类开始有能力区分现象和现象背后的本质。阿那克西曼德的"无限者"概念的出现，标志着人类的理性和抽象能力进入了新的阶段。

另外，古希腊的数学家、哲学家毕达哥拉斯（生于公元前570年）建立了毕达哥拉斯学派，这个学派带有秘密结社和宗教团体的性质，其成员集体生活、集体信仰。毕达哥拉斯及其学派成员是西方历史上最早的一批数学家，他们主张万物的本源或始基是数，简单来说就是自然数，自然数遍布万事万物之中，没有哪一个事物能离开数而存在，数量关系中孕育着和谐、秩序与美好。自然界的一切现象和规律都是由数决定的，都必须服从"数的和谐"，即服从数的关系。整个世界就是一个在虚空中的结构系统。不同的自然数代表着不同的涵义。[2] 毕达哥拉斯学派从数学的角度，即数量上的矛盾关系列举出有限与无限、一与多、奇数与偶数、正方与长方、善与恶、明与暗、直与曲、左与右、阳与阴、动与静十对对立的范畴，其中有限与无限、一与多的对立是最基本的对立，并称世界上一切事物均还原为这十对对立。依据对数以及关系的研究，毕达哥拉斯学派推崇的是

---

[1]　以上参见 A.W. Moore, *The Infinite*, Second Edition, London and New York：Routledge，2001，p.17。以下关于西方历史著名哲学家或数学家对于无限概念的研究的脉络的梳理，大致参考了摩尔（A.W. Moore）的这本《论无限》。

[2]　毕达哥拉斯学派认为"1"是数的第一原则，万物之母，也是智慧；"2"是对立和否定的原则，是意见；"3"是万物的形体和形式；"4"是正义，是宇宙创造者的象征；"5"是奇数和偶数，雄性与雌性的结合，也是婚姻；"6"是神的生命，是灵魂；"7"是机会；"8"是和谐，也是爱情和友谊；"9"是理性和强大；"10"包容了一切数目，是完满和美好。

理性与秩序，反对不确定性以及混乱。通过自然数之间的比例关系的研究，他们研究了有理数（rational number），但是在研究直角三角形三条边长之间关系的过程中，他们发现了所谓的"无理数"（irrational numbers）（比如 $\sqrt{2}$、$\sqrt{3}$ 等），由于无理数不能用有理数（比例）的方式加以理解，所以具有与有理数的"不可通约性"（immmeasurability），因为无理数从比例角度来说是除不尽的，是无限的。尽管无理数的出现对毕达哥拉斯学派所强调的万物都是自然数的学说形成了强力的挑战，使得他们将无理数视为学派秘密，对外秘而不宣，甚至处死了一个无意向外界透露这个秘密的门徒，但是，他们却不得不接受无理数的存在这一事实。有学者评论指出，无理数的出现使得人们"首次真正地瞥见了数学中的无限"[①]。

另外，埃利亚学派的巴门尼德（Parmenides，生于公元前 515 年）在西方哲学史上首次提出了"存在"概念，存在是一（The One），而不是多，是大全、包括一切，是不动的、永恒的、不生不灭的。巴门尼德认为存在是永恒的，是一，连续不可分；存在是不动的，是真实的，可以被思想；感性世界的具体事物是非存在，是假象，不能被思想。他认为，没有存在之外的思想，被思想的东西和思想的目标是同一的。巴门尼德的"存在"概念是静止不动的，是不生不灭的，是独一无二的、不可分割的，是同质的，是大全和整体，无所不包。巴门尼德认为，所存在的现实必须是形而上学的无限（metaphysically infinite）。在很大程度上，巴门尼德所讲的"存在"概念包含"无限"的内涵。关于巴门尼德"存在"概念在西方历史上的地位，有学者指出："这是无限历史上的一个重要节点。在此，形而上学的概念首次以可以认知的面貌而出现，尽管这些概念与无限概念之间的关系依然并不清楚。"[②] 也就是说，巴门尼德首次在西方历史上从形而上学角度提出了存在概念，这一概念具有形而上学的无限的内涵，但是，"存在"概念与"无限"概念之间的关系到底如何，并不非常清楚。

巴门尼德的学生芝诺继续坚持捍卫其老师的存在学说，反对世界是运

---

① A.W. Moore, *The Infinite*, Second Edition, London and New York: Routledge, 2001, p.22.

② A.W. Moore, *The Infinite*, Second Edition, London and New York: Routledge, 2001, p.23.

动和变化的观点，提出了反对运动和变化的四个悖论：（1）二分法悖论[①]；（2）阿基里斯追不上乌龟；（3）飞矢不动；（4）运动场悖论。比如二分法悖论，芝诺认为："一个人从 A 点走到 B 点，要先走完路程的 1/2，再走完剩下总路程的 1/2，再走完剩下的 1/2……"如此循环下去，永远不能到终点。假设此人速度不变，走一段的时间每次除以 2，时间为实际需要时间的 1/2+1/4+1/8+……则时间限制在实际需要时间以内，即此人与目的地的距离可以为任意小，却到不了目的地。实际上是这个悖论本身限定了时间，当然到达不了。芝诺利用二分法这一悖论试图证明运动是不可能的。其他的几个悖论也大同小异，目的也是证明运动和变化是不可能的，芝诺在这里运用了归谬法来进行论证，因为假设运动和变化的话，会导致明显的矛盾，所以可以得出结论认为运动和变化是不存在的，因为存在运动和变化是虚幻的。芝诺运用逻辑论证的方式（归谬法）系统地论证了那些反对其老师的理论的常识实际上比起老师的理论要更加荒谬，他认为运动和多都是不可能的，否定运动和多的存在，指出存在就是不动的、静止的一，捍卫巴门尼德的观点。芝诺悖论由于涉及"无限"概念的理解问题，在哲学史上引起了巨大的争议，不同的哲学家提出了不同的解答方案。[②]

随后，古希腊伟大的哲学家柏拉图通过理念论以及辩证法论证了一和多，有限的数和无限的数存在的观点。柏拉图一方面继承了巴门尼德的"存在"观念，将其改造为理念，认为理念是万事万物存在的根据和原型，个别事物通过分有和模仿各自的理念而获得存在，个别事物始终处在生灭变化之中，它们是个别、相对和偶然的，而理念则是永恒不变的，它们是普遍、绝对和必然的存在；另外一方面，柏拉图也继承了毕达哥拉斯学派关于数学知识重要性的观点，柏拉图认为，数学知识包括几何知识都是可

[①] 与芝诺的二分法悖论相类似，我们中国古代的哲人庄子其实也早就认识到无限可分性这一问题。《庄子·天下篇》中也提道："一尺之棰，日取其半，万世不竭。"也即一条线段无限可分的悖论，如果我们将一条线段一分为二，我们还可以将其中的一段一分为二，永远没有终止的地方。

[②] 关于芝诺悖论的不同解答策略，宋伟曾指出："从哲学史上看，芝诺悖论的解答大致有三种类型：一是'语言解答'如亚里士多德和穆勒的解答；二是'数学的解答'，如德摩根和罗素的解答；三是'形而上学的解答'，如黑格尔和柏格森的解答。"关于这三种解答类型的具体分析，参见宋伟《穆勒的语言逻辑思想研究》，光明日报出版社 2019 年版，第 172—181 页。

知的世界，而不属于可见世界。学习数学知识是我们通向理念世界和辩证法的必由之路。柏拉图的理念论中的分有学说或模仿学说其实也存在着严重的内在困难，这一困难涉及一与多之间的矛盾。理念是一，如何被多个具体的事物模仿和分有呢？从表面上看，一与多之间存在着矛盾，因为一不是多，但是一个东西似乎也可以多次分有或分割，一中似乎包含了多。多中有一，一中也有多。柏拉图晚年在其著名的对话《巴门尼德篇》中详细地检讨了理念论中的一与多、有限与无限之间的困难。柏拉图曾经这样写道："如果一存在，数也必定存在。如果数存在，那么必定存在许多事物，而且确实有无限多的事物存在，因为我们必须承认，可以证明的无限多的数也拥有存在。……如此看来，一本身被存在分割，分割的部分在数目上不仅是多，而且是无限的多。因此，不仅'存在的一'是多，而且一本身也由于被存在分割而必然是多。……因此，'存在的一'既是一又是多，既是整体又是部分，既是有限的，又是数量上无限的。"① 在这里，我们可以看见，柏拉图承认无限数的实在性，即在数学上坚持实无限观。我们认为，柏拉图对于无限的理解虽然具有数学的无限的涵义，但是也带有严重的形而上学的色彩，特别是他的理念论强调无限数的理念的存在，所以，"无限"这个概念在柏拉图那里既有理念论的形而上学的内涵，同时也涉及一和多之间的辩证关系的理解。

古希腊另外一位伟大的哲学家亚里士多德则从经验角度对其老师柏拉图的理念论进行了有力的批判，认为为了说明具体的个别事物而设定抽象的理念的存在是不必要的，也在逻辑上讲不通，因为柏拉图的理念论特别是分有学说并没有清楚说明理念和具体事物之间的关系以及一和多之间的关系。与柏拉图强调无限是实在的观点不同，亚里士多德强调认为，我们并不能从实在角度去理解数学中的无限，而只能从潜在的角度来理解数学中的无限。亚里士多德坚持潜无限观，反对实无限观。亚里士多德曾经在《物理学》中这样写道："事物之被说成存在，既指潜能上的，又指现实上的，而无限，则既有增加意义上的，也有划分意义上的。正如我们所说的，

---

① ［古希腊］柏拉图：《巴门尼德篇》，载《柏拉图全集》（第二卷），王晓朝译，人民出版社2003年版，第779—780页。

积量在实现意义上不是无限的，但在分割意义上却是无限的。所以，剩下来的结论就是：无限只是潜能上的存在。但是，千万不要把这个'潜能上的'理解为'这潜在地是一尊雕像'那种意义上的'潜能'，因为后者意味着'这将是一尊雕像'，而无限却不是这样，不会有一个实现意义上的无限。"[①] 亚里士多德认为，无限只能是潜能意义上的存在，而不是已经完成和实现意义上的存在。亚里士多德不是将无限定义为没有限制或界限的东西，而是无法通行的或超越的东西。说某种东西无法通行或超越，是因为说它可以通行或超越是无意义的，它会永远地持续下去。亚里士多德明确地拒斥早期希腊哲学家比如巴门尼德等人从形而上学角度分析和研究无限，他认为，早期的形而上学的无限观中充满了混乱和不一致，亚里士多德主张从数学角度来研究无限。亚里士多德反对无限数的观点，认为无限数这一观念中存在着不一致，因为在他看来，一个数只有通过数数才能获得，而我们不可能数无限的数，因为要数无限的数，就会涉及穿越一个无限数的序列，而这是不可能的。所以，无限只能是潜在的，而不是实现的。有学者评论指出："某种只能是潜在的，而不是实在的东西就是无限。这一点无疑是他（指亚里士多德）对于后世关于无限思想最大的遗产。"[②] 实无限（the actual infinite）是指在某一时间点内其无限的量存在或被给予；潜无限（the potential infinite）是指其无限的量的存在或被给予超越了时间，它绝非完整的现在。换句话说，实无限强调的是无限的量在一定的时间内完全被给予和实现了，而潜无限则强调无限的量超越了特定的时间，因而它不是完成的量，而是不断增加或划分量的可能性。

西方中世纪思想家也继续思考关于无限的问题，比如中世纪的彼得（Peter of Spain）提出了一对概念"单独使用的无限"（categorematic infinite）与"非单独使用的无限"（syncategorematic infinite）来试图阐明"无限"一词的不同使用。彼得说："有两种方式处理无限：一种方式是

[①] Aristotle, *Physics*: *Books III and IV*, Translated with Notes by Edward Hussey, Oxford: Clarendon Press, 1983, pp. 14-15. 中文版参见［古希腊］亚里士多德《物理学》第二卷，第六节，206a 18—21，载《亚里士多德全集》第二卷，苗力田主编，徐开来译，中国人民大学出版社1991年版，第75页。

[②] A.W. Moore, *The Infinite*, Second Edition, London and New York: Routledge, 2001, p.39.

单独（categorematically）地、有意义地将其视为一个普遍的语词，可以指作为主词或谓词的事情的量，因为当人们说，这个世界是无限的……另一种方式是将其看作非单独使用的（syncategorematically），因为它并不指作为谓词的主词的事情的量，而是由于与谓词相关联的主词，主词以这种方式而分配，（它）是一个分配的记号。"① 这也就是说，彼得开始从语言的使用角度区分"无限"一词单独的使用与不可单独的使用的情况。这两个词"categorematic"与"syncategorematic"是中世纪经院逻辑中的一对重要概念，它们之间的区别主要在于："单独使用的"（categorematic）是指可起到命题中的主词或谓词作用的语词，可以指称亚里士多德逻辑中的范畴；而"非单独使用的"（syncategorematic）是指不能起到命题中的主词或谓词作用的语词，不能起到指称亚里士多德逻辑中的范畴的作用，比如"无限""所有""一些""和""如果"等是此类术语的示例。在笔者看来，可以单独地使用的词一般是指实词，而不可单独地使用的词一般是指虚词。但是，也有学者指出："任何可以单独地作为主词或谓词使用的语词被归类为单独使用的语词（categorematic words），所有其他的能在一个命题中出现的语词，无论是范畴的或假定的，只要是它与其他的单独使用的语词相配对的语词都被归类为非单独使用的语词（syncategorematic words）。"② 关于这对概念与亚里士多德的实无限和潜无限之间的关系，学界有不同的观点，有学者（Anneliese Maier）认为"它仅仅是术语的问题，一个单独使用无限对应于实无限，而一个非单独使用的无限等同于潜无限"③。但是对此，学界也有不同的意见，比如学者吉奇（Peter Geach）就认为两组概念不能等同。他说："实无限和潜无限之间的区分是两种方式的

① Pierre Duhem, *Medieval Cosmology Theories of Infinity, Place, Time, Void, and the Plurality of Worlds*, ed. And trans. Roger Ariew, Chicago and London: The University of Chicago Press, 1985, p.49.

② Norman Kretzmann, "Syncategoremata, sophismata, exponibilia", Kretzmann,N. Kenny,A.and Pinborg,J. eds., in *Cambridge History of Later Medieval Philosophy*, *From the Rediscovery of Aristotle to the Disintegration of Scholasticism 1100-1600*, Cambridge: Cambridge University Press, 2008, pp.211-245.

③ Murdoch, J.E. and Thijssen, J.M.M.H., "John Buridan on Infinity", in Thijssen, J.M.M.H. and Zupko, J.eds., *The Metaphysics and Natural Philosophy of John Buridan*, Leiden: Brill Academic Publishers, 2000, pp.127-149.

区分，在这两种方式中，外在的事物被说成是无限的。另一方面，'单独使用的（categorematic）'与'非单独使用的（syncategorematic）'被用来描述一种语言中的语词使用的语词；说一个无限的量只不过像代词或副词那样是非单独使用的。……虽然这种混淆是很清楚的……但是这并非产生混淆的借口——特别是在潜在的无限和'无限'的非单独使用之间并不存在这样一种紧密的联系。"[1]笔者基本认同吉奇的分析，中世纪哲学家强调对"无限"作"单独使用的"与"非单独使用"的区分的主要目的并不是继承亚里士多德关于"实无限"和"潜无限"的区分，而是强调"无限"一词的正确使用。我们后面可以看到，中世纪哲学家对"无限的"一词这两种使用的区分与维特根斯坦对"无限"一词的语法分析有相通之处。

近代科学之父意大利著名的科学家、数学家伽利略曾经发现了无限的悖论，但是囿于时代的局限性，他并没有提出有效的解答方案。伽利略通过研究发现，每一个自然数，都有一个平方数与其对应，比如：

$$0 \quad 1 \quad 2 \quad 3 \quad \cdots\cdots n \cdots\cdots$$
$$0 \quad 1 \quad 4 \quad 9 \quad \cdots\cdots n^2 \cdots\cdots$$

也就是说，如果将每一个自然数都与其平方数一一对应的话，那么，自然数和平方数的个数应该是一样多的，但是经验告诉我们，不是所有的自然数都是平方数，也就是说，平方数肯定比自然数要少。这就是无限的悖论。伽利略这样写道："这样如果我们断言所有数，包括平方数和非平方数，比起单单是平方数来得多。……假如我要问一共有多少根，不能否认有多少个数就有多少个根，因为每一个数都是某个平方数的根。这就认可了我们必须说的有多少个数就有多少个平方数，因为后者和它们的根一样多，而且所有的数都是根。然而，开始时我们说过数比平方数要多，因为大部分数不是平方数。"[2]虽然伽利略没有解决无限的悖论，但是他提出的一一对应的思想给后来的数学家们从集合论角度继续思考无限问题提供了重要的启发。

① Peter Geach, "infinity in scholastic philosophy", in Laktos.I., ed., *Problems in the Philosophy of Mathematics*, Amsterdam: North-Holland Publishing Company, 1967, pp.41-42.

② ［意大利］伽利略：《关于两门科学的对话》，武际可译，北京大学出版社2006年版，第27—28页。

比如 19 世纪捷克的数学家波尔查诺（Bernard Bolzano，1781—1848）在《无限的悖论》（1851）中坚持了实无限集合的存在性，强调了两个集合的等价概念（即两集合元素间存在一一对应），注意到无限集合的真子集可以同整个集合等价。波尔查诺用更加抽象和普遍的集合概念来处理数的概念和无限的概念，拒斥传统的数学无限观——传统数学中的无限观将无限看成量的增加而没有终结。波尔查诺认为，我们应该从集合的性质角度来理解无限，这一属性是客观存在的，无限的集合是存在的，无限是实在的，因为一个无限的集合可以和它的真子集之间形成严格的一一对应关系（strict one-to-one correspondence）。波尔查诺写道：

> 我的断言如下：当两个集合都是无限时，它们相互之间可以处于这种关系之中：第一，将第一个集合的每一个成员与第二个集合的一些成员以这种方式相互匹配是可能的，一方面，每一个集合的成员不能不出现在这个配对关系之中，另一方面，与此同时，不存在这些成员的其中之一出现在两个或多个配对关系之中；第二，两个集合的其中之一能包含另一个集合作为自身的一部分，如果我们将所有它们的成员看成可以相互交换的个体的话，两个集合可以被还原的多样性以这种方式处于彼此间最具变化的关系之中。[①]

波尔查诺主张无限集合可以与其真子集（proper subset）形成一一对应的关系的观点后来影响了戴德金（Julius R.Dedekind）关于无限集合的定义。

戴德金在 1888 年著名的论文《数是什么与数应该是什么？》中提出了无限集合的定义："64.定义：一个集合 S 是无限的当且仅当它与它的真子集相似，否则 S 就是有限的集合系统。"[②] 比如自然数系统是无限的，

[①] Bernard Bolzano, "From Paradoxes of The Infinite", in William Eward trans. and ed., *From Kant to Hilbert:A Source Book in the Foundations of Mathematics*, Vol.I, Oxford：Clarendon Press, 1999, pp.266-267.

[②] Julius Dedekind, "Was sind und Was sollen die Zahlen?" in William Ewald ed., *From Kant to Hilbert：A Source Book in the Foundations of Mathematics*, Vol.II, Oxford：Clarendon Press, 1996, p.806.

因为自然数与其真子集偶数之间可以形成一一对应的相似关系，所以，自然数和其真子集偶数都是无限的，并且由于它们之间存在相似关系，它们的基数个数应该是一样多的。戴德金将自然数定义为一个简单的无限（simply infinite）系统，他用链条（chains）来定义自然数的无限系统 N，系统 N 是简单的无限的，当且仅当 N 是一些"基本元素"——由"1"所指示的 Φ_0（1）的链条——并且 1 并不包含在 Φ（N）之中。这里的 Φ（N）其实就是指集合的映射关系。戴德金说："一个系统 N 被视为简单的无限，如果存在一个 N 到自身的映射 Φ，从而使得 N 作为一个要素的链条而出现，但其自身并不包含在 Φ（N）之中。"[1] 戴德金关于无限集合存在的论证实际上是无限思想存在的论证：给定一些任意的思想 S_1，总存在一个分离的思想 S_2，亦即 S_1 可成为思想 S_2 的对象，而 S_2 又可以成为思想 S_3 的对象，如此等等，以致无限进行下去，因而思想的集合是无限的。戴德金试图证明一个无限集合的存在性，尽管这一证明后来遭受很多批评，但是也有不少数学家和逻辑学家将其看成无限集合存在的公理。

集合论的真正创立者德国著名数学家康托尔（Georg Cantor，1845—1918）更是极力主张实无限的存在，他认为，仅仅从绝不终结的角度理解无限是不够的，因为如果我们想要承认绝不终结的过程的存在，那么，我们现在就要能承认它。绝不终结的这一过程中所涉及的事情的范围或域可以提前作为实在的无限的整体而被给出。康托尔区分了两种无限：非真正的无限（improper infinite）与真正的无限（proper infinite）。康托尔写道：

> 至于数学的无限……我认为，它似乎一直主要是出现在一个变量的作用中，它要么超越所有的限制而增长，要么缩减至任何可想的微细部分，但保持无限。我称这种无限为非真正的无限（das Uneigentlich-

---

[1] Julius Dedekind, "Was sind und Was sollen die Zahlen?", in William Ewald ed., *From Kant to Hilbert: A Source Book in the Foundations of Mathematics*, Vol.II, Oxford: Clarendon Press, 1996, p.808.

undendliche），第一种无限（非真正的无限）将自身展现为一个变量的有限（veränderliches Endliches），其他的形式的无限［我称为真正无限（Eigentlich-Undendliches）］表现为彻底的确定的（bestimmtes）无限。[①]

简单地说，非真正的无限在康托尔看来主要是指传统哲学所理解的无限，即量要么增加超过所有限制，要么减少到任意小的量，但是总是保持有限，是变化的有限，一般用"∞"表示；而真正的无限是指确定的无限，即在几何学和函数论领域中的一些概念所展现的无限，比如复合平面上的无限的点的整体，一条线段上的所有点的集合，等等，这些都是确定的无限，无限在这些情况下都是实在的，他主张用 ω 来表示。康托尔主张用相互一一对应关系来刻画两个无限集合之间的等同关系。他说："如果两个集合的成员和成员之间相互一一对应起来，那么，这两个集合具有相同的势（power）。"[②]康托尔在无限集合理论的基础上建立了超限数理论，实无限不仅被承认，而且，作为不同的集合整体的实无限之间还可以比较大小。比如，自然数和有理数一样多。

弗雷格与罗素都承认无限集合或类的存在的实在性。弗雷格在《算术基础》中通过定义数即自然数以及 0，1，2 后继等概念，论证了自然数是无限的集合，弗雷格关于无限集合存在的论证大致如下：无论存在任何东西，必定有空集（"0"）存在，也即没有一个对象能归于一个概念之下，这样的集合就是空的，是没有数的，那么，必然存在一个以这个空集为唯一成员的集合（"1"），那么，也就必然存在一个以一个空集外加以这个空集为唯一成员的集合的集合（"2"），以此类推，以致无限，因而无限多的事物和集合是存在的。[③]罗素也持类似的观点。罗素赞同康托尔无限集合

---

① Georg Cantor, "Foundations of a General Theory of Manifolds：a Mathematico-Philosophical Investigation into Theory of the Infinite", in William Ewald ed., *From Kant to Hilbert：A Source Book in the Foundations of Mathematics*, Vol.II, Oxford：Clarendon Press, 1996, pp.882-884.

② Georg Cantor, "Foundations of a General Theory of Manifolds：a Mathematico-Philosophical Investigation into Theory of the Infinite", in William Ewald ed., *From Kant to Hilbert：A Source Book in the Foundations of Mathematics*, Vol.II, Oxford：Clarendon Press, 1996, pp.882-884.

③ 参见 Gottlob Frege, *Die Grundlagen der Arithmetik：Eine logisch mathematische Untersuchung über der Bgriff der Zahl*, Breslau：Verlag von Wilhelm Koeber, 1884, SS.67-98。

理论，承认无限集合的实在性。罗素说："与此同时，肯定没有逻辑理由反对无限的集合（infinite collections），因而，我们可以在逻辑上证明这一所正研究的假设即存在这样的无限集合。"[①] 罗素不仅承认无限多的事物的存在，还在《数学原理》中提出了所谓的无限公理（Axiom of infinity）[②]来保证至少有一个集合的存在。但是这一公理却由于缺乏自明性（self-evident）而只能被当成公设（postulate），因而后来也遭受不少学者的批评，特别是维特根斯坦的批评。由于罗素的无限公理本身设定的是无限集合或事物的存在，该公理本身不同于一般的逻辑上的自明的公理，所以，罗素试图将所有的算术归约为逻辑上自明的公理的逻辑主义的企图必然会落空。有评论者认为："现在看来，不可能证成这一论断即认为所有的公理都是逻辑上自明的原则。"[③] 其实，不仅戴德金以及弗雷格和罗素等人的集合或类理论中预设了实无限，而且后来发展起来的一般公理化集合论也是支持实无限集的。[④]

第二节　对集合论实无限观的批判：无限只是可能性，不是现实性

针对戴德金、康托尔、弗雷格和罗素等人坚持集合论意义上的实无限观，维特根斯坦对无限给出了自己独特的语法分析和批判。维特根斯坦认为，康托尔在集合论的研究中，特别是对其所作的解释，不过是变戏法而已。集合论意义上的实在无限观本质上是一种外延式的无限观，而无限不

---

① Bertrand Russell, *Introduction to Mathematical Philosophy*, New York：Dover Publication INC., 1993, p.77.

② 罗素的无限公理可以用符号写作：*120.03：Infin ax.=:α ∈ NC induct. ⊃ₐ ∃ ! α Df，这一公理是说，如果 α 是任何归纳基数（自然数），至少有一个类或集合具有 α 项。无限公理主张，所有归纳基数都是非空集合，亦即保证一个特定无限集合或类的存在。关于罗素的无限公理具体说明，请参见 Bertrand Russell and Alfred North Whitehead, *Principia Mathematica*, Vol.II, First Published in 1913, Second Edition, Cambridge：Cambridge University Press,, 1927, p.203。

③ A.W. Moore, *The Infinite*, Second Edition, London and New York：Routledge, 2001, p.116.

④ 参见［美］玛丽・蒂勒斯《康德的数学哲学观点》，载《爱思唯尔科学哲学手册：数学哲学》，［加］安德鲁・欧文主编，康仕慧译，北京师范大学出版集团 2015 年版，第 300—301 页。

能从外延角度来理解，只能从内涵或可能性角度来理解无限。维特根斯坦坚持的是一种内涵式的无限观①或可能性无限观，反对外延式或实在性无限观。维特根斯坦认为，无限不是作为一个现实的集合整体而被给予我们的，无限只是表示事物具有不断增加或划分的可能性，这种可能性是没有终结的。这里需要指出的是，这里所谓的增加或减少不是指有限的量上的增减，而是说无论你谈到可分或增减到什么程度，我们谈论进一步的增减都是可能的。

维特根斯坦强调，我们需要从语言分析的角度理解无限问题，不能脱离语言来谈论无限还是有限，我们要思考如何言说无限才是有意义的，要防止关于无限的无意义的胡说。传统的数学无限观特别是集合论实无限观中存在着不少哲学概念的混淆和不清，需要通过语法批判和分析才能澄清这些混淆。从语法角度来说，无限的东西主要是和可能性联系在一起的，而不是现实性。我们不可能说集合或类作为现实的整体已经被给予了，也不能将无限可能性与有限现实性相混淆。我们只能有意义地谈论无限可能性，而不能谈论无限现实性，因为我们不可能获得关于无限的现实性，说无限的集合作为整体被给予我们是无意义的。下面，我们主要从对集合论实无限观的批判角度分别阐述维特根斯坦关于无限可能性的思想。

维特根斯坦在前后期多次对集合论实无限观进行了有力的批判。现代数学中一般将集合论看成其基础，而无限问题则处于集合论的核心，维特根斯坦对于集合论实无限观的批判，在很大的意义上是对于现代数学基础的批判。维特根斯坦对集合论的无限观进行彻底的分析和批判，这是需要极大的勇气的，因为很少有人会怀疑集合论的无限观存在着哲学上的概念混淆和不清。正如有学者指出："维特根斯坦对于数学基础的阐明，特别是对于无限概念的阐明，可感觉到是迄今为止的唯一对当代数学的彻底的批判尝试。"②维特根斯坦强调指出，我们需要批判集合论实无限观，是因为

---

① 内涵式的无限（intensionale Unendlichkeit）这一术语借用自 Wolfgang Kienzler, *Wittgensteins Wende zu seiner Spätphilosophie 1930—1932：Eine historische und systematische Darstellung*, Frankfurt am Main：Suhrkamp Verlag, 1997, S.145.

② Wolfgang Kienzler, *Wittgensteins Wende zu seiner Spätphilosophie 1930—1932：Eine historische und systematische Darstellung*, Frankfurt am Main：Suhrkamp Verlag, 1997, S.143.

无限只能从可能性与内涵性角度理解，从集合全体以及现实性角度试图理解无限就犯了范畴性的错误，并且无限的可能性不能被描述或言说，而只能被符号的应用展示出来。维特根斯坦写道：

> 集合论（Die Theorie der Aggregate）试图以一种普遍的方式把无限看作规则的理论。它认为，真正无限（wirklich Unendlich）的东西根本不可能用算术符号来表达，而只能被描述（beschrieben）而不能被展示（dargestellt）。描述就像一个人拿着一大堆东西，无法用双手拿，只能用盒子包装起来拿，于是东西就看不见了，我们却仍然知道我们拿着它们（即非直接的方式拿着）。集合论就像买装在盒子里的猫，他们可以任意地将无限装进这个盒子里。（PB §170 S.206）

维特根斯坦在这里用猫和盒子的形象的比喻讽刺性地批判了集合论的实在无限观，集合论的普遍描述就像盒子，描述的对象即无限的数就像猫，集合论试图用普遍的逻辑形式来描述作为实在整体的无限数，以为只要我们描述不同的集合，就可以通过这些集合来装下不同的无限的数，但是实际上这是荒谬的，因为如果无限的数也可以如同猫一样被装进盒子（不同的集合）里，那么这就试图将无限理解为实在的东西，但是，维特根斯坦认为，集合论的做法是犯了范畴性的错误，即混淆了真正的无限与经验实在整体之间的区别。因为人们只能描述经验实在，但是不能描述真正的无限，因为真正的无限表达的只是可能性，而不是给定的经验实在性。

维特根斯坦认为，集合论是错误的也是无意义的，因为集合论假设了一种虚构的无限记号的符号论，而不是一种实际的有限记号的符号论。集合论者认为，我们在原则上可以通过列举表征一种无限集合，但是由于人类的物理的限制，我们只能描述它。但是维特根斯坦拒斥这点，认为"我们不能描述数学，只能做数学"，因为数学自身就是实际的演算，它只关注它实际能操作的演算（PG 469）。比如戴德金对于"无限集合"的定义就是一个关于描述无限集合的例证。戴德金将"无限集合"定义为"一个集合与其自身真子集相似"①。维特根斯坦认为，我们应用这个定义到特定的集合是无意义的，比如如果应用这个定义到有限的集合的话，这种做法是可笑的，但是如果是无限集合的话，这又是无意义的，因为我们根本就不能使得一个集合和它的真子集之间形成一一对应的关系（PGW S.464），因为"m=2n 关系并不能使得所有数的集合与其子集之间形成一一对应关系"（PR §141）。m=2n 这一关系只是表征一种无限的过程，将任意数与另外一个数相对应。我们只能使用这一关系 m=2n 作为一种规则，产生自然数序列，比如（2，1），（4，2），（6，3），等等，在这样做的过程中，我们并没有将两个无限集合（或外延）对应起来（WVC 103）。

　　维特根斯坦认为，集合论误解无限数的根本原因在于，它们试图描述所有的事物，而这在维特根斯坦看来是荒谬的，是无意义的。维特根斯坦早在《逻辑哲学论》中就认为罗素的类型论是多余的，反对描述全体的事物的说法，因为数学中根本就不存在全体的事物，更没有关于全体事物的应用，全体事物与全体的数的说法是无意义的。维特根斯坦说："类的理论在数学上完全是多余的。这与数学所需要的概括性不是偶然的概括性有关。"（TLP 6.031）在维特根斯坦看来，罗素的类型理论中的全称概括，其实只是偶然性的经验的概括，并不是真正的逻辑意义上的必然性的概括。早期维特根斯坦曾写道："我们不能说有'$\aleph_0$ 个对象'②，谈论所有对象的数也是无意义的。"（TLP 4.1272）另外，在《哲学评论》中，维特根斯坦多次强调指出，所有的数或全体的数是不存在的，谈论全体的数是无意义的。维特根斯坦写道："逐渐地把握全体数（Alle Zahlen）不仅'对我们人'而言是不可能的，而且是根本不可能的，这是无意义的。……但是人们不能谈论所有的数（Allen Zahlen），因为根本不存在所有的数（Alle Zahlen）。"（PB §124 S.147）

　　维特根斯坦认为，说把握"全体数"不仅对于我们人类而言是无意义

① Julius Dedekind, "Was sind und Was sollen die Zahlen?" in William Ewald ed., *From Kant to Hilbert*：*A Source Book in the Foundations of Mathematics*，Vol.Ⅱ，Oxford：Clarendon Press，1996，p.806.
② $\aleph_0$ 指最小的无限基数，即所有整数所构成的集合的基数，也就是指所有自然数的总个数。

的，甚至对于上帝来说也是无意义的[①]，维特根斯坦经常用调侃、讽刺性的语气说明"上帝能否知道 π 的所有位数"等诸如此类的问题也是无意义的，因为无限不能通过延展的方法来理解，而只能通过算术符号的应用显示出来。集合论试图用普遍的逻辑形式来描述全体的数，实际上是做不到的。维特根斯坦说：

　　对数的普遍性的表述是无意义的。我认为：我们不能说"(n)·φn"，因为"全体的自然数"不是一个有限的概念。但是，人们也不可以说，从一个关于数之本质的陈述中可以得出一种普遍的陈述。但是在我看来，在数学中人们根本不可能使用全体，等等普遍性。全体数（Alle Zahlen）是不存在的，这正是无限多（unendlich viele）存在的原因。（PB §126 S.148）

　　我一直在说：人们不能谈论全体数，因为并不存在全体数，但这只是一种感觉的表达。实际上人们必定会说"在数学中并不谈到全体数"，如果即使这样，人们依然还这么说，这只不过是把一些无意义的东西（Unsinniges）添加到数学事实上［人们添加到逻辑上的东西，当然必定是无意义的（unsinnig）］。（PB §129 SS.150-151）

　　维特根斯坦在以上这些地方都明确指出，谈论全体的数或所有的数实际上是无意义的，因为数学中根本就没有全体数的存在，我们并不能将所有的数以集合的方法规定下来或描述出来，而这一点本身显示了数是无限的，任何试图用所谓普遍的描述刻画全体数的做法都是无意义的和不可能的。

　　维特根斯坦认为，我们不能企图用集合论来描述全体数的普遍性，

[①]　维特根斯坦在《哲学语法》中曾这样写道："在这个意义上，不可能检查一个无穷数目的命题，也不可能试图这样去做。"（PG 452）对此，V.Rodych 评论指出，这点不仅适用于人，而且更重要的，它也适用于上帝，也即上帝也不能写下或考察无穷多命题，因为对他来说，这个序列是永无终结的，因而这一"任务"不是真正地原则上可以完成的任务。参见 Victor Rodych, Wittgenstein's Philosophy of Mathematics, *Stanford Encyclopedia of Philosophy*, Jan. 31, 2018, https://plato.stanford .edu /entries/ wittgenstein -mathematics/。

因为这种普遍地概括或描述全体数是不可能的，维特根斯坦提出用归纳法来表达数学中的普遍性，数学中的数的普遍性不是直接可以描述或概括的，而只能通过逻辑概念比如归纳法的应用展示出来。维特根斯坦说："通过逻辑概念（1，ξ，ξ+1）已经给出的它的对象的存在这一事实表明，逻辑概念规定对象的存在。……重要之处（Das Fundamental）只在于重复一个运算。"（PB §125 S.147）这里的逻辑概念（1，ξ，ξ+1）其实就是维特根斯坦在《逻辑哲学论》中所强调的基数（自然数）的一般形式，这是归纳法的范式之一。"1"是最开始项，希腊字母"ξ"表示中间项——任意一个变项，而"ξ+1"表示任意中间变项的加"1"项，也可以把它理解为后继项，归纳法的本质就在于计算的重复比如这里的"+1"，这一重复过程是没有终止的。这也就是说，归纳法规定我们应该如何谈论所有对象或事物的存在，归纳法本身是语法中的一种规定，规定语言的使用，即规定数学中的普遍的数是如何增加的，归纳法其实指明了数朝向无限可能性的方向。维特根斯坦说："[f（1），f（ξ），f（ξ+1）]是归纳的符号。"（MWL p.77）维特根斯坦在这里讲得更加明确，他说：

> 一个涉及所有命题或所有函数的命题从一开始就是不可能的：这样的一个命题所要表达的东西必定是通过归纳来证明的。数学的普遍性（Die Allegemeinheit）通过归纳（Die Induktion）得到展示（dargestellt）。归纳是数学普遍性的表达。（PB §129 S.150）①

数学的普遍性与无限的可能性并不能通过集合论描述出来，而只能通过数学归纳法展示出来，维特根斯坦这样说："无限的数列本身仅是这样

---

① 我们这里需要注意的是，维特根斯坦强调数的普遍性或无限数只能通过数学归纳法展示（dargestellt）出来，而集合论则试图描述（beschrieben）全体的数，如果"描述"理解为早期维特根斯坦"言说"的话，那么这里的"展示"则意味着"显示"。正如不可言说的东西只能显示出来，不能描述的东西只能展示出来。维特根斯坦在下面接着就提到了无限的可能性只能被"显示"（gezeigt），而不能言说（auszusprechen）。虽然维特根斯坦换了不同的用语，但是意思是非常明确的，就是无限的可能性是不可描述或言说的，而只能展示或显示出来。——笔者注。

的一种可能性——从'（1，x，x+1）'这一独特的符号中可以清楚地看出这一点。该符号本身是一个箭头，第一个（1）是箭头之羽毛，（x+1）是箭头，这里的特点是，正如箭头的长度是非本质的一样，在此，变量x表明，箭头和羽毛之间有多大距离，这是无关紧要的。人们可以谈论那位于箭头方向上的事物，但是在谈论箭头所指方向上的事物之所有可能的位置，并把它们看作与这一箭头所标示的方向相等同，则是毫无意义的。正如一个探照灯在一个无限空间中投射光亮一样，它当然可以照亮那些位于其投射方向上的一切事物，但是却不能因此而照亮其无限性。"（PB §142 S.162）维特根斯坦这里用箭头和羽毛来比喻归纳法，正如箭头的作用是指明方向，归纳法的作用也是为无限的可能性指明方向，归纳法可以引导我们追求无限的可能性，但是它并不描述无限本身。归纳法最根本之处就在于不断地重复运算，通过不断地重复运算来指明无限的方向与可能性。归纳法并不规定任何现实性，只有在具体的应用时才会有具体的现实性，一般的归纳法只是引导人们看到无限可能性。

维特根斯坦不仅强调用归纳法来展示数学的普遍性与无限可能性，而且多次对戴德金关于集合论实无限的定义进行了有力的批判。维特根斯坦根认为，戴德金关于无限集合的定义以及罗素的无限公理都是有问题的。维特根斯坦写道：

> 戴德金对无限性概念的解释中的错误（圆圈）在于形式内涵中对于"所有"（alle）这一概念的应用。也就是说，看起来有一种形式的内涵。这种形式的内涵——如果可以这样说的话——不依赖于其概念中是否包含一个有限数量的对象还是无限数量的对象。它只是简单地表述：如果前者对一个对象适用，那么，后者也同样适用。它根本不看对象的总体（Gesamtheit），而只说明正放在它前面的那个对象的一些情况。至于它的应用是有限的还是无限的，则需要根据情况而定。（PB §130 S.151）
>
> 戴德金对无限集合的定义是很奇怪的。……戴德金并没有给出人们可以区分有限或无限的标准。说无限的集合是这样的集合，它可以

与特定的集合一一对应，这似乎是毫无意义的。①

　　一种形式不可能被描述而只能被展示（dargestellt）。戴德金对一个无限量所做的定义，就是想对无限性进行描述（beschreiben）而不是展示（darzustellen）。（PB §171 S.208）

根据前面的分析和回顾，我们知道，戴德金关于无限集合的定义主要是：如果一个集合系统 S 与其真子系统相似，那么，这个集合或系统 S 就是无限的，否则就是有限的。这实际就是强调无限集合与其真子集之间的一一对应关系。罗素的无限公理主要是说，所有归纳基数都是非空集合，亦即保证一个特定集合或类的存在，比如自然数总和作为实无限的集合至少是存在的。

但是，维特根斯坦从数制规则出发，重新分析了数学中全体集合和子集之间的对应关系以及涵义。维特根斯坦这样写道：

　　关于数制的规则——例如十进制——包含着有关数的一切无限的东西。例如这些规则并不限制数字向左或向右延展，这里就表现了无限性。……m=2n 这一关系是否把全体数的集都对应于它的一个子集呢？不。它使每一个任意数都对应于其他的数，于是我们就以这种方式获得了无限多的集合对，其中一个集与另一个集对应，但是这种集合对同集合与其子集从不发生联系。这种无限的过程本身在任何一种意义上都是这样的集合对。坚持认为 m=2n 把一个集合与其子集相对应这样的一个偏见，其原因完全在于模棱两可的语法。而所有这一切诉诸可能性与现实性的句法。m=2n 内含了把每一个数与另一个数相对应的可能性，但是它并没有把所有的数与其他的数相对应。（PB §141 SS.160-161）

在这里，我们可以看出，维特根斯坦对于戴德金集合论实无限观的批

---

① ［奥］维特根斯坦：《维特根斯坦剑桥演讲集 1930—1932》，德斯蒙德·李（D.Lee）编，周晓亮译，载涂纪亮主编《维特根斯坦全集》第 5 卷，河北教育出版社 2003 年版，第 368 页。

判：戴德金试图通过一个集合与其子集之间建立一一对应的关系判断一个集合是不是无限的，但是维特根斯坦指出，这种所谓判定无限集合的定义或标准实际上误解了我们的关于可能性与现实性的语法。"m=2n"只是表达了两个数之间对应的可能性，但是它并没有实际上把所有的数都与其他的数一一对应，并没有在现实的意义上在全体的自然数和全体的偶数之间建立起一一对应的关系，也就是说，"m=2n"与集合的全体以及子集的全体之间的对应无关，因而我们并不能有意义地说，全体自然数和全体偶数一样多，戴德金的集合论定义并没有为真正的无限集合提供科学的标准和判断方法，所有这一切都是建立在对于可能性和现实性的语法混淆的基础之上的。

在维特根斯坦看来，戴德金关于无限集合的定义以及罗素的无限公理中都充满了哲学的混淆。维特根斯坦反对的哲学理由主要有以下几点：其一，人们不可能提前为某个集合准备一种普遍的逻辑形式，逻辑形式是不可言说的，而只能显示，以为可以通过普遍逻辑形式为集合的描述而做准备的想法是荒谬的；其二，任何一种逻辑形式的描述不可能是不完整的，亦不可能有历时性的差别；其三，无限集合与有限集合之间存在范畴的逻辑的差别，因为它们各自的证实方法是不同的，表述罗素的无限公理的可能性要以无限多的事物的实际存在为前提，而这是做不到的。关于第一点：维特根斯坦认为，我们并不能在集合还没有出现或给予时，提前准备一种普遍的逻辑形式来描述它，逻辑形式本身是不可描述的，而只能在我们语言的具体使用中自行显示出来。因而，戴德金以及罗素等人诉诸普遍的逻辑形式来定义或描述无限集合的做法是有问题的。关于第二点：戴德金以及罗素等人描述无限集合的方式也是不完整的，因为如果要描述一种逻辑形式，就必须描述其全体成员（WWK S.69），不许有不完整的描述，不允许先附带地描述、然后不精确地描述，再后来更加以精确地描述。

关于第三点：在维特根斯坦看来，戴德金以 k 及罗素等人描述无限集合的方式是错误的。维特根斯坦早在《逻辑哲学论》时期就批判了罗素的无限公理，认为这一公理真正表达的东西是不可言说的，而只能通过语言的使用显示出来。维特根斯坦通过批判地考察罗素符号语言中的"="使用，认为罗素的"="在合适的概念文字中是可以消除的，是多余的没有用处的（TLP 5.533- 5.534）。自从弗雷格的《概念文字》中将"="看成逻辑常项（logical constant）以来，数学的等同被看成一般的逻辑等同概念的特例。[①]弗雷格在《概念文字》中引入了内容的等同（identity of content），用"≡"表示，"⊢ A ≡ B"，表示："记号 A 和记号 B 具有相同的概念内容，因而，我们可以在任何一处用 B 来替换 A，或者用 A 替换 B。"[②]但是，弗雷格在解释等号"="的函项时产生了困难，因为一方面，他认为"a=b"表示两个名称"a"与"b"具有相同的内容，也就是指名称内容的同一；但是另一方面，他又认为，"a=b"表达的是判断即"相同的对象由不同的方式决定"，也即作为判断对象的判断内容的同一，因为确定判断内容的方式是不同的。所以，我们就可以看到，在弗雷格关于等同的阐释中存在着不一致的地方。对此，有学者指出："很明显的是，这是不相容的。我们可以看到，弗雷格引入涵义（sense/Sinn）与意谓（reference/Bedeutung）的区别就涉及表述这一问题的努力。"[③]的确如此，弗雷格著名的论文《涵义与意谓》（*On Sinn and Bedeutung*）主要强调，"a=b"中的"a"与"b"意谓对象相同，但是涵义不同，因为"a"与"b"概念内容的展现方式不同[④]，但是，这种诉诸直觉来引入认知价值的策略并不能真正地解决问题，"a=b"比"a=a"所包含的多出来的认知价值究竟是什么，弗雷格并没有清楚地予以说明。[⑤]

罗素也有类似的想法，罗素在《数学原理》第 1 卷的 *13.01 中将等同

---

① 参见 Alfred Tarski, *Introduction to Logic and the Methodology of Deductive Sciences*, Oxford: Oxford University Press, 1965, p.61。

② Gottlob Frege, "Begriffsschrift", in Jean van Heijenoort ed., *From Frege to Gödel: A Source Book in Mathematical Logic,1879-1931*, Cambridge, Massachusetts: Harvard University Press, 1967, §8, pp.20-21.

③ Michael Kremer, "sense and reference:the origins and development of the distinction", in Michael Potter,and Tom Ricketts ed., *Cambridge Companion to Frege*, Cambridge: Cambridge University Press, 2010, p.238.

④ 参见 Gottlob Frege, "On Sinn and Bedeutung" (1892), in Michael Beaney ed., *The Frege Reader*, Edited by Oxford: Blackwell Publishers Inc, 1997, pp.151-171。

⑤ 参见王振《专名与意向——关于专名的语义学研究》，长江出版传媒、湖北人民出版社 2021 年版，第 30 页。

定义为：x=y 当且仅当 x 和 y 满足相同的谓词函项，也即它们共有相同的谓词属性。

　　*13.01：x=y.=:(φ)：φ！x. ⊃.φ!y Df. 这个定义是说，当每一个 x 所满足的谓词函项也被每一个 y 满足时，x 就被称为等同于 y。① 罗素的这个定义也可以用现代符号表示为：(x=y)↔∀F（F（x）→F（y））。这一关于等同的定义实际上坚持了莱布尼茨的不可分辨的同一律。②

　　但是维特根斯坦却坚持在逻辑的等同和数学的等同之间作出了严格区别，他认为逻辑的等同是可以消除的③，但是数学的等同可以通过等号而得以保留。他认为，等号不是概念文字的一部分（TLP 5.533），维特根斯坦的理由在于，等同不是指事物或对象之间的等同，因为"说两个事物是等同的，是无意义的，而说一个事物是与自身等同的，则什么也没有说"（TLP 5.5303），维特根斯坦这样写道："我们可以不写'f（a，b）.a = b'，而写做'f（a，a）（或'f（b，b）')'；不写'f（a，b）.~a=b'，而写做'f（a，b）.~ a = b'。"（TLP 5.531）维特根斯坦认为，等同显然不是对象之间的关系（TLP 5.5301），我们应该用指号的等同，而不是等同的指号来表达等同，因为对象之间的差异是用不同的指号来表达的（TLP 5.53 ）。因而，维特根斯坦认为，罗素关于等同"="的定义是不适当的，因为根据罗素的定义，我们不能说两个对象共有一切特性（TLP 5.5302）。所以，维特根斯坦认为，在正确的概念文字中，我们根本不能像罗素那样写类似于"a=a""a=b.b=c. ⊃ .a=c""（x）.x=x"以及"（∃x）.x=a"等，诸如此类的似是而非的命题，之所以说这些表述是无意义的似是而非的命题，是因为它们试图言说不可言说而只能显示的东西。

　　不仅如此，维特根斯坦还在后来进一步分析过罗素在等同处理中的混

────────────

① 参见 Bertrand Russell and Alfred North Whitehead, *Principia Mathematica*, Vol.I, First Edition, Cambridge：Cambridge University Press，1910，p.177。

② 参见 M.Marion,*Wittgenstein, Finitism and Foundations of Mathematics*, Oxford：Clarendon Press，1998，pp.51-54。

③ 有学者证明了维特根斯坦对"等同"（identity）的拒斥即拒斥等同作为对象之间的二元关系在逻辑上是完全可行的，并认为这种不承诺对象等同关系的逻辑在表达方面完全等价于带等词的一阶逻辑。参见 Kai F. Wehmeier, "How to live Without identity—And Why", *Australasian Journal of Philosophy*, Vol.90, No.4, 2011, pp.761-777。

淆。维特根斯坦反对一次用"a"，另一次用"b"来标识同一个对象，这种记号的多样性并不是一个符号系统的可描述的特征。"a=b"是由记号规则产生的，不是表示两个对象之间的同一，这一规则与现实无关，它只与记号自身的使用规则有关，所以"a=b"这种表达式根本不是涉及经验的命题，根本不言说任何具体的事物。"根据他的解释，'='是元语言的记号，而不是对象语言的记号。"① 维特根斯坦说："一旦我们把一种语言通过一个记号来描述任何一个对象的时候，同一性（die Identität）就消失了。由此，我们可以看到，这种同一性只是一种记号规则。"（WWK S.243）也就是说，等同在维特根斯坦看来，只是表示一种记号的使用规则，根本就不是表示两个具体对象之间的等同性。维特根斯坦还写道："罗素试图用下面的这种方式来表达同一性：'a 和 b 两个事物，当它们具有全部的共同属性时，它们就是相等的。'

$$a=b.=:(\phi)\colon \phi!\ a.\supset.\phi!\ b\colon Df.$$

这一命题并没有说明同一性的本质。因为要理解一个命题，我们必须已经给予记号'a'和'b'以一种涵义，而在我给予它们以一种涵义时，我已知道它们是否指相同的东西。F.P. 拉姆塞尝试也这么说。罗素的错误并不在于，他对同一性给予了错误（falsch）的阐释，而是他竟然对同一性做出了表述（formuliert）。试图通过一个命题来表述构成了理解命题条件的东西，是无意义的（unsinnig）。罗素的尝试也与由比如说 a 和 b 两个事物所构成的、借助于同一性所定义的类（klasse）有关。"（WWK S.243）维特根斯坦在这段引文中对罗素的同一性定义和阐释的批判的理由很清楚，那就是，罗素试图对构成命题理解的前提条件的等号加以阐述，这不是错误的，而是无意义的，因为等号所表达的两边记号所意谓东西的同一性只能通过记号的使用显示出来。而罗素主要通过定义等同来描述不同的类型或集合，等同的说明构成了罗素类型论的基础，而既

---

① Michael Potter，"Propositions in Wittgenstein and Ramsey"，in G. M. Mras，P.Weingartner，B.Ritter eds.*Philosophy of Logic and Mathematics: Proceedings of the 41st International Ludwig Wittgenstein Symposium*，Berlin/Munich：Walter de Gruyter GmbH，2019，p.382.

然等同的定义是多余的和无意义的，那么罗素的类型论也是多余的和无意义的，进而罗素的无限公理主要就是说至少有一个非空的无限集合存在，换句话说，存在无限多可以区别的个体，那么，罗素的无限公理也是不可能的和多余的。

所以，维特根斯坦认为，罗素的等号是无意义的，是可以消除的，维特根斯坦说："因此，等号不是概念文字的一个本质的成分。现在我们看到，在一种适当的概念文字中，根本不能写'a=a'，'a=b.b=c. ⊃ a=c，'(x) x=x'，'∃ x.x=a'，等等伪命题。"（TLP，5.533-5.534）"由此一切与这样伪命题相关的问题都消除了。罗素的'无限公理'引起的一切问题在这里终究是可以解决了。无限公理要说的东西会通过无限多具有不同意谓的名字的存在而表达在语言之中。"（TLP 5.535）

也就是说，在维特根斯坦看来，罗素无限公理试图言说的无限数的事物存在的论点，只能通过不同意谓的名字的存在而显示在这些不同名字使用的语言之中。"维特根斯坦认为，等同并不表示对象之间的关系，而是名称和对象之间关系不可言说的结果，个体的存在只能通过使用其名称而被显示出来。"[1] 维特根斯坦说：

> 罗素犯了一个错误。就是：他相信，他能描述一个逻辑形式，尽管以一种不完整的方式。……比如在描述集合时，我们并没有说它是有限的，还是无限的。随后我注意到，无限和有限还是有我不曾想到的差别的。所以，当我说"如果……集合就是有限的"，我就是在完善我对一个集合的描述。这看起来是我首先有一个主词（集合），随后我把一个形容词（Adjektiv）（有限的、无限的）补充到该主词上，就如我提起一双鞋，然后说它是白色的或绿色的。但是实际上，我根本不可能描述无形容词的主词，或者无主词的形容词。两者是不可分的。无限（无穷）集合从一开始就完全不同于有限集合。"集合"一词在不同的情况下有不同的意义，因为陈述的证实是不同的。（WWK S.69）

---

[1]　Mathieu Marion, *Wittgenstein*, *Finitism and Foundations of Mathematics*, Clarendon Press, Oxford, 1998, p.50.

　　维特根斯坦认为"集合"一词在不同的语境下具有不同的使用与意义，我们不能滥用"集合"一词，以为只要有了集合，就可以用之来表达无限数的实在性，这是误导性的观念。所以，维特根斯坦反对集合论的实无限观。

　　维特根斯坦认为，集合论中充满了诸多哲学概念的混淆，需要哲学分析和厘清，集合论并不是像希尔伯特所鼓吹的那样是乐园。希尔伯特曾经在著名论文《论无限》（*Über das unendliche/On the infinite*）中这样写道："没有谁能够把我们从康托尔所创造的乐园中驱逐出去。"[①] 针对希尔伯特对康托尔集合论的辩护和捍卫，维特根斯坦在 1939 年在剑桥所做的关于数学基础的讲演中曾经这样回应道："我将会说，'我并不梦想着将任何人驱逐去这个乐园'，我试图做某种完全不同的事情：我将会向你表明，那并非一个乐园——所以你将自行离去。'很欢迎你这样做；只要你向四周看看。'"（LFM p.103）维特根斯坦对于集合论实无限观的批判，就是要指出集合论在无限问题上的哲学混淆，即混淆了无限的可能性与实在性，将内涵式的无限误解为外延式的无限，从而导致了许多似是而非的概念问题。

第三节　无限可能是法则性质，而不是延展性质

　　无限只能从可能性角度来理解，而不能从现实的全体集合的数的角度来理解，无限的可能性是语言规定的，不是现实给予的，因而，维特根斯坦认为，无限具有语法的法则性质，而不是延展性质。"无限是一个法则性质（property of law），而不是一个延展性质（extension）"（MWL p.76）；"无限＝以法则表示的无限的可能性"。[②] 这是因为只有法则才能

---

① David Hilbert，"On the Infinite"，in Paul Benacerraf and Hilary Putnam eds.，*Philosophy of Mathematics:Selected Readings*，Second Edition，Edited by Cambridge：Cambridge University Press，1983，p.191.

② ［奥］维特根斯坦：《维特根斯坦剑桥演讲集 1930—1932》，德斯蒙德·李（D.Lee）编，周晓亮译，载涂纪亮主编《维特根斯坦全集》第 5 卷，河北教育出版社 2003 年版，第 114 页。

表述可能性，而延展只能刻画现实性与有限性。维特根斯坦的无限观既是可能性的内涵式的无限观，也是法则性的无限观，反对外延式的或现实的无限观。维特根斯坦坚持在无限的可能性与有限的现实性之间进行严格的范畴区分。无论是前期还是中后期，维特根斯坦基本上都是坚持从可能性，而不是现实性角度来理解无限问题。无限表示可能性而不是现实性。维特根斯坦写道："无限的东西总是以作为可能的这一概念的进一步规定的方式出现在语言中。比如，我们说一条线段无限可分，一个物体可以无限地远离，等等。这里说的是一种可能性，而不是一种现实性。'无限的'（unendlich）一词是对可能性的规定。"（WWK S.128）比如，我们说一条线段无限可分，我们强调的不是从现实的意义上可以无限地分割线段，而是说，无论这个陈述是否正确，当我们分割这个线段到一定的程度时，我们还有可能继续地分割这条线段，继续分割一条线段强调的是可能性，而不是现实性。无限可分性本身就是无限可分的可能性。维特根斯坦还说："无限可能性的逻辑表达式是语言中的无限可能性。"（MWL S.75）

维特根斯坦认为，无限可能性绝对不能从延展角度来理解。人们错误地以为，可以用无终点、无限长的路或无限长的数列等角度来理解无限，这实际上就是用延展的眼光来看待无限，这是错误的不得要领的。维特根斯坦说：

如果我试图在一条无终点的线路上不断前行，那为何在一条无限的线路上就该不同呢？那样我永远不可能抵达目的地。但是如果我在这条无限的线路上一步步地前行，那么我也就不可能把握它。因此我要以其他的方式来把握它；而一旦我把握了它，关于这条线路的命题也就只能根据该命题对这条线路的理解来证明。……人们也可以说，没有通向无限的路，也不可能有无终点的路。（PB §123 S.146）

维特根斯坦认为，从无限长的路、无限的数列等角度出发是永远不能理解无限的，因为无限长的路以及无限长的数列等都是从延展角度来理解无限，如果从延展角度理解无限的话，那是没有终结的，无限长的路不可能实现，无限的数列也不可能数完。维特根斯坦说：

> 无限的数列仅是有限数列的无限的可能性（unendliche Möglichkeit）。谈论完整的无限的数列，就好像它也是一种延展（Extension），这是无意义的。无限的可能性借助无限的可能性来表现，符号本身中只存在可能性而不存在重复的现实性。这是否意味着，事实是有限的，事实之无限可能性存在于对象之中。因此，这种可能性只能被显示（gezeigt），而不能被描述（beschrieben）。与此相应，描述事实的数是有限的，而与事实之可能性的数的可能性是无限的。如上所说，这种可能性表达在符号体系的可能性之中。……如果数学试图［就如在集合论（der Mengenlehre）中一样］说出（auszusprechen）其可能性，亦即如果它把可能性与现实性相混淆，那么人们就会让数学退回到其界限之内。（PB § 144 SS.164-165）

维特根斯坦在这里明确指出，无限的数列只能通过无限数列的可能性展现出来，我们不能有意义地谈论无限数列的整体，将无限的数列看成一个实在的整体，其实就是一种外延式的无限观。无限的可能性只能通过符号体系的重复的可能性来展现。无限的可能性只能被显示，而不能被描述或言说，否则就是犯了范畴性的错误，将可能性与现实性相混淆。人们理解一个集合的意义，而无需谈论有限还是无限；在一种正确的语言中，人们从来不提出一个集合是有限还是无限的问题。

当然，维特根斯坦的这种内涵式或法则的无限观与亚里士多德的传统的潜无限观具有很多相似之处[1]，他们都反对无限是现实的被给予的事物整体，但是维特根斯坦与亚里士多德不同的地方在于，亚里士多德认为凡是潜在的东西都会转变为现实性，而维特根斯坦则完全没以这种哲学观

---

[1] 有学者指出"维特根斯坦的无限观念可以被看作，是对由亚里士多德所开创的潜无限传统观点的继承"，参见 Ryan Dawson, "Wittgenstein on Set Theory and the Enormously Big", *Philosophical Investigations*, Vol.39, No. 4, 2016, p.313. 也参见 A.W.Moore, *The Infinite*, London：Routledge, 1991, pp.206-208.

点来思考无限。我们不能说无限作为可能性就一定会转变为现实性，这种说法无疑在维特根斯坦看来是无意义的。维特根斯坦认为，说存在无限多的集合缺乏证实的手段，因而是无意义的；按照中期维特根斯坦的说法，"证实的道路并不通向无限。一个'无限的证实'就不再是证实"（WWK S.247）。"人们可以说：不存在通往无限（Unendlichkeit）的道路，也不存在通往无尽头（endlosen）的路。"（PB §124S.146）

维特根斯坦认为，无限具有法则性质，而不具有延展性质。前面所提到的集合论的实在无限观就是试图将无限理解为延展性质，而不是法则性质，从而产生了范畴性的混淆。维特根斯坦认为，无限的总体或整体的思想来源于从延展角度来理解无限。那么，维特根斯坦到底是如何反驳从延展角度理解无限是不可能和无意义的呢？维特根斯坦反驳延展性的无限观的主要论证在于：延展性的无限观误解了数学中的普遍性，他们以为数学的普遍性可以通过构造函数（概念）或对象，通过全称量词或否定加存在量词的形式来刻画全体或总体的普遍性，但是，数学中的普遍性不是概念与对象意义上的全体或总体的普遍性，而是法则意义上的普遍性与可应用的普遍性。维特根斯坦这样写道："无限的不是对'有多少'这个问题的回答，无限者不是一个数目。它是构造命题的语言的无限可能性。'一切'一词指一个广延；但它不能指一个无限的广延。无限是一个法则性质，而不是一个广延性质。"①另外，维特根斯坦还说：

> "无限的可能性"不是由断言该可能性的一个命题来表达的，而是由一个构造法则来表达的。无限的可分性不是由一个断言可分性已经发生的命题来表达的，而是由一个法则来表达的，这个法则为那些对进一步划分（划分至既定的数目，而非划分至无限数目）做出断言的命题提供无限的可能性。对于断言划分的既定数目的一个命题，有一个实在与其对应；没有无限的可能性相对于的无限实在。无限不是一个数目，而是一个法则性质。无限的规则可以用符号表示如下：

---

① ［奥］维特根斯坦：《维特根斯坦剑桥演讲集1930—1932》，德斯蒙德·李（D.Lee）编，周晓亮译，载涂纪亮主编《维特根斯坦全集》第5卷，河北教育出版社2003年版，第24页。

[f（1），f（ξ），f（ξ+1）]。注意，我们必须从f（1）开始，一步步
地进行。它不是由（x）ϕx代表的那种普遍性。[①]

这就是说，无限并不是通常数学中所标示的一个数，而只是表示无限
的可能性，无限的可能性具有法则性质，我们只能通过构造的法则来表现
无限的可能性，比如用归纳法[f（1），f（ξ），f（ξ+1）]或者（1，ξ，
ξ+1）来表示所有的数。无限法则应用到可分性上来，就是说，没有任何
一次分割或划分是终结的，总是存在着进一步划分的可能性。无限的划分
的可能性其实也是通过划分的法则来保证的。我们千万不要以为，无限的
划分真的在现实中存在，那是荒谬的，无限的划分只是表示进一步地连续
划分的可能性，并不表示实现了或完成了的。

维特根斯坦认为，数学中的普遍性不是由函数或概念来描述的，而是
由符号体系或语法规则规定的无限可能性来展示的，比如数学归纳法提供
数学的普遍性，而不是指全称量词比如（x）ϕx的函数所包含的共同性质。
维特根斯坦认为："普遍性的不同涵义具有共同的构造属性，而非共同的性
质；它们并不归于一个属性之下，作为它们的种，例如，不同种类的数目
共同具有某些语法规则。"[②] 维特根斯坦比较了数学归纳法比如[f（1），f
（ξ），f（ξ+1）]与（x）ϕx之间的不同，他认为，这个归纳法序列实际
上就是用符号规则表示的形式序列，其中的第一项f（1）表示第一个数，
第二项f（ξ）表示任何一种数或普遍的数，而f（ξ+1）则表示与刚才提
到的数的下一个数。因而，按照这个形式序列，我们可以得到：f（1），f
（1+1），f（1+1+1），等等。这里的"ξ"似乎表示能够与"（x）ϕx"中的
"x"相比拟的普遍性，但是其实根本并非如此。

根据维特根斯坦的分析，表示变数的"ξ"除非我已经有了1，否则，
就是无意谓的。虽然，这个归纳法的规则具有一种普遍性，但是这种普遍
性完全不能与（x）ϕx中的普遍性相提并论（MWL p.77）。两者之间最主

---

① ［奥］维特根斯坦：《维特根斯坦剑桥演讲集 1930—1932》，德斯蒙德·李（D.Lee）编，周晓
亮译，载涂纪亮主编《维特根斯坦全集》第 5 卷，河北教育出版社 2003 年版，第 24 页。

② ［奥］维特根斯坦：《维特根斯坦剑桥演讲集 1930—1932》，德斯蒙德·李（D.Lee）编，周晓
亮译，载涂纪亮主编《维特根斯坦全集》第 5 卷，河北教育出版社 2003 年版，第 25 页。

要的区别在于：前者即归纳法的普遍性需要一步一步地推进，绝对不可能一步就获得了任何普遍的东西，但是对于全称量词的表述来说，普遍的东西是一次性获得的，不会像归纳法那样一步步地推演，全称量词函数表示所有的东西都应该具有一定的性质，比如说"所有的人都是有死的"，可以写作：$\forall x\,(Hx \to Mx)$，这也就是说，"对于任何 x 来说，只要 x 是 H，那么，x 就具有 M 的性质"[①]。很明显，维特根斯坦即使在《逻辑哲学论》中也没有表达出支持全称量词表示某一类事物具有某一共同性质的论述。

维特根斯坦认为，数学归纳法帮助我们认识数学中的规律和普遍性，但是这种数学普遍是无限的可能性，而不是无限的现实性。维特根斯坦曾在 1929 年 12 月 30 日与维也纳小组交谈时谈道：

归纳（法）就像一个螺纹线，那我就认识了整个（ganze）螺纹线。整个螺纹线？如何认识的？这里存在一种类似性，这种类似性很容易引导人们谈论"整个（体）"。如果我认识了一个螺纹圈，我虽不认识整个螺纹线，却认识了螺纹线的规律，所以也就认识了最初的 10 个螺纹圈。在后一种情况下，包含了一个重要的意思：我认识一螺纹圈，所以我认识了整个（有限的！）螺纹线。

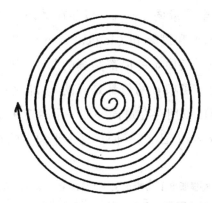

十进制小数的展开情况也正是这样。我所认识的归纳法，因而也

---

① 罗素在《数学原理》的 *10 中给出了普遍性的符号表述，比如 *10.02. φx ⊃ₓ ψx .=. (x). φx ⊃ ψx Df，用现代符号表示为：$\forall x(\phi(x) \to \psi(x))$。参见 Bertrand Russell and Alfred North Whitehead, *Principia Mathematica*, Vol.I, First Edition, Cambridge: Cambridge University Press, 1910, p.144。

就是展开（推导）的规律。……在一个螺纹线与 10 个螺纹圈的关系与一个螺纹圈与整个螺纹线的关系之间存在着相似性。但这只是一种相似，这种相似性引诱人们引入无限类或集合（unendliche Klassen oder Mengen）。（WWK SS.72-73）

维特根斯坦在这里将归纳法比喻为螺纹线非常形象和贴切，正如我们认识了一个螺纹线圈，掌握了整个螺纹线的规律和普遍性，我们也是通过数学归纳法来掌握数学数制的展开规律和普遍性的。但是需要注意的是，螺纹线圈只是指向无限的可能性，而不是无限的现实性，因而我们所认识的有限的螺纹线不可能给予我们整体的螺纹线圈，故而从视觉角度来看必定是有限的，有限的螺纹线与无限的螺纹线圈的关系类似于有限的数与无限的数的关系，两者之间存在一种极大的相似性。这种相似性会引诱人们以为无限的集合或类是存在的，但是实际上是骗人的和误导的。因而，在维特根斯坦看来，无限的类与集合不是实在的，而只能是无限可能的。

不仅如此，维特根斯坦还从概括命题角度分析了我们并不能描述无限集合的存在。维特根斯坦认为，用全称量词（x）φx 与存在量词（∃ x）φx 的函数表达式所表达的函数值都是有限的，而不是无限的（MWL p.88）。罗素试图用全称量词（x）φx 与存在量词（∃ x）φx 分别表达逻辑积（logical product）和逻辑和（logical sum），"（x）φx"意谓："对于变元 x 的所有值来说，函项 φ 的值都是真的"；"（∃ x）φx"意谓："对于变元 x 的一些值来说，函项 φ 的值都是真的"。维特根斯坦认为，在罗素的符号中，全称量词可以用存在量词外加一个否定来定义，以此表达普遍性[①]，比如：（x）φx =∼（∃ x）∼φx= 这个平面上的每一个事物都是一个

[①] 需要注意的是，维特根斯坦在 20 世纪 30 年代初剑桥大学讲课笔记（摩尔记载）中并没有写出完整的表达式，"（x）φx =∼（∃ x）∼φx"，而只写出了"∼（∃ x）∼φx"，但是维特根斯坦在 1929 年 12 月 22 日与维也纳小组谈话时提到了完整的表达式"（x）φx =∼（∃ x）∼φx"，并认为这种表达式是无意义的（WWK S.40）。罗素在《数学原理》中没有直接给出类似于维特根斯坦提到的（x）φx =∼（∃ x）∼φx，但给出了 *10.01. (∃x). φx . = .∼ (x) .∼φx Df，但凡学习过现代逻辑知识的人们都知道这是一阶谓词逻辑的一条定理和法则。参见 Bertrand Russell and Alfred North Whitehead, *Principia Mathematica*, Vol.I, First Edition, Cambridge: Cambridge University Press, 1910, p.144。

圆。维特根斯坦追问的是，罗素的这一关于普遍性的表述真的刻画了关于一个平面上的事物具有圆的普遍性质吗？维特根斯坦接着举了一个反例，认为并不是这个平面上所有的点都是一个圆，比如，我们可以找到这个圆的中心点并不是一个圆。因为我们总是可以在一个平面上通过一对坐标确定一个圆的中心点的位置，根本不存在一对坐标的整体：一个无限的整体根本就不是一个整体。

因而，维特根斯坦总结说，既然我们可以通过找到一个圆的中心点来否定"一个平面上所有的事物都是一个圆"这一普遍性的论述，那么，也就是说，我们可以否证"~（∃x）~φx"即"（x）φx"不表示一个无限意义上的逻辑积，"（∃x）φx"根本不表示无限意义上的逻辑和（MWL p.85）。维特根斯坦认为，罗素以上的想法是无意义的，因为说"平面上的所有的点都是一个圆"，实际上就是从延展的角度来理解一个平面上的无限的点，亦即将一个平面上的所有点看成一个圆的集合整体而被给予了。罗素试图用全称量词的函数表达无限数的普遍性的思想背后其实隐含了对于无限可能性的误解，即将无限的可能性误解为延展的性质，因为几何平面、线都是由无限的点的整体构成的。但是维特根斯坦则明确地拒斥这种观念，认为这种观念其实误解了无限的法则性质。"（x）φx"与"（∃x）φx"只能适用于有限数的值，而无限的可能性只能通过变量（variable）来表达（MWL p.88）。维特根斯坦多次强调指出，我们不能将几何学中的点、线以及面看成具体事物的性质，而只能从句法角度来理解几何学中的点、线、面以及体之间的关系。几何学不是关于具体事物的性质的描述，它不涉及具体的实在，而只是纯粹的句法规定。

维特根斯坦在《逻辑哲学论》中认为，表示"所有的"全称量词或存在量词表述与真值函项分离，弗雷格和罗素将普遍性（generality）与逻辑积与逻辑和一起引入，使得人们难以理解隐含在"∃x. fx"与"（x）fx"的命题中的普遍性思想（TLP5.52）。维特根斯坦将弗雷格和罗素等人的逻辑和（（∃x）φx）与逻辑积（（x）φx）当作不完全符号加以分析，分析模式如下：

$$\forall x. \varphi x \leftrightarrow \varphi a \wedge \varphi b \wedge \varphi c \cdots$$

$$\exists x. \varphi x \leftrightarrow \varphi a \vee \varphi b \vee \varphi c \cdots$$

维特根斯坦在 1932 年剑桥大学讲课笔记［由摩尔（G.E.Moore）记载］中明确地对早年的观点提出了批评，他说：

"现在有一种诱惑，我在《逻辑哲学论》中曾经屈服于这种诱惑，那就是说：

$$（x）fx = logical\ product\ fa\ .\ fb\ .\ fc\ .\ \cdots$$
$$（\exists x）fx = logical\ sum, fa \lor fb \lor fc \cdots$$

这是错误的，但是也并非看上去那样荒唐。"（MWL p.243）那么，维特根斯坦是如何分析以上这种逻辑和与逻辑积的写法，并认为它们虽然是错误的但也并非荒谬呢？维特根斯坦接着说道："假如我说：这个房间的每一个人都有一顶帽子 = 乌塞尔有一顶帽子 . 理查德有一顶帽子，等等。这很明显是错误的，因为你必须要加上，并且（&）a，b，c……仅指这个房间里的人。"（MWL p.243）。维特根斯坦认为，如果要像上面那样用符号表达逻辑积或逻辑和的话，必须要加上补充的命题，即所有列出的个体都只是指某某范围内的，比如"这幅画中有 3 种颜色"，这命题 = 要么存在蓝色、绿色、红色，或者红色、绿色、黄色，等等，如果我们根本不知道这里所谈的颜色到底有多少种，也不知道颜色总体的范围的话，我们就不能真正地将这个析取式的具体内容写清楚（可以通过总数以及其中要求的个数进行排列组合）。但是，以上关于逻辑和或逻辑积的分析只能适用于罗素意义上的个体对象，对于其他意义上的事物并不能这样分析。

维特根斯坦借助真值表以及在美国逻辑学家谢弗（H.M.Sheffer，1882—1964）的工作 —— 谢弗竖（Sheffer stroke）即析舍（alternative denial）"|"的基础上，对谢弗竖这一真值连接词进行了扩充，

$$p \mid q = \sim p \ . \sim q$$
$$\sim p = p \mid p$$
$$p \lor q = (p \mid q) \mid (p \mid q)$$

将 $p \mid q = \sim p \ . \sim q$ 的真值运算的值逐一列出：F，F，F，T.（MWL p.245）。我们可以检查一下 $p \mid q = \sim p \ . \sim q$ 真值表情况，如下：

p	q	~p	~q	~p . ~q
T	T	F	F	F
T	F	F	T	F
F	T	T	F	F
F	F	T	T	T

很明显，根据我们前面对于谢弗箭和谢弗竖的介绍，维特根斯坦这里可能将谢弗竖和谢弗箭弄混了。这里应该用的是谢弗箭，而不是谢弗竖。

维特根斯坦在 20 世纪 30 年代初剑桥讲课中认为，以上的《逻辑哲学论》中对于联结词 N（ξ）的分析是错误的，以上的命题并不是一个逻辑积，因为前面的"----------"并不能给予我们一个逻辑积。这就类似于错误地以为：1 + 1 + 1 + ---------- 是一个和 (sum)，因为它混淆了一个和（sum）与一个和的极限 (limit of sum)（MWL p.245）。维特根斯坦认为，"----------"不是一个省略号或由于偷懒而做的缩写，而是表示直至无限，而这对于逻辑和来说是不可能完成的。我们总以为"(∃ x)fx = fa ∨ fb ∨ fc - - -"中的"- - -"表示"等等"就是为了省略重复而做的缩写，但是实际上这不是省略和缩写，而是表示无限可能性。所以，维特根斯坦认为，他在《逻辑哲学论》中将逻辑分析混同于化学分析，是一个严重的失误（a deeper mistake）（MWL p.245）。因而，在中期维特根斯坦看来，早期《逻辑哲学论》中关于普遍性的分析是有缺陷的，因为逻辑的分析不同于化学的分析，逻辑的分析应该是研究我们使用的语法，而不是分析具体事物的性质和成分。逻辑和与逻辑积并不能适用于无限的可能，只能适用于有限的领域。无限的析取和无限的合取是不可能的，析取和合取只能应用于有限的领域。试图用逻辑和或逻辑积的全称命题的方式来描述普遍对象的做法是不可能成功的，数学的普遍性不能被逻辑和或逻辑积的概括命题言说，而只能通过符号的应用显示出来。

维特根斯坦还进一步分析了其他的量词表达式试图描述无限的做法，比如很多人以为可以用如下的存在量词表达式：

$$（\exists x）\phi x$$

$$（\exists x, y）\phi x . \phi y$$

$$（\exists x, y, z）\phi x . \phi y . \phi z$$

如此等等，一直到无限

来表达无限的可能性，而维特根斯坦认为，这是一种误解，这种存在量词是不可能表达无限多的个体或事物存在的，因为并没有无限个数实际存在，存在的只是无限的可能性。维特根斯坦不仅批判了全称量词和存在量词引导的函数表达式不能表达无限可能性，而且还批判了拉姆塞试图通过否定函数 $f（\xi）$ 的方式来试图表达无限多个个体数的存在。维特根斯坦这样写道："拉姆塞曾经提出这样表达命题：无限多的对象要满足一个函数 $f（\xi）$，必须通过否定下面所有的命题：

$$\sim（\exists x）.fx$$

$$（\exists x）.fx.\sim（\exists x, y）.fx.fy.$$

$$（\exists x, y）.fx.fy.\sim（\exists x, y, z）fx.fy.fz.$$

等等。

但是，这种否定可能产生下面序列：

$$（\exists x）.fx$$

$$（\exists x, y）.fx.fy.$$

$$（\exists x, y, z）fx.fy.fz.\cdots\cdots$$

但是这个序列同样是完全多余的：首先，最后命题无论如何的确包含了所有的以前的命题；其次，即使它对我们无用，也是因为它并不是关于无限数目的对象。因此，这个序列实际上简化为命题：

$$（\exists x, y, z.\cdots\cdots ad\ inf.）fx.fy.fz.\cdots\cdots ad\ inf.$$

而且我们可以创造任何这样的符号，只要我们知道它们的语法。但是，有一件事情是清楚的，我们所处理的并不是形式为'（$\exists x, y, z$）fx.fy.fz.'的一个符号，而是一种和这种符号看上去很相似的误导人的符号。"（PG S.453）维特根斯坦在这里批判了拉姆塞试图用否定函数的方式来保证无限多的事物存在的观点，认为拉姆塞的做法是无用的，因为我们在这些存在量词引导的函项后面增加省略号或"ad inf."（一直到无限）并不能真正地保证我们真的获得了无限的个体或对象的存在。

20 世纪 20 年代中期，剑桥大学的著名数学家、哲学家拉姆塞（F.Ramsey）[①] 曾经在《数学的基础》一文中主张，罗素的《数学原理》中存在重大的缺陷，比如无限公理是失败的，所以拉姆塞自己曾经试图给罗素的无限公理以一种新的解释或改造，因为他注意到罗素关于等同（=）的定义所带来的问题。罗素的无限公理变成了一种经验的命题，因为逻辑并不能确定，是否存在无限多的个体当中没有两个个体具有它们的共同性质。拉姆塞主张对"数学一种根本的外延式的解释，认为数学不是处理命题函项，而是处理类型的，不是处理通常意义上的关系，而是处理可能的关联以及外延的关系。……因而，数学根本上是外延的（essentially extensional），数学或许可以被称为外延的演算（calculus of extension），因为它的命题断言的是外延的关系。"[②]

拉姆塞一方面受到维特根斯坦早期的哲学特别是《逻辑哲学论》的关于真值函项理论以及数学和逻辑论述的影响，认为逻辑命题都是重言式命题或矛盾式命题，数学主要是由等式或同一性（identities）而不是重言式构成的，但是另一方面，他对重言式和矛盾式作了自己的改造。为了挽救罗素的无限公理因其等同定义的缺陷而导致的失败，拉姆塞独创性地提出了一套关于等同的理论以及符号。比如，拉姆塞将"x = x"定义为"每一个命题与自身相等同"，而"x = y"被定义为"每一个命题与每一个命题相等

[①] 弗兰克·拉姆塞（Frank Ramsey，1903—1930）是剑桥大学著名经济学家凯恩斯的天才式的学生，主攻数学和经济学。拉姆塞曾是《逻辑哲学论》一书的首个英译者及对维特根斯坦哲学最早的评论者之一，与维特根斯坦交往很深。维特根斯坦在 20 世纪 20 年代中期在奥地利乡村小学教书时，拉姆塞就曾经去拜访过他，二人深入地交流过各自的哲学研究心得。拉姆塞是较早能真正地理解维特根斯坦的剑桥哲学家，维特根斯坦对拉姆塞也是青睐有加，维特根斯坦之所以能于 1929 年重返剑桥，与拉姆塞的极力鼓励和劝说有很大关系。维特根斯坦重返剑桥大学之后，名义上的导师就是拉姆塞，拉姆塞在数理逻辑以及哲学、经济学等诸多领域颇有建树，可惜英年早逝，否则 20 世纪的分析哲学史肯定要改写。

[②] Frank Ramsey, "The Foundations of Mathematics", in R.B. Braithwaite ed., *The Foundations of Mathematics and other Logical Essays*, London: Kegan Paul, 1931, pp.14-15.

同"（BT p.388e），由此，拉姆塞给出了关于重言式和矛盾式的独特定义：

$$x = x.\text{Def. 重言式}$$
$$x = y.\text{Def. 矛盾式}$$

维特根斯坦认为，以上的定义可以被两组定义取代：

a=a		a=b	
b=b	重言式	b=c	矛盾式
c=c		c=a	

拉姆塞认为，"（∃x，y）.x ≠ y"就是指"（∃x，y）.～（x=y）"（PG SS.315-316）。但是，维特根斯坦认为，拉姆塞以上的记法根本就不对，因为在拉姆塞的记法中，"x=y"的意义根本就是不清楚的，它既不是前面的重言式，也不是后面的矛盾式，是一个含混不清的记法。维特根斯坦认为，拉姆塞的这些定义是无用的和混乱的，可能会导致混乱：如果矛盾式都是等价的，就会出现（a=b）=（c=d）=（a ≠ a）= 等这样稀奇古怪的结果（PG S.316）。很明显，拉姆塞关于同一性或等同的理论是失败的，所以，拉姆塞借助重新定义等同来挽救无限公理的做法也是失败的，试图从外延函数或概念角度来理解无限可能性的做法是无意义的。"（∃x）·φx"并不以全体数的整体为前提，所以，维特根斯坦说："拉姆塞对无限性的解释也正是由于这个原因而变得荒谬，因为'（n）:（∃nx）·φx'会把实在的无限作为已知的前提，而不仅把前行中的无限可能性作为前提。"（PB §173 SS.209-210）维特根斯坦说："要想完全摆脱延展的观点（extensiven Auffasung）是很难的。"（PB §130 S.151）"无限的数列仅是有限数列的无限的可能性。谈论完整的无限的数列，就好像它也是一种延展，这是无意义的。无限的可能性借助无限的可能性来实现。符号本身中只存在可能性而不存在重复的现实性。"（PB §144 S.164 ）

因而，在维特根斯坦看来，数学中的普遍性不能等同于无限可能性，无限的可能性是法则性质，而不是延展性质，无限的可能性质只能通过符号比如归纳法的方式显示出来，而不能通过函数以及对象的全称命题来描述。因而，数学的普遍性不是概念对象意义上的数的全体或总体的普遍性，而是规则意义上的普遍性与规则应用的普遍性。维特根斯坦说："几何学中的普遍性，点、线不是概念……那什么是几何学中的普遍性呢？几何学中的普遍性有两种含义：（1）几何规则的普遍性；（2）几何学应用的普遍性。几何学的应用依赖于世界是怎样的。这种应用的普遍性也是算术的普遍性。"① 比如欧几里得几何学证明的一般性。我们用一个三角形来作论证，但是最后论证的结果却可以适用于所有的三角形。很显然，我们说在欧几里得几何学中，一个三角形三个内角和是 180 度，这是一条语法规则，并不是说，我们必须将所有的三角形的三个内角全部加一遍，以便检查结果，是不是 180 度，这样做很明显是不可能的，也是无意义的，因为有无数个三角形，我们人类永远也算不完，无穷无尽的过程根本不可能实现。"一个三角形的三个内角和是 180 度"这是作为一条语法规则，规定了我们如果测量一个三角形的话，它的三个内角和必须是 180 度，否则的话就是违背了句法规则。所以，维特根斯坦说："欧几里得的结论不可能对三角形的整体说出任何东西。一个证明不可能超出其自身。"（PB §131 S.152）

　　因而，在维特根斯坦看来，试图从延展角度来理解无限的人们其实就是误解了数学的普遍性，没有看到数学规则的普遍性与可应用性。数学的规则一方面作为纯粹的句法规则是先天的必然的，不诉诸外在的对象或现实，与外在对象的共同性质无关；另一方面，数学规则具有可应用性，广泛应用于经验世界。数学的无限其实是指无限的规则的应用可能性，而并非指数列或延展的现实整体。无论是罗素、拉姆塞还是早期维特根斯坦自己，都曾经错误地以为可以通过全称量词或存在量词加否定的形式来把握数学的普遍性与无限，但是，中后期维特根斯坦明确地指出，这种想法是错误的，因为概括命题并不能把握无限的可能性，而只能应用于有限的领域。无限不是一般延展或排列意义上的数字，而是一种句法。无限数是不存在的，无限的数不能混同于极大的数，极大的数无论怎么大，都还是一个数，但是无限根本上就不是数，不具有一般数的句法性质。人们通常以

---

① ［奥］维特根斯坦：《维特根斯坦剑桥演讲集 1930—1932》，德斯蒙德·李（D.Lee）编，周晓亮译，载涂纪亮主编《维特根斯坦全集》第 5 卷，河北教育出版社 2003 年版，第 28 页。

为大数比较接近无限数的看法，完全是由于对于无限和数之间的错误类比所致。

第四节 无限性是时间和空间的内在性质

维特根斯坦认为，无限不是指外在的现实的延展整体，而是指无限的可能性与法则。维特根斯坦之所以会从无限的可能性与法则角度来理解无限可能性，是与他对时间和空间的本性的哲学思考内在相关的。维特根斯坦认为，无限性就是时间和空间的内在属性。无限可分的可能性与无限增加的可能性都是由时间和空间决定的。无限可能性的句法性质本质上是由时间和空间的内在性质决定的。维特根斯坦认为，时间和空间本身就具有无限性，或者说，无限的可能性是时间和空间的内在性质。维特根斯坦这样写道：

> 在多大程度上无限需要由无限的时间和空间来记述？当然，不可能有一张无限大的纸作为前提。但是其可能性呢？我们可以设想一种记述不是在空间中而是在时间中进行。例如谈话。在此，我们显然可以设想去描述无限且无须提出关于时间之假说。在我们看来，时间本质上是无限的可能性。而且据我们对其结构的理解，它显然是无限的。然而，数学断无依赖物理空间的一种假说。在这一意义上，视觉空间（Gesichtraum）不是无限的。假如在此不涉及关于无限空间之假说的现实性，而仅涉及其可能性，那么，这种可能性在任何地方都是预先存在的。（PB §136 S.155）

维特根斯坦在这里指出，数学的无限与时间和空间关系紧密，时间本质上就是无限的可能性，数学中的空间不是物理意义上的视觉空间，而是欧几里得的空间，这种欧几里得的数学空间内含的是无限可能性。物理空间主要赋予空间对象一种有限的现实性，但是数学的空间主要赋予空间中对象以无限的可能性。无限可能性本质上就是时间和空间的内在性质，作为句法的无限可能性的根据就是时间和空间本身，也可以说，是由于时间和空间的存在，使数学中的无限可能性得以存在。

维特根斯坦之所以认为视觉空间不是无限的，而只有数学意义上空间比如欧几里得空间才是无限的，其理由在于，我们的视觉空间受限于我们的视觉分辨能力，我们不能通过肉眼看见非常细小的差别，比如色差，达到一定的程度之后，我们就不能分辨清楚了。视觉空间中的色差例子可以作为视觉空间中延展的特性来看待，视觉空间中的对象不是无限的，而是有限的，视觉空间中存在着很多断裂，这与空间本身的连续性与无限可能性是不一致的。所以，维特根斯坦认为，视觉空间不是无限的，无限的可能性只能是数学意义上的空间的本质特性。无限不是一个数的大小，因为数的大小是通过有限的方式体现出来的。如果我们只是看到有限多的事物、颜色以及划分等，那么，这就不存在无限的问题。我们如果从数的角度来试图把握无限，从根本上是不可能的，因为无限本身就是无限的可能性，或事物不断增加或减少的可能性而不是现实的事物数量的多少。所以，维特根斯坦说：

> 作为事实之体验的经验给我们以有限性，对象则包含有无限性。当然这并非指一种同有限之体验相竞争的量的大小，而是指一种内在性。这不是指，我好像看见了几乎完全空无的其中只有一种细微的有限体验的空间。而这意谓着，在空间中我看见了任何一种有限之体验的可能性。……人们经常认为，一个大数比一个小数更近似于无限，其实这是荒谬的。无限——如上所说——并不同有限相竞争。无限本质上不排除任何有限。……空间没有延展，而只有空间的对象才有延展，但是无限是空间的一种特性（这已经表明，无限并不是一种无限的延展）。这一结论同样适用于时间。（PB §138 S.158）

维特根斯坦在这里的观点与传统的观点有些差异。传统的关于空间的观点认为，空间本身就是延展，但是维特根斯坦认为，空间本身并不是延展，延展只是空间中对象的属性，"延展"一词只能应用于空间对象，而不能应用于空间本身。因为空间和时间都只是无限的可能性，而延展则是一种现实性，延展无论多么长，都是有限的，有限的延展是不可能与无限的时间和空间相提并论的。无限与有限不属于同一个范畴，无限与可能性相关，不是说无限排除有限，有限其实也可以被包含在无限可能性之内。

维特根斯坦认为，无限可能性是与有限现实性相对的说法。维特根斯坦强调，只能从可能性与不可能性角度来分析和理解无限问题，谈论无限可分性与不可分性其实是指无限可分的可能性与不可能性，从严格的逻辑角度来说，任何对象都包含了无限的可分性与可能性，但是，从我们语言的句法角度来说，我们必须承认语义的确定性要求，这一句法要求对象是简单的，谈论无限可分的对象是无意义的，因而对象的简单性是无限不可分的句法要求。如果我们脱离句法而从现实角度来理解无限，那么，我们就不可能理解无限可分性。维特根斯坦认为，无限可分性其实是空间赋予空间对象的一种无限分割的可能性，而不是指现实地无限地分割下去。无限的可分性在不同的情况中具有不同的涵义。比如我们说"这条线段可以分为三段"与"这条线段是无限可分的"，这两句话很明确具有不同的涵义，因为前面一句话仅是经验意义上的可分，而后面一句话是无限可能性的意义上的可分。无限的可分其实意谓着无限制地分割下去，也就是指，任何有限的分割都可以进一步地分割下去。无限划分的可能性是由空间本身给予的。维特根斯坦说：

> 如果说空间是无限可分的，那么真正的含义就是：空间并非由单个的事物（部分）组成。从某种意义上，无限可分性意谓着，空间是不可分的，划分与空间无关。空间与此无关：它不是由部分构成的，同时空间对现实说，你在我处可以随心所欲（在我这里，你想怎么划分就怎么划分）。空间赋予现实一种无限划分的机会。（PB §139 S.158）

可以这么理解，空间是无限划分的前提条件，没有空间的存在，就不可能有空间中对象的无限划分，但是空间本身与划分无关，划分是现实行为，而空间只是无限可能性，几何学之所以要研究空间，其原因就在于几何学是规定空间对象的句法。

维特根斯坦早在《1914—1916年》的笔记中就比较详细地探讨了现实条件下无限划分的不可能性。维特根斯坦曾经举例说，比如我们谈论空间中的对象的无限可分性，应该从无限的可能性角度来理解空间对象由无限多的点构成，而不能从现实角度来理解无限可分性，这种差异根本上是由我们的语法决定的，因为语法规定我们有意义地谈论简单对象时，不能将复合对象无止境地分割或分析下去，这是不可能的，也就是说，对象本身的这种无限制地分割下去的不可能性仅是现实的条件限制下的不可能，而不是纯粹逻辑上的不可能，所以，我们在语言中必须用简单的指号（名称）来代表简单对象，简单对象的设定其实就是语言意义确定性的要求，即句法的规定。维特根斯坦写道："如果假定，每一个空间对象都是由无限多的点构成的，那么当我谈到各个对象时，我显然不可能把所有的点一一列出来。在这里我绝不可能做到旧的意义上的完全的分析；然而也许这是通常的情况。"（NB p.62）这里所谓的"旧的意义上"其实应该指现实无限意义上完全的分析，即将对象所包含的无限的部分一一列举出来。但是，即使一个空间对象包含无限多的点，我们怎么可能一一列举出来呢？这肯定是不可能的。所以，空间中的对象比如一条线段是由无限的点构成的（集合论主张），这种说法本身是不可能在一一列举的这种意义上谈论的，而只能是从语法分析的意义上来说的。

维特根斯坦一方面承认逻辑上的无限可分性是指无限可分的可能性；另外一方面，又从意义的确定性要求出发规定对象不是无限可分的，而应该是简单的。维特根斯坦写道："似乎没有任何东西能否证无限可分性。我们总是不得不相信，有某种简单的不可分的东西。一个存在要素，简言之，一个事物。……而就对象的复杂性并不规定这个意义而言，这个命题的对象是简单的，它们不可能被进一步地分析——对简单事物的要求是对意义确定性的要求。"（NB p.63）没有试验能否证无限的可分性，也即从广延或延展角度不能准确地把握无限的可能性。几何学是空间对象的句法，几何学表达的是空间的可能性。试验方法不能否证语法中的可能性。维特根斯坦认为，意义是无限复杂的，这种无限复杂性其实是指语义的无限可能性，这是语法的要求之一，它与意义的确定性要求比如规定简单对象的存在两者之间并不冲突，可以共存。前期维特根斯坦举不出简单对象的具体例子，也从侧面论证了简单对象是语法的要求，而不是实际上真有一个简单得不能再分的东西，这样的东西在现实中是不可能存在的。所以，我们可以看到，维特根斯坦一开始就主张从可能性角度来理解空间对象的无限可分性与不可分性。

维特根斯坦认为，我们所谈论的对象应该是逻辑分析和语法规定的产物，这种对象本身其实就包含了无限的可能性，他在《逻辑哲学论》中曾经这样写道："如果我知道一个对象，我也就知道了它在事态中出现的一切可能性（每一个这样的可能性必然就在对象本性之中）。新的可能性不可能是后来才发现的。"（TLP 2.0123）这其实是说，我们谈论对象的无限可能性是指该对象出现在事态中的一切可能性，这是对象的内在特性。理解一个对象，就是把握这种可能性。"要知道一个对象，我不必知道它的外在特性，但是我必须知道它的一切内在特性。假定一切对象为已知，那么也就已知一切可能的事态。每一个事物可以说都是在一个可能事态的空间中，我们可以想象空间是空的，但是不可能想象不在空间中的事物。"（TLP 2.01231, 2.0124, 2.013）"对象包含着一切事况的可能性。"（TLP 2.014）因为语法或句法处理的就是可能性，而不是现实性。经验事实提供给我们的仅是有限的现实性，而不可能给我们提供无限的可能性，无限的可能性是由对象提供的，因为对象包含了无限的可能性。维特根斯坦说："我们大家自然知道说存在着无限的可能性与有限的现实性，这意味着什么，因为我们说，时间和物理空间是无限的，但是我们却总是只能看到或体验到它们之中的有限部分。那么我究竟是如何知道有关无限的情况呢？对此，在任何一种意义上，我都肯定有两种体验：一类是不能超越有限性的有限性的体验（这种超越的观念就其本身而言是无意义的）；一类是无限性的体验。而且事实也是如此。作为对事实之体验的经验给我以有限性，对象则包含无限性。当然，这并非指一种同有限之体验相竞争的量的大小，而是指一种内涵的。"（PB §138 S.157）维特根斯坦在这里论述了无限可能性与有限现实性之间的范畴式的差异，同时也明确地指出了有限和无限体验之间的不同。无限是与可能性联系在一起的，而有限是与现实性联系在一起的，因为无限可能性的体验是对象给予我们的，而非经验的现实性，具体的经验给予我们的只是有限的现实性，而非无限的可能性。这里其实就涉及前期维特根斯坦一直强调的关于事实和对象之间的区别。

这一区别是我们正确理解前期维特根斯坦关于无限可能性与有限现实性这一问题的关键。维特根斯坦在《逻辑哲学论》一开始就谈到经验的世界是由事实组成的，而不是由事物组成的，他认为"世界是事实的总和，而非事物的总和"（TLP 1.1），"逻辑空间的诸事实就是世界"（TLP 1.13）以及"世界分成诸事实"（TLP 1.2）。前期维特根斯坦坚持事实和事物之间的区别，根本上反映了他想阐明有限的经验现实世界（由事实组成）与无限的可能世界（对象构成）之间的差异。无限的可能性（可能世界）与有限的现实性（现实经验世界）的冲突和关联是前期维特根斯坦在《逻辑哲学论》中深切的体验：他一方面从有限的现实经验世界出发来思考无限的可能世界问题，即从有意义的命题分析出发来思考和探讨逻辑语义的可能性问题；但是另一方面，他却发现如果严格地从有限的现实经验世界出发是不可能彻底澄清关于无限可能世界的意义界限的，所以他最终认识到他的《逻辑哲学论》中的命题本身也只能作为攀爬的梯子而被看成无意义的，我们需要用一种正确的眼光来看待世界。维特根斯坦这样写道："我的命题通过下述方式而得到阐释：凡是理解我的人，当他借助这些命题，攀登上去并超越它们时，最后会认识到它们是无意义的（可以说，在爬上梯子之后，它必须把梯子丢掉）。他必须超越这些命题，然后才能正确地看世界。"（TLP 6.54）维特根斯坦的一部《逻辑哲学论》实际上就表明了他从有限现实性到无限可能性的超越之路。这里的超越过程本身是无意义的，因为，我们不可能真正地超越经验的有限世界和现实，但是另一方面，如果我们将有限的经验世界作为我们思考无限世界的梯子的话，那么，我们就会重新以一种无限可能性的视角来看待有限世界，在无限视角的关照下，有限的经验世界中所发生的一切以及描述经验世界的命题都是无意义的，所以维特根斯坦才会一方面强调我们不能超越有限性的体验（这种超越的观念就其本身而言是无意义的），同时还主张我们要正确地有无限性的体验。

虽然前期维特根斯坦已认识到有限和无限之间根本的差别，但是他主要是从形而上学角度来理解无限的，而对于数学中的无限理解有限，甚至维特根斯坦后来发现他在《逻辑哲学论》中对于无限的处理犯了不小的错误，特别是维特根斯坦对于事态、原初命题以及复合命题之间的关系处理问题上，设定了无限的实际存在，而这肯定是错误的。维特根斯坦在 20 世纪 30 年代初给剑桥大学学生讲课时反思道："'事实的全体既决定着发生的事情，也决定着不发生的事情'这个命题与如下思想相联系：有一些原初命题，每一个原初命题都描述一个事态，一切命题都可以被分析为原初命题，这个思想是错误的。它出自两个来源：（1）把无限当做一个数，并假定了有无限数目的命题；（2）陈述表达了性质的程度。"① 我们在这里看到了中后期维特根斯坦对其前期无限观的批判。

与空间一样，时间也是无限的。无限的可能性内在于时间之中。时间本身就是一种原始的可能性。时间是无限的，是没有终结的，也就是说，赋予我们人类行为的无限可能性，没有时间的无限可能性，就没有过去、现在与将来。时间本身就包含了未来的可能性。"时间并非在原始的无限集合（unendlichen Menge）的观念上是无限的。"（PB §140 S.160）无限的过去并不能给予我们以现实或整体集合，而只是表明时间不断流逝的可能性。时间的无限性不固定在过去、现在或者将来，而只是体现在不断发生的可能性。"在维特根斯坦看来，肯定不能把无限的可能性局限于有限之物，也不可能设想一种无限的现实性。"② 如果存在无限的现实，那么也就存在无限的偶然。如果一切都是偶然的，那么也就没有规律或规则可谈，这是不可能的。通过归谬法可证，不可能存在无限的现实，无限只能作为可能性而存在。维特根斯坦写道：

---

① ［奥］维特根斯坦：《维特根斯坦剑桥演讲集 1930—1932》，德斯蒙德·李（D.Lee）编，周晓亮译，载涂纪亮主编《维特根斯坦全集》第 5 卷，河北教育出版社 2003 年版，第 124 页。
② 涂纪亮：《维特根斯坦后期哲学思想研究》，载《涂纪亮著作选》第二卷，武汉大学出版社 2007 年版，第 286 页。

我们一方面不能设想无限的时空，但另一方面又看到，没有一天可能是末日，时间不可能有终点，由此也就表明，我们不能把时间理解为无限的现实，而是理解为内在的无限。也可以这样认为：无限性内在于时间本性之中，它绝非时间的偶然的延展。……实际上，对于我们来说，时间就像空间一样，我们所认识的已经实现的时间是受限的（有限的）。无限性是时间形式的内在特性。（PB§143 SS.163-164）

时间的无限是内在的无限可能性，不是外在的延展或量的增减，因为外在的延展或量的增减都是偶然的，不是必然的，但是时间的无限可能性却是必然的。所以，维特根斯坦强调无限性是时间的内在特性。

综上所述，我们可以看到，在维特根斯坦那里，无限性既是时间的内在性质，也是空间的内在性质，时间和空间本身就内在地包含了无限的可能性。空间不是延展的，空间的对象才是延展的，空间赋予其对象无限划分的可能性，时间赋予行为的无限可能性。没有时间和空间的存在，数学中的无限性也就不存在了。我们只能从内涵性或可能性角度去理解无限性，而不能从外延式或实在性角度理解无限性。作为时间和空间的无限可能性使得数学成为可能，是数学语法的前提条件。无限可能性本身只能从规则角度理解，无限不是数目和量的大小，而只是一种没有终结的可能性。无限不是数词，而是表示可能性的副词。

第六章　维特根斯坦论数学矛盾

　　自从维特根斯坦在剑桥开始进行哲学思考，矛盾或悖论问题就是维特根斯坦数学哲学的中心论题。当维特根斯坦阅读了罗素的《数学原则》一书末尾的罗素悖论，并受到我们应该如何彻底地解决这一悖论问题的激励[1]，年轻的维特根斯坦就开始思考数学基础问题，并且决定放弃工程师作为未来的职业，而是选择了哲学。正如毕明安教授（Michael Beaney）所评论的那样"也正是罗素悖论将维特根斯坦带进了哲学"[2]。毕明安教授的评价是恰当的，因为正是罗素的悖论鼓励维特根斯坦发展出了《逻辑哲学论》中的哲学思想，以回应罗素悖论带来的挑战。维特根斯坦关于矛盾的讨论构成了他的数学哲学思考的核心部分。如果不能把握他对于数学中矛盾问题的处理，我们就不能正确地理解其数学哲学的重要意义。

　　虽然维特根斯坦将其一生中大部分精力都致力于数学基础研究，并且在 1944 年他曾告诉朋友说他的主要贡献（chief contribution）就是数学哲学，然而，他的数学哲学却长期遭受学界的忽视，甚至有人将其评论为有缺陷的[3]。这种反常的现象是非常奇怪和令人困惑的，因为它不仅与维特根

---

[1]　虽然罗素曾经尝试提出他的类型论来解决这一悖论，但是他自己也感觉到这一理论的不完满，所以他在《数学原则》一书的末尾这样写道："我并没有成功地发现对于这一困难的彻底解决，但是由于它影响到的正是推理的基础，我衷心地推荐所有学习逻辑的学生去关注研究它。" Bertrand Russell, *Principles of Mathematics*, London：Routledge, 2010, p.540。

[2]　Michael Beaney, *Analytic Philosophy: A Very Short Introduction*, Oxford：Oxford University Press, 2017, p.142.

[3]　正如蒙克所总结的它"远不是被看作他的'主要贡献'"，而是"被看作是困惑、轻蔑、失望甚至愤怒的混合体，无论是数学家，还是数学哲学家们都很少受其影响"。Ray Monk, "Bourgeois, Bolshevist or Anarchist? The Reception of Wittgenstein' Philosophy of Mathematics", in Guy Kahane, Edward Kanterian, and Oskari Kuusela eds., *Wittgenstein and His Interpreters*, Oxford：Blackwell Publishing, 2007, pp.269-293。

斯坦自己肯定性的评价相悖，而且也与他的语言哲学、心灵哲学所获得的赞誉形成对照。除此之外，他的后期的数学哲学思想一般被认为远不如其前期的，班古（Sorin Bangu）曾经分析并将其原因"归结为它们的反科学，甚至反理性的精神"[1]。维特根斯坦数学哲学思想之所以长期遭受误解，其中很重要的因素就在于他关于矛盾问题的一些观点由于看似比较极端，在当时难以获得学界的认同。维特根斯坦关于矛盾的评论经常被人们当作不可接受的[2]，甚至被看成荒谬的[3]。这些学者们并没有认识到维特根斯坦关于矛盾评论的意义，他们的解读也没有解释清楚为什么维特根斯坦在矛盾问题上会那么说。

当然，20世纪60年代末以来，学界开始重新发现和认识维特根斯坦关于矛盾的这些评论的意义，进而出现了一些正面的或同情性的评论。[4]我们必须承认，这些正面的评论在一定程度上的确可以帮助我们理解维特根斯坦相关评论的一些要点。但是在另一方面，我们也必须说，不能夸大这些评论的意见，它们之中也存在着明显的缺陷。

笔者在这一章主要的目的就在于给出维特根斯坦关于矛盾评论的一种

① Sorin Bangu, "Ludwig Wittgenstein: Later Philosophy of Mathematics", *Internet Encyclopedia of Philosophy*, http:// www.iep. utm. edu/wittmath/.

② 可参见 Alan Ross Anderson, "Mathematics and the 'language-game'", *Review of Metaphysics*, Vol. Ⅱ, 1957, pp.446-458; Paul Bernays, "Comments on Ludwig Wittgenstein's Remarks on the Foundations of Mathematics", *Ratio* Ⅱ, 1959-1960; George Kreisel, "Wittgenstein's Remarks on the Foundations of Mathematics", *The British Journal for the Philosophy of Science*, Vol.9, No.34, 1958, pp.135-158; Dummett, Michael, "Wittgenstein's Philosophy of Mathematics", *The Philosophical Review*, Vol.LXVⅢ, 1959, pp.324-348; Max Black, *A Companion to Wittgenstein's "Tractatus"*, Cambridge: Cambridge University Press, 1971。

③ 参见 Charles Chihara, "Wittgenstein's Analysis of the Paradoxes in his Lectures on the Foundations of Mathematics", *The Philosophical Review*, Vol.86, No.3, 1977, pp.365-381。

④ 参见 Anton Dumitriu, "Wittgenstein's Solution of Paradoxes and the Conception of the Scholastic Logician, Petrus de Allyaco", *The History of Philosophy*, Vol.X, 1974, pp.229-237; Robert Arrington, "Wittgenstein on Contradiction", in Stuart Shanker ed., *Ludwig Wittgenstein: Critical Assessments*, Vol.Ⅲ, Oxford: Croom Helm Ltd., 1986, pp.338-346; Laurence Goldstein, "The Development of Wittgenstein's Views on Contradiction", *History and Philosophy of Logic*, Vol.7, No.1, 1986, pp.43-57; Diego Marconi, "Wittgenstein on Contradiction and Philosophy of Paraconsistent Logic", *History of Philosophy Quarterly*, Vol.1, No.3, 1984, pp.333-352; Ohtani Hiroshi, "Philosophical Pictures about Mathematics: Wittgenstein on Contradiction", *Synthese*, Vol.195, No. 5, 2018, pp.2039-2063。

可信的解读。一方面，笔者的解读尝试在研读其文本依据的基础之上，将维特根斯坦关于矛盾的思想的发展划分为三个阶段，即以《逻辑哲学论》为代表的前期思想，以《维特根斯坦与维也纳小组》《哲学评论》《哲学语法》及相应的笔记为代表的中期思想，以及以《维特根斯坦数学基础的讲演，剑桥 1939》《关于数学基础的评论》《哲学研究》等为代表的后期思想；另一方面，笔者试图给出一种系统性的解读，阐明维特根斯坦在讨论矛盾时所坚持的哲学原则以及相应的策略，分析其对矛盾看法的不同态度以及转变的原因。

笔者的解读主要关注，维特根斯坦如何分析并澄清围绕矛盾问题所产生的混淆。笔者的解读论证指出，虽然维特根斯坦在不同的时期采取的策略稍有不同，但是他的主要思想是一以贯之的，那就是试图将我们从对矛盾的混淆和困惑中解放出来，使得我们不再受到矛盾所引发的相应问题的困扰。维特根斯坦关于矛盾的评论的目的是改变我们对于矛盾的态度，即从拒斥的态度转向有条件地接受的、包容的态度。

根据后期维特根斯坦，我们不应该局限于一种将矛盾视为错误的或有害的单一视角，而应该看到矛盾在不同的语言游戏中具有不同的作用。维特根斯坦关于矛盾的评论应该被解读为一种针对当我们思考数学中的矛盾时，我们由于缺乏语法的综观而导致的混淆和误解的斗争。我们很容易被误导进入哲学的陷阱，纠缠于语言表达式的使用，做出很多关于数学矛盾的论断。其实，如果我们正确地理解这些表达式是如何被正确地使用的，以及它们是如何被数学中的一些语法原则支配的话，那么，关于矛盾以及数学中所出现的麻烦就会消失。

本章包含六个部分。第一节主要介绍罗素悖论的提出与两种表述。第二节分析弗雷格对罗素悖论的回应及其失败原因。第三节讨论罗素的简单类型论与分支类型论内容。第四节处理维特根斯坦关于罗素悖论以及其类型论的评论，通过作出一些重要的范畴性的区分和相应的原则，比如言说和显示、记号和符号、函项与运算、一个函项不能是其自身的主目，等等，试图论证早期维特根斯坦分析矛盾的策略主要是消解（dissolve）掉罗素的悖论，而不是解决（solve）它。第五节主要分析中期维特根斯坦关于希尔伯特一致性证明的评论，以及他对于所谓的"隐藏的矛盾"的批判，以此阐明中期维特根斯坦对于矛盾的态度与处理策略，指出维特根斯坦并不认为矛盾是错误的，而是无意义的。维特根斯坦分析了矛盾在数学中反复出现的原因，即在于人们没有正确地区分证明和分析，演算和散文之间的区别，消解矛盾的方法在于澄清演算的规则。第六节主要试图澄清后期维特根斯坦关于矛盾的态度，后期维特根斯坦对于矛盾的态度明显不同于前期和中期。如果我们说前期和中期维特根斯坦对于矛盾总体上持拒斥或不认同的态度的话，那么，后期维特根斯坦则对矛盾坚持一种肯定的或接受的态度。最后得出结论，维特根斯坦关于矛盾所说的评论主要的目的就在于试图改变我们对于矛盾的拒斥态度，认识到矛盾在不同的语言游戏中是可以被接受的。我们不能狭隘地以为矛盾就是错误的，无意义的，而应该认识到矛盾的出现，并不意谓着一件非常严重的事情，反而要对矛盾采取相应的措施。维特根斯坦关于矛盾的评论应该被解读为一场针对我们关于数学中的矛盾的语法而导致的各种混淆和误解而做的斗争。

第一节　罗素悖论的两种表述：
谓述式表述和类的表述

罗素悖论的发现，不仅对弗雷格的逻辑主义打击很大，迫使弗雷格晚年忙于回应这一悖论，试图修正其逻辑主义，同时致使罗素下决心研究数理逻辑与数学哲学问题，促致他与怀特海合著的《数学原理》（三大卷）的产生，标志着分析哲学和数理逻辑发展的新时代。罗素悖论对于维特根斯坦的哲学思考的影响也至关重要，可以说，维特根斯坦当年之所以走进哲学以及数学基础领域，主要归功于罗素悖论的刺激。我们现在重新考察罗素悖论所导致的一系列的哲学和数学基础问题，分析弗雷格、罗素对于该悖论的不同回应观点，梳理维特根斯坦前后期对于该悖论的不同态度，对于我们加深理解分析哲学发展的内在逻辑以及思考如何从哲学角度理解数学中的矛盾问题都具有十分重要的意义。

在具体分析弗雷格和维特根斯坦对罗素悖论的回应和评论之前，我们应该概述一下罗素悖论的主要内容与不同表述。概括地说，罗素的悖论实质是集合论悖论，而不是像说谎者悖论那样的语义悖论。罗素的悖论有两种表述：谓述式的表述与类的表述，我们先看罗素悖论的谓述式的表述。

根据罗素自己的回忆，他是在研究弗雷格的逻辑著作时发现了这一悖论的，具体的时间应该是在 1901 年 6 月[①]，这一悖论的发现对于后来分析哲学的发展影响深远，可以说是逻辑主义发展的一个转折点。罗素悖论的发现对于弗雷格的逻辑主义打击很大，因为当弗雷格在 1902 年收到罗素的来信时，他当时正准备出版《算术的基本法则》的第 2 卷，罗素的悖论迫使弗雷格晚年最终放弃了逻辑主义。1902 年 6 月 16 日，罗素写信给弗雷格，告诉他发现了一个悖论。罗素这样写道：

> 你断言一个函项也能构成不确定的成员。我以前也相信这点，但是现在这一观点对我来说变得很可疑，因为它会导致悖论：设 W 是一个作为不能谓述自身的谓词的谓词，W 能够谓述自身吗？无论回答是还是否，都会导致悖论。因而，我们必须得出结论，一个 W 的谓述不是一个谓词。[②]

这一悖论首次公开出版是在罗素的《数学原则》（1903）一书中，罗素主要在该书的 106—107 节详细地讨论了这一悖论的内容以及尝试的解决办法。[③] 在此，罗素注意到如果一个函项或概念"作为一个不能谓述自身的谓词的谓词"的话，那么其中就会出现困难。我们可以先用一个通俗

① 参见 Bertrand Russell, *My Mental Development*, in Paul Arthur Schillp ed., *The philosophy of Bertrand Russell*, New York：Tudor, 1944, pp.3-20。

② Bertrand Russell, "Russell's letter to Frege", in Gottfried Gabriel ed., *Philosophical and Mathematical Correspondence*, trans. by Hans kaal, Oxford：Basil Blackwell, 1980, pp.130-131；Jean van Heijenoort ed., *From Frege to Gödel：A Source Book in Mathematical Logic, 1879-1931*, Cambridge, Massachusetts：Harvard University Press, 1967, pp.124-125.

③ 参见 Bertrand Russell, *Principles of Mathematics*, London：Routledge, 2010, pp.102-107。罗素在《数学原则》一书中只是提出了解决悖论的初步方案，但是还不太成熟，后来他在《数学原理》中提出了比较成熟的类型论的解决方案。参见 Bertrand Russell and Alfred North Whitehead, *Principia Mathematica*, Vol.I, First Edition, Cambridge：Cambridge University Press, 1910, pp.39-196。

的理发师的悖论来解释这点。一个理发师宣称自己"只给那些所有不给自己理发的人理发"。那么，问题就来了，这个理发师给不给自己理发呢？无论回答是与否，都会导致悖论。理发师悖论是罗素悖论的简化版本。

另外，罗素在 1919 年出版的《数理哲学导论》中也曾经重新从类的角度阐述了这一悖论的由来。罗素首先分析了关于最大基数的矛盾：（1）一个给定类中所包含的类的数总是比这个类的成员数要大，即 $2^n > n$；（2）但是如果我们将个体的类、个体的类的类，个体的类的类的类，等等统统加在一起，我们就会得到一个子类是其成员的总类。那么，我们就可以数这个由所有这些对象构成的类的数，也就是说这个类具有的基数是最大的。因为，既然这些子类都是这个总类的成员，那么，这个子类的数就不可能比总类的成员多。这就是一个矛盾。第一条其实就是康托尔定理（Cantor's Theorem）：任何集合 A 的幂集（所有子集的集合）的势严格大于 A 的势。第二条是关于类的总体的分析。罗素在应用康托尔的这一证明到所有可以想象的类上去，就发现了新的简单的悖论。罗素是这样表述这一悖论的：

> 我们正在考虑的这个试图包括一切事物的综合性的类必定包括自身作为成员之一。换言之，如果存在这样的一个事情如"所有事物"，那么，"所有事物"就是某些事物，并且是"所有事物"这个类的一个成员。但是，一般来说，一个类不可能是其自身的一个成员。比如，人类就不是一个人。现在形成了一个所有并非自身成员的类的集合。这是一个类：是它自身的成员抑或不是？如果它是自身的成员，它就不是那些自身成员的类之一的类，即它不是它自身的成员。如果它不是自身的成员，它就不是一个不是其自身成员的那些类的之一的类，即它就是自身成员。因而，这两个假设——它既是自身的成员又不是自身的成员——每一个都暗含了矛盾。这就是一个矛盾。[①]

① Bertrand Russell, *Introduction to Mathematical Philosophy*, London: George Allen&Unwin, Ltd., 1920, pp.136-137.

罗素悖论是说：设性质 p（x）表示"x 不属于 x"，现假设由性质 P 确定了一个类 A，也就是说"A={x|x ∉ A}"。那么问题是：A 属于 A 是否成立？首先，若 A 属于 A，则 A 是 A 的元素，那么 A 具有性质 P，由性质 P 知 A 不属于 A；其次，若 A 不属于 A，也就是说 A 具有性质 P，而 A 是由所有具有性质 P 的类组成的，所以 A 属于 A。无论如何，都会得出悖论或矛盾。

第二节　弗雷格对罗素悖论的回应及困难

弗雷格的逻辑主义试图将算术的真理归约为逻辑定义和公理。这只是一种理想，其实是他的逻辑主义遭遇了严重的危机。罗素悖论的发现，极大地震撼了弗雷格。首先，弗雷格对罗素悖论的谓述式表述不以为然。按照弗雷格在 1902 年 6 月 22 日给罗素的回信中的观点，他认为"一个谓述自身的谓词"（A predicate is predicated of itself）这样的表达式对于他的函数（function）和对象（object）理论来说不准确。因为根据弗雷格的理论，一个谓词是一个需要一个对象填充的一阶函数，这个谓词并不能将其自身作为主目（主词）。弗雷格认为，函数是不饱和的，需要饱和的对象来填充，所以函数不可能成为自身的主目。因而，一个谓词只能谓述对象，而不可能谓述自身。这也就排除了谓述的对象是函数自身的可能性。因而，在弗雷格看来，罗素悖论的谓述式表述对其函数和对象的理论不形成威胁。

但是紧接着，弗雷格就承认了罗素悖论会对其概念的外延理论构成威胁。弗雷格认为："一个概念可以被谓述它的外延（A concept is predicated of its extension）。"也就是说罗素的悖论可以适用于概念的外延或概念类。从概念的外延或类的角度来说，罗素的悖论对弗雷格的公理 5 构成了致命的威胁，动摇了其算术研究的基础。弗雷格在 1902 年 6 月 22 日给罗素的回信中这样写道："你所发现的这个矛盾已经使我惊讶得无以言表了，我想说的是，我像被雷击过一样，因为它已经动摇了我试图建构算术的基础。相应地，将相等的这种普遍性转化为值域的相等

（我的《算术的基本法则》的第 9 部分）并非总是允许的，即我的公理 5（我的《算术的基本法则》的第 20 部分，36 页）是错误的，我在第 31 部分的解释并不足以在所有情况下保证我的记号组合都有一个意谓。我必须对这个问题进行更深入的思考。更加严重的是，我的公理 5 的崩溃似乎不仅损坏了我的算术的基础，而且还摧毁了任何其他可能这样的算术基础。"[1]

为什么弗雷格承认罗素的悖论对其形式系统中的公理 5 构成了致命的威胁？下面，我们就简单地介绍一下弗雷格系统中公理 5 的主要内容。公理 5 断定了以下两个命题之间的转换的合法性，即以下两个命题相互等价：

（1）对于任一个主目来说，函数 F 具有与函数 G 同样的值（value）。

（2）函数 F 的值域（value-range）等同于函数 G 的值域。[2]

公理 5 中的（2）中的函数的值域（value-range）就是概念的外延。弗雷格举了一个例子来说明，比如在数学中，函数 $\xi^2=4$ 与函数 $3.\xi^2=12$，至少对于数作为主目来说，这两个函数具有相等的值。

$$(\xi^2=4) = (3.\xi^2=12)$$

这里的函数的值的相等其实就表明两个函数概念的外延相等。这里的逻辑表达式可以表述为：平方为 4 的概念与 3 倍其平方为 12 的概念具有相等的外延。弗雷格认为，如果函数 F（ξ）与函数 G（ξ）对于 ξ 的所有取值都相等为真的话，那么，函数 F（ξ）与函数 G（ξ）就

---

[1]　关于弗雷格的回信内容，请参见 Gottlob Frege, "Frege to Russell, 22.6.1902", in Gottfried Gabriel &Hans Hermes eds., *Philosophical and Mathematical Correspondence*, Oxford：Basil Blackwell，1980，p.132。

[2]　Gottlob Frege, *Basic Laws of Arithmetic*：*Derived using concept-script*,Vol.I，trans. and ed., Philip A.Ebert&Marcus Rossberg with Crispin Wright，Oxford：Oxford University Press，2013，§3，§9.

具有相同的值域。按照弗雷格的说法，公理 5 主要是制定了关于概念相等的标准，即同概念相等的普遍性可以转化为值域的同一性，反过来也一样。[①] 当然，弗雷格这里所说的函数的值域，应被理解为逻辑对象（logical objects），而非一般意义上的经验的对象。弗雷格没有对这条公理进行严格的证明，而只是将其作为一条公理设定下来[②]，以便保证算术的基础的稳固。

罗素悖论的发现为什么使得弗雷格的公理 5 出现了漏洞或错误呢？我们还是要从弗雷格对罗素悖论的最初回应中找到蛛丝马迹。实际上，弗雷格的公理 5 背后涉及两个预设，而这两个预设本身就足以产生悖论。[③] 在 1902 年 6 月 29 日给罗素的第二封回信中，在提到了罗素的对于这个悖论最初的回应，即禁止将概念归属于它的外延时，弗雷格这样写道：

> 但是如果你承认一个表示一个概念的外延（类）的记号作为一个有意谓的（bedeutungsvoll）的专名（proper name），因而将一个类看作一个对象，那么，这个类本身要么落在这个概念之下，或者不是落在这个概念之下；没有第三种情况。[④]

对于弗雷格的这一回应和说明，我们需要注意两个预设。概念的外延（类）是对象。每一个真正的概念必须被定义对于所有对象都适用，要么所有对象都落在这个概念之下，要么所有的对象都不落在这个概念之下，没有第三种情况。由此，一个概念的外延就会被划分为两类：要么所有的概念外延都落在这个概念之下，要么所有的概念的外延都不落在这个概念之下，没有第三种情况。现在我们来考虑一个不落在其概念之下的外延的概念，这个概念的外延到底落不落在这个概念之下呢？如果这个概念的外

---

① 参见 Gottlob Frege, *Basic Laws of Arithmetic：Derived using concept-script*, Vol. Ⅰ & Ⅱ, Translated and Edited by with Crispin Wright, Oxford：Oxford University Press, 2013, §9, p.14。

② 参见 Michael Beaney, *Frege: Making Sense*, London：Gerald Duckworth, 1996, p.194。

③ 参见 Michael Beaney, *Frege: Making Sense*, London：Gerald Duckworth, 1996, pp.194-195。

④ Gottlob Frege, " Frege to Russell, 29.6.1902", in Gottfried Gabriel &Hans Hermes eds., *Philosophical and Mathematical Correspondence*, Oxford：Basil Blackwell, 1980, p.135.

延不落在这个概念之下，那么，这个概念的外延就落在这个概念之下，如果这个概念外延落在这个概念之下，那么，这个概念的外延就不落在这个概念之下。总之，无论如何都会得到悖论。

那么，这两个预设与公理 5 到底有什么联系？其实，通过前面的分析，我们已经看出，这两个预设本身就足以产生悖论了，而这两个预设其实就表明，每一个真正的概念都有一个外延，公理 5 其实就是制定了一个外延同一性的标准。两个概念相等的条件等价于这两个概念的外延相等。所以，前面所表述的公理 5 的两个部分可以分别重新改写如下：

（1）＊概念 F 与概念 G 应用到相同的对象。

可以用现代符号表示为：$\forall x\,(Fx \leftrightarrow Gx)$。

（2）＊概念 F 的外延等同于概念 G 的外延。

可以用现代符号表示为：$\{x|Fx\}=\{x|Gx\}$。

将（1）＊与（2）＊合在一起，我们就可以将公理 5 重新表述如下：

公理 5：无论落在概念 F 的哪个对象也落在概念 G 之下，反过来也一样，当且仅当，概念 F 和概念 G 具有相同的外延。

公理 5 可以用现代符号表述为：$(\forall x\,(Fx \leftrightarrow Gx)) \leftrightarrow \{x|Fx\}=\{x|Gx\}$，也可以写成：$\{x|Fx\}=\{x|Gx\} \leftrightarrow (\forall x\,(Fx \leftrightarrow Gx))$。

为了回应罗素的悖论，弗雷格在《算术的基本法则》第 2 卷中安排了 13 页的附录来进行阐述。简单地说，弗雷格为了避免概念的外延受到罗素悖论的攻击，考虑将外延视为非真正对象（improper objects），即那些排中律不能应用的对象。也就是说，弗雷格考虑将概念的外延看成一种非常特殊的对象，这种对象不受排中律制约。但是，弗雷格很快就认识到，这种建议是不切实际的，因为这种排除排中律的对象所构成的系统过于复杂（真正的对象、非真正的对象）。后来，弗雷格认为，主要的回应是修改（2）＊。

（2）＊：所有真正的概念必须被定义为适用于那些除了概念自身的外延外的所有对象。

因而，相应地，公理 5 应该受到一定的限制，可以表述如下：

公理 5（限）：除了它自身的外延外，落在概念 F 之下的无论什么对象也落在概念 G 之下，反过来也一样，当且仅当概念 F 和概念 G 具有相同的外延。①

但是不幸的是，弗雷格的这种修正并没有成功地排除新的矛盾的产生，毕明安曾经对此作出过比较细致的分析②，这里可以提示两点：第一，修正之后会产生新的不一致；第二，新的修正会违反弗雷格对于定义的要求。因为公理 5 引入的主要目的就是制定概念相等的标准，但是对于公理 5 修正的结果：两个概念具有相同的外延当且仅当任意对象，除了它们自身的外延外，落在其中一个概念之下的对象也落入另外一个概念之下。而这实际上涉及了循环定义，因为公理 5 引入的目的就是定义概念相等，但是在定义中却不得不先以需要定义的目的即概念外延为前提，这明显是行不通的。弗雷格最终在《算术的基本定律》第三卷（该卷没有出版完成）中认识到他对于罗素悖论的解决是不充分的。③现在学界一般认为，弗雷格在晚期放弃了其逻辑主义。④弗雷格对于罗素悖论的回应，总体上说是失败的。其原因主要还是弗雷格将概念的外延看成一种逻辑的对象，只要概念的外延被视为对象，而对象自身的同一则需要与概念相等为前提，而理解弗雷格的概念则离不开对象本身，因为弗雷格一直从概念和对象的两分角度思考问题，而"概念"这个概念本身是不清晰的，无限制地运用就会导致矛盾。⑤所以，弗雷格的概念先于或独立于外延的思想⑥是

① 参见 Gottlob Frege, "Frege to Russell, 29.6.1902", in Gottfried Gabriel &Hans Hermes eds., *Philosophical and Mathematical Correspondence*, Oxford：Basil Blackwell, 1980, p.135。
② 参见 Michael Beaney, *Frege: Making Sense*, London：Gerald Duckworth, 1996, p.197。
③ 参见 Michael Dummett, *Frege: Philosophy of Mathematics*, London：Gerald Duckworth&Co. Ltd., 1991, pp.4-6。
④ 参见 Philip A.Ebert&Marcus Rossberg, "Translators' introduction", in *Basic Laws of Arithmetic：Derived using concept-script*, Vol. Ⅰ, Philip A.Ebert&Marcus Rossberg with Crispin Wright trans. and eds., Oxford：Oxford University Press, 2013, XV。
⑤ 参见叶峰《从数学哲学到物理主义》，华夏出版社 2016 年版，第 16 页。
⑥ 参见［美］迈克尔·德特勒夫森《20 世纪的数学哲学》，载《20 世纪科学、逻辑和数学哲学》，［加］斯图加特·G. 杉克尔主编，江怡、许涤非、张志伟等译，中国人民大学出版社 2016 年版，第 65 页。

其公理 5 以及整个逻辑主义失败的最终原因。

当然，对于弗雷格的逻辑主义纲领是不是真的失败了这一问题，目前学界其实也有争议，争议主要集中在弗雷格的休谟原则的认识和地位上。休谟原则到底是不是无矛盾的，是不是真的存在呢？由于公理 5 在弗雷格的系统中仅被用来推导出休谟原理，而其他的算术定理都可以不再利用公理 5 而只用休谟原则与其他逻辑定理推导出来。所以，新逻辑主义或新弗雷格主义者试图复兴弗雷格的一些基本思想，认为休谟原则是真的，无矛盾的，并指出"虽然弗雷格没有成功将算术还原为逻辑，但是他成功地将算术还原为休谟原则加逻辑"[①]。

第三节　罗素对悖论的解决：简单类型论和分支类型论

罗素悖论是与类以及类的成员（对象或类）相关的。一个类或集合是自身的成员，比如数，而另外一些类却并不是自身的成员，比如鸟、马、狗等。考虑鸟的类。鸟的类自身并不是鸟，所以鸟的类并不是其自身的成员。现在，让我们考虑一种情况，在其中，一个类的类并不是自身的成员。如果这个类的类不是自身的成员，那么，根据刚才给出的类的定义，类的类就应该是自身的成员，而如果这个类的类是自身的成员的话，那么根据类的定义，其就应该具有这一性质：这个类就不是自身的成员。所以，无论如何我们都会得出悖论。这里悖论的问题根源就在于，我们是否需要使用这样的表达式比如"并不是自身的成员"去确定一个类的概念。这一悖论困扰了罗素很长时间，促使他在《数学原则》一书的末尾发展出了一种可能的解决办法类型论（theory of types）。我们先大致地介绍一下简单类型论（Simple Type Theory）思想，然后介绍一些分支类型论（Ramified Type Theory），并指出各自的困难。

罗素在《数理哲学导论》的第 13 章里也简单地概述了他的类型论

---

① 具体分析请参见叶峰《从数学哲学到物理主义》，华夏出版社 2016 年版，第 49 页。

的主要思想。罗素认为，悖论之所以会产生主要是由于类的概念不纯粹（impure），我们需要从类型（type）角度重新规范关于类的陈述。与弗雷格将概念外延视为逻辑对象不同，罗素反对弗雷格关于概念先于概念外延的观点，特别是反对弗雷格极端的概念实在论的观点，反对弗雷格将类视为逻辑对象，而将其仅看作逻辑的虚构（logical fictions）。关于一个类的陈述只有当其能翻译为一种不提及类自身的形式中时才是有意义的。这也就是说，我们需要对类的名称（名义上的，而非实在上）能够有意义的方式施加限制：语句或符号集合中的伪名称（pseudo-names）出现的方式并不是错误的，而是缺乏意义的。也就是说，这一规定就排除了自我指涉的陈述语句的有意义性。一个类无论是其自身的成员，或者不是其自身的成员都是缺乏意义的；另外，更一般而言，认为一个个体的类是另一个个体的类的成员，或者不是另一个个体的类的成员都是无意义的。

因而，罗素的类型论主要就是试图从符号角度构造任意的类，其成员并不处于相同的逻辑层级，而是不同的类的成员处于不同的等级。罗素说："解决办法在于有必要区分不同的对象类型，即不同的项、项的类、类的类、双项的类，如此等等。一般而言，一个命题函项 φx 要求，如果它要有意谓的话，其中 x 就应该属于某一特定的类型。"[①] 罗素解决其悖论的办法就是类型论，即区分对象和类的不同类型，从而排除"并不是自身的成员"这一表达式作为类的概念。毕明安曾这样评论指出："关键之处在于，某种在任何被给定的层级的对象或类只能是更高一级的类的成员。这就自动排除了任何作为自身成员的类。"[②] 罗素解决悖论的办法相当于提供了一条禁令，即一个类的概念不能成为它自身的成员或外延，将那些所有反身自指的表达式都看作不合法的加以排除。

概括地说，罗素的简单类型论是为类或对象提供了一个层级，第一层是个体，第二层是个体的类，第三层是个体的类的类，如此等等。罗素的类型论为类的成员从低到高构建了一套逻辑系统。简单类型论把类或谓词

---

① Bertrand Russell, *Principles of Mathematics*, London：Routledge, 2010, p.106.

② Michael Beaney, *Analytic Philosophy*：*A Very Short Introduction*, Oxford：Oxford University Press, 2017, p.143.

划分为不同的类型：

类型 0：个体，
类型 1：个体的类，
类型 2：个体的类的类，
类型 3：个体的类的类所构成的类。

只有合适的类型的对象才能有成员的问题，我们只能考虑类型 n 的对象是否为类型 n+1 的成员，而不能考虑某一类是否为其自身的成员。按照这样的禁令，康托尔的悖论以及罗素悖论都可以避免。因为简单类型论不能排除类似于理查德悖论（一切可用有穷字母定义小数）[①]，因而罗素又提出了分支类型论。我们知道，在同一类型的类或谓词中，例如个体谓词，还可以分为不同的层次。有些个体谓词，在它的定义中涉及所有的个体的谓词，这种谓词就比一般的个体的谓词的层次要高。举罗素自己的例子来说：

一个典型的英国人具有大多数英国人所具有的性质。

这里，"具有大多数英国人所具有的性质"也表述一种性质，涉及个体谓词全体，是高一层次的个体谓词。最低层次的谓词：直谓（Predicative）谓词；涉及某一类型谓词的全体而又属于此类型的谓词：非直谓的谓词。分支类型论主要是指同一类型的谓词可以分为不同的层次看待，高层次的谓词不能被看作低层次谓词，否则就造成"不合法全体，导致恶性循环"。按照分支类型论，我们不能说，一切个体谓词如何，要看层次，有些谓词虽然属于同一类，但是也不能笼统地说，此类的所有成员都有某某性质，必须分层考虑。

但是，罗素的这种分支类型论的对于对象层级式的表述太过于复杂，

_____

[①]　参见王宪钧《数理逻辑引论》，北京大学出版社 1982 年版，第 304 页。

难以清楚地加以阐述。一语中的。著名的数学思想史专家莫里斯·克莱因
（Morris Kline）曾指出这点："但是，层次论引到一类语句，它们需要细致
地按层次加以区别。要想按照层次论建立数学，开展起来极为复杂。"① 比
如在《数学原理》中，有两个东西 a 和 b 相等，如果对于每个性质 P（x），
P（a）和 P（b）都是一个等价的命题，即 P（a）与 P（b）相互蕴含，
按照罗素的类型论理解，那么，P（x）就有不同的类型和层次区别，因
为它可以包含不同阶数的变元以及单个的东西 a 或 b，因而相等的定义必
须适用于 P 的所有的性质。这明显是难以实现的任务。相等的关系有无
数种，对每个层次的性质都有一个。无理数的层次要比有理数高，有理
数的层次要比自然数高，等等。为了避免这种复杂性，罗素和怀特海引
入了还原公理（Axiom of reducibility），罗素将还原公理定义为："每个
函项对于所有它的值来说，都等值于同一变目的某个直谓函项。"② 这也就
是说，它对任何层次的一个命题函数都确认存在着一个等价的层次为 0
的命题函数。③

　　但是，不幸的是，还原公理引起了很多反对意见，因为它太任意了。
它在某种程度上取消了类型论。因为这种还原本身就取消了类型之间的区
别。它被人批评说是一种意外的设定，而并不是一种逻辑上的必需的设
定，有人不能容忍将还原公理设为一种逻辑公理，有人称这条公理为"智
力的廉价品"。另外，无穷公理（Axiom of infinity）也面临很多的批评声
音。因为罗素的类型论中主张至少有一个类存在的无穷公理也只是一个假
设："如果 n 是任何归纳基数，至少存在一个具有 n 个项的个体的类。"④ 但
是这个公理本身假设了一个类的存在，而不是严格的逻辑公理，违背了逻
辑在本体论上的中立性要求。即这一公理是关于至少一个类或集合是存在
的，并不是一条严格的自明的逻辑公理。因而，我们看到，罗素对悖论的

---

① ［美］莫里斯·克莱因:《古今数学思想》，邓东皋、张恭庆等译，第三册，上海科学技术
出版社 2014 年版，第 340 页。
② ［英］罗素:《逻辑与知识》，载《罗素文集》第 10 卷，商务印书馆 2017 年版，第 105 页。
③ 王宪钧先生将这一公理解释为：一切非直谓谓词都有一等值的直谓谓词。参见王宪钧《数理
逻辑引论》，北京大学出版社 1982 年版，第 304 页。
④ Bertrand Russell, *Introduction to Mathematical Philosophy*, London: George Allen&Unwin,
Ltd., second edition, 1919, Chap.XIII.

解决方案，无论是简单类型论还是分支类型论，都是存在着严重的理论缺陷的。

针对罗素的解决方案，当代逻辑学者苏珊·哈克评论指出：

> 罗素企图完成由弗雷格首创的将算术还原为"逻辑"，即语句演算、一阶谓词演算和集合论纲领。然而，类型的限制堵死了自然数的无限性的证明，阶的限制也堵死了某些约束定理的证明。在《数学原理》中，这些定理是通过引入新公理，即无穷公理和可归约公理得到挽救的，这保证了算术可从皮亚诺公设中推出，但这些公理的特设性质却削弱了算术已被还原到纯逻辑的基础这种声音的可能性。[①]

第四节　维特根斯坦对罗素悖论的消解

概括地说，罗素的类型论为类或对象提供了一个层级，第一层是对象，第二层是对象的类，第三层是对象的类的类，如此等等。罗素说："解决办法在于有必要区分不同的对象类型，即不同的项、项的类、类的类、双项的类，如此等等。一般而言，一个命题函项 ϕx 要求，如果它要有意谓的话，其中 x 就应该属于某一特定的类型。"[②] 罗素解决其悖论的办法就是类型论即区分对象和类的不同类型，从而排除"并不是自身的成员"这一表达式作为类的概念。罗素解决悖论的办法相当于提供了一条禁令，即一个类的概念不能成为它自身的成员或外延，将那些所有反身自指的表达式都看作不合法的加以排除。

让我们来看看维特根斯坦对于罗素悖论以及其类型论是如何评论的。维特根斯坦处理罗素悖论以及他在《逻辑哲学论》中对矛盾的问题的讨论的主要目的都是分析并澄清这些矛盾问题背后的诸多哲学混淆和误解。维特根斯坦的策略并不是提出一种新的理论来取代罗素的类型论，而是阐明

① ［英］苏珊·哈克:《逻辑哲学》，罗毅译，商务印书馆 2003 年版，第 176 页。
② Bertrand Russell, *Principles of Mathematics*, London：Routledge, 2010, p.106.

罗素悖论以及类型论背后所包含的哲学混淆与误解，最终的目的是消解掉罗素悖论本身。这种消解的策略主要通过给出一些基本的范畴区分与哲学原则而实现，一旦实现了消解罗素悖论的目的，罗素的类型论就是多余的。前期维特根斯坦所强调的这些基本的范畴区分和哲学原则包括：言说与显示，记号与符号，函项与运算，逻辑句法缺乏实质性内容（一个记号的意谓在逻辑句法中不起作用），拒斥自我指涉（self-reference）的命题，一个函项不能成为自身的主目，等等。罗素的类型论试图言说不能言说而只能在语言中显示的东西。

维特根斯坦对于罗素的悖论与类型论所采取的态度至少包含两个方面。首先，我们需要承认罗素类型论背后的基本思想是正确的，即拒斥自我指涉的命题。维特根斯坦认为，罗素尝试解决悖论的主要思想或哲学原则就是一个命题不能言说自身。关于这一基本的思想与原则，维特根斯坦持认可的态度。1914 年 4 月在挪威《口授给摩尔的笔记》中，维特根斯坦表达了他对于罗素类型论主要精神的支持和认同。维特根斯坦这样写道："没有一个命题可以言说自身，因为一个命题的符号不可能被包含在自身之中；这必须是逻辑类型论的基础。"（NB Appendix Ⅱp.105）"一个命题不能在自身之中出现。这就是类型论的基本的真理。"（NB Appendix Ⅱp.106）相似的段落也出现在《逻辑哲学论》中："没有命题可以做出关于自身的断言，因为一个命题记号不能包含在命题自身之中（这就是整个'类型论'）。"（TLP 3.332）从以上引文中可以看到，前期维特根斯坦是认同罗素类型论背后的基本思想或原则的，认为其中也包含了基本的真理。

正如我们所知，基于我们前面对于罗素悖论的介绍，罗素悖论产生的根源在于这一表达式："作为一个不能谓述自身的谓词的谓词"或者"并不是自身的外延项的类的概念"。这些相似表达式的共同点就在于它们都具有自我指涉的部分，这就很容易导致悖论。根据罗素类型论的思想，这种自我指涉的表达式是禁止的。维特根斯坦并没有完全拒斥罗素的类型论，他赞同命题不能包含在自身之中，即命题不能自我指涉。正如安东·多米特如（Anton Dumitriu）所评论的那样："没有一个记号可以是自身的记号，没有一个符号可以是自身的符号，因而，没有一个命题可以言说自身，因为这个命题记号并不能包含在自身之中。"①

其次，维特根斯坦并不接受罗素试图表达类型论的基本策略与方法，在维特根斯坦看来，罗素的类型论就是试图言说不可以说而只能显示的东西。逻辑的不同类型是在语言的使用中自我显示出来的，而不是通过人为的规定或刻画描述出来。言说和显示是前期维特根斯坦哲学中的最重要的区分，显然，罗素并没有认识和理解到这一区分的重要性。"能够显示的东西，不可以言说。"（TLP 4.1212）维特根斯坦认为，逻辑命题自身是不可言说的，只能通过语言的使用而自行显示出来，逻辑命题显示世界的逻辑结构。维特根斯坦认为罗素的类型论是不可能的（NB 1914 p.108），罗素的类型论是错误的（TLP 3.331）。更进一步，维特根斯坦甚至认为罗素的整个类的理论（theory of classes）在数学上是完全多余的（TLP 6.031）。为什么维特根斯坦认同罗素处理悖论之后的主要思想和原则，但是又不认同其类型论本身呢？维特根斯坦至少给出了三个重要的区分以及相应的哲学原则，它们包括：言说和显示、记号和符号、函项和运算、记号的意谓在逻辑句法中不起作用，等等。

为了阐明这点，我们下面详细地分析前期维特根斯坦相关的评论段落，包括《1914 年笔记》以及《逻辑哲学论》。在《1914 年笔记》中，维特根斯坦曾经写道：

> 逻辑命题显示某种东西，因为在表述逻辑命题的语言中可以言说任何可以言说的东西。这种同样的区分，即能够通过语言被显示但不可言说的东西，解释了类型论所感觉到的困难——就事物、事实、属性以及关系之间的不同而言。M 是一个事物这句话是不可言说的，这句话是无意义的；而是某种事物通过这个符号"M"而显示出来的。同样，一个命题是主谓命题这句话也是不可说的，而是通过这个符号

---

① Anton Dumitriu，"Wittgenstein's Solution of Paradoxes and the Conception of the Scholastic Logician, Petrus de Allyaco"，in Stuart Shanker ed.，*Ludwig Wittgenstein: Critical Assessments*，Vol.Ⅲ，Oxford：Croom Helm Ltd.1986，pp.312-324.

显示出来的。因而，类型论是不可能的。当你只能谈到符号时，它试图言说某种关于类型的东西（NB Appendix Ⅱ p.108）。

以上这一段落表明言说和显示之间的区别可以被用来阐明类型论所遇到的困难。在维特根斯坦看来，罗素的类型论试图在不同的逻辑类型之间划分层级，而实际上，逻辑类型之间的不同层级只能在语言的使用中自行显示出来，而不能用语言来描述出来。原因在于，这一命题本身即"存在不同的逻辑类型，比如对象，对象的类、对象的类的类，如此等等"也属于逻辑命题范畴，只能自行显示在语言之中，而不能直接言说出来。类型论是不可能的，其原因就在于它试图言说类型的某种东西，但是逻辑类型本身只能通过不同的逻辑符号在逻辑句法中显示出来。

在维特根斯坦所建议的记号语言（sign language）中，我们一定要注意区分记号（sign）和符号（symbol）之间的不同[①]，一个记号没有使用就是没有意谓的，一个记号只有根据一定的逻辑句法的要求来使用才能成为有意义的符号。维特根斯坦说："在逻辑句法中，一个记号的意谓绝不能起任何作用。不提到一个记号的意谓而确定逻辑的句法，这必定是可能的：只要先假定表达式的描述。"（TLP 3.33）维特根斯坦这里所强调的是，当我们确定逻辑的句法时，我们并不需要提到记号的意谓，因为逻辑句法只是处理表达式的描述，也即逻辑符号的规定（stipulation）。"符号规定的本质在于它仅描述表达式，而并不陈述所指涉的东西。"（TLP 3.317）维特根斯坦得出结论认为："通过将这个属性归属于一个类型的成员而否定归属于其他类的成员，我们并不能有效地区分逻辑类型之间的不同，我们绝对不能通过说（正如目前所做的那样）一个类型有这些属性，而其他的类型有那些属性而区分类型之间的不同，因为这就必须要假定这一前提即断言所有这些类型的属性是有意义的。"（NB Appendix Ⅱ p.106）很明显，这个前提在维特根斯坦看来是不能成立的。维特根斯坦接着说："从这一观察出

[①] 参见 Michael Potter, "Propositions in Wittgenstein and Ramsey", in G. M. Mras, P.Weingartner, B. Ritter eds., *Philosophy of Logic and Mathematics: Proceedings of the 41st International Ludwig Wittgenstein Symposium*, Berlin/Munich：Walter de Gruyter GmbH, 2019, p.379。

发，我们就转向罗素的'类型论'。可以见到，罗素必定犯错了，因为当他确立记号的句法规则时，他不得不提到记号的意谓。"（TLP 3.331）罗素的类型论所做的就是在确立记号的逻辑句法规则的同时，说到关于记号意谓的某种东西，而这本身不为句法所允许，是禁止的，因为逻辑句法与记号的实际意谓并不相关，而只与符号的表达式相关。确定逻辑句法时，我们不必提到记号的意谓，换句话说，逻辑句法规则没有实际的内容，否则的话，这种逻辑句法就不能具有广泛的应用。因而，罗素的类型论混淆了逻辑句法中记号和符号的作用，他并没有抓住逻辑句法的形式属性，将其误解为实质属性并以为可以言说出来，而其实只能在语言的具体使用中显示出来。

虽然罗素的确具有拒斥自我指涉原则的洞见，但是他的命题函项理论以及类型论做的恰恰是拒斥自我指涉原则所禁止的事情。罗素将命题函项定义为："设 ϕx 一个包含变量 x 的陈述，当 x 被给予任何一个确定的意谓时，它就成为一个命题。那么，ϕx 就被称为一个'命题函项'。"[1]$\phi(\phi)$（变量）被定义为一个包含不确定的构成部分 ϕ 的表达式。基于以上的理解和定义，罗素的命题函项与变量理论中存在不少混淆，因为它允许相同的记号出现在不同的符号中，或者不同的记号出现在相同的符号中。而这恰恰是维特根斯坦在《逻辑哲学论》中禁止的。根据维特根斯坦对于记号语言（sign language）的理解，我们不应该使用相同的记号来表示不同的符号，也不能使用表面上相似的实则不同（不同的指涉方式）的记号表示相同的符号，一种记号语言是由逻辑句法决定的（TLP 3.325）。这就是不同记号的原则，这一原则在记号语言中可以排除矛盾和悖论。因而，我们可以看到，在维特根斯坦所主张的记号语言中，诸如 "$\alpha \in \alpha$" "$\sim\alpha \in \alpha$" "$\phi(\phi)$" "$\sim\phi(\phi)$"，等等所有这些表达式在逻辑句法中都是不允许的，应该通过不同的记号原则来排除掉它们。所以，维特根斯坦认为，没有命题函项可以是自身的主目。维特根斯坦这样说：

---

[1]　Bertrand Russell and Alfred North Whitehead, *Principia Mathematica*, Vol.I, First Edition, Cambridge: Cambridge University Press, 1910, p.15.

　　一个函项不能是自身的主目的原因在于一个函项的记号已经包含它的主目的原型，且它并不包含自身。我们假设函项 F(fx) 可以成为它自身的主目，那种情况下，将会有函项"F(F(fx))"，在其中，外边的函项 F 与里面的函项 F 必定必定具有不同的意谓，因为里面的函项具有 φ(fx) 的形式，而外面的函项具有 ψ(φ(fx)) 的形式。只有字母"F"是两个函项共有的，但是字母本身并不标记任何东西。如果我们写作"∃ φ: F(Fφu).φu=Fu."，而不写"F(Fu)"，这点就会立刻变得很清楚。那也就处理了罗素的悖论。（TLP 3.333）

　　以上引文表明了维特根斯坦如何使用记号语言来消解罗素的悖论。在维特根斯坦看来，罗素悖论的产生源自他混淆了函项（function）和运算（operation）。罗素误以为函项也可以成为自身的主目，即命题也可以包含在自身之中，维特根斯坦却认为，这是不允许的，因为这就违背了前面所提到的拒斥自我指涉的原则（the principle of rejection self-reference），然而，这一原则对运算无效，因为一个运算可以连续地应用。维特根斯坦说："一个函项不能是其自身的主目，但是一个运算可以将其运算的结果看作其基础。"（TLP 5.251）"运算和函项必须不能相互混淆。"（TLP 5.25）我们可以使用一个运算的结果作为基础连续地运算，产生新的运算。

　　对于维特根斯坦来说，运算的连续应用是允许的，但是函项却不能成为自身的主目。这就是函项和运算的根本不同之处。罗素的悖论就源自混淆了言说和显示、函项与运算、记号和符号，以及没有遵守不同记号的原则。虽然罗素本人已经注意到非自我指涉原则，但是他并没有彻底地践行这一原则，而是试图言说关于不同的逻辑类型的属性的东西，当他处理逻辑符号和句法时给予记号以意谓。维特根斯坦所做的就是澄清这些基本概念和范畴的区别，从哲学上消解罗素悖论。罗素的类型论因而是错误的和不可能的。

　　关于维特根斯坦对于罗素的悖论以及类型论的处理，学者基哈拉

（Charles Chihara）有不同的观点，他认为"维特根斯坦关于罗素悖论的解决的观念是肤浅的和错误的"[1]。基哈拉的理由在于，维特根斯坦误解了罗素的悖论，没有在罗素的悖论中作出清晰的区分。在基哈拉看来，罗素写给弗雷格的信中所谈的悖论不止一个，而是两个，他认为维特根斯坦将第二个悖论误解为第一个悖论，而真正的罗素悖论应该是第二个悖论，而不是第一个悖论，因而维特根斯坦对于罗素悖论的批评偏离了目标。

　　根据基哈拉的解读，在罗素写给弗雷格的几封信中，提到了两个悖论，第一个就是我们前面所谈到的一个谓述 β 可以应用到所有不可以应用到自身的谓述。根据基哈拉对弗雷格的解读，弗雷格的系统自身就阻止了追问这样的问题比如"谓述 β 能否应用到谓述 β 自身"，因为在弗雷格的系统中，我们不能有意义地说任何一阶概念归属于另一阶概念之下，这种做法是禁止的与无意义的。人们不能在第一种方式上产生罗素的悖论；第二种悖论是"所有概念的外延被当成'对象'并属于任何同一类型"[2]。因而，基哈拉得出结论认为："维特根斯坦或许误以为罗素在弗雷格系统中所构建的矛盾归因于追问一个谓述是否应用到自身。"[3]

　　在笔者看来，虽然基哈拉的解读看到了弗雷格系统的本质，弗雷格在不同概念层级之间作出区分以便免于罗素的悖论的观点是正确的，但是，基哈拉认为罗素的悖论不止一个，两个悖论本质不同的观点却是误导人的。基哈拉并没有看到罗素的悖论表面上看是两个，其实在本质上是相同的，只是具有不同的表述形式而已。

　　让我们来看看罗素自己是如何看待所谓的两个悖论的关系的。在他的《数学原则》一书中，罗素清楚地主张两个悖论本质上是同一的。我们来看看罗素的原话。罗素说：

[1] Charles Chihara, "Wittgenstein's Analysis of the Paradoxes in his Lectures on the Foundations of Mathematics", *The Philosophical Review*, Vol.86, No.3, 1977, pp.365-381.

[2] Charles Chihara, "Wittgenstein's Analysis of the Paradoxes in his Lectures on the Foundations of Mathematics", *The Philosophical Review*, Vol.86, No.3, 1977, pp.365-381.

[3] Charles Chihara, "Wittgenstein's Analysis of the Paradoxes in his Lectures on the Foundations of Mathematics", *The Philosophical Review*, Vol.86, No.3, 1977, pp.365-381.

> 我们首先有用谓述的表述，其中已经给出了。如果 x 是一个谓述，x 或许是或许不是自身的可谓述的。……让我们现在用类概念（class-concept）来表述同一个矛盾（the same contradiction）。表面上看，"一个类概念不是它自身外延的一个项"是一个类概念。但是如果它是自身外延的一个项，它就是一个不是它自身外延的项的类概念，反之则相反。①

我们可以看到，在罗素看来，悖论只是有两种不同的表述而已，其实质是一样的。维特根斯坦并没有误解罗素的悖论，只是他采取了不同于罗素的处理悖论的策略和原则。罗素解决悖论的方法是提出类型论，维特根斯坦则主张在哲学原则上作出严格的区分，以此澄清悖论背后的混淆和不清，最终消解掉悖论。因而，笔者认为，基哈拉的解读不仅误解了维特根斯坦的哲学策略和原则，没有理解维特根斯坦哲学澄清罗素悖论的目的，同时也误解了罗素悖论自身。

除了罗素的悖论外，早期维特根斯坦还从逻辑以及真值条件角度来阐明矛盾到底该如何理解。首先，让我们看看维特根斯坦是如何从逻辑角度来分析矛盾的。维特根斯坦在这点上似乎坚持的是比较传统的观点，即认为矛盾是逻辑上不被允许和禁止的东西。维特根斯坦认为，一个矛盾所意谓的就是"非逻辑"的东西，只有不矛盾的才是符合逻辑的。逻辑的思考本身就必然要排除矛盾的出现。即便上帝能够创造一个世界，这个世界也必须是符合逻辑的规则的，上帝不能创造一个违背逻辑法则的东西（TLP 3.031）。那也就是说，上帝即使再伟大全能也不能违背逻辑的基本法则来创造一个世界。逻辑本质上就意谓着不矛盾。因为在语言中表达了矛盾的东西是意义缺失的。如果我们规定一套逻辑句法规则，那么这一规则会排除矛盾。所以，矛盾是应该在语言中被排除的。维特根斯坦这样写道："正如在几何学中不可能通过坐标来表征一个违背空间法则的图形，或者不可能给出一个不存在的点的坐标，人们也不可能在语言中表征任何'违背逻

---

① Bertrand Russell, *Principles of Mathematics*, London：Routledge, 2010, p.102.

辑的'事物。"（TLP 3.032）

其次，维特根斯坦也从真值条件角度来分析矛盾。同重言式一样，矛盾也并不对事实作出陈述。矛盾是无条件地为假的，它们是缺乏意义的。矛盾和重言式被看作可能的真值条件组合的极限情况（TLP 4.46）。不同于日常的经验命题具有意义，因为它们具有真值条件，即能够为真或为假，对于所有的真值可能性来说，重言式都是真的，矛盾式都是假的。比如，在通常的经典的语义解释条件下，"p.~p"总是假的。维特根斯坦认为，矛盾式和重言式表明，它们对于世界本身毫无所说，它们是意义缺失的（lack sense/sinnlos）（TLP 4.461），但是它们并不是无意义的（nonsensical/unsinnig）（TLP 4.4611）。矛盾式由于没有真值条件（能够为真或为假的二极性），因而对于世界本身无所说，但是能够显示语言和世界的逻辑结构。"重言式和矛盾式不是实在的图像。它们并不表征任何可能的事态。因为前者承认所有可能的事况，而后者则否认。"（TLP 4.462）重言式的真是确定的，经验命题的真是可能的，而矛盾式的真是不可能的。

总而言之，在《逻辑哲学论》中，维特根斯坦认为，我们应该区分一些重要的概念，比如言说和显示、函项与运算、记号与符号，等等，以便最终消解罗素的悖论，罗素的类型论是错误的与不可能的，因为罗素的类型论也没有注意这些重要的区分。罗素的悖论是矛盾中的一个特例。关于矛盾的真值条件的分析，维特根斯坦认为，矛盾是无条件地为假的，是缺乏意义的，对于世界中的事实无所言说，但是能显示一些关于语言和世界的逻辑结构。概括地说，早期维特根斯坦对于矛盾的态度是消解与拒斥，认为矛盾是意义缺失的，是被语言和逻辑排斥的东西。

第五节　维特根斯坦对希尔伯特一致性证明思想的批判

在维特根斯坦的中期（1930—1933），他开始改变关于矛盾的看法，逐渐地发展出新的哲学策略与思想来处理矛盾。中期维特根斯坦批评了希尔伯特的一致性证明（consistency proof/Beweis der Widerspruchsfreiheit）

思想，并且认为希尔伯特误解了哲学问题和数学问题之间的不同之处，即一致性证明不是通过数学，而应该通过哲学来澄清相应的混淆和不清。希尔伯特误以为矛盾问题或一致性证明问题是纯粹的数学问题，而实际上，矛盾问题是一个哲学问题，源自人们对于演算语法规则的表达式的误用。严格地说，在维特根斯坦看来，希尔伯特的无矛盾的或一致性证明是无意义的，因为我们在错误的道路上去寻找一致性证明来解决矛盾问题，而矛盾本质上源自我们对于演算法则的混淆与误解。我们需要的是哲学上对于演算法则的澄清，而不是从元数学角度出发的一致性证明。在由魏斯曼所记录的谈话中，维特根斯坦多次批判希尔伯特的一致性证明，认为"整个问题是以错误的方式被提出来的"（WVC p.116），因为一致性证明思想的前提"隐藏的矛盾"（hidden contradiction）是不可能的与无意义的。

在我们考察维特根斯坦关于希尔伯特的一致性证明的批评之前，我们先简要地介绍一下希尔伯特的公理化理论与一致性证明的思想。希尔伯特是如何提出一致性证明的思想的？面临由集合论悖论比如罗素悖论给数学基础带来的危机和挑战，数学的确实性受到了严重的威胁，希尔伯特决定通过公理化的方法来避免矛盾，即寻找公理的一致性的证明来"确立所有数学方法的确信"（certitude of mathematical methods）①。希尔伯特对于数学基础中集合论矛盾的研究主要是方法论的研究，他的公理化的方法就是要寻求一致性（无矛盾）的证明，以便从根本上消除矛盾，本质上是一种元数学的方法。在他的著名的论文《论无限》中，希尔伯特确定了他的研究的目标包含以下两个方面。

1. 只要存在任何拯救的希望，我们都会仔细地考察富于成果的定义以及演绎的方法。我们将会呵护它们，强化它们，使它们变得有用。没有谁能将我们从康托尔为我们创造的乐园中驱赶出去。

2. 我们必须确立贯穿于数学中的对于演绎的确信，如同在通常的

---

① David Hilbert, "On the Infinite", in Paul Benacerraf and Hilary Putnam ed., *Philosophy of Mathematics: Selected Readings*, Second Edition, Cambridge: Cambridge University Press, 1983, p.184.

初等数论中的确信一样，在那里没有人会质疑，矛盾和悖论的出现只是自身的疏忽大意所致。[①]

在这里，希尔伯特提到的"康托尔为我们创造的乐园"应该是指康托尔的集合论以及超限数算术（transfinite arithmetic）。希尔伯特决心为康托尔的集合论进行辩护，通过一致性证明来阻止矛盾在集合论中出现。除此之外，希尔伯特还在《为数学新奠基，第一报告》（1922年）论文中清楚地表达了他的关于公理化的理论与一致性证明的思想。他说：

> 稳固地为数学奠基的目标也是我的目标；我想通过消除那些集合论中显露的矛盾，让数学重新恢复作为无可争辩的真理的古老名声；而且我也相信，这在完全地维护它的所取得的成果时是可能的。由此我所赞同的方法就是公理化的方法；公理化的方法就是它的本质。……事实上，公理化的方法是每种精确研究的合适的不可或缺的工具，在其相应的领域上必须是：它是逻辑上无可争辩的，同时也是富有成果的；因此，它确保研究充满最大限度自由。在这种意义上，公理化的研究方法意味着类似于借助意识来思考：在这以前的没有这些公理化的方法的研究是幼稚的，人们在确定的关联中相信教条，所以，公理化理论可以消除这种幼稚，然后，让我们获得确信的优势。……由此，仅需通过解决分析中的公理无矛盾的问题，我们可以获得关于这些数学基础问题研究的令人满意的解答。如果我们能得出这样的证明，那么我们可以说，事实上，数学的命题是无可指责的和最终的真理——这种认识基于它的普遍的哲学性质，因而，它对于我们具有最重大的意义。[②]

---

① David Hilbert, "On the Infinite", in Paul Benacerraf and Hilary Putnam ed., *Philosophy of Mathematics: Selected Readings*, Second Edition, Cambridge：Cambridge University Press, 1983, p.191.

② David Hilbert, "Neubegrundung der Mathematik", in *Gesammelte Abhandlungen*. Band Ⅲ, *Analysis-Grundlagen der Mathematik Physik · Verschieden Lebensgeschichte*, Zweite Auflage, Berlin：Springer Verlag, 1970, SS.157-177.

上面所引的段落清楚地表明了希尔伯特的公理化方法与一致性证明的思想。概括地说，为了避免矛盾或悖论在数学中出现，以及拯救数学的确定性，希尔伯特认为我们应该证明算术公理系统内部的一致性，证明这些作为数学基础的公理本身内部的一致性来最终保障数学的确信。希尔伯特认为："如果我们没有一种特殊的工具，我们就不能提前确定公理之间的一致性。因而，面对这种困难的认识论的问题，公理迫使我们表明立场。"[①]很明显，在希尔伯特看来，矛盾问题是一个认识论问题，对公理之间进行一致性证明是解决这一认识论问题的良方。我们只有在坚持一致性证明的基础上，才能确保数学的确定性。面对集合论的悖论，希尔伯特试图寻找一致性证明来保证数学的所有分支都免于矛盾的侵害，因而有必要提出他的证明论的思想。

但是根据维特根斯坦的观点，希尔伯特的这一计划是不必要的，因为它是基于一幅关于矛盾的误解的图画之上。维特根斯坦认为，矛盾并不是通过一致性的证明来解决的，而应该通过哲学的概念与演算法规则澄清相应的混淆来消解。在希尔伯特的一致性证明思想的背后，其实展现了他对于数学基础特别是集合论公理系统的深深的怀疑。在维特根斯坦看来，希尔伯特的这种怀疑论是没有根据的，这幅怀疑主义的图画也应该加以抛弃。希尔伯特对于数学基础的怀疑根本上源自他对于证明与分析、演算法（calculus）和散文（prose）、数学与元数学的混淆。希尔伯特的证明论思想的前提是所谓的"隐藏的矛盾"，而"隐藏的矛盾"这一概念本身是无意义的。希尔伯特相信他可以站在元数学的立场通过给出一致性的证明，消除数学所有分支中的矛盾或悖论，然而，事实上，这一想法太过于乐观和理想了，充满了混淆和误解。

希尔伯特认为一致性证明可以有效地解决数学基础中的矛盾问题，将

---

① 参见 David Hilbert, "Neubegrundung der Mathematik", in *Gesammelte Abhandlungen*. Band Ⅲ, *Analysis-Grundlagen der Mathematik Physik- Verschieden Lebensgeschichte*, Zweite Auflage, Berlin: Springer Verlag, 1970, SS.157-177; David Hilbert, "The New Grounding of Mathematics", in William Ewald trans. and ed., *From Frege to Hilbert*, *A Source Book in the Foundations of Mathematics*, Vol.Ⅱ, Oxford: Clarendon Press, 1996, pp.1115-1133.

数学中矛盾的出现看成数学问题，一致性证明思想具有认识论的意义。但是在维特根斯坦看来，数学基础中是否出现矛盾问题，不是一个纯粹的数学问题，更不能通过认识论的方法来解决，而应该将其看成哲学问题，且只能通过概念的语义分析和阐明来消解。因为矛盾或悖论产生于对矛盾的语法规则的概念混淆和误解，我们只能从哲学的概念分析角度分析演算法则本身，就可以有效地消解掉矛盾产生的条件。矛盾或悖论本身不能是数学句法规则所允许的。"规则"的意义就是排除矛盾。我们只要弄清楚了数学演算法则之间的关系，就可以清楚地看到数学演算中不可能出现矛盾，矛盾只会出现在规则表述不清楚的文字中（散文）中。证明不能消除矛盾，矛盾只能通过分析规则或引入新的规则来消解。希尔伯特的一致性证明思想的背后还有他对于"隐藏的矛盾"深深的确信，对于数学确定性的怀疑，但是所有这些观念在维特根斯坦看来都是充满误解的哲学图画，需要加以抛弃。我们应该澄清相应的误解和混淆，从哲学层面消除产生怀疑的土壤，以便重新获得关于数学确实性的理解。

概括地说，维特根斯坦反对希尔伯特关于一致性证明的思想的论证主要包括以下几个方面。

第一，希尔伯特利用数学归纳法去证明公理的一致性，但是公理的一致性不能通过数学归纳法来证明，而只能自行显示在表达公理的符号之中，因而希尔伯特混淆了显示与言说、演算法与散文之间的区别。严格地说，维特根斯坦并不承认借助数学归纳法的证明是真正的数学证明，因为"归纳只能完成它能完成的东西，而不能做得更多"（WVC p.32）。数学归纳法的证明并不算是真正意义上的证明，因为数学归纳法本身不能算严格的证明。数学归纳法本身只是一种法则，表明一个形式序列的无穷继续的可能性，而形式序列的无穷继续的可能性本身是不可以通过语言言说的，而只能通过相应的符号的使用自行显示出来。在阅读了希尔伯特的著名论文《为数学奠定新基础》之后，维特根斯坦这样评论道：

> 在希尔伯特的简单的模型中，一致性的证明归纳地进行：该证明通过归纳向我们显示箭头记号→必定不断出现的可能性。这个证明让我

们看见某种东西。然而，它所显示的东西不能通过命题言说出来。因而，我们不可能说，"这些公理是一致的"（这不可能比说"存在无穷多的数"这句话说得更多。那是日常的散文）。我认为，去证明一致性只意谓着一件事：检查规则。我们并不能做其他的事情。（WVC p.137）

从以上的引文中，我们可以看到维特根斯坦对于希尔伯特的一致性证明的态度。对于维特根斯坦来说，证明只能显示一些东西，而不能言说一些东西。希尔伯特的一致性证明不仅混淆了言说与显示之间的区别，而且混淆了演算法与散文、数学与元数学之间的区别（WVC p.149）。希尔伯特的元数学只不过是数学演算法的一种，并不比一般的数学演算法更加高级。基于元数学的一致性证明的想法充满了混淆。正如格夫维尔特（Gefwert）所说："对于一名怀疑的数学家的唯一正确的回答就是揭示出一致性问题本身提出的是一个无意义的问题。"[1]

第二，在演算法则的视域下谈论矛盾是无意义的，因为我们的演算法本身是很好的，是没有出现矛盾的。悖论或矛盾的出现并不在演算法之中，而只是在我们日常的语言混乱的表达之中，这种模糊不清的日常语言的表达就是维特根斯坦所批评的散文（prose）。对于中期维特根斯坦来说，演算法和散文之间的区别是根本性的。数学是由不同的演算系统构成的，这些不同的演算系统本质上是由不同的演算规则决定的，演算的法则决定了演算系统的不同。在《哲学评论》中，维特根斯坦曾经总结了数学的演算法则的观点，他说："数学是由完全不同的演算（calculations）构成的。在数学中，一切都是算法（algorithm），没有什么东西是意谓；甚至当这些语词被用来建构一种算法时也是如此。"（PG p.468）在中期维特根斯坦那里，数学的语法就是演算法则，这些法则规定了我们应该如何在数学中进行演算。关于这点，吉哈德（S.Gerrard）曾经这样评论道："这些规则单独决定意谓，因而成为最终的上诉法庭。"[2]维特根斯坦曾经在演算法与散

[1] Christoffer Gefwert, *Wittgenstein on Mathematics, Minds and Mental Machines*, Aldershot, Hampshire：Ashgate Publishing Company, 1998, p.262.

[2] Steve Gerrard, "Wittgenstein's Philosophy of Mathematics", *Synthese*, Vol.87, 1991, pp.125-142.

文之间作出这样的区分：

> 事情的真相是这样的——我们的演算作为演算法本身是完美的。谈论矛盾是无意义的。被称为矛盾的东西源自于你踏出了演算法之外，而在日常的散文中言说时。因而，这种属性对于所有的数都是真的，但是数 17 没有这种属性。在演算法中，一个矛盾根本不能显示自身。（WVC p.120）

> 一些数学家们具有正确的本能：一旦我们已经演算了某种东西，它就不能退出或消失！并且事实上，通过批判导致它消失的东西是演算中的名字与间接所指，因而我想将之称为散文的东西。尽可能严格地区分演算与那种散文是非常重要的。一旦人们已经很清楚这个区分，所有关于一致性、独立性，诸如此类的问题都会被清除。（WVC p.149）

以上两段引文表明维特根斯坦坚持认为一致性证明问题根源于将演算法误解为散文。演算是数学的核心，散文只是演算中的名称与间接用语，容易产生歧义与混淆，不是必要的，可以消除掉，不影响演算本身。为什么在演算中不会出现矛盾呢？根据维特根斯坦的理解，数学本质上是由不同的演算构成的系统，而这些演算系统由一定的演算规则支配，演算本质上是一种基于一定的规则的活动与行为，比如我们做加法或乘法演算，加法与乘法的法则就会要求我们如何进行相应的加法与乘法演算，在此，我们可以说到具体演算中出现的错误，但是这些错误并不代表演算本身是错误的，演算本质上是语法规则构成的，这些规则中不可能出现矛盾，因为演算法则本身就会排除矛盾的出现的可能性。矛盾在规则中的出现意谓着规则不能进行下去，但是演算法本身就要求不断进行下去，所以我们说演算法的本义就是与矛盾不相容的，演算的法则本身是排除矛盾的。

数学家们在制定相应的演算法则时，就已经将矛盾排除在外，所以在一定的演算法则中是不可能出现矛盾的。对于维特根斯坦来说，只有当我们谈论陈述（statement/Aussage）与真值条件，也即真假游戏时，矛盾才会出现，比如，只有在真假的陈述语句比如"p.~p"中，矛盾才会出现。而根据维特根斯坦的理解，数学作为句法本身是没有真假的，只是使得我们演算能继续进行下去的规范而已，所以，一般而言，在演算法则自身中是不会出现矛盾的。对于维特根斯坦来说，如果"p"是句法规则的话，那么，"~p"必定不是规则，因为否则的话，两条规则就会相互矛盾，这本身就是"规则"一词的意义所不容许的。我们说在演算中不可能出现矛盾，其实就是指规则不能相互矛盾。如果矛盾后来被发现，那就意谓着这里的语法规则是不清楚的，所以，我们总是能通过阐明语法的规则来消除矛盾。维特根斯坦强调指出，"既然演算法的表述不是陈述，所以在演算法中不会出现矛盾"（WVC pp.175-176）。与演算法相对，散文只是演算法中的语言描述和修饰，而散文往往容易导致矛盾的出现。如果我们在演算法与散文之间作出清楚的区分，那么，一致性证明问题就会最终消失。"维特根斯坦区分散文和数学，因为他觉得这个区分对于坚持这一观点十分重要，即数学免于在基础危机中表面上的哲学怀疑论的侵扰。"[①] 在维特根斯坦看来，希尔伯特的一致性证明的问题本身就是无意义的，根本原因在于他误解了演算法与散文之间的关系，将演算法看成了散文。

第三，正确地使矛盾消失的方法不是通过证明，而是对于不清晰的散文表述重新加以分析，使之变得更加精确和清晰。从语法角度分析表达式用语，或者引入新的规则来消除矛盾，都是中期维特根斯坦处理矛盾的重要策略。维特根斯坦认为，在演算法中不存在公理的一致性证明，但是或许在散文中由于表述得不清晰会出现矛盾。如果矛盾在演算的散文中出现的话，那么，我们所要做的不是去证明什么东西，而是应该使得散文的表达式更加清晰和准确。维特根斯坦这样写道：

> 悖论（antinomies）并不在演算中出现，而是在我们的日常语言中，恰恰因为我们模糊地使用语词而出现。因而悖论的解决是由将模糊不清的表述代之以精确的表述（通过使得人们注意我们使用语词的真正

---

① Ryan Dawson, "Wittgenstein on Set Theory and the Enormously Big", *Philosophical Investigations*, Vol.39, issue 4, 2016, p.316.

的意谓）。因而，**悖论是通过分析而消失，而不是使用证明**。如果矛盾在数学中由于不清晰而出现，那么，我们绝对不能通过证明来消除这种不清晰（never dispel this unclarity by proof）。证明只能证明它能够证明的东西。但是它不能消除迷雾。所需要的是分析，而不是证明。一个证明不能消除迷雾。这就足以表明，不存在所谓一致性证明的东西（如果你设想数学的矛盾与集合论的矛盾是同类的矛盾的话），一致性证明不能完成期望它能完成的任务。（WVC p.122）①

根据维特根斯坦的观点，矛盾只能出现在日常语言的表述中，而不是在演算之中。如果矛盾出现在我们的日常语言的模糊表述之中，那就意谓着我们使用语词是不清楚的，消除矛盾的有效方法是将不清楚的表述用更加清晰、更加准确的表达式取而代之。矛盾源于哲学的混淆与语词使用的不清晰，我们需要做的不是证明什么东西，而是澄清我们的语法。所以，在维特根斯坦那里，矛盾的消解是与语法的澄清联系在一起的。"没有什么比消除矛盾更容易的事情了——我必须做出一个决定，比如，引入另外一条规则。"（WVC p.124）为什么我们可以通过引入新的规则就可以排除矛盾呢？理由在于规则的语法本质就在于排除矛盾。维特根斯坦这样写道：

> 什么是规则？如果我说：做这个并且不做这个！那么，其他人根本就不知道做什么。这也就是说，我们并不将矛盾当做一条规则。我们也不将一个矛盾称为规则。或者，更加简单地说，"规则"一词的语法就是一个矛盾不能被称为规则。（WVC p.194）

因而，从演算法则的角度来说，是不存在矛盾的。希尔伯特的一致性证明之所以是无意义的就在于他并没有看到演算法的本质其实就已经排除了矛盾的出现的可能性。"维特根斯坦认为，根本就不存在什么'一致性问题'，这种怀疑式的问题是不可理解的，统统都是误导的语法混淆的

---

① 引文中黑体为笔者所加。

产物。"① 如果矛盾在演算中出现了，那么只能意谓着该演算的法则还是不清楚的，充满了混淆。解决矛盾的方法对于维特根斯坦来说比较简单。他说："如果矛盾或不一致（inconsistency）在数学的游戏规则之间出现，补救的措施在世界上是最容易不过的。我们所需要做的一切就是制定新的规范去涵盖规则之间出现冲突的情况，问题就会得以解决。"（PR p.319）维特根斯坦认为，我们可以很容易地通过规定新的规则来化解规则与规则之间的矛盾与冲突。

第四，对于我们来说，如果我们根本没有方法或程序去寻找隐藏的矛盾，那么，我们追问从隐藏的矛盾得出有害的后果的说法是没有意义的。为了澄清希尔伯特一致性证明思想背后的哲学混淆，维特根斯坦分析了所谓的"隐藏的矛盾"的说法。在维特根斯坦看来，"隐藏的矛盾"（hidden contradictions）这一说法是模糊不清的，在很大的程度上，如果我们根本就没有确定的方法或程序去发现矛盾的话，那么谈论"隐藏的矛盾"是无意义的，因为没有发现矛盾的方法，就意谓着矛盾的意谓是不确定的，那么，谈论"隐藏的矛盾"是无意义的，害怕"隐藏的矛盾"也是毫无理由的。如果我们有一种方法或程序去寻找矛盾，那么，这样的话，我们才能确定"隐藏的矛盾"的意义。因而，对于中期维特根斯坦来说，一致性证明以及谈论"隐藏的矛盾"不是数学哲学的主要的任务。

中期维特根斯坦多次分析和阐明了"隐藏的矛盾"这一表达式的无意义。维特根斯坦认为，谈论"隐藏的矛盾"之所以会是无意义的，主要是因为当我们没有发现矛盾时，我们根本不能描述矛盾。因为矛盾只有当我们拥有发现或寻找它的方法时，才能被有意义地谈论。如果矛盾根本是不确定的，我们谈论或描述它就是无意义的。既然暂时还没有方法去发现矛盾，为什么还有这么多人喜欢谈论隐藏的矛盾呢？数学家们经常未雨绸缪，对于所谓的"隐藏的矛盾"保持高度警惕，因为在他们看来，隐藏的矛盾是不可接受的，一旦矛盾出现在数学之中，就意谓着数学系统的毁坏。隐藏的矛盾被数学家视为数学的潜在威胁。然而，维特根斯坦从哲学

① S.G.Shanker, "Introduction:The Portals of Discovery", in S.G.Shanker ed., *Ludwig Wittgenstein*：*Critical Assessments*, Vol.3, London：Croom Helm, 1986, p.12.

角度阐明了数学家的这种担心是多余的，这种对于矛盾的迷信般的恐惧是可笑的，是对于矛盾哲学混淆的结果。维特根斯坦这样写道："所以我说所有这些关于一种隐藏的矛盾的谈论都是没有意义的，数学家们所谈论的危险——似乎一个矛盾在当今的数学中可以像疾病一样被隐藏——纯粹是一种想象的虚构之物。"（WVC p.173）

对于维特根斯坦来说，我们并不能在演算法中谈论"发现"什么东西，也不能在数学中言说发现一致性证明。数学家们通常对于所谓的"隐藏的矛盾"感到担忧，对于他们来说，如果矛盾被发现在演算之中，那么就意谓着演算系统的毁灭。然而，这种担忧是不必要的，没有道理的。维特根斯坦批评数学家们这种对于"隐藏的矛盾"忧心忡忡和害怕的态度，认为这种对矛盾的害怕是一种"迷信的恐惧"（WVC p.196），因为在一个表述规范的语法系统之中，是不存在什么隐藏的矛盾的。如果人们试图在一个演算的系统中寻找隐藏的矛盾，那只意谓着他或她还没有完全掌握这个系统的语法。矛盾只能出现在模糊不清的语法表述之中，人们只要重新规定或组织数学语法系统，就可以消除掉矛盾，阻止矛盾的出现。在《维特根斯坦的讲演，1932—1933 年》[安布罗斯（A.Ambrose）记载]中，我们可以看到维特根斯坦对于"隐藏的矛盾"的态度：

> 追问是否存在一个"隐藏的矛盾"就是追问一个模糊不清的问题。它的意义会随着存在或不存在一种回答它的方法而改变，如果我们并没有一种方法去寻找它，那么"矛盾"一词的涵义就是不确定的。在什么意义上我们可以描述矛盾呢？我们似乎可以通过给出结果比如 $a \neq a$。但是它只是一个结果，如果矛盾是在一种建构的关联之中的话。寻找矛盾就是去建构矛盾。如果我们没有方法去搜索矛盾，那么，说存在一个矛盾就是无意义的。我们必须不能混淆我们能做的与演算能做的之间的区别。（AWL p.8）

对于维特根斯坦来说，无条件地追问"是否有隐藏的矛盾"是一个不合法的问题。我们不能问不合法的问题，如果这一问题本身是充满混淆的。如果我们根本没有方法去发现隐藏的矛盾，那么，我们就不能确定"隐藏的矛盾"一词的意义，我们用"矛盾"到底意谓什么就是不确定的（MWL p.228）。在数学中的"寻找"不同于我们日常语言中的"寻找"，比如我们谈论寻找地理上的北极位置，这是有意义的，"但是在数学中，如果你寻找证明，已经描述了它，你就已经发现了它"（MWL p.228）。因而，我们不能在数学中有意义地谈论"寻找"一个"隐藏的矛盾"，因为我并不能说去找一个根本还没有存在的东西。我们不可能在无限的数学空间中去寻找矛盾。数学中"寻找"不同于一般意义上的"寻找"。只有当你发现了矛盾，你才能说存在一个矛盾。矛盾没有被发现，或者按照维特根斯坦的理解，没有被构建出来的话，谈论寻找隐藏的矛盾就是无意义的，是无的放矢。

除了分析"寻找"这一表达式的不同使用与意义，维特根斯坦也分析了唯一可能有意义地谈论"隐藏的矛盾"的说法的条件或语境。这个语境是什么呢？根据我们通常对在经典逻辑中不矛盾律的理解，我们一般不能承认"p并且非p"同时为真，否则的话，就会产生矛盾。这也就是说，不矛盾律在我们的语言、逻辑中是一条基本的规则。维特根斯坦设想了一种可以有意义地谈论"隐藏的矛盾"的情况。在《维特根斯坦的剑桥讲演，1930—1933，依据摩尔的笔记》中，维特根斯坦作出了如下的评述：

> 现在，在这样一个公理集合中，一个隐藏的矛盾或许是这样的包含着 $q \,\&\, \sim^{n} q$ 的规则，在其中，你不可能轻易地识别出 n 是奇数还是偶数：在此，如果 n 是一个奇数的话，那么这个表达式就是一个矛盾式，如果它是偶数的，就不是矛盾。但是这里肯定有一种方法发现它是不是一个矛盾。能应用到隐藏的矛盾的东西，也可以应用到非独立性：当你说一个公理集合似乎是相互独立的。如果我们没有方法发现一个矛盾，那么，我们就不能确定矛盾到底意谓着什么。（MWL p.242）

简单地总结一下这一节的主要内容。笔者认为，中期维特根斯坦坚持认为，矛盾并不是一个简单的错误，而是无意义的，并且分析了矛盾不断出现在数学中的原因，指出其不在于数学演算本身，因为数学演算本身的法则是完善的和自洽的，而只能出现在散文之中，即含糊不清的日常语言对于演算的表达之中，矛盾的出现说明人们没有准确地掌握关于演算的句法表达，弄混了演算与散文之间的区别。根据维特根斯坦的观点，矛盾只会在我们还没有完全把握演算中的语法规则时才会产生。希尔伯特的一致性证明是无意义的，证明并不能消除矛盾，矛盾的消除只能借助分析演算法则的使用。数学语法规则本身没有真假可言，矛盾只能出现在能谈论真假的游戏的地方。如果没有确定寻找矛盾的方法或程序，一般地谈论"隐藏的矛盾"是没有意义的。矛盾与其说是在数学中被发现的，不如说是被构建出来的，因为只有发现矛盾才能描述矛盾，没有发现矛盾的方法，谈论矛盾就是无意义的。如果我们混淆了演算法与散文之间的区别，就会产生矛盾，正确地消除矛盾的方法不是证明什么，而是分析矛盾产生的根源。矛盾产生的根源在于我们的语法规则不清楚："为矛盾找到一种补救措施之法是世界上最容易不过的事情。所有我们必须要做的就是制定一个新的关于规则冲突情况的规范，事情就解决了。"（MVC p.120）

第六节　维特根斯坦澄清数学矛盾中的概念混淆

后期维特根斯坦继续澄清围绕矛盾产生的混淆，但是他所采取的策略与态度不同于早期与中期。对于后期维特根斯坦来说，矛盾并不是可怕的或危险的怪物加以拒斥，而是可以将其看作我们日常语言中的构成部分。我们应该转变对于矛盾的态度，将对矛盾的恐惧与害怕以及拒斥的态度转变为接受、宽容的态度。学界存在许多关于矛盾的诸多错误观念。人们很容易被误导以为，如果矛盾出现在一个形式系统中，那么就意谓着形式系统的结束，因为人们总以为矛盾会对一个系统带来毁灭性的打击。然而，这种关于矛盾的观念是充满混淆和误导的。维特根斯坦继续澄清关于矛盾的模糊的图画，消除人们关于矛盾的错误观念。概括地说，后期维特根斯坦试图澄清防止矛盾出现的四个方面的论证中的误解与混淆，具体包括语义论证、句法论证、应用后果论证和语言麻烦论证。

一 语义论证

由于逻辑推理，矛盾必然不能做任何事情，因为如果我们允许逻辑和数学中出现矛盾，那么这与经典逻辑中的不矛盾律就是相悖的，所以矛盾就是某种卡住（jams）而不能做任何事情的状态。[①] 许多经典逻辑学家或数学家们都坚持这种语义论证试图表明矛盾意谓着逻辑系统出了错，是不可接受的。按照这种语义论证，矛盾就意谓着不能做任何事情，逻辑系统中如果出现矛盾是一种灾难，因为矛盾的出现意谓着不矛盾律会失效。所以，矛盾是不被接受与许可的。语义论证认为，如果我们得到 "A&~A"，我们就会得到一个错误的结果，因为 "A&~A" 违背了不矛盾律 "~(A&~A)"。矛盾意谓着我们只能在逻辑中得出错误的结论与逻辑系统的不一致，而逻辑系统的不一致就是无用的。以上的语义论证试图对矛盾为什么不能起作用作出解释。

然而，在维特根斯坦看来，这种语义论证背后充斥着诸多混淆和误解，需要加以分析和澄清。维特根斯坦认为，这种语义论证为我们提供了一个语义解释，但是这种语义解释只是关注于经典逻辑中对于逻辑联结词比如否定、合取以及真假的语义解释，而并没有关注到矛盾在我们的语义实践中的作用。语义论证似乎倾向于作出一个齿轮类比（analogy of cogwheels），从而希望表明一个矛盾的出现就像一个三角系统齿轮一样，而重言式就像一个差速齿轮一样。前者你不能用来干任何事情，后者你可以用来干你所想干的任何事情。关于这个齿轮类比，维特根斯坦追问它能否真正地起到解释为什么矛盾不能起作用的目的呢？一个矛盾就像一个三角齿轮系统那样卡住动弹不得吗？他们通过符号已经解释了为什么逻辑是真的吗？维特根斯坦更进一步地分析考察这种关于矛盾卡住的观点，并且他认为他们所谈论的矛盾卡住不能被理解为心理学意义上的卡住，而应该

---

① 参见 Diego Marconi, "Wittgenstein on Contradiction and Philosophy of Paraconsistent Logic", *History of Philosophy Quarterly*, Vol.1, No.3, 1984, pp.333-352。

被理解为一种逻辑的卡住（LFM p.179）。即便如此，这种语义的解释仍然没有实现其目的，它太过于简单了，没有抓住这里问题的要点。维特根斯坦认为，问题的要点在于我们要联系语言的实际使用角度来看待矛盾的作用，我们只能从语言的实际使用角度出发才能澄清这里的问题。在《关于数学基础的讲演，1939 年剑桥》中，维特根斯坦这样写道：

> 当我们说它（指矛盾）卡住，我们并不简单地意谓着人们并不能正确地行动这一事实。但是我们期望知晓这种语言的人们说，"这是毫无意义的"，或者我们这样说：如果我们已经具有一定数目的某些命令，并且这些命令与"并且"与"或者"相关联，那么，我们将认识到一些行动满足了这些命令，我们将不能认识到任何行动都能满足这些矛盾的命令。……给出一个自相矛盾的命令是极其不方便的。我所主张的就是我们不能说，"如此这般是逻辑不能起作用的逻辑原因"，而应该说：我们排除矛盾并通常不给其赋予意谓，这件事是我们整个语言使用的基本特征，并且不把一个犹豫不决的行为，或者充满疑虑的行为与那些能满足一定的命令形式的系列行为相提并论也是一种倾向的基本特征。（LFM p.179）

对于维特根斯坦来说，不是矛盾自己不起作用，而是我们不想让矛盾起作用。那种只从语义角度论证矛盾不起作用的观点是有缺陷的。矛盾能否起作用主要取决于我们人类自身。我们不能简单地纯粹地从逻辑推理的角度试图给出关于矛盾不起作用的解释，这种解释是比较狭隘的。相应地，我们应该联系我们日常的行为与日常语言的实际使用来全面地理解矛盾现象。语义论证并没有充分地注意到语言实践中交流各方的实际行动与反应问题，纯粹地从逻辑角度（不矛盾律）来分析矛盾，显然是不够的。我们应该关注的是矛盾在实际的语言行为中所起的不同作用。比如，如果我们用命令来理解矛盾的话，矛盾的命题就相当于"你必须这样做并且你必须不这样做"，人们在听了这样的一道命令之后，根本就不知道该如何去执行命令。这也就是说，在命令的这一语言游戏和活动中，矛盾很难起到相应的作用。但是这并不是说，矛盾在其他的语言游戏中也像在命令的语言游戏中一样完全难以起到作用。

因而，语义论证仅仅看到逻辑推理以及真假层面，而没有看到语言就是行动的层面，是远远不够的。不仅如此，在维特根斯坦看来，语义论证还假定了逻辑命题都是真的重言式命题，矛盾命题不能在逻辑命题中占有位置，而这种矛盾不能在逻辑中起作用或者说将矛盾看作逻辑的错误的观点是与逻辑常项的语义规定（约定）密切相关的。如果我们不是按照经典的逻辑语义学中对于逻辑常项比如"否定""并且""或者""真""假"的语义解释与理解的话，那么，很可能会引入一种新的逻辑。维特根斯坦这样写道：

> 现在我们假设我们都经过训练在逻辑中使用矛盾而不是使用重言式。……比如在一种讽刺的陈述中，一个语句经常被用来仅仅意指通常所指的反面。比如，一个人说"他很善良"意指"他不善良"。并且在这些情况中，所意指的标准就是这些语句所被使用的机会。……在我们日常的逻辑中，我们将"⊢ ~(p.~p)"读作"事实是并非（p并且非p）"。在矛盾的新的逻辑中，我们可以将"⊢ p.~p"读作"事实是p并且非p"。……所有这些都只意谓着我们做逻辑或数学存在着各种不同的方式。（LFM p.189）

通过以上评述，我们可以看到，维特根斯坦对于不同逻辑的开放态度，不仅仅局限在经典逻辑的范围。维特根斯坦甚至预言了一种关于矛盾的逻辑的诞生。[①] 经典逻辑对于逻辑联结词的语义解释，规定了我们通常所理解的矛盾与真假之间的关系，但是这种理解不是唯一的。我们可以设想对逻辑常项的意谓给出不同于经典逻辑中的语义解释，甚至重新规定什么是矛盾，或者给矛盾一种新的不同于经典语义的解释。这些都是有可能的。由此可见，关于矛盾不起作用的语义论证是有问题的，充满了混淆。

---

① 当代弗协调逻辑（paraconsistent logic）就是关于矛盾的逻辑。

经典的语义解释只是从一个方面来试图解释为什么矛盾不能起作用，而没有考虑具体的语义行为之间的关系，也就是没有关注语义实践。

二　句法论证

矛盾之所以不能起作用，关键在于如果我们在系统中发现了矛盾的话，那么，我们可以从矛盾推出一切命题，而这明显是荒谬的与无意义的，因而，矛盾是错误的，是一种需要清除的怪物。矛盾在数学与逻辑系统中都应该是禁止的。所以，从句法的角度来看，矛盾的出现意谓着句法失去了原有的意义，矛盾对于整个命题系统来说都是有害的。这种关于矛盾有害的句法论证是建立在矛盾的爆炸原则（the principle of explosion）的基础之上的："从一个错误的命题出发，可以得出一切命题"或者"从一个矛盾出发，我们可以推出一切"。在经典逻辑中，矛盾的爆炸原则可以用如下的图示来表示：

$$P . {\sim} P \vdash Q$$

这一图示是说，对于任何陈述或命题 P 或者 Q，如果 P 并且非 P 同时为真，那么从逻辑上就会得到 Q 也为真。维特根斯坦对于这种句法论证的回应是："不要从一个矛盾得出任何结论，并使之成为一条规则。"（LFM p.209）这种句法论证夸大了矛盾在逻辑系统中的危害，并将之视为整个句法系统的灾难。而在维特根斯坦看来，这种看待矛盾的态度是不正确的，显然是小题大做，不可取的。其实，矛盾并没有句法论证所说的那样可怕，化解矛盾的方法其实也并不复杂。与这种句法论证的令人误导的观点相对，维特根斯坦主张"这并不意谓着一个矛盾就是一种恶魔"（LFM p.209）。

那么，为什么那么多人害怕矛盾呢？那种对于矛盾感到极其害怕的态度其实与矛盾的误解的观念紧密相关。许多人误以为矛盾的出现就意谓着在棋类游戏中被将死了，也即意谓着游戏的结束。但是，这种矛盾观是充满混淆的，因为我们并不一定要承认矛盾的爆炸原则。如同维特根斯坦所主张的那样，我们在遇到矛盾时，可以不从它得出任何结论就可以了。不能从矛盾得出任何结论，或者不从矛盾推出任何命题，这可以被当作一条规则。

联系前面维特根斯坦对于矛盾律的态度，以及他不承认爆炸原则，那么，我们就有理由将维特根斯坦"看作弗协调逻辑（paraconsistent logic）的先驱"[①]。美国当代著名逻辑学者普莱斯特（Graham Priest）曾这样评价维特根斯坦关于矛盾的思想对于弗协调逻辑的影响，他说："历史在此已经表明了维特根斯坦的帮助作用。我们现在已经知道，存在许多弗协调逻辑，在其中，矛盾并不意谓着一切。的确，发展这种逻辑的主要动机之一，恰恰就是这一想法，即认为正确的关于自指悖论推理的逻辑就是弗协调逻辑。维特根斯坦当然不知道这种未来的逻辑发展，但是他预见了这种发展。"[②] 的确，有不少主张弗协调逻辑的逻辑学家将维特根斯坦看成他们的同行者，不时引用维特根斯坦关于矛盾的观点来佐证自己的观点。[③]

那么，什么是弗协调逻辑呢？它们与经典的逻辑关系如何？概括地说，弗协调逻辑学家承认不矛盾律，但是拒绝承认爆炸原则，对于他们来说，"一个逻辑后承关系被说成弗协调的当且仅当它不是爆炸的"[④]。关于维特根斯坦的逻辑与弗协调逻辑之间的关系，古德斯坦（L.Goldstein）认为维特根斯坦的确预见了存在一种包含矛盾的数学演算法的研究，并且说："他的预测已经被证明是准确的：一种关于弗协调逻辑形式系统的研究始于 1948 年的亚斯科斯基（Jaskowski），并且繁荣壮大，成为一个热门的研究领域。"[⑤]

维特根斯坦多次指出，一个矛盾并不像一种没有疗法的癌症一样可

---

① Diego Marconi, "Wittgenstein on Contradiction and Philosophy of Paraconsistent Logic", *History of Philosophy Quarterly*, Vol.1, No.3, 1984, p.333.

② Graham Priest, "Wittgenstein Remarks on Gödel's Theorem", in Max Kölbel and Bernhard Weiss, eds., *Wittgenstein Lasting Significance*, London and New York: Routledge, 2004, p.215.

③ 参见 Graham Priest, "The Logic of Paradox", *Journal of Philosophical Logic*, Vol.8, 1979, pp.219-241; A.I. Arruda, "A Survey of Paraconsistent Logic", in A.I. Arruda, R.Chuaqui, N.C.A.daCosta, eds., *Mathematical Logic in Latin America*, Amsterdam: North-Holland, 1980.

④ See the entry of "paraconsistent logic" in https://plato.stanford.edu/ entries/logic-paraconsistent/.

⑤ Laurence Goldstein, *Clear and Queer Thinking: Wittgenstein's Development and His Relevance to Modern Thought*, New York: Rowman& Littlefield Publishers.Inc., 1999, p.155.

怕，而且强调说："看到以下这点至关重要：一个矛盾并不是一种显露普遍疾病的萌芽。"（LFM p.210）面对"矛盾如何带来危害"这一问题，维特根斯坦给出的回应是"不要从矛盾得出任何结论"（LFM p.209），或者"不要从矛盾得出任何进一步的结论"（LFM p.230），我们可以通过其他的规则或措施有效地控制矛盾、避免矛盾。对矛盾的恐惧和害怕是不正常的，我们应该采取合适的正确的态度来面对矛盾：一方面，我们不要夸大矛盾的危害，因为这种夸大矛盾的危害与威胁的做法并不能真正地帮助我们认识矛盾；另一方面，我们也不能忽视矛盾在我们日常语言中的影响与作用，正确地分析和评估具体的矛盾表述在实际语义行为中扮演的角色和其地位。这就是维特根斯坦对于矛盾有害的句法论证的主要回应。

三　应用后果论证

该论证主张包含矛盾的系统必定在其应用中是有害的。如果我们在一个逻辑系统中发现了它，那么，矛盾必然会损害一个逻辑系统，并且导致该系统在应用时产生灾难性后果。在这一部分，我们将会考察和分析图灵与维特根斯坦关于矛盾问题的争论。针对维特根斯坦关于矛盾的轻松的、容忍的态度，阿兰·图灵（Alan Turing）强烈地反对维特根斯坦的观点，并且给出了应用后果论证。然而，根据维特根斯坦的观点，矛盾既不会必然摧毁一个给定的逻辑系统，也不会在其应用中带来灾难性的后果。

作为维特根斯坦 1939 年剑桥关于数学基础讲演课堂上的听讲者和对话者，图灵表达了他对于维特根斯坦矛盾观点的不同看法，对维特根斯坦的正面的肯定矛盾的态度表示质疑。图灵表达了对于矛盾的担忧，认为矛盾会损害一个系统并带来灾难性的后果，特别是在应用的过程中会显露出这种灾难的影响。矛盾在一个逻辑或数学系统中是不可接受的，否则会带来灾难性的后果，为了避免这种应用系统中的灾难后果，我们应该消除矛盾。这就是图灵的应用后果论证。图灵举了例子来说明他的论证，如果一个演算系统中包含矛盾的话，"一座桥会塌掉"（LFM p.211）。维特根斯坦对于图灵的回应至少如下两点。

首先，关于矛盾的这一信念即矛盾必然会使得一个逻辑系统失效，维特根斯坦对此表示质疑。维特根斯坦追问："是不是一个矛盾可以使得罗素的逻辑失效呢？"假设某人使用罗素的逻辑去进行推理，我们能否说在这一系统中某处发现的矛盾使得这个系统本身失效了呢？维特根斯坦的回答是"不"。根据维特根斯坦的分析，对于矛盾的害怕源自对于"隐藏的矛盾"的错误观念（LFM p.209），这种不清晰的观念将矛盾看成一种普遍的疾病的萌芽。维特根斯坦给出了一个例子来阐明矛盾并不使得一个系统失效：

> 假设在一个特定的国度的法典中存在矛盾，在一条法典中规定在节日宴会那天，副总统必须坐在总统旁边，但是另外一条法典则规定副总统必须坐在两位女士中间。如果副总统总是在节日宴会那天生病而缺席宴会，这一矛盾一直没被发现已经有相当长一段时间。但是，节日宴会的一天又到了，副总统又没有生病，那么，他应该如何去做？我或许说，"我必须要清除这个矛盾"。相当棒。但是这使得我们以前所做的一切都失效了吗？根本不是这回事。（LFM p.210）

以上这一段评论充分地表明了维特根斯坦关于矛盾的轻松应对的态度。对于维特根斯坦来说，矛盾的出现并不是一件十分可怕的事情，就如同上面的副总统在节日宴会那天如何落座一样，即便发现了法典中有些条款规定不一致，但是这并不影响我们以前所做的一切。反对者或许会反驳说，如果在一个逻辑系统比如弗雷格系统或罗素系统中发现了矛盾，这些矛盾会最终使得这些系统失效。但是，维特根斯坦则不这样认为。他认为这种以为矛盾的出现必然使得一个系统失效的观点是言过其实的，充满了混淆。在上面所举的例子中，如果真的发现规定副总统如何落座的法典确实会导致矛盾，"这一矛盾也不会导致什么危害。……当一个矛盾出现了，那么，我们是有时间去消灭它的。我们或许可以围绕法典的第二条画一个圈，并且说'这条废弃了'"（LFM p.210）。图灵反对维特根斯坦的观点，并且反驳说"如果人们采用了弗雷格的符号系统，并且教会某人在弗雷格符号系统中的乘法技术，那么，通过使用罗素的悖论，他或许会得到一个错误的乘法"（LFM p.218）。对此，维特根斯坦则回应说："这就是做某种我们并不会称为乘法的东西。"（LFM p.218）

其次，针对图灵的反驳——矛盾的出现会使得"桥会塌掉"，维特根斯坦的分析如下：

> 现在，说由于矛盾的原因一座桥会塌掉，这种说法是不成立的。我们有一种会导致桥塌掉的不同错误的观念。
>
> (a) 我们获得了错误的自然法则——一种错误的系数。
>
> (b) 在演算法中有一种错误——某人已经乘错了。（LFM p.211）

分析一座桥塌掉的原因，除了以上这两种情况外，图灵似乎还认为有第三种情况，即演算中如果出现矛盾，演算本身就是错误的，而演算中的矛盾会导致桥塌掉。对于维特根斯坦来说，第一种情况与矛盾无关，因为它只是纯粹的物理学问题；第二种情况只是说演算过程中出现了错误，而这种演算中的错误并不等同于演算本身包含矛盾，因为在具体的演算过程中，由于各种偶然的因素的出现，难免会出现计算失误，但是，不存在第三种可能的情况，因为演算法本身是不可能包含矛盾的。维特根斯坦认为，一座桥的塌掉只是一个纯粹的物理学的问题，而不是一个演算中的矛盾的问题（LFM p.218）。我们不应该将物理学的问题混同于演算法问题。演算法本身是由一定的语法规则构成的系统，在其中谈不上矛盾。维特根斯坦回应图灵的主要思想是：矛盾的出现并不能带来多大的损害，一座桥的塌掉应该归因于物理学与工程学的问题，或者说计算错误的问题，但是不能说演算本身是有问题的。这是不可能的事情。再粗心大意的工程师也不可能不知道数学的基本计算法则，否则的话，就不能称为工程师。我们可以在具体演算之前就将矛盾从演算法则中排除出去。在维特根斯坦看来，罗素的悖论也不会损害弗雷格的系统，如果我们真的发现了矛盾，我们可以引入新的规则来避免或控制矛盾。

然而，图灵似乎并没有被说服，而是继续论辩道："虽然你并不知道那座桥将会塌掉如果不存在矛盾的话，然而，几乎可以确定的是如果存在矛盾，它就会在某处发生错误。"（LFM p.218）作为对图灵的回应，维特根斯坦坚持认为，到目前为止没有任何东西谈得上出错，一切都还妥当无虞。维特根斯坦的进一步的澄清如下：假设一群数学家在一个特定的时期认为和的根等于根之和，比如 $\sqrt{25+36}$ =5+6。我们如何设想这种情况呢？我们难道假定认为他们从来没有努力去比较他们的计算结果吗？当然，这种情况是不可想象的，因为我们必须在实践和训练中学会如何做数学演算，如果我们计算有误，老师就会帮我们指出来，要求我们改正它们。

学习数学是一种不断的训练和重复的社会实践过程。如果以上这些数学家错误地将"和的根等于根之和"，我们能够说他们的数学系统中包含了隐藏的矛盾，这些矛盾在应用时会导致无可挽回的危害吗？当然不能这样说。为了揭露"隐藏的矛盾"的无意义性，维特根斯坦反问道："由于它（矛盾）到目前为止没有被发现就是隐藏的吗？那么，只要它是隐藏的，我说它就如同金子一样好。并且当它显露出来时，它也不会带来什么危害。"（LFM p.219）人们会误以为，一个系统中出现的矛盾会潜伏在任何地方，对此，维特根斯坦的回应是："不要如此紧张，你的这种想法比较糊涂。"（LFM p.222）总而言之，维特根斯坦对图灵的应用后果论证的回应是，谈论"隐藏的矛盾"并且夸大其应用的危害性是无意义的。因而，我们必须清醒地认识到，矛盾并不必然会给系统的应用带来危害。针对维特根斯坦对图灵的回应，有学者指出："经典演绎逻辑意义上的形式一致性问题，并不必然是算术客观应用于我们生活的唯一的、主要的基础。这告诉我们关于基础的一些重要事情。"[1]

四　语言麻烦论证

如果我们允许矛盾出现在语言之中，那么，矛盾就会为语言带来很大的麻烦，我们就不能做任何事情，甚或以确定的方式使用包含矛盾的语言（LFM p.190）。矛盾会给语言带来不必要的麻烦，因而，我们不能允许矛

---

[1]　Juliet Floyd, "Wittgenstein and Turing", in G. M. Mras, P.Weingartner and B.Ritter, eds., *Philosophy of Logic and Mathematics*：*Proceedings of the 41st International Ludwig Wittgenstein Symposium*, Berlin/ Munich/Boston：Walter de Gruyter GmbH, 2019, p.277.

盾出现在我们的语言之中。为了驳斥这种观点，澄清相关的混淆，维特根斯坦认为，矛盾并不会给语言带来麻烦，相反，我们可以设想在不同的语言游戏中，矛盾可以起到不同的作用。后期维特根斯坦坚持从语言游戏的角度来分析矛盾在语言中的合法地位与作用。那么，矛盾到底在语言中起到什么样的作用呢？我们能否简单地将矛盾排除在语言游戏之外呢？维特根斯坦认为这是不可能的。

　　维特根斯坦在此的观点似乎有点辩证的意谓：一方面，他承认我们倾向于在语言中排除矛盾，因为我们在很小的时候学习语言时就是被要求这样做的。在学校念书的时候，老师会教导我们在说话时不要自相矛盾，以避免误解，否则就会削弱我们说话的力量；另一方面，我们小时候也被训练不要说自相矛盾的话并不必然排除在将来其他的语言游戏中不可能出现矛盾，而这些其他的语言游戏是明显可以包含矛盾的词汇的，并且不同于我们日常的说法。在 1943 年 4 月 2 日与里斯（Rush Rhees）的谈话中，维特根斯坦对矛盾作了如下评论：

　　　　……我们并不能实诚地说没有注意到不矛盾的规则，等等将会摧毁语言的可能性，虽然语言或许会看上去与我们通常所做的一切有很大不同。可能存在一种语言，在其中虽然存在问题，但是没有"是"与"否"。或许甚至没有什么像我们的否定的事情。所以在那样的语言中，当一个人问"这是红色的吗？"回答是"它是蓝色的"，但是绝不是"它不是红色的"。如此等等。①

　　我们应该牢记的是，当学习语言时，我们的语言中通常要求排除矛盾并不代表和意谓着其他的语言中不可能包含矛盾。如果我们设想如同维特根斯坦上面所举的例子中的语言，这种语言中连"是"与"否"等语词都没有的话，哪里还可能谈得上有或没有矛盾呢？后期维特根斯坦关于矛盾的讨论不仅仅限于纯粹的逻辑与数学技术层面，而是扩大到日常语言以及

---

①　Ludwig Wittgenstein, "Wittgenstein's Philosophical Conversations with Rush Rhees (1939–50): From the Notes of Rush Rhees", Gabriel Citron , ed., *Mind*, Vol. 124, No. 493 , 2015, p.17.

各种可以设想的语言游戏中去。我们可以设想在不同的语言游戏中，矛盾可能起到不同的作用，就如同在上段的游戏中，矛盾其实也可以起到相应的作用。在《关于数学基础的评论》中，维特根斯坦曾经这样回应相应的批评：

> 但是你不能允许矛盾的位置！为什么不呢？我们的确有时在语言中使用矛盾这种形式的表述，当然并不是经常——但是人们可以设想一种语言的技术，在其中矛盾是一种常规的工具。或许可以说一个在运动中的对象，既存在过这个地点，也不存在过这个地点；变化或许可以用矛盾来表述。（RFM p.370）

以上的例子表明，我们可以设想一种语言，其中运动可以通过矛盾来表述。同时，我们也不能排除在其他的语言中矛盾出现的可能性。维特根斯坦甚至设想了一种特定部落的情况。在一个比较原始的部落中，人们只知道口算，但是却不知手写。他们经常教他们的孩子十进制中的计算，但是在这种过程中经常有计算错误的发生，比如要么重复了一些数字，要么无意地遗漏了一些数字。现在，一位新来的旅行者记录了他们的计算，并教他们书写以及书面演算，向他们表明当他们只是通过口算来进行计算时，他们是多么频繁地出错。关于这种情况，维特根斯坦追问道："是否这些人们必须得承认他们以前并没有演算过？也即他们以前一直只是在暗中摸索，而现在他们在步行？"（RFM p.212）回答当然是否定的。在此，我们可以清楚地看到，维特根斯坦在矛盾问题上所持的人类学的视角。维特根斯坦设想了不同的语言游戏比如讽刺性的游戏以及说谎者悖论等游戏中都可以包含矛盾。在一些语言游戏中，矛盾的出现并非为了传达任何真假信息，而是有其他的目的，比如娱乐或取乐。"比如说，我渴望得到矛盾以便为了美学。"（RFM p.214）在《哲学研究》中，维特根斯坦这样写道：

> 通过一种数学的或逻辑数学的发现来解决矛盾并不是哲学的任务，却是在矛盾被解决之前，综观地表达数学困扰我们的事态的状态

（并且这样做并不是回避矛盾）。在此，根本的事实是我们为了玩游戏制定规则与技术，当我们遵守规则时，事情并不是我们以前所想象的那样。因而我们如其所是般地纠缠于我们的规则之中。我们规则中的这种纠缠就是我们想要理解的东西：那也就是说要综观的东西。它为我们意谓某种东西的概念投下了光明。在那些情况下，事情变得不同于我们以前所设想与预见的。这就是我们说，比如当矛盾出现时的样子："这并不是我所意指它的方式。"矛盾的合法的地位，或者在市民生活中的地位，这是一个哲学问题。（PI §125）

后期维特根斯坦一直强调的一点就是，矛盾完全可以成为我们语言游戏中的合法公民，取得合法的身份与地位。矛盾在不同的语言游戏中的作用取决于不同的语境与矛盾的具体使用。

笔者的解读主要集中于维特根斯坦对于矛盾的哲学混淆的澄清，维特根斯坦在不同的阶段，前期、中期以及后期采取的策略稍有不同，但是核心思想都是一样的，即试图分析指出我们要尽力抛弃关于矛盾的误解的哲学混淆的图画，将我们从概念的模糊不清状态中解放出来。维特根斯坦关于矛盾的评论的主要目的是改变我们对于矛盾的误解的态度，使我们从拒斥态度转向对于矛盾的接受态度。维特根斯坦曾经在《关于数学基础的评论》中这样写道："我的目的就是改变人们对于矛盾与一致性证明的态度。"（RFM p.213）我们不要限于以单一的视角来看待矛盾，比如总是以逻辑的或传统的数学的视角来看待矛盾，将矛盾看作错误的、无意义的，而应该从多角度，包括我们日常的生活实践与语言使用角度来理解与看待矛盾。矛盾其实在我们的日常语言的游戏中具有合法的地位，我们不能无视这一点。在笔者看来，维特根斯坦关于矛盾的评论本身就可以被看作针对哲学的令人迷惑的图画的战争，矛盾之所以会经常迷惑我们，其原因在于我们缺少对于实际使用矛盾的语法概念的综观，不能真正地联系语言游戏与生活形式来全面而客观地看待矛盾。当我们面对矛盾时，我们很容易被语言的表面的语法误导，而没有真正地区分深层语法与表面语法。如果我们能正确地理解和掌握关于矛盾语词的正确使用与相应的语法规则，那么，很多关于矛盾的困惑与谜团就会迎刃而解。

维特根斯坦关于矛盾的思想可以大致地划分为三个时期：前期、中期与后期。前期主要是《逻辑哲学论》中对于罗素悖论以及矛盾论为代表。前期维特根斯坦主要关注的是如何从哲学角度消解（dissolve）掉罗素的悖论，而不是像罗素那样试图提出类型论来解决（solve）这一悖论，并且指出罗素的类型论为什么是不可能和错误的。为此，维特根斯坦提出了言说与显示、记号与符号、函项与运算、不可自我指涉等原则，并从真值条件角度分析了矛盾式为何为假的语义根据。总体说来，前期维特根斯坦对于矛盾主要是消解与拒斥的态度，毕竟他认为符合逻辑就意谓着排除矛盾。

在 1930—1933 年中期阶段，维特根斯坦继续澄清与矛盾相关的各种哲学混淆，极力批判希尔伯特关于一致性的证明以及"隐藏的矛盾"等观念的无意义性，但是他的分析策略转变为区分证明与分析、演算与散文，他认为演算中是不可能出现矛盾的，矛盾只能出现在演算中的日常表述即散文之中，我们可以通过重新分析散文表述与引入新的语法规则来消除或避免矛盾，而希尔伯特的一致性证明没有注意到这些重要的概念区分，因而严格来说是无意义的，不可能有一致性的或无矛盾性的证明，"隐藏的矛盾"这种话也是糊涂话。

总体来说，中期维特根斯坦对矛盾也是拒斥与避免的态度。与前中期的拒斥的态度相比，后期维特根斯坦不仅转变了采取的策略，而且改变了对待矛盾的态度。后期维特根斯坦认为，他的哲学策略与原则从中期的演算与散文等之间的区分转变为语言游戏与生活形式之间的关注，对待矛盾的态度也从以前的拒斥转变为接受与容纳。对于后期维特根斯坦来说，矛盾的出现并不可怕，矛盾不会给我们的系统或语言带来灾难性的后果，我们可以在不同的语言游戏中发现矛盾其实也可以起到相应的作用，尽管不是主流的情况。

对于后期维特根斯坦来说，矛盾并不是错误与不可接受的，而是取决于我们在实际生活中如何玩相应的语言游戏，想要实现什么样的目的。纯粹的逻辑与数学技术角度对于逻辑分析与处理是不够的，我们更应该看到矛盾在实际的语言实践中所扮演的角色。矛盾在语言游戏中具有合法的公民地位，我们不能在语言中完全排除与回避矛盾。我们甚至可以设想包含有矛盾的语言的可能性，这种语言也可能在不同的人类群体中起到很大的作用。我们不能因为发现了一次矛盾就否定了整个语言或形式系统。矛盾的出现并不是什么大不了的事情。我们一定要改变对于矛盾的恐惧和害怕的态度，矛盾即使出现，我们也很容易找到补救措施。矛盾到底是要避免还是要接受，这需要看不同的语境与语言游戏。在很多的情况下，我们不接受或回避矛盾，并不意谓着矛盾在所有情况下都是有害的。矛盾也可以在数学以及日常语言中占有一席之地。如果我们在数学或逻辑中面临矛盾，我们就不要从矛盾得出任何东西，因为矛盾不能起作用的解释，不是说我们只能从经典语义的角度来解释，而更应该看到矛盾有时不能正常地让人完成行为，使得人们的行为不知所措。但是这也不是说，矛盾一定必然是坏的恶魔，需要极力避免。矛盾到底要避免还是要接受需要看不同的情况而定。

综上所述，本章主要关注维特根斯坦关于矛盾的哲学观点。我们可以看到，维特根斯坦关于矛盾的评论并非像早期的批评者所认为的那样是错误的与不可理解的，而是包含了不少真知灼见与丰富的内容。虽然维特根斯坦在不同的时期（前期、中期以及后期）对矛盾的分析和处理的策略有所不同，哲学观以及哲学原则也有所改变，但是他的主要思想是不变的，那就是希望我们看清矛盾背后的各种哲学概念的混淆与不清，对矛盾采取正确的态度。对于早期维特根斯坦来说，矛盾的出现是由于人们没有坚持一些重要的哲学概念的区分，罗素悖论的消解策略在于坚持言说与显示等哲学概念的区分，矛盾是无条件地为假的，是逻辑所不容的，是需要避免的东西。中期维特根斯坦对于矛盾的分析与批判主要与希尔伯特的一致性证明的批判相关。中期维特根斯坦认为希尔伯特的一致性证明本质上是无意义的，是混淆了演算与散文之前的区分所致。没有什么隐藏的矛盾的说法，谈论隐藏的矛盾是无意义的。中期维特根斯坦总体上站在演算法的角度去规避矛盾、排除矛盾，或者说从分析的角度去澄清矛盾的误解。后期维特根斯坦则改变了前期与中期的对于矛盾的拒斥与排除的态度，主张我们要以一种平和的心态来看待矛盾。矛盾并不是魔鬼。矛盾的出现并不意谓着语言的末日。

所以，在笔者看来，维特根斯坦关于矛盾论述的目的是改变人们关于矛盾的各种偏见与混淆的态度，我们要合理地接受矛盾，而不是一味地拒斥和排除矛盾。矛盾并不可怕，矛盾出现在数学、逻辑以及语言中都是比较正常的现象。我们需要做的不是建构何种理论来消除矛盾，我们对矛盾的态度不可僵化、单一以及排斥，而应该秉持轻松、开放、包容与实用的态度。矛盾的出现并不是什么大不了的事情，也并不意谓着语言系统的摧毁。我们要认真地联系我们实际的语言实践来理解和分析矛盾。矛盾可以在不同的语境与游戏中起到相应的作用。所以，在笔者看来，我们应该转变对于矛盾的各种偏见和狭隘的认知态度，以一种更加开放的心态来接受矛盾。这种接受矛盾并不是说我们在经典的数学或逻辑中不坚持不矛盾律了，我们在该坚持排除矛盾的地方一定要坚持排除矛盾，但是这并不意谓着矛盾失去了在其他的语言游戏中出现的可能性。矛盾并不必然是错误的与无意义。我们应该采取一种更加实用的态度来看待矛盾。维特根斯坦关于矛盾的评论应被解释为反对关于矛盾的各种偏见与混淆，我们应该从哲学角度澄清这种由于语言的误用而导致的模糊不清，正确地认识矛盾在不同的语言系统中的作用。

第七章 维特根斯坦论数学证明

数学证明是中后期维特根斯坦数学哲学的核心主题。维特根斯坦后期数学哲学思想的代表作《关于数学基础的评论》花费了相当大的篇幅来讨论数学证明的规范性作用、内在要求以及与数学命题的必然性与创造性。数学证明也是数学研究的核心，如果人们不懂相关的数学证明，数学研究就会落空。与逻辑学类似，数学这门学科也需要通过不断的数学证明来确立数学命题的语法规则地位。数学证明都是在相应的数学系统中进行的。数学这门学科的特殊性就在于数学证明的准确性、严格性与可复制性。数学作为必然真理的赫然名声是与许多精彩的卓越的数学证明技术联系在一起的。数学证明确定数学命题的意义。数学证明是数学命题语法规则的构成部分。新的数学证明的出现，会改变旧的数学语法，引入新的证明的技术可以为数学带来创造性的进步与发展。本章主要分为四小节：第一节主要谈论维特根斯坦如何阐述数学证明的规范性作用，确定数学命题的意义，以及数学证明如何构成数学语法的一部分；第二节主要试图阐述数学证明的内在要求即综观性，阐明如何理解数学证明必须是可以综观的这一基本要求；第三节主要阐述数学证明与数学命题的必然性之间的关系，即试图阐述清楚数学证明如何赋予数学命题以必然性与确定性；第四节主要阐述数学证明与数学命题的创造性之间的关系，即试图阐释清楚数学证明如何促进数学创新的。

第一节　数学证明的规范性作用与
确定数学命题的意义

　　数学证明是数学研究的最硬核的部分，数学活动本质上就是由多种多样的数学证明活动组成的混合体。在具体的数学研究中，研究者如果不懂得数学证明是难以想象的。数学哲学的目的当然不是承担数学家的具体的繁重的证明的工作（哲学家不会愚蠢到去做这样力所不及的事情），而是从哲学角度描述数学证明这种特有的数学活动的作用，分析数学证明现象与活动本身，澄清关于数学证明的一些混淆与误解。维特根斯坦认为，数学哲学就在于对数学证明的精确研究，澄清数学命题与语法规则的不清，没有对数学证明的合理的哲学理解，我们是不可能真正地把握数学活动本身的。数学证明对于驱散数学哲学中的哲学迷雾具有十分重要的意义。数学证明与数学语法规则以及数学命题的意义关系十分紧密。可以说，数学证明具有规范性的作用，这种作用就体现在建立相应的数学语法规则，确定数学命题的意义在于语法规则的使用之中。数学语法规则确立的前提是数学证明的实现，数学语法的规范性作用来自数学证明这种数学实践本身。数学证明就像有效的通行证一样，为数学语法规范提供合格的保障。数学证明是如何起到数学研究通行证的作用呢？这与数学证明的规范性作用即确立数学语法规则体系分不开。数学语法规范性与一致性都来自数学证明。

　　我们先来看数学证明与数学命题之间的关系。数学证明的规范性的作用就在于确定数学命题的意义。关于数学命题与数学证明之间的紧密关系，维特根斯坦曾经这样论述道："然而一个数学证明是一个数学命题的分析。"（PR §153）数学命题的意义分析主要是靠数学证明来实现的。只有通过数学证明，才能清楚地理解数学命题的意义。如果人们不知道如何对数学命题进行证明，那么，人们就不能真正地理解和分析数学命题的意义。人们对于数学命题的意义的真正理解，就在于人们能够重复相应的数学证明过程，得出正确的结果。数学证明为数学命题之间的内在的关系的建立奠定基础，是数学命题具有规范性与必然性以及一致性的最可靠的保障。维特根斯坦还写道："我们或许可以这样说：完全分析的数学命题就是它的证明。或者也可以这样说：数学命题只是整个证明体系直接可见的外表，但这一外表提前对证明体系加以限制。一个数学命题——与一个真正的命题相反——根本上是一个在证明中使得它明显正确或错误的最后一个环节。一个数学命题与其证明的关系就像一个物体的外在表面与物体自身之间的关系。我们或许可以谈到归属于这个命题的证明体系。只有在这一假定即在表面下存在一个物体，一个命题对我们来说才有意义。我们也可以说：一个数学命题是证明链条的最后一个环节。"（PR §162）这也就是说，如果一个数学证明没有完成，那么这个数学命题就没有形成，它的意义就不是确定的。数学命题的意义的确定性离不开具体的数学证明，只有通过数学证明，数学命题才能获得确定的意义，数学命题才能成为语法规则。"一个数学命题在证明之前并没有意义。证明对于数学的公式、结构以及问题具有根本性的意义。"[1]我们可以使用数学证明去分析数学命题的意义。如果这个数学命题已经被证明过了，那么，我们可以说这个数学命题是真正的数学命题。一般来说，在数学中，除了数学公理具有自明性不需要证明外，一般的数学定理或引理都需要证明。只有证明过的数学命题才能进入数学规则系统之中。如果一个数学命题没有得到证明，严格地说，这样的数学命题不能算作真正的数学命题，而只不过是数学猜想或数学问题而已，比如关于质数分布的猜想或哥德巴赫猜想、黎曼猜想等。维特根斯坦这样论述道："如果一个命题的真或假的问题不能提前判定，那么后果就是这个命题失去了其意义。"（PR §173）"数学哲学主要在于精确地检查数学证明——而不是让数学被一团雾气包围环绕。"（PG Ⅱ§23）数学证明的规范性可以帮助我们清晰地看到数学命题是如何获得普遍必然性的。数学证明的规范性与计算结果的一致性，是数学命题具有确定性的基石。

---

[1]　Simo Säätelä, "From Logical Method to 'Messing About'：Wittgenstein on 'open problems' in Mathematics", in Oskari Kussela and Marie McGinn eds., *The Oxford Handbook of Wittgenstein*, Oxford：Oxford University Press, 2011, Online Publication Date：Jan. 2012.

　　数学证明的规范性主要体现在所被证明的数学命题转变为数学语法规则，这些语法规则规定了哪些命题或语句是有意义的或没有意义，我们应该如何有意义地使用这些数学命题。初等算术中的一些基本的算法比如加法与乘法运算，只要被证明为正确的，并且上升到数学语法规则的地位，那么，我们就不能轻易地改变这种数学语法规则系统，因为这些初等算术命题或语法规则构成了整个数学大厦的最基本的内核。我们如果轻易地或贸然地拒斥一些初等算术中的基本法则，就会导致整个数学基础领域中出现极大的混乱与不一致，而所有这些都与数学作为必然性的真理以及确定性的名声是相悖的。比如，我们不会不承认 2+2=4，2+3=5 等的算术命题的正确性，对此进行怀疑是没有意义的，因为这种数学命题被证明是正确的，它们已经构成了我们算术语法规则的最核心的部分，根本就没有怀疑的余地。所有初等数学或算术中的基本定理或法则都是可以证明的，只要是可以证明的数学命题就会成为数学语法规则系统的一部分。数学语法规则是关于数学命题有意义使用的法则，体现了数学证明的规范性。如果某一数学命题的数学证明一旦做出，并且检验无误，那么，这个数学命题就具有规范性的地位，约束我们正确地有意义地使用相应的数学表述。维特根斯坦说："由证明而确立的命题用作规则，并因此而用作范型（Paradigma）。因为我们按照规则行动。"（RFM Ⅲ§28）

　　维特根斯坦认为，数学证明确定了数学命题的意义，要想知道数学证明证明了什么，就直接去看看数学证明，而不是为表述数学证明的文字或散文所迷惑，因为在维特根斯坦的数学哲学中，数学证明不是散文表述。数学证明就是数学证明，与不清楚的文字描述数学证明或转述数学证明的结果是不能等同的，两者不能混淆。数学证明在数学研究中具有十分重要的地位与作用，而关于数学证明结果的不清楚的描述是应该避免和消除的。维特根斯坦经常强调我们一定要将数学证明或计算与散文表达区别开来。维特根斯坦这样说："没有比这更有可能发生的事情了：数学证明的结果的语词表达出来是以神话欺骗我们的。"（RFM Ⅲ§26）人们在数学哲学中经常犯的一个错误就是通过语词描述肆意歪曲或夸大数学证明的结果，而这是应该加以纠正和防止的。为了不受模糊语词或描述对数学证明的影响，要想知道证明什么，或者要想知道数学证明的过程是如何进行的，我们一定要关注数学证明本身，而不是其他各类描述与散文的刻画。不仅如此，维特根斯坦还强调指出："用语词表达出来的计算结果要用怀疑的眼光来考察。计算阐明了语词表达的意义，这是确定意义更为精确的工具。如果你想知道语言表达的是什么意思，那你就看看计算，而不是相反。语词表达只是给计算投射了一丝暗淡的平凡的光线，而计算照射给语词表达的光线却是明亮的。"（RFM II §7）这也就是说，我们要用数学证明或计算来确定数学命题的意义，而不是用关于数学命题的描述来确定数学证明或计算的意义。这两者不能颠倒，因为数学证明或计算比日常语言的描述更加精确和严格，更加适合表达与确定复杂的数学命题的意义。数学证明确定数学命题的意义，数学证明的意义不能随意拔高或夸大，那是不合适的。维特根斯坦以康托尔的对角线证明（Diagonalverfahren/the method of diagonal）为例来阐明这点，他批判地分析了康托尔的对角线证明的意义，指出这种对角线证明的意义在一定的程度上被夸大了。那我们就简要地看看维特根斯坦是如何批判地分析康托尔的对角线证明的意义的。

康托尔的对角线证明主要是证明［0，1］区间的实数集合不可枚举（non-denumerability of the set of real numbers）。考虑［0，1］区间的实数的个数，先假设能给出一个无限的表，每个正整数 N 对应于［0，1］区间的实数 r（N），而且［0，1］区间的每个实数都出现在表中的相应位置上。由于实数都可以用无限小数表示，我们可以设想这张表的开始部分可能是这样的：

r(1)：**8**632548712456…………

r(2)：5**4**12241578923…………

r(3)：67**7**1447755244…………

r(4)：478**9**544588556…………

r(5)：9531**6**78562325…………

这张表上的对角线数字用黑体字标出：8、4、7、9、6……现在要用这些数字来构造一个特殊的实数 d，这个特殊的实数 d 在［0，1］区间，但是我们发现它不在这张表中。为了构造这个特殊的实数 d，具体的办法有很多，主要就是将对角线上的数字依次取出来，然后其中的每个数都替换成别的数字，将这样的数字序列之前加上小数点，就得到了 d。准确地说，我们得到 d 的方法有很多，因此可以得到许多不同的 d。比如将每个对角线上的数字减去 3，我们得到的 d 是：5 1 4 6 3……

根据我们的构造新数的方式：

> d 的第 1 位不同于 r(1) 的第 1 位；
>
> d 的第 2 位不同于 r(2) 的第 2 位；
>
> d 的第 3 位不同于 r(3) 的第 3 位；

如此等等。

> 因而，我们有：
>
> d 不同于 r(1)；
>
> d 不同于 r(2)；
>
> d 不同于 r(3)；

如此等等。①

这也就是说：实数 d 不在以上那张表中。因而说明上述的数列表之中不能包含全部的实数，所以实数不可枚举。这就是康托尔著名的对角线证明。康托尔的对角线证明在数学史上特别是集合论历史上非常著名，对后来的集合论理论发展具有十分重要的影响。关于这样的一个在数学史上相当有名的数学证明，维特很斯坦到底是如何批判地分析呢？总体而言，维特根斯坦对康托尔的对角线证明持批评态度。维特根斯坦在《关于数学基础的评论》第 2 篇一开始就批判地分析了康托尔的对角线证明。维特根斯坦批评康托尔的关于实数集不可枚举的对角线证明是"自夸的证明（einen prahlerischen Beweis）"（BGM Ⅱ §21），以及是后代会嘲笑的"变戏法（Hokus Pokus）"（BGM Ⅱ §22）。这是与维特根斯坦一直批评集合论的思

---

① 以上关于康托尔对角线证明实数不可枚举的介绍参考［美］侯世达《哥德尔、艾舍尔、巴赫——集异璧之大成》，本书翻译组译，商务印书馆 2016 年版，第 560—561 页。

想是一致的。维特根斯坦并不认为康托尔的对角线证明达到了所谓的实数不可枚举的目的，因为实数是无限的可能性，不是无限的被给予的整体的量，无限只能从法则角度去理解，而不能从外延的整体角度去理解。"对角线法并未表明实数是不可数的，因为并没有象实数的集合这类东西。"[1]维特根斯坦应该不反对对角线方法本身，但是反对这一方法应用到康托尔证明中所作的解释。[2]

维特根斯坦认为，对角线这种方法或计算本身是有用的，也是有启发意义的，但是应用这个方法到康托尔的证明中所获得的结果的解释是充满了哲学混淆与不清的，需要加以澄清。换句话说，维特根斯坦认为，康托尔的这个著名的证明并没有实现他所宣称的目的，尽管这个方法本身是有用的。维特根斯坦曾经这样写道：

> 这种计算方法本身是有用的。问题似乎是这样：写下一个小数，它与下面的数都不同：
>
> $$0.1246789\cdots\cdots$$
> $$0.3469876\cdots\cdots$$
> $$0.0127649\cdots\cdots$$
> $$0.3426794\cdots\cdots$$
> $$\cdots\cdots（想象一个很长的数列）$$
>
> 小孩会这样想：我必须同时看到所有的数，为了避免把这些数中一个数漏写掉，我应该如何做呢？这个方法是说：根本不是这样的。改变第一个数的第一位，改变第二个数的第二位，等等，你肯定已经写下一个与任何已知数不同的数。这样得到的数总是可以被称为对角线数。（BGM Ⅱ §18）

危险的、迷惑人的表达，"人们并不能是在一个序列中给实数排

---

① ［美］王浩:《哥德尔与维特根斯坦》，李幼蒸译，《哲学研究》1981年第3期。

② 参见 Mathieu Marion, *Wittgenstein, Finitism, and The Foundations of Mathematics*, Oxford: Clarendon Press, 1998, p.200。

序"，或者"这个集合……是不可数的"，其原因在于说，似乎它使得确定概念，构成概念的东西成了自然事实。（BGM Ⅱ §19）

在维特根斯坦看来，对角线方法得出的对角线数主要的特点在于人们可以用这种方法写下与任何已知的数都不相同的数。以这种方法写下的数都可以被称为对角线数，这种对角线的方法写出已知新的数是有意义的；但是康托尔试图应用这种对角线方法去证明［0，1］区间的实数集不可枚举，这种说法其实并不是对角线方法所证明本身，而只不过是关于对角线方法证明的结果的一种夸大的哲学散文或阐释。维特根斯坦认为，康托尔的对角线证明并没有成功地证明实数不可枚举。维特根斯坦说："康托尔的对角线法没有向我们表明一个无理数不同于系统中的所有的数，但它使得这样的数学命题有意义，如此这般的一个数不同于系统中的所有的数。康托尔会说，你可以证明一个数不同于系统中的所有的数，办法是证明它在第一位上与第一个数不同，第二位上与第二个数不同，等等。"（BGM Ⅱ §29）

维特根斯坦认为，康托尔的对角线方法的证明只是证明了这一点，即：如果我们有一个展开系统，说一个展开式与其他的所有的展开式都不同。康托尔的证明只是证明了我们有对角线的方法确定这点，但是要说这种方法证明了实数集（无限的）不可枚举，实数的基数比自然数的基数要大，则是充满了混淆的，因为说"所有的实数数列"是没有意义的——数列的对角线数也是一个"实数"，这样来理解的话，实数集是永远不可能完成和实现的，只是出于不断增加的可能性之中。所以，在笔者看来，维特根斯坦批判康托尔对角线的证明的要点在于维特根斯坦对于实数中无限的理解不同于康托尔所理解的实无限，而是一种无限的可能性。无限只能从法则和可能性角度去理解，我们不可能描述实无限，将其作为一个实在的整体而被给予。因而，维特根斯坦认为，康托尔的对角线证明中充满了混淆，以为证明了实数不可枚举，其实只是"赋予表示'与一个系统中所有展开式中不同的一个展开式'的涵义"（BGM Ⅱ §31）。康托尔的对角线证明确实证明了一些东西，只是这些东西并不是他自诩的那样，那只是夸大的解释而已。

维特根斯坦认为，关于数学证明的另外一个困惑或误解是以为数学证明是潜在的与隐藏的，需要人们去发现它。这种观念是比较根深蒂固的错误的观念。因为数学证明不可能是隐藏的，就像矛盾不可能是隐藏的一样。说数学证明是隐藏的，并等待我们去发现的说法是无意义的。因为我们只有真正具有了构造数学证明的方法时，才能谈到数学证明的存在，"数学证明在被发现之前是不可能加以描述的"（PG Ⅱ§24）。比如，当直觉主义者认为排中律不可以被无限制地使用时，我们不能说他们已经发现了一种新的数学证明，或者说他们已经做出了一种新的关于数学的发现，而是说，他们通过限制排中律的使用范围，改变了数学基本法则中的证明，因为有排中律的证明与限制使用排中律的证明是不同的，所以，我们可以说，直觉主义者们改变了数学证明的样式，他们在进行一种新的语法游戏，在这些没有排中律适用的游戏中，他们同时也确立了新的关于数学命题的意义。

数学命题一旦获得了严格规范的数学证明，就可以成为数学语法规则系统中的一员，否则的话，数学命题只是猜想或问题而已，并没有获得规则的地位。因而，已经证明的数学命题与没有证明的数学命题是不同的两类命题，两者之间存在着范畴的差别。维特根斯坦曾经这样写道："一种数学证明使得数学命题具体化为一种新的计算，而且改变了它在数学中的地位。拥有自己的证明的命题与没有证明的命题并不属于同一范畴（没有证明的数学命题：数学研究的路标，激发数学的构造）。"（PG Ⅱ§24）维特根斯坦在这里提到了没有证明的数学命题，就如同数学研究的路标，刺激未来的数学研究。数学证明如同数学命题进入数学语法大厦的通行证，没有这个通行证，数学命题就进不了语法大厦，成不了真正的数学语法规则的一部分，而数学猜想或问题之类就如同路标，不断指引着和刺激着研究者的前进方向。数学证明对于数学命题获得语法规则至关重要。没有数学证明的数学命题至多只是数学猜想而已，只能起到刺激数学的作用，而不能起到规范性的语法作用。维特根斯坦说："被证明的命题是规则。它要向我们说明什么有意义。"（RFM Ⅲ§31）被证明过的命题可以起到规范数学命题使用的意义，数学命题应该如何使用，就要看数学证明建立的规则系统如何规定。比如，我们在欧几里得平面几何上证明了一个三角形三个内角和是180度，如果这个命题得以成功地加以证明，那么就是说，这一命题"在欧几里得平面几何中一个三角形的三个内角和是180度"就可以成为一条语法规则，规定了我们今后在欧几里得平面几何中如何使用数学命题。我们只有谈论一个三角形的三个内角和是180度时，这个命题才有意义，我们不能随便说在欧几里得几何中，一个三角形的三个内角和是150度，这种说法就是无意义的，是不被允许使用的。这就是数学证明所确立的语法规则的规范性力量。

再比如古希腊大哲学家柏拉图的对话《美诺篇》中曾经提到了一个几何学的故事，故事是说苏格拉底一天到一位朋友家里去，碰到了一位没有受过任何几何教育的男孩（小奴隶），然后教这位小男孩学习几何中正方形的面积。苏格拉底为了证明他的知识理论即学习知识就是回忆，即回忆起以前灵魂中固有的知识，他不断指导和暗示小奴隶计算一个几何问题：如果将一个边长为2尺的正方形的面积扩大一倍，其边长扩大了多少？小奴隶在苏格拉底的不断提醒和指导下，最终自己成功地理解了这个扩大的正方形的边长恰好为原来正方形的对角线为$2\sqrt{2}$尺。[①] 如图：

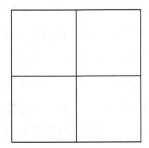

以上的图形就显示了苏格拉底所考查小奴隶的问题。以上这个问题是很简单的，关键是要引导小奴隶认识到原来小的正方形的面积扩大一倍，既可以等价于两个小正方形之和即一个长方形的面积，也可以等价于四条对角线所围成的正方形的面积。这里问题的关键就是面向转换，要引导小

---

① 参见［古希腊］柏拉图《美诺篇》，王晓朝译，载《柏拉图全集》（第一卷），人民出版社2002年版，第509—513页。

孩从根本上认识到原来正方形的面积两倍的长方形可以转化为中间的由四条对角线围成的正方形的面积。这里就是一个简单的几何学中的正方形的面积证明问题。一个正方形的面积既可以是边长的平方，也可以是对角线所切的三角形的两倍。这两者之间是可以相互转化的。这就是几何中证明的规范作用。一旦这个数学证明完成，数学命题即正方形面积与其对角线之间的内在关系也就通过数学证明得以确定下来。我们就可以通过这个数学证明来有意义地讨论正方形面积与三角形以及对角线之间的内在关联了。苏格拉底所提的问题即原来的正方形面积扩大一倍与其边长之间的关系就可以通过以上的图形之间的组合关系来加以分析和解决。关于这个例子，我们可以说，小奴隶在苏格拉底的引导下逐步地理解和掌握了关于正方形与三角形以及对角线之间的内部关系，从面向转换的角度认识到以上图形中所涉及的数学证明确定了相应的数学命题的意义。正方形面积既可以被理解或证明为边长的平方，也可以被理解和证明为两个三角形面积之和。所有这些关于正方形与三角形以及边长或对角线之间的有意义的讨论都必须以承认刚才提到的数学证明所建立的规范性为前提。

数学证明建立的是相应的语法规则，规范了我们所有意义谈论话题的范围。对此，马耶夏克（Stefan Majetschak）指出："数学命题表述形式规则，我们依照这些规则组织我们的生活，此外，为了以形式化的方式描述与衡量我们的实在，我们还使用其他的数学命题表达的规则。"[1]数学证明一方面具有形式化的特征，规范我们的数学实践活动，确立我们关于数学命题有意义使用的领域；同时另一方面，数学证明对于我们应用数学命题，指明语法规则都具有十分重要的作用。"证明指明了规则——比如说$8 \times 9 = 72$——如何以及为什么可以使用。"（RFM Ⅵ,§4）数学命题与数学证明都服务于相应的数学推理活动。数学证明不像经验命题那样受到经验条件的影响与干扰，数学命题的证明主要涉及语法规则的内在关系，与物理实验以及经验事实无关。数学证明通过共同体的一致的检验，保证数学证明的准确性与必然性，从而更好地实现数学推理过程。

---

① Stefan Majetschak, *Wittgenstein und Die Folgen*, Stuttgart：J.B. Metzler Verlag, 2019, S.102.

第二节　数学证明必须是综观的

后期维特根斯坦对数学证明的要求强调的最多的就是数学证明必须是综观的。维特根斯坦在《关于数学基础的评论》第 3 篇开始一直到第 7 篇都在强调数学证明必须是综观的。那么，在这一节，我们就来分析和阐述应该如何理解维特根斯坦"数学证明必须是综观的"这一说法。"综观的"（surveyable/übersichtlich）一词是后期维特根斯坦哲学中最重要的概念之一，如果不能理解"综观"的内涵，我们就不能真正地理解维特根斯坦后期的数学哲学。关于"综观"（surveyable/übersichtlich）这一概念的翻译有必要作些说明。这一概念的德文原文是"übersichtlich"，意指"综观、鸟瞰、概览"等，该词的英文的最新的翻译是"surveyable"。安斯康（G.E.M.Anscombe）主张用"perspicuous"来翻译谈到数学证明的语境中的"übersichtlich"。但是，穆霍泽（Felix Mühlhölzer）表示反对意见，他认为英文"perspicuous"（明白易懂的）意谓着"理解"（understanding），根据他的解读，这根本不是维特根斯坦在《关于数学基础的评论》中使用"übersichtlich"这一德文词时所要表达的意思。

穆霍泽主张："我们将会看见，维特根斯坦，当应用语词比如'übersehbar'以及'übersichtlich'等语词到数学证明中去——以及还有语词'überblickbar'［参见 MS122，43r："一个证明必须是可综观的（überblickbar）"］——是在一种纯粹的形式意义上使用它们，而这种形式意义与理解无关，至少不是在'数学理解'的意义上。而且，维特根斯坦将这几个相关联的语词看成相互可以换用的，在我的翻译中，我将会使用'综观'（surveyable）来翻译所有这些相关词汇。"① 另外，在哈克与

---

① Felix Mühlhölzer, "'Mathematical proof must be surveyable' What Wittgenstein meant by this and what it implies", *Grazer Philosophische Studien*, Vol.71, 2005, pp.57-86; "Wittgenstein's Philosophy of Mathematics: Felix Mühlhölzer in Conversation with Sebastian Grève", *Nordic Wittgenstein Review*, Vol.3, No. 2, 2014. 另外，M.Marion 也持类似的观点，主张将"übersichtlich"与"übersehbar"都翻译为更加中性的"surveyable"，参见 Mathieu Marion, "Wittgenstein on Surveyability of Proofs", in Oskari Kuusela and Marie McGinn eds., *The Oxford Handbook of Wittgenstein*, Oxford：Oxford University Press, 2011, pp.115-132.

舒尔特（Peter Hacker and Joachim Schulte）共同翻译修订的《哲学研究》的最新版中，维特根斯坦的"übersichtliche Darstellung"现在被翻译为"surveyable representation"（综观式的表征）（PI §122p.54）。在本著作中，笔者比较同意穆霍泽的建议，即将"übersichtlich""übersehbar""überblickbar"统一翻译与理解成"综观"（surveyable）。因为维特根斯坦强调数学证明是综观的，重点强调的是识别数学证明同一性的标准，而不是理解数学的心理过程。所以笔者同意将"übersichtlich""übersehbar""überblickbar"统一翻译成"综观"（surveyable），而不是"perspicuous"（明白易懂的，能理解的）。

在维特根斯坦哲学中，"综观"一词含义特别丰富，据学者茱莉亚·弗洛伊德（Juliet Floyd）的分析，维特根斯坦所谓的解决哲学问题的语法综观起码有十种作用[①]，其中比较重要的有：通过彻底的澄清，消解一个特定的哲学问题；表明某物独立于经验或因果现象；获得特定的确信形式的一种可理解的与可重复的展现；提供关于语法的概览（a synoptic overview），作为引导我们未来判断的标准或模型；在不求助先天的原则或哲学理论的前提下说服我们它就是解决办法，等等。在笔者看来，茱莉亚·弗洛伊德的分析虽然有些烦琐，但是也可以帮助我们理解维特根斯坦哲学中的"综观"这一概念的要求。"综观"可以说是维特根斯坦后期哲学中的方法论要求，无论是论述数学证明，还是讨论哲学语法，他都强调需要综观，看清证明与语法之间的内在联系。说一个哲学问题是可以综观的，大致的意思就是这个问题具有解决的方法。说哲学语法必须是综观的，主要是说，哲学语法的内在联系应该清晰明了，不能有含糊不清之处；说一个数学证明是可以综观的，主要是指数学证明显示的是数学证明作为一种严格的检验程序，能够有效地展现必然的确定的内在的关系，为我们的判断提供一致性的标准，数学证明是可以复制和再生产的，数学证明不同于科学实验。在笔者看来，维特根斯坦所谓的数学证明必须是综观的说法，其实其含义也比较丰富，概括地说，

[①]　参见 Juliet Floyd, "Wittgenstein, Mathematics and Philosophy", in Alice Crary &Rupert Read, eds., *The New Wittgenstein*, London: Routledge, 2000, p.237。

主要有以下几个方面的内容。

第一，数学证明必须是综观的意谓着数学证明具有示范性，它可以被用来判定我们的判断一致性的标准，因而数学证明必须是一种可以重复检验的程序。

第二，数学证明必须是综观的还意谓着数学证明与计算必须关心其自身的应用，因为数学证明的综观性的要求即规范数学演算如何按照语法规则进行，数学证明是综观的，强调的是数学语法之间的清楚联系。

第三，数学证明不是实验；数学证明的结果必须是这样的，而不像经验实验结果可能是这样，因果性在数学证明中不起任何作用。数学证明必须显示命题之间的内在关系，而不是外在关系。

关于第一点，数学证明必须是综观的，其实强调的是数学证明必须能够作为指导我们判定多个证明是不是同一个证明的标准，数学证明必须是综观的，意谓着数学证明可以是示范性的模型或标准。维特根斯坦在《关于数学基础的评论》第2篇一开始这样写道：

> "一个数学证明必须是综观的（surveyable/übersichtlich）。"只有一个能轻易地被重复的结构才叫"证明"。判定我们是否两次拥有相同的证明必定是确定的。证明必定是一个图像，能精确地再重复。或者说：证明本质性的东西就是它能确定地被准确复制。（BGM Ⅲ§1）

维特根斯坦这段评论的意思很明确，我们在进行数学证明的过程中，需要一个标准来判定两次证明是不是同一个证明，这个标准必须是确定的与可行的。如果我们没有这样的一个判定证明是不是同一性标准的话，那么，我们根本就不知道两次或多次的数学证明是否相同，谈论相同的数学证明也就失去了意义。只有数学证明本身具有示范性的作用，即能够作为判定多次证明同一性的标准，我们才能获得确定的数学确信与数学证明的严格性。可以说，数学证明的同一性标准是谈论数学证明意义的关键。正因为有了这样的一个判定其同一性的标准，我们才能准确地复制原有的数学证明，并能识别出后续的数学证明与原先的数学证明是不是同一个数学证明。同一性的标准对于数学证明来说至关重要。所以，维特根斯坦强调说，数学证明是一个能够精确复制的组合，如果数学证明不能精确复制，也即数学证明不能具有综观的可判定同一性，那么，数学证明就会是杂乱无章的，我们就不能准确地确定数学证明的外延和范围，数学命题的内涵与意义也就不能确定，数学的必然性与确定性也就不复存在了。

　　"数学证明必定是综观的"最重要的意思就是指：完全重写这个程序必定是容易的。这里所谓的完全重写一个证明的程序或步骤，有时不仅需要借助相应的图形的特征，而且更多地涉及文字的表述。因为数学证明本质上属于句法表述，而不是图像模拟。图形化可以帮助我们看到数学证明中的联系，便于我们更好地实现综观的目的，但不是所有的数学证明都是可图形化的，数学证明中最根本的特征是句法表述，而不是图形，虽然图形在数学证明比如几何证明中确实能起到相应的作用。由于图形的证明有时可能被误解，所以需要文字的表述加以澄清。图形与文字的结合是数学证明的基本特征。正因为数学证明具有图形的因素，所以维特根斯坦有时强调说数学证明是实验的图像。但是需要注意的是，虽然数学证明是实验的图像，但是数学证明本身却不是实验。两者之间存在着根本的范畴的区别。关于数学证明与实验之间的区别，维特根斯坦写道："我们并没有对一语句或证明做实验，以确定其特性。我怎样再生产，怎样复制一个证明？——并不是确定它的长度。"（BGM Ⅲ§10）这里所谓的数学实验是指确定数学证明的长度，但是维特根斯坦所理解的数学证明是综观的，并不是指检测一个很长的数学证明，也就是说，数学证明的综观的要求并不在于检测一个长证明的准确性，而在于给定一个证明可以被完美复制或重复的标准。

　　强调数学证明可以被综观或可以被复制，并不是强调说在一个很长的数学证明与另一个很长的数学证明之间具有一一对应的关系，可以通过相当长的检测过程以便确定两者之间的同一性。这种长证明之间的检测并不是真正的数学证明的任务。数学证明是综观的意谓也并不在此。举个例子来说，一块坚硬的岩石上有一长行的竖线，与1000这个数字可以对应起来，但是你不能把这种一一对应的过程说成数学证明。因为这里的竖线系统与我们常用的十进制系统之间确实存在着很大的差别。竖线或竖杠系统表达数字会非常笨拙，难以真正地实现十进制系统的常用的证明的目的，因为它们缺乏综观性。比如在十进制系统中，我们可以很容易地证明或计算 100×100=10000，但是在竖线系统中来证明或计算的话，就会非常麻烦，我们很容易就会出错，对于上升到几十条或 100 条竖线，我们眼睛就会看花或看走眼。这种计算或证明正是由于缺乏综观性，所以检验或复核起来极其不便，不能达到准确重复的标准。所以在 1000 条竖线的系统中，代表 1000 的数字不能仅由形状来识别。这也就是说，在数学证明的综观性要求中，图形或形状识别会有很多局限性，对于小一点的自然数或许可以，但是对于大数可能就不可行了。

再比如，在竖杠系统中，如果我们有以下两行竖杠：

|||||||||||||||||||||||||||　　　||||||||||||||||

这个图形难道证明了 27+16=43 吗？我们通过数左边竖杠的个数为 27 个，右边的竖杠为 16 个，难道通过合计数整个一排在一起，就证明了一共有 43 个吗？维特根斯坦认为，不能这样说，因为这种说法很奇怪。"这在于再生产或再认识这个证明的方式，在于它并不具有带特征的视觉形状"（BGM Ⅲ§11）。因为维特根斯坦认为，数学证明的特征在于，即使那个证明没有带有视觉特征的形状，我们仍然能够精确地复制或再认识它。数学证明中的图示本身并不标示证明，只是帮助我们理解数学证明的手段。比如我们在黑板上画出一个三角形或长方形，可能我们画得很不完美，线条有粗有细，不工整，但是这并不影响我们在黑板上的实际证明过程，几何证明中经常需要借助作图，比如画出一条延长线等，但是所有这些只是辅助的手段而已，与证明本身的精确复制和再认识的综观特性无关。维特根斯坦强调的是，数学证明必须是综观的，这里的"综观"指的是可以综览整个证明的过程与每一个重要的细节，不能有所遗漏，比如在竖杠系统的计数中，随着计数个数的增多，很多竖杠可能被人眼遗漏，那就不能达到综观的目的。数学证明的综观不是强调说，我们可以通过形式检验来检测很长很长的证明，而是说，这个证明本身就可以实现综观的目的，一览无

余，并没有什么隐藏的东西等待着我们不断重复而烦琐的检测。所以，数学证明的综观性与可检测性强调的是我们需要有一整套的识别多个证明本质上为同一个证明的同一性的标准，这个标准对于数学证明的确定是最重要的。比如根据我们在十进制系统中的加法规则，我们可以很容易计算27+16=43。这是很容易就可以综观的证明。维特根斯坦这样写道：

> 有人会说，证明不仅显示这一点：它像这样，而且显示它何以这样，它显示13+14何以得出27。
>
> "证明必须是综观的。"——这说的是，我们必须准备好使用它作为我们判断的准则（Richtschnur）。
>
> 当我们说"证明是图像"时，人们可能将其思考为电影的图像。
>
> 人们一劳永逸地作出证明。
>
> 证明自然必定是示范的（vorbildlich）。
>
> 证明（证明的图像）向我们显示一个过程（建构）的结果，并且我们确信，这样控制的过程总是产生这样的图像。（证明向我们展示了综合的事实。）（BGM Ⅲ§22）

维特根斯坦认为，"数学证明必须是综观的"强调的是数学证明的示范性，即数学证明可以被用来判断我们是否具有同一个证明的标准。数学证明涉及的是语法规则，数学证明一经做出，语法规则就确立了，可以被无数次地应用，这也就是"一劳永逸"的涵义。证明的示范性就体现在我们可以用这个已经被证明的数学命题作为判断的标准。我们不可能一会儿确立一个数学证明，一会儿又将这个证明推翻，重新确立一个数学证明，这样做是无意义的。数学证明不仅向我们展示演算或推演的结果是如此，而且还告诉我们这个结果必定如此。数学证明使得我们确信数学证明的过程必定是这样的。这种数学确信不是指一种心理的过程或状态，而是指我们以后使用数学命题或判断时必定按照数学证明确立的规范行事。维特根斯坦说："证明必须是综观的程序。或者说，证明就是那综观的程序。"（BGM Ⅲ§42）数学证明只有是综观的可检验的或可重复的程序，证明中才不会有怀疑与不确定性的余地。

关于第二点，数学证明是综观的，意谓着数学演算或证明必须关心其自身的应用。这也就是说，如果一种数学证明与演算不能关注自身的实际应用，那么，这种数学证明就缺乏真正的语法综观特性，人们就不能按照这种数学证明建立的语法规则去进行实际的数学演算。维特根斯坦非常强调逻辑和数学的自主性思想。前期维特根斯坦经常强调逻辑必须关照自身，就是强调逻辑有其自身的应用，到后期维特根斯坦强调数学的自主性，也就是强调数学应该关注自身的应用。数学的应用只能取决于自身的语法规则，而不是其他的方法。这是前后期维特根斯坦对于逻辑与数学的自主性思想强调的共同方面。但是需要注意的是，前后期维特根斯坦对于逻辑与数学的关系理解是不同的。前期维特根斯坦认为，数学的方法本质上是一种逻辑的方法，数学似乎与逻辑没有什么本质的区别，但是中后期维特根斯坦则强调数学与逻辑方法之间的不同。数学命题是一种等式变化，而逻辑命题是一种重言式。数学不需要借助逻辑的方法来进行演算，因为数学自身作为语法规则具有独立性与自主性。

后期维特根斯坦强调数学证明必定是综观的思想，主要目的就是要求数学演算或证明要关心自身的应用。不关心自身应用的数学演算不是综观的，语法之间的联系也是不清楚的。维特根斯坦认为数学证明必定是综观的，而罗素的系统中的逻辑证明没有达到这样的要求。维特根斯坦认为罗素系统中的证明最大的问题就是他试图将算术的计算（比如加法）还原为逻辑的重言式证明，但是问题就在于罗素的重言式的逻辑证明恰恰必须以算术的计算为前提，而不是相反。也就是说，罗素的重言式的逻辑证明只能以算术的计算技术为前提，在应用于小数计算时是可以综观的，但是对于大数的计算却不能实现综观的要求。此处还以前面所举的 27+16=43 为例。按照罗素与怀特海的《数学原理》中的记法，"27+16=43"这个数学命题可以用符号逻辑表示如下：

$$\exists !27x(\phi x) \wedge \exists !16x(\psi x) \wedge \forall x \neg (\phi x \wedge \psi x) \rightarrow \exists !43x(\phi x \vee \psi x)$$

这一符号表示的是：如果满足 ϕ 的性质的个体数是 27，满足 ψ 的性质的个体数是 16，并且，φ 与 ψ 两类性质之间存在根本不同，即两者之间没有交集，那么，如果将满足 φ 的性质的个体数与满足 ψ 的性质的个体数总计在一起，我们会得到 43。根据维特根斯坦的理解，罗素的这个关于加法的证明实际上是试图证明"27+16=43"的有效性，而这个等式"27+16=43"的有效性来自以上的符号逻辑表达式：

$$\exists !27x(\phi x) \wedge \exists !16x(\psi x) \wedge \forall x\neg(\phi x \wedge \psi x) \rightarrow \exists !43x(\phi x \vee \psi x)$$

维特根斯坦反对罗素的这种证明，认为罗素的这种证明其实不过是重言式的改写（或缩写）而已，并没有真正地证明算术的加法。维特根斯坦曾经这样写道：

> 但是，难道罗素没有教我们一种加法？假设我们用罗素的方法证明了（∃a…g）（∃a…l）⊃（∃a…s）是一个重言式，我们能将结果表述为 g+l 是 s 吗？而这预设了一个前提，即我用三个字母来代表证明。但是罗素的证明究竟显示了什么？我似乎很显然可以用括号中的这样的一个记号群来进行罗素证明，它的记号序列没有对我产生深刻印象，因而，试图用这个记号序列的最后一项来代表括号中的记号群是不可能的。……但是对于不大的数，罗素仍然教了我们加法。因为我们综观（übersehen）括号中的记号群，并能将它们当成数字（Zahlzeichen），比如"xy""xyz""xyzuv"。罗素成功地教会了我们另一种从 2+3 得到 5 的计算；如果我们说，逻辑演算只是算术演算的附加的装饰，这也是正确的。计算的应用必须关注自身。这也是"形式主义"正确性的地方。（BGM Ⅲ§4）

在以上这段评论中，我们可以看见维特根斯坦对于罗素的符号逻辑证明的质疑和批评态度。根据维特根斯坦的观点，罗素的符号逻辑式的演算与证明实际上只是重言式的改写，这种改写与算术系统的加法定理或法则是不同的。罗素的逻辑证明如果要想获得理解，必须只能限制在不大的数的范围内，对于比较大的数的计算，就难以克服不能综观的困难。我们不能说罗素的逻辑演算证明了算术加法，也不能说罗素成功地将算术演算还原为逻辑演算与证明，将算术公理还原为逻辑公理，因为恰恰相反，我们要想理解罗素的证明，必须以对算术的计算法则比如加法的理解为前提。正如马里翁所言"罗素试图将算术奠基于逻辑的努力中似乎存在着循环：为了理解逻辑真理，人们必须首先要引入数学知识，而这里的数学知识原本是试图通过逻辑真理而被确定的。这一断言处于维特根斯坦关于'综观'（surveyability）评论的核心"①。所以，这两者的关系不能颠倒。不能说逻辑演算为算术演算提供基础，而只能说逻辑演算为算术演算提供附加的装饰而已。

维特根斯坦反对罗素式证明为算术证明提供基础的说法，不仅因为罗素的演算应用范围非常狭窄，而且最主要的原因在于维特根斯坦对于数学演算与证明的自身应用性的关注。也就是说，数学演算与证明一定要关注自身的应用。如果一个数学证明不能做到这一点，即不能广泛地加以应用，那么这种数学证明或演算的意义就会大打折扣。数学证明必须关心自身的应用，其实就是数学证明是综观的内在要求。因为如果一个数学证明是综观的，也就意谓着我们可以重复地无限地应用这个证明于具体的数学计算之中去，否则的话，如果一个数学证明不能获得综观的要求，那么，我们就不能真正地应用这种数学证明，因为这样会导致应用的困难与混淆。

维特根斯坦认为，罗素给我们提供的逻辑证明与演算没有关注算术演算的实际应用问题，会在应用过程中导致不必要的麻烦。就如同我们用量杆与直尺来测量地球与太阳之间的距离一样，虽然理论上没有什么大的问题，但是在应用的过程中似乎问题很大。因为一般来说，我们不可能用直尺或量杆来测量地球与太阳之间的距离。天文学家不是这样来测量的，他们必定应用更加先进的仪器来测量日地距离，才能保证既准确又方便。

同样的道理，罗素的逻辑证明可能对于不大的数起到了所谓的证明与

---

① Mathieu Marion, "Wittgenstein on Surveyability of Proofs", in Oskari Kuusela and Marie McGinn eds., *The Oxford Handbook of Wittgenstein*, Oxford : Oxford University Press, 2011, pp.115-132.

还原的作用，但是它不能应用到很大的数上面去，我们通常算术中的加减乘除各式计算，比如乘法运算或除法运算涉及非常大的数，而用罗素的逻辑方法来证明其应用，可能会有很大的麻烦。维特根斯坦这样说："我禁不住要说的是：确实可以把罗素的证明一步步地继续下去，但到最后人们并不能正确地知道证明了什么。……我要说，根本不必承认罗素的计算技术。"（BGM Ⅲ§14）这也就是说，罗素的逻辑重言式的证明没有达到维特根斯坦所谓证明必须是综观的要求，没有关心数学演算的具体应用，因而是不合格的。所以，维特根斯坦认为，罗素的逻辑证明与演算没有真正地关注算术演算的具体应用问题。实际上，算术的演算应该关心自己的应用，也只能由自己来关心，不能指望逻辑证明来替代其应用。维特根斯坦还说："证明使得我们确信某些东西，但引起我们兴趣的不是确信的精神状态，而是与这确信相关联的应用。"（BGM Ⅲ§25）"罗素没有注意到语言工具的使用。"（BGM Ⅲ§29）只有能关心数学应用的数学证明才能真正地为我们带来数学确信，只有能给我们带来确信的数学证明才是综观的。因而，数学证明是综观的第二个重要内涵就是要求，数学证明必须关注其自身的应用，能够给计算者带来确信。确信只能在具体的应用中才能建立起来，而不是诉诸单纯的心理状态或精神状态。

关于第三点，数学证明必须是综观的，亦即数学证明不同于实验，因果性不能在数学证明中出现。数学证明涉及的是数学语法规则的确立，而语法规则规定的是数学演算的必然性与确定性。数学证明是综观的强调最后一个内涵就是数学证明的结果必须承认，不是承认一次或多次，而是必定要承认。维特根斯坦强调数学证明是综观的，其主要目的也就是区别数学证明与实验。在数学证明中，因果性与时间不起任何作用。我们不能说，因为什么什么，我们才能接受某某数学证明。这种说法是无意义的。维特根斯坦认为，数学证明确立的语法规则是先天必然的，而因果性则不是必然的，而是偶然的。因为因果的关系中涉及具体的时间因素，而数学证明中是不可以出现时间因素的。维特根斯坦这样写道：

"证明必须是综观的"其实说的不过是：证明不是实验。我们不

会因为证明的结果出现了一次或经常出现而承认它。但我们在证明中看到了理由，可以说结果必定这样。（BGM Ⅲ§39）

当我写下"证明必须是综观的"时，这指的是：因果性在证明中不起作用。或者可以说：证明必须能够仅凭复制而重新产生。（BGM Ⅳ§41）

在维特根斯坦看来，数学证明与实验之间的最大区别在于：数学证明必定如此，对于每一次运算结果都一样，但是实验则可能受到经验次数的影响而有所不同，也就是说，实验中可能受到因果性的偶然条件的影响，而数学证明中只有必然性，不存在一丝偶然性。维特根斯坦还写道：

证明向我们表明应得出的东西。因为每一次重新作出证明必定会显示同样的东西。所以，一方面，它必定会自动产生结果，而另一方面它必定也要重新产生得到这个结果的强制性。"证明必须是能够综观的"将使我们的注意力转向"重新得到一个证明"与"重复一个实验"这两个概念之间的区别。重新得到一个证明指的不是重新产生一度得到一个特定结果的那些条件，而是重新得到每一个步骤以及那个结果。虽然这就表明，证明是某种必须能够被完全再生产出来的东西，但每一次这样的再生产必定包含证明的强制力，使得这个结果被承认。（BGM Ⅲ§55）

数学证明的可综观性就是指数学证明中可以完美地复制一个证明，而不受到特定的经验条件影响或制约。我们证明了一个数学定理，不能说只有温度在25摄氏度的条件下才能成立，超过25摄氏度就不能成立。这明显是荒谬的。数学证明与经验条件下的物理实验之间存在着范畴性的区别。关于数学证明与实验之间的关系，维特根斯坦认为，数学证明由于其内在的可重复性与再生产性可以为我们带来一致性与确定性，有助于我们相互理解，避免误解的发生。数学证明作为能够综观的语法规则的规范性奠定了我们共同理解的基础，并且是我们进行实验与交流的前提。维特根斯坦这样写道："可以说：证明有助于理解。实验以理解为先决条件。或者说：数学证明形成我们的语言。"（BGM Ⅲ§71）数学证明帮助我们进入确定的规则轨道，通过规范性引导我们遵守相应的语法规则。数学证明必须是综观的，因而也意谓着，我们不能在数学证明中考虑因果性或实验的因素，而只从数学语法自身来考虑数学证明的可重复性与确定性。

第三节　数学证明与数学命题的必然性

　　数学证明作为语法规则在维特根斯坦数学哲学中处于核心地位。维特根斯坦引入数学证明的概念可以有效地阐明数学命题的必然性与创造性。根据维特根斯坦，数学命题的意义的确定的有效办法就是数学证明。通过分析数学命题，数学证明作为数学语法规则对于数学命题具有两重涵义：一方面，数学证明建立起来的内在法则，可以帮助我们澄清或理解数学命题的必然性；另一方面，我们可以通过数学证明建立的语法规则来理解数学命题的创造性。数学命题的必然性与创造性都是与数学证明的概念联系在一起的。

　　维特根斯坦引入数学证明的概念是想表明数学的必然性源自语义实践。为了阐明数学命题的必然性，维特根斯坦利用数学证明的概念分析数学命题作为句法规则的本质。没有数学证明的概念的帮助，数学必然性的概念并不能清楚地加以说明，因为数学语法规则的确立正是通过数学证明而实现的。数学证明在确立数学语法规则中扮演了具有决定性作用的角色。严格来说，数学命题或定理都应该是得到了证明的数学命题。这些数学定理本质上是通过数学证明的语法规则。所以，我们可以看到，数学命题的必然性源自数学证明，因为各种句法规则只能通过有效地数学证明才能建立起来并被人们切实遵守，这些数学语法规则规定了在正确地进行数学命题转换和变形之中，人们必然获得什么。一个数学命题之所以被称为语法规则，能规范人们应用数学的具体行为和演算过程，主要原因就在于人们不能离开数学证明来建立数学语法规则的规范性。数学证明正是通过数学语法规则的规范性的确立来引导人们应用数学，从而获得必然性的数学命题。

首先，维特根斯坦指出，存在关于数学证明与实验的严重的误解。一些人通常将数学证明比作实验，比如在黑板上证明一道几何学的题目，人们以为数学证明就是通过在黑板上画出相应的图形，然后通过相应的测量和计算，得出相应的结果。这一过程的确与物理学中的实验很相似。但是，维特根斯坦明确地指出，数学证明不是自然科学的实验。维特根斯坦举了角不能三等分的例子来说明这点。"我们可以将一个角三等分的不可能性表征为一种物理的不可能性，通过比如说'不能三等分一个角，那是没有希望的！'但是只要我们能够这样做，它就不是'不可能性的证明'所能证明的东西。那也就是说，试图将三等分一个角与一个物理事实相关联是无希望的。"（PG II § 22）在此，维特根斯坦举了这个不能三等分一个角为例来说明数学的不可能性证明根本上不同于物理学上的经验的不可能性。

自从古希腊以来，三等分角的问题在数学史上就是一个经典的数学问题。这一个问题主要是说用一把直尺和一个圆规能不能三等分一个角。既然人们能够利用尺规二等分一个角，四等分一个角，为什么不可以三等分一个角呢？人们长期以来就对这个问题感到困惑，试图给出有力的证明。角的三等分问题直到 1837 年被万策尔（Pierre Wantzel）证明为不可能才最终画上了句号。一般而言，我们并不能找到一种方法来利用直尺和圆规三等分一个角。关于这种三等分一个角的不可能性的证明，维特根斯坦告诫我们说，我们不要将这种数学证明的不可能性与物理学的经验的不可能性（物理条件实现不了）相混淆。数学中的不可能性证明的必然性其实是一种句法规则，换句话是说，一个角的三等分的不可能性是说，在这样的一个一般规则即利用一个圆规和一把直尺画图，而不借助其他的工具在几何中一般不可能任意三等分一个角。如果某人遵守这些作图的规则，那么，在几何学中必然不可能三等分一个角。所以我们可以见到，三等分角的不可能性的必然性源自数学语法规则的必然性，而不是角或制图工具自身的经验的属性。换句话是说，数学证明之所以被称为数学的，而不是物理的，就在于它本质上是句法规则。这些句法规则先天地保证了数学命题之间的必然联系。这些作为数学语法规则的数学证明确定了数学命题的意义。数学证明的规则是由句法建立起来的。

关于数学证明的作用，马里翁（Mathieu Marion）曾经这样评论道："数学证明提供一种计算的方法，这种方法确定了数学陈述的意义。"[①]数学命题只有依照数学证明提供的计算方法才能获得明确的意义。判断一个数学证明正确或错误的方法完全不同于判定一个经验命题正确还是错误。确定一个数学证明的方法在于规则的系统，只有符合相应的规则系统的证明才能被判定为真正的数学证明，而判定一个经验命题的真假要将其与经验事实相比较。比如，我们陈述一个数学命题"方程 $X^2=1$ 有两个根"的证明标准完全不同于经验命题"这张桌上有 5 个红苹果"。关于前者，我们需要联系代数的方程系统的特性来判定才能证明其正确与否，而对于后者，我们需要的是以经验的观察判定其正确与否。关于数学证明与数学命题之间的关系，维特根斯坦说：

> 一个证明是一个特定命题的证明，如果它通过一个规则将命题与证明相关联。那也就是说，这个命题必定属于一个命题的系统，证明属于证明的系统，并且每一个数学中的命题都必定属于数学中的演算（它不可能孤独地独享荣光，拒绝与其他命题相混合）。（PG Ⅱ§24）

根据维特根斯坦，数学的必然性必然地显示在遵守由数学证明建立的语法规则之中。这些规则规定了我们如何从一个数学命题进入另一个数学命题。虽然，数学证明不强迫我们接受一条规则，但是，它引导我们接受一条条数学语法规则。比如，已经有人在数学中证明了不可能用一把直尺和一个圆规来三等分一个角，这就成为一条规则，这条规则引导我们接受这个证明的结果。只有接受了这个不可能证明的结果，我们才能准确地把握这个证明的意义，在接受这个证明结果之后，我们就不能徒劳地再试图三等分一个角了，因为那样做明显是无意义的。维特根斯坦曾经这样写道：

---

① Mathieu Marion, *Wittgenstein, Finitism, and The Foundations of Mathematics*, Oxford: Clarendon Press, 1998, p.159.

当我说"这个命题得自那个命题"，那也就是说要接受一条规则。这种接受就是基于证明。那也就是说，我发现作为一个证明的这条链条（这个图形）是可以接受的。……"但是我能做其他的吗？难道我必须去接受它吗？"——为什么你说你必须？因为在证明的结尾，比如你说："是的——我必须要接受这个结论。"但是那毕竟只是你的无条件地接受的表达。（RFM I §33）

这段评论表明，在检查完一个正确的数学证明之后，我们必须接受这个证明。这里的接受不是受到外力的强迫而不得已的行为，而是指检查证明的主体必须在证明的引导下自觉地遵守证明的系统规则与语法，从而无条件地接受证明的结果。如果不这样做，那么，我们对于证明和规则的态度就会出现不一致的情况。如果我们认可这个证明是一个比较普通的正常的数学证明，是在一个特定的数学系统中的证明，那么，我们如果检查整个证明的过程没有发现问题，我们就必须接受这个证明以及相应的句法规则。这是数学证明的必然性的力量的展现。我们必然地遵守数学证明建立的语法规则，这是没有例外的情况的。有时，维特根斯坦使用"演证"（demonstration）来代替证明（proof），但是他的思想是比较清楚的。维特根斯坦这样说：

"这无情地从那里得出来。"——真的，在这个演证中，这个问题得自那个问题。这是一个对于任何接受它为演证的人的演证。如果任何人不接受它，不把它当成一个演证，那么，在还没有说出什么东西之前他就已经与我们分道扬镳了。（RFM I §61）

在一个论证中，我们与某些人保持一致。如果我们不这样做，我们就会甚至在开始用这种语言交流之前就有分歧了。某人应该通过这个论证与其他人交谈并不是问题的关键，而是两者都要看到它（读懂它），并且接受它。（RFM I §66）

在以上引文中维特根斯坦解释了数学证明引导人们接受它的原因。数学证明或演证之所以是数学证明，其主要的作用就在于能够引导正常的人们去接受它和认同它。如果有人故意地不接受一个数学证明，只能说明从事或主张数学证明的人们与试图被说服的人们对于数学证明的态度方面的不一致，这种不一致不是意见的不一致，应该是生活形式或生活方式的不一致。或者可以说，这两拨人应该不属于一个比较大的文化或习俗共同体，如果他们属于相同的文化共同体，接受着相似的数学教育与训练，就没有理由不接受一个绝大多人都接受的数学证明。

如果这个人不接受这个数学证明的结果，要么说明这个人太古怪，不属于我们通常意义上的数学认知的共同体中的一员，他和我们玩的不是一样的数学语言游戏，因为我们大多数的数学语言游戏就是要求人们必须接受正常的数学证明的结果，无一例外，这就是数学必然性的体现；要么就说明这个人能提出对于这个数学证明的反驳，如果他能提出反驳，这就说明，我们刚才以为有效的数学证明可能存在问题，不是普遍有效的，我们就必须修正或推翻原来的数学证明。如果这个不接受数学证明的人，既不能提出明显的有力的反驳观点，也不是不属于我们的文化共同体之外的人，那么，就只能说明一点，这个人就是明显存心捣乱，或者强词夺理，不认同具有普遍必然效力的数学证明。在我们正常的数学语言游戏中，我们大家基本上都认同该怎么玩数学语言游戏，遵守相应的游戏规则，接受正确无误的数学证明就属于遵守游戏规则的一部分，不存在既承认数学证明的正确性，同时又不接受数学证明的矛盾情况。这种矛盾的情况在我们语言游戏开始之前就会被排除，因为坚持这种矛盾观点的人不属于我们一般的数学语言游戏的参与者和实践者。数学语言游戏参与者之间的一致并不是观念或意见的一致，而是生活形式和生活方式的一致。

生活形式或生活方式的一致保证了我们在具体面对数学语言游戏时采取的一致态度。我们大家都认同和接受正确的数学证明，这就是一致的生活方式和生活形式的反映，同时也体现了数学命题的必然性以及对于数学语法规则的遵守的必要性。在共同的生活形式或生活方式之下，人们对于数学证明的一致性的理解和践行是没有问题的。在这种情况下，就不可能出现例外与反常情况。因而，维特根斯坦主张说，数学证明引导我们无条件地接受数学证明的结果。需要注意的是，维特根斯坦强调的是，数学证明引导（guide）我们接受结果，而不是强迫（compel）我们去接受结果。这里的"引导"主要是强调数学证明只是作为唤起我们遵守相应数学游戏规则的肇因，但是却不能算作外力强加给我们迫使我们去做某种行为的东西，因为遵守规则的主动权其实还是在数学实践的主体身上，而不是外在的数学证明本身。数学证明的结果可以刺激游戏参与者的行为和反应，能够让数学游戏的参与者继续进行相应的游戏，从而通过数学命题将经验引入确定的轨道，使人们应用数学命题于经验层面以获得相应的必然性与确定性。所以，这里不能说"强迫"，因为"强迫"完全是外力的结果，而"引导"则更加侧重数学证明对于人们遵守数学规则行为的唤起与维持。因而数学证明引导人们获得数学命题的确定性与必然性，但是并不是迫使人们获得必然性与确定性。人们完全有权利不接受某一个数学证明的引导，但是很可能那样做的后果是丧失了相应的确定性与必然性，必须承担相应的不接受数学证明的后果。

维特根斯坦在这里所说的"无条件的接受"（unconditionally accept）恰恰反映了数学的必然性。维特根斯坦说：

> 我已阅读过一个证明——并且现在我信了——要是我直接忘记了这一确信又当如何？因为这是一个特定的程序：我检查这个证明，然后接受它的结果——我意谓：这就是我要做的事情。这是我们的语言使用与习俗，或者说我们自然史的一个事实。（RFM I§63）

数学的必然性就在于人们对数学证明正确结果的共同的确信。"这个证明使得我们确信某种东西——尽管我们感兴趣的，不是心智状态的确信，而是附属这种确信的应用。由此，断言这个证明使得我们确信这个命题的真，不能打动我们的心——这种表达式能有最多样化的解释。"（RFM III§25）维特根斯坦认为，我们不能单独地谈论数学确信，那样的话是没有意义的，数学确信的谈论必须与数学证明被接受后的系列动作与反应联系在一起，数学确信的现象与数学游戏规则的遵守是联系在一起的，不能一致地遵守数学游戏规则，就不能说真正地具有了数学确信。数学确信不是单纯的数学实践者的心理现象或心智状态，它不但与我们的数学实践行为关联在一起，而且与我们的文化风俗和习惯联系在一起。如果我们所处的共同体根本就没有那样的一种数学文化传统，空洞地只是从心灵状态来谈论数学确信是不得要领的。

因而，维特根斯坦认为，数学证明只是作为一种特定的程序或手段，引导我们接受某种数学证明的结果，并且按照这种结果一致地遵守数学游戏规则，在数学游戏的规则遵守中显示数学的确信，而不是说，数学确信有什么确定的神秘的对象，更不能说，数学证明使得我们确信某种东西，因为数学证明根本也做不到使得我们确信某种东西，我们不是确信某种东西，而是能够真正地理解数学游戏规则本身如此被人们践行而已。真正地理解数学游戏规则，就体现了真正的数学确信，数学规则与确信的理解体现在数学规则的遵守之中，而不在任何空洞的单纯的抽象的言谈之中。维特根斯坦说："让我们记住在数学中，我们确信语法命题；所以这种表达式，我们确信的结果就是我们接受一个规则。"（RFM I§26）

因而，根据维特根斯坦，当我们面对数学中的证明时，我们要检查这个证明的过程，然后发现这个证明完全符合证明的必要步骤，证明完全正确，然后就接受这个证明的结果。所有这一系列的数学实践行为都是正常的数学语言游戏的必要组成部分。一般而言，面对正确无误的数学证明的结果，我们接受相应的数学结论与遵守相关的数学语法规则，这些也都是数学游戏规则的一部分。在此，我们不能对这种一般的态度本身产生怀疑，那种对于数学证明的确定无误的结果的怀疑本身意谓着对于数学确定性与必然性本身的怀疑，这是完全无意义的。维特根斯坦认为，我们只有在有意义地怀疑的地方才能怀疑，不能毫无根据与无意义地怀疑。怀疑也是有限度的。我们对于数学确定性与必然性本身是不能怀疑的，因为数学的确定性与必然性构成了人类生活形式中的一致的核心。人们之所以能在社会生活中运用数学知识来达到一致沟通的效果，这种一致并不是意见或观念的一致，而是证明或计算的一致，这种一致是不能质疑的，就像我们不能因为现代科学技术发达了，就对数学中的"1+1=2"加以质疑一样，那样是无意义的。因为"1+1=2"是我们人类自从数学出现以来就公认的必然性和确定性的规则，如果对这一条最最基本的数学语法规则加以怀疑，那么整个数学必然性和确定性的大厦就会垮塌，数学也就不能存在，人类也不能应用数学来进行交流沟通，文化也就难以生成和发展。数学的必然性与确定性构成了人类追求确定性知识的最基本的内核。这是毋庸置疑的。

为什么我们必须接受数学中正确的证明所带来的确定性与必然性？这是由于数学证明具有综观的特性。维特根斯坦认为，数学证明必须是综观的（surveyable）。这里的所谓的"综观的"是强调数学证明可以被复制，被精确无误地重新做出来。试想，如果一个数学证明不具有这种可复制性与再生产性，那么，这种证明就不是真正的数学证明。因为真正的数学证明都应该可以做到这一点。数学证明能否"综观"与复制是我们判定一个证明是不是相同的数学证明的标准。如果数学证明不具有综观性与可复制性，那么，我们就会面临不能判定两个甚至多个数学证明是否相同的困境。数学证明的综观与可复制性不但为我们核对相同的数学证明提供了标准，同时也说明了数学证明必须如此的原因。综观不是一个心理学的概念，而是一个与数学实践联系在一起的概念。数学证明从数学可综观的实践中获得了必然性与确定性。维特根斯坦说："一个证明不仅应该表明事情如何，而且还应该表明事情必然如何。"（RFM Ⅲ§9）

维特根斯坦在其后期著作中多次使用相类似的词语比如图像、模型、程序、直尺、范型等描述数学证明的作用，即数学证明必然地引导我们的经验进入规范性的轨道，而数学的必然性与确定性就在数学证明所带来的规范性之中。维特根斯坦这样写道：

当我说"一个证明是一幅图像"——它可能被思考为一幅电影的图像。我们一劳永逸地建构一个证明以便应用于所有情形。当然，一个证明必须具有一个模型的性质。这个证明（证明的模式）向我们表明这个程序的结果（建构），并且我们相信一个以这种方式所调节

的程序总是带来这样的组合（证明向我们展示一个综合性的事实）。（(RFM Ⅲ§22）

证明必须是一个程序，关于这个程序我想说的是：是的，这就是它必须这样的；如果我遵守这个规则，就必然得出如此结果。（RFM Ⅲ§23）

作为一幅图像或一个模型，数学证明引导我们接受这个结果，遵守相应的规则。数学证明建立了必然性的轨道，我们在遵守规则方面必定沿着这样已经建立的确定的必然的轨道行驶。维特根斯坦说："一个证明引导我们去说：这必定就像这样的。……我检查了这个证明并说：'是的，这就是它必须这样的；我必定以这种方式来固定我们的语言。'我想说的是，它必定与我在语言中所建造的小径相符合。"（RFM Ⅲ§30）

简言之，我们必须承认数学的真理即必然性与确定性来自数学证明以及相应的数学实践。维特根斯坦的数学证明并不是一个孤立的形而上学的概念，而是根植于数学语言游戏和实践之中，也即数学语法规则的建构活动之中。"关于所证明的确定不可撼动的东西到底是什么？去接受一个不可撼动的命题——我想说——意谓着使用它作为一条语法规则：这就从中消除了不确定性。……我接受一个证明并非由于它曾经得出一次结果或多次得出一个结果，而是我们在这个证明中看到理由促使我们说，这必定是这样的结果。"（RFM Ⅵ§39）数学证明让我们从数学命题之间看到必然性与确定性的联系。正如有学者指出："在这幅数学作为规范网络的图像中，与规范相对应的网络的扭结，表征了数学的命题，它们之间的联系是通过数学证明提供的。"[①]

第四节　数学证明与数学命题的创造性

在这一部分，笔者主要论述如何从数学证明的角度正确地理解数学的

---

① Simon Friederich, "Motivating Wittgenstein's Perspective on Mathematical Sentences as Norms", *Philosophia Mathematica*, Vol. 19, No. 1, 2011, pp.1-19.

创造性。数学的创造性与数学的必然性都是维特根斯坦数学哲学非常关心的内容，对于说明数学命题以及规则的作用具有关键性的意义。笔者不仅从数学证明角度阐明了数学的创造性与数学证明紧密关联在一起，而且还阐明了维特根斯坦所理解的数学的创造性到底应该如何理解。根据维特根斯坦，数学的创造性来自数学证明建立起的数学语法规则以及应用这些规则的实践。一方面，一个数学命题通过数学证明获得创造性，没有数学证明，数学的创造性无从谈起；另一方面，我们通过数学证明引入一组新的语法规则概念，在数学游戏规则中建立起新的联系，即创造新的概念、给出一种新的技术与建立新的关联。具有证明的数学命题完全不同于没有证明的数学命题。相对于旧的演算法则，已经获得证明的数学命题创造出一种新的演算法则。维特根斯坦曾经这样写下这段评论：

> 一个数学证明将数学命题整合成一个新的演算，并改变了它在数学中的位置。具有证明的数学命题与没有证明的数学命题不属于同一范畴（没有证明的数学命题——数学研究的路标，激励数学的建构）。（PG II§24）

以上评论表明，已经证明的数学命题与没有证明的数学命题之间存在着范畴性的差异。一个数学证明可以彻底地改变一个数学命题的意义。这也就是说，如果一个命题没有得到证明，或许这个命题可以起到路标和激励未来数学研究的作用。但是，如果这个数学命题获得了切实的证明，那么，这个数学命题的意义就确定下来，并与没有获得证明的数学命题的意义完全不同。因为一个得以证明的数学命题的意义必定会影响到其他的数学命题的意义，作为语法规则，数学命题和数学命题之间形成了紧密的关联，即规范之网。获得证明的数学命题甚至会影响整个语法规则系统。一个数学证明表征了一种新的试图解决问题的方案。维特根斯坦曾经多次强调，数学证明所带来的数学概念与规则的创造性。

概括地说，维特根斯坦关于数学证明的创造性的观点大致可以总结为以下几个方面。

（1）数学语言的创造性。数学的创造性源自数学证明建立的语法规则的多样性与创造性，因为在相当大的程度上，数学语法规则是任意的、多样化的。

（2）数学思想或概念的创造性。数学证明的创造性还体现在创建新的概念，改变现存的旧的语法，建立新的联系。

（3）数学的创造性还显示在引入新的证明的技术。新的数学证明的技术的引入，充分地反映了数学作为不同证明技术混合体的创造性。

首先，我们来看看数学的创造性源自语法规则的多样性。数学游戏的规则的多样性通过数学证明建立的语法规则的任意性显示出来。这里的任意性是从语法规定层面来说的，即数学语法规则不对现实负责，但是我们在理解数学语法的任意性时，不能将其理解为数学命题的应用都是任意的、没有规律的，这是极其错误的认识，数学语法规则本身虽然是任意的，但是数学规则的应用却不是任意的，而必须符合一定的规范。维特根斯坦曾经多次强调，数学家是发明者，而不是发现者。数学家应该是通过数学证明确立数学语法规则的创造者和发明者。不同于一般的自然科学家比如物理学家发现某某自然规律，数学家没有发现什么隐藏的证明与内在的规律，而是通过数学证明建立起不同的语法规范之网。借助数学证明，数学家建构数学语法规则，本质上体现了数学语言的创造性。

语法是后期维特根斯坦数学哲学中最重要的概念之一，数学语法规范数学语词应该如何应用才能有意义。一般而言，维特根斯坦将语法等同于"使用一个语法的规则"（PG Ⅰ§133）。数学命题是语法命题。维特根斯坦说："让我们记住，在数学中，我们相信语法命题；所以这种表达式，我们相信的这种结果就是接受一个规则。"（RFM Ⅲ§26）数学证明建立的语法规则在一定的意义上是任意的。"语法规则是任意的，如同我们任意选择一个测量单位一样。"（PG Ⅱ§133）不同的数学家选择不同的数学证明方法，所建立的语法规则也是不同的，这些不同的语法规则起到的规范作用亦有所差异。数学证明形成新的语法规则，建立新的道路与建筑，为旧的道路与建筑扩建新的网络。维特根斯坦这样写道：

> 但是难道对这种任意扩建不施加约束吗？它能否任意地扩展这个网络呢？是的，我可以说：一个数学家总是在发明一种新的描述形式。一些数学家出于实践的需要，一些数学家出于美学的需要，还有其他的一些数学家出于其他各种不同的需要。在此，我们可以设想一个花园的风景画画师为一个花园的设计布局；或许他在画板上画出这些布局仅仅作为一个装饰的条带，而一点也没有考虑到，某人会在某个时刻从它们上面走过。(RFM I，§167)

以上评论表明，数学家提出相应的数学理论，建立相应的数学语法规则，其实是出于各种不同的目的与需要。维特根斯坦认为，数学家是发明家，而不是发现者（RFM I§168）。这也就是说，数学家并非像传统的观念以为的那样去发现存在的或隐藏的真理，而在于通过数学证明的形式不断构建新的语法规则。数学语法规则之间形成了广泛而复杂的网络。一个被证明的数学命题就可以加入原来旧的网络，扩展了旧的网络。比如2003年俄罗斯的天才数学家佩雷尔曼（Grigori Perelman）证明了著名的庞加莱猜想（Poincaré conjecture），终于解决了这个困扰数学界特别是拓扑学界的百年难题。庞加莱猜想是说："任何一个单连通的，闭的三维流形一定同胚于一个三维的球面。"可以说，在2003年以前只是庞加莱猜想，因为没有获得严格的共识的证明，但是在2003年佩雷尔曼的工作下，庞加莱猜想最终获得了证明（尽管当时世界上最优秀的数学家也花了将近一年多的时间才能完全看懂与明白佩雷尔曼的证明），那么，庞加莱猜想就变成了严格的数学命题，而不仅仅是一个猜想而已了。庞加莱猜想的证明意义非常重大，因为这条定理是几何拓扑学中非常基础性的命题，一旦获得了严格的证明，就变成了拓扑学的基本定理，为几何拓扑学语法大家庭增添了新的语法规则。

通过数学证明，新的数学命题作为语法规则扩展了数学研究的新的网络。数学家总是根据不同的需求证明或制定出新的语法规则，这些新的规则的制定或建立实际上最终源于数学家大胆的想象力。试想，如果没有1904年法国著名数学家庞加莱的大胆的想象提出了庞加莱猜想，拓扑学以后的发展可能就不是现在的状况了。数学猜想一直是刺激和推动数学研究的主要动力。[①] 新的数学证明最终得以实现，主要肇因还是数学家大胆的想象力，因为只有大胆的想象力才能为数学研究注入新的活力和创造力，才能为数学证明提供新的刺激因素。

由于数学家的想象力非常丰富，所提出的猜想各式各样，这就导致了后来的数学家的数学证明的困难与过程也不尽相同，但是无论如何，数学家最终都能通过数学证明即数学家共同体共同核对和承认的方式来检查证明的正误与否，为数学语法规则系统增加新的成员。所以，新的各式各样的数学证明形成了多样化的数学语法规则网络，极大地丰富和扩展了原来的旧的语法系统。因而，我们可以说，数学中语法规则的多样性实际上体现了数学家的创造力和想象力。数学语法规则在一定的程度上的确是任意的。有学者评论指出："维特根斯坦的论点即认为语法在一定意义上是任意的，也即这样的一个论题影响到，我们的语法所有领域的语法原则，替代的原则要么是现实的，要么至少是可能的或可以想象的。"[②] 当数学语法规则的应用条件还不成熟时，数学中的语法规则并不总是现实性的，其中一些或许仅仅是可能的或可设想的。这也就是前面维特根斯坦提到的，数学家就如同花园的设计师，在创作数学时有着极大的想象力的空间。设计师在设计花园的布局时也许并没有考虑到花园中的某种安排有什么用处，但是一旦有人喜欢在花园中行走，当时的这种随意的布局就可能成为一条小径，发挥着连通的功能。

其实数学家们进行数学创造时也是这样，他们构造出相应的数学定理，进行数学证明时可能并没有考虑到这些数学定理或公式应该如何应用，他们纯粹出于个人的爱好甚至美学的兴趣创建各种数学理论。很多数学家对于数学研究的持续追求，往往带有美学的色彩，因为数学中一个新的定理或命题获得证明之后，数学家们往往会获得极大的享受，他们可以从不同的数学证明中感受到优美。我们经常说某某数学证明非常

[①] 当然，数学猜想与数学证明之间存在着根本的不同。只有获得了严格证明的数学命题才能算作系统的定理或命题，没有获得严格的证明之前，数学猜想仅仅是猜想而已。

[②] Michael N.Forster, *Wittgenstein on the Arbitrariness of Grammar*, Princeton: Princeton University Press, 2004, p.3.

漂亮、简洁，堪称完美。很多数学家能从数学结构中感受美的存在，而这种美感的体验同时也会促使他们进一步非功利地研究数学问题，作出新的发明与创造。

实际上，对于数学中存在的规则，不同的数学家有着不同的态度。有的认同，有的保持距离，还有的甚至拒斥。我们甚至可以设想在一定的数学家的群体中，有些数学语法规则可能并不有效。维特根斯坦给出了一个关于排中律的例子来说明不同的数学家群体对于不同的数学语法规则的态度：

> 在此，如果语词"命题"毕竟有意义的话，它就等同于一种演算：等同于一个其中 P ∨ ~P 是一个重言式的演算（在这个演算中，"排中律"适用）。当人们认为排中律不再有效时，我们已经改变了命题的概念。但是这并不意谓着我们已经做出了一个发现（发现了一个命题的某物，然而这个命题并不遵守这个法则）；它意谓着我们已经做出了一种新的规定或者建立了一种新的游戏。（PG II §23）

正如我们所知道的，以布劳威尔为代表的直觉主义者并不承认排中律普遍有效，他们认为排中律只能在有限领域内有效，而不能直接应用于无限的领域。根据维特根斯坦以上对于排中律的分析，如果我们像直觉主义者那样拒斥排中律，那么，这就意谓着我们已经改变了命题的概念，即我们是在玩一种新的不同于经典逻辑或数学的语言游戏。我们可以看到，维特根斯坦对于排中律持有一种开放的态度。这一例子也表明，作为语法规则的数学基本定理基本上都是相对的、约定有效的，而不是绝对有效的。不同的数学流派或哲学立场对于同一个基本法则的理解可能并不完全相同，有的认同它，有的可能拒斥它。对此，我们不应感到奇怪。"语法是由约定构成的。"（PG II §138）我们不应该将数学中不同的语法约定视为混淆的来源，而应该将其视为数学的创造性的标志。因而，我们不应该将直觉主义者拒斥排中律视为一种反常的现象，而对直觉主义数学加以排斥，而应该将其理解为它们代表了一种独特的数学的创造，直觉主义数学的证明所建构的数学语法规则对于经典数学语法规则的有效补充，展现了数学内容和理论的丰富多样性和想象力。

其次，我们应该转向第二点，即数学的创造性在于创造新的概念，通过改变概念的形成或者数学证明建立新的概念。"证明引入新的概念。"（RFM Ⅲ§31）维特根斯坦认为，在数学证明中，我们通过转换规则不仅改变了数学命题的形式，而且还改变了数学概念本身。因为我们通过数学证明在命题与命题之间创造了新的联系，形成了新的概念。那么，数学证明到底是如何引入新的概念的呢？让我们先看看维特根斯坦的说法：

> 当我说一个证明引入一个新的概念，我意谓某种这样的东西：该证明在语法的范式之间提供了一种新的范式；就像某人混合了一种特殊的红蓝色一样，某种程度上解决了这种特定的颜色的混合问题，并给予其名称。
>
> 一个人会这样说：证明改变了我们语言的语法，改变了我们的概念。它生成了新的联系，并且创造了这些联系的概念（它并没有确定它们就在那里，只有它创造了它们，它们才存在）。（RFM Ⅲ§31）

这些段落表明，就像我们将不同的颜色比如红色和蓝色混合在一起生成一种新的混合颜色紫色一样，数学中证明的东西实际上也为我们的数学命题之间建立了新的联系，创造了新的概念，改变了原来的旧的概念。比如，我们在平面几何上证明了一个等边三角形的三个角相等且都等于60度，这就在三角形这个概念中增加了新的概念，在三角形三个内角之间建立了新的联系。数学中这样的例子还有很多。数学证明往往让我们看到了以前没有注意到的地方，为我们展现了不同的命题或概念之间的内在联系。

维特根斯坦认为，数学证明创造新的概念不是指以一个概念为基础再加上一堆推理规则，而是创造一整栋新的建筑。一个证明就是一种新的范型。数学证明的出现就像建造了新的大楼，它是崭新的，而不是在旧楼的基础上修修补补。数学证明是一种新的模型或范型，这种范型创造新的概念，建立新的联系。比如，我们想计算"$16 \times 16 \times 16 \times 16 \times 16 \times 16 \times 16 \times 16 \times 16 \times 16 \times 16 \times 16 \times 16 \times 16 = ?$"，如果某人已经证明了这个计算的结果是 16^{15}，那么，这里的"16^{15}"仅仅是"$16 \times 16 \times 16 \times 16 \times 16 \times 16 \times 16 \times 16 \times 16 \times 16 \times 16 \times 16 \times 16 \times 16 \times 16$"的缩写形式吗？不是的。我们如果看看这里的计算，就会明显地看出这里的"16^{15}"引入了新的计算——指数——的形式，这种指数计算不是仅仅对原来计算形式的缩写，而是在计算概念方面进行了突破与创新。新的证明在原来的乘法计算与指数计算之间建立了根本的联系，正是凭借引入新的计算概念——指数——来使得我们的计算概念扩展了新的内容。再比如，数学发展历史上的负数以及无理数的引入，都是这样的。负数和无理数的引入对于数学发展起到了非常重要的推动意义。当然，这些都是数学发展历史上比较大的节点，但是这些节点的出现是与一个个数学证明与计算分不开的。维特根斯坦这样写道：

> 因而，我们写比如"a^2"，而不是"$a \times a$"。由此意谓着，我指的是以前没有出现过的数列（暗指）。所以我非常确信能建立一种新的联系！在什么对象之间建立新的联系呢？在计数技术以及乘法技术之间建立新的联系。但是在这种方式中，每一个证明，每一个具体的计算都生成一种新的联系！（RFM Ⅲ §47）
>
> 数学教会我们以一种崭新的方式去操作概念。因而也可以说改变了我们用概念工作的方式。（RFM Ⅶ §45）

以上的引文表明，通过数学证明将指数概念引入，实际上就是在指数计数技术与乘法计数技术之间建立了内在的必然的联系，创造了新的概念。以前的乘法计算不断重复相乘，不但比较烦琐而且还容易出错，从证明与复核角度来说不容易综观，但是指数概念的引入很轻松地就可以解决乘法计算中不断相乘的烦琐与出错的问题，因为指数的标示更加容易辨识，更容易实现证明的目的。指数的引入对于原来的乘法证明概念不仅是一种修正与补充，更是一种质的提升。所以我们可以说，数学中新的证明技术的出现引入了新的概念，建立了新的联系，对于我们更好地理解数学证明，运行数学计算具有十分重要的促进意义。

最后，数学的创造性体现在应用新的证明技术之中。数学证明不仅建立语法规则，更提供各种技术，这种不同的证明技术体现了数学的创造性。新的数学证明根本上是技术实践上的创新。数学证明应用的技术体现了数学的创造性。关于数学证明与技术之间的关系，维特根斯坦曾经这样写道："一种形式检测的概念假定了变形规则的概念，因而是一种技术。因为我们只有通过一种技术才能掌握一种规范性。这种技术是一种外在于证明的范式。人们或许具有一种关于证明的完美的准确的观点，然而，并不能将其理解为根据如此这般规则的一种变换，只是在这种变换技术内，证明才是一种形式检测。"（RFM VI§2）维特根斯坦所理解的数学证明不是单纯意义上的形式证明，而是一种变换规则的技术（technique），这里的形式证明（formal proof）主要是指逻辑演算中的形式推导。而维特根斯坦所理解的数学证明包含了技术的因素，而不是逻辑学中单纯的形式证明。正如茱莉亚·弗洛伊德指出的，"维特根斯坦绝对没有将'证明'等同于'形式推导'（formal derivation）"①。

数学证明中变换规则的技术是理解形式证明的前提。我们并不是仅凭形式证明就获得了规范性与必然性，而是通过与形式证明关联在一起的变换规则的技术才能获得规范性与必然性。其实数学的创造性也一样。数学的创造性也不是单凭形式证明就能产生的，还需要与证明紧密相关的变换规则的技术。数学家们根据一定的语法规则，对数学等式进行相应的变换，这种变换源自技术实践。没有相应的技术实践作为支撑，与之相应的数学证明中的语法变换是不可能的。数学证明技术越高超、精妙，就越能显示出数学的创造性。

根据维特根斯坦的理解，在不同的数学分支中，具有不同的数学证明技术。比如在三角几何、代数、数论等各领域都有不同的数学证明技术。维特根斯坦这样写道："我应该说，数学是证明技术的混合（motley），数

---

① Juliet Floyd, "Wittgenstein, Mathematics and Philosophy", in Alice Crary &Rupert Read, eds., *The New Wittgenstein*, London: Routledge, 2000, p.234.

学的应用多样性与其重要性都基于此。"（RFM Ⅲ§46）数学证明技术的多样化标志着数学应用的多样化，数学证明技术之间没有共同的本质，按照维特根斯坦后期的说法，数学证明技术形成了一个大的家族，它们相互之间有类似性，但是并不完全相同。人们试图给数学证明技术下一个严格的定义的想法是不切实际的。因为数学证明技术之间就像家族成员之间那样，在面相、脾性以及步态方面或多或少具有一些相似性，但是根本上又并不相同。维特根斯坦强调数学是证明技术的混合体，主要目的是试图表明，数学证明技术有其多样性与复杂性，不能简单地形式化地加以理解，数学证明正由于是不同技术的混合体，数学的创造性与多样性以及内容的丰富性才能真正地得以体现。

维特根斯坦给出了一个例子来说明引入新的证明技术对于数学创造性的作用与积极意义。这一新的证明的技术是发明十进制系统（decimal system），取代竖杠系统（stroke system）。相对比较原始与笨拙的竖杠系统，十进制系统的发明对于计数技术无疑是巨大的突破与创造。简单来说，竖杠系统的主要缺点是比较笨拙、不简便，难以综观其中每个竖杠代表的具体数字，实际计算起来极容易出错，而十进制系统的发明与构建就使我们的计数变得更加便捷，同时也更加稳定与可靠。在十进制系统中，数学证明非常容易综观，但是如果用竖杠系统来进行数学证明的话，除非机器来识别与操作，对于人力而言，难以综观其中的内在联系。十进制系统比竖杠系统更加可行可靠。在竖杠系统中，比如我们有这样一个系列：

|||||||||||||||||||||||||||　　　　||||||||||||||||

如果我们来数一数这两行竖杠数，可以发现左边的一共27个，右边的一共16个。如果我们想要知道两行竖杠数加在一起一共多少个，我们应该怎么做呢？如果我们还不知道十进制计数系统，那么，我们没有办法，只能用最原始的办法先来分别数一数两行竖杠的个数，然后合在一起算总数。这种以竖杠数数来计算加法是非常笨拙的，难以保证计算结果的正确性与有效性。相应地，如果我们使用递归定义或归纳定义的方式来翻译上面的竖杠系列，使之变成十进制系统中的等式，我们就可以很容易地运用

十进制系统来计算加法（27+16=43）。竖杠计数系统与十进制计数系统之间可以等价，一般来说，在十进制系统中，以上的加法可以证明如下：假设 s 是一个后继函项，上面的竖杠系统可以改写为：

$$ssssssssssssssssssssssssss0+sssssssssssssss0=?$$

如果我们使用加法的递归公理，

$$(\forall x)(x+0=x),$$
$$(\forall x \forall y)(x+sy=s(x+y))$$

后面的公理证明了下面每一个变换：

$$ssssssssssssssssssssssssss0+sssssssssssssss0$$
$$=s(ssssssssssssssssssssssssss0+ssssssssssssss0)$$
$$=s(s(ssssssssssssssssssssssssss0+sssssssssssss0))$$
$$=s(s(s(ssssssssssssssssssssssssss0+ssssssssssss0)))$$
$$=s(s(s(s(ssssssssssssssssssssssssss0+sssssssssss0))))$$
$$=s(s(s(s(s(ssssssssssssssssssssssssss0+ssssssssss0)))))$$
$$=s(s(s(s(s(s(ssssssssssssssssssssssssss0+sssssssss0))))))$$
$$=s(s(s(s(s(s(s(ssssssssssssssssssssssssss0+ssssssss0)))))))$$
$$=s(s(s(s(s(s(s(s(ssssssssssssssssssssssssss0+sssssss0))))))))$$
$$=s(s(s(s(s(s(s(s(s(ssssssssssssssssssssssssss0+ssssss0)))))))))$$
$$=s(s(s(s(s(s(s(s(s(s(ssssssssssssssssssssssssss0+sssss0))))))))))$$
$$=s(s(s(s(s(s(s(s(s(s(s(ssssssssssssssssssssssssss0+ssss0)))))))))))$$
$$=s(s(s(s(s(s(s(s(s(s(s(s(ssssssssssssssssssssssssss0+sss0))))))))))))$$
$$=s(s(s(s(s(s(s(s(s(s(s(s(s(ssssssssssssssssssssssssss0+ss0)))))))))))))$$
$$=s(s(s(s(s(s(s(s(s(s(s(s(s(s(ssssssssssssssssssssssssss0+s0))))))))))))))$$
$$=s(s(s(s(s(s(s(s(s(s(s(s(s(s(s(ssssssssssssssssssssssssss0+0)))))))))))))))$$

在这一点上，前面的公理确保：

$$s(s(s(s(s(s(s(s(s(s(s(s(s(s(s(s(ssssssssssssssssssssssssssssssss0+0)))))))))))))))))=s(s(s(s(s(s(s($$
$$s(s(s(s(s(s(s(s(ssssssssssssssssssssssssssssssss0)))))))))))))))))$$

因而，消除括号，我们得出：

$$ssssssssssssssssssssssssssss0+ssssssssssssssss0=sssssssssssssssssssssssssssssssssssssssssss$$
$$ss0$$

如果我们数一数等式右边的 s 的个数，我们就会得到 43。这就是说，我们通过应用递归公理证明了这个加法的结果：27+16=43。这只是应用数学公理来进行数学证明的一个例子。整个证明过程有点冗长，但是我们可以很容易地得出结果。我们可以使用一个递归定义或公理去将竖杠中的加法问题转变为十进制系统中的加法问题。如果使用加法法则去进行计算，我们可以很容易地获得准确的结果。与竖杠计数系统相比较，我们可以说，十进制中的计数相比加法技术极大地提升了计算结果的准确性与可靠性。维特根斯坦说："递归定义引入了一种新的记号技术。因而，它必使得这种转换变成一种新的'几何'。我们被教导一种新的识别记号的方法。一种新的记号的同一性的标准被引入。"（RFM Ⅲ§54）递归定义和公理的出现，实际上就是证明技术的改进，或者说体现了数学计算技术的创造性的发展。递归定义或公理之所以有效，就是因为这些定义在记号模仿层面上完美地还原了竖杠系统中记号的个数，并加和，它之所以可能就在于它保存了记号的同一性的标准，使记号的操作变得简单实用。十进制系统中的证明技术完全超越了竖杠系统中的证明技术，而不仅仅是对于原来系统的缩写，因为加法技术在竖杠系统中是比较原始的，只能应用到非常小的数，对于大数的加法基本上不可能应用竖杠技术。针对这样的一个问题："竖杠系统中的证明如何能证明十进制系统中的证明是一个证明呢？"（RFM Ⅲ§54）维特根斯坦多次表示这是不可能的。他说：

> 现在，让我们设想基数被解释为 1，1＋1，(1＋1)＋1，((1＋1)＋1)＋1，如此等等。你或许会说，这些定义引入十进制系统中的数字仅仅是为了方便；计算 703000×40000101 或许也可以在那个令人厌烦

的记号系统中实现。……因为它不是可综观的（übersehbar）。

现在，我问：我们能否通过第一种记号系统（竖杠系统）中的证明来发现 7034174 + 6594321 = 13628495 这一命题的真理性呢？是否存在关于这样一个命题的证明呢？回答是：不。（RFM Ⅲ§3）

维特根斯坦以上评论表明，人们根本不可以用竖杠系统的计算方法来证明大数的相加或相乘的正确性，亦不可能存在关于大数的竖杠系统的演算与证明。主要原因在于，我们不可以在竖杠系统中"综观"这种证明的准确性与可复制性。简单地说，竖杠系统中的不同竖杠，表示非常简单的自然数的相加或许适用，但是对于大数的计算是远远不够的。因为竖杠的个数太多，而且极易混淆，不容易综观与识别出记号的同一性，所以是有着严重的缺陷的。相比较而言，十进制系统则有便捷、可综观、可靠等优点。十进制系统不是竖杠系统的缩写，而是一种根本的计算技术的创新。关于十进制系统相对于竖杠系统的优越性，马里翁曾经这样评论道："在这一语境中很重要的是要理解到，维特根斯坦的论证并非基于这一事实，即需要考虑的是记号系统的改变暗含着复杂性的改变，而是基于这一事实即，引入一种新的记号系统通常意谓着不仅仅引入一种缩写方法。"[1]算术演算记号系统的改变可以被看成数学证明或计算技术的创新。新的记号系统中的数学证明不是对于旧的证明的改写或缩写，而是一种技术手段的提升。在人类数学思想史上，超越并抛弃旧的原始的竖杠记号系统，而采纳新的十进制计算系统，是人类数学发展进步的标志之一。

---

[1]　Mathieu Marion, *Wittgenstein*, *Finitism*, *and The Foundations of Mathematics*, Oxford: Clarendon Press, 1998, p.233.

第八章 维特根斯坦论数学基础

要研究维特根斯坦的数学哲学，不可能不考察维特根斯坦关于数学基础的观点。可以说，维特根斯坦关于数学基础的观点构成了他的数学哲学思想的核心。理解维特根斯坦关于数学基础的看法同时也是我们正确地理解他的数学哲学思想的一把钥匙。维特根斯坦在数学基础问题上的思考是针对数学基础领域三大流派思想的，他对三大流派的数学基础观都进行了有力的批判和分析，澄清了其中不少哲学的误解和混淆，从而使得我们更加清楚地理解"数学基础"这一概念到底意谓着什么，以及我们应该如何在日常语言中使用与数学基础相关的词汇。

总体而言，维特根斯坦认为数学根本不需要什么基础，数学是独立的语法系统与技术混合体。那种认为数学需要各种不同的基础的观点是令人误解的。数学基础领域的三大流派所秉持的数学基础的观点充满了混淆，需要我们仔细地分析和阐明。面对数学基础领域的危机，比如罗素悖论的发现，数学基础领域先后出现了三大流派：逻辑主义、直觉主义以及形式主义。以弗雷格和罗素为代表的逻辑主义者认为数学基础问题产生的根源在于数的定义不清晰，主张通过从逻辑角度重新给自然数下严格定义，并通过严格的证明，为数学提供坚实的逻辑基础，即数学的基础在于逻辑，数学可以还原为逻辑定义或定理；以布劳威尔等为代表的直觉主义者认为，数学产生的根源在于人类心中的原始直觉，主张人类心灵对于数与计算的建构能力，认为人类心灵中的直觉能力是数学的基础，坚持数学上的构造主义，反对排中律的普遍使用；以希尔伯特等为代表的形式主义者认为，数学本质上就是纸上的符号游戏的操控而已，数学记号或符号本身只是形式，没有实际的涵义，主张通过一致性证明或公理化的方法来为数学奠基。维特根斯坦关于数学基础的观点不仅与传统的观点不同——他对传统数学不同流派比如逻辑主义、直觉主义、形式主义以及哥德尔的不完全性定理和集合论都进行了有力的批判与分析，而且从哲学角度重新分析和阐释了"数学基础"这一概念的特殊用法和内涵。

本章主要分为四个小节。第一节主要论述维特根斯坦对于"数学基础"概念的分析和澄清，阐明维特根斯坦是如何理解"数学基础"这一概念的，以及这一理解与传统的观点有何不同。第二节开始论述维特根斯坦对逻辑主义数学基础观的批判，即主要论述弗雷格以及罗素等人的逻辑主义的数学基础观中存在的很多概念的混淆：他们认为逻辑和数学是合二为一的，逻辑可以为数学提供坚实的基础（认为可以借助逻辑公理的自明性、算术真理可以还原为逻辑定义和定理）通过单一的逻辑演算来保证数学的精确性和确实性以及可应用性。但维特根斯坦指出，逻辑主义所寻求的自明性、可还原性、精确性以及可应用性这些概念都存在着混淆和误用。第三节主要论述维特根斯坦对以布劳威尔为代表的直觉主义数学基础观的批判。直觉主义者认为，数学的基础在于心灵的直觉能力，而不在于外在的逻辑，通过单纯的直觉活动，数和数学命题就可以通过心灵构造出来。而维特根斯坦通过对直觉主义所依靠的"原始直觉"概念的批判，阐明这一概念不过是心理主义的残余，直觉主义没有注意到外在的语言和实践对于数学活动的主要影响。本节还分析了维特根斯坦关于排中律以及存在性证明的观点，阐明维特根斯坦对于直觉主义数学基础观的具体批判性看法。第四节主要论述维特根斯坦对形式主义数学基础观的批判。形式主义认为数学不过是研究数学符号的游戏活动，这些符号没有实际的涵义，他们主张存在着元数学，即可以通过公理化方法即一致性证明方法消除"隐藏的矛盾"，从而为数学奠定基础。但是维特根斯坦批判地指出，元数学是不可能存在的，一致性证明并不能彻底消除所谓的矛盾，"隐藏的矛盾"这一表述是无意义的，形式主义数学基础观坚持的有限论与符号游戏观点中存在着不少混淆，没有看到数学游戏的普遍可应用性。

第一节 从奠基到澄清：对 "数学基础" 概念的哲学分析

维特根斯坦曾经在《关于数学基础的演讲，剑桥 1939 年》的开篇就阐明了他要讨论数学基础的内在原因，以及谈论数学基础问题的方法和策略。维特根斯坦设问道：一个不是数学家的哲学家如何能谈论数学基础呢？哲学家如何有权利去谈论数学家所关心的数学问题呢？维特根斯坦首先强调指出，数学哲学家与一般的数学家之间存在着根本的不同。数学哲学家当然不是职业数学家，而是哲学家，是对数学基础领域产生的问题提出哲学思考的职业学者。数学哲学家首先就需要搞清楚自己的职责所在，不能越界去做一些力所不能及的事。这也就是说，数学哲学家讨论数学基础问题并不是指去干涉数学家的具体的工作，这当然是不可能的，同时也是不明智的，因为术业有专攻，哲学家不可能取代数学家的岗位和职责，否则的话，哲学家就会变成数学家，数学家群体也就会失去其存在的意义。数学家和哲学家都是基于不同的分工而形成的职业研究群体，各自有不同的研究领域和研究方法，俗话说，"隔行如隔山"，数学和哲学属于不同的行业，界限不能混淆。数学家有自己的本职工作，是其他职业群体所不能取代的，同时哲学家也有其他群体无法取代的专门的研究领域。维特根斯坦认为，哲学家不会愚笨地与数学家争辩说某某数学证明或计算的结果有误，不是这个结果，而是另外的结果，这种场景是不可想象的。

其次，维特根斯坦认为数学哲学家既不是对数学家的演算结果给出新的演算，也不是对数学演算作出新的解释，而是针对数学家使用的数学符号所作的解释。那么，这里所谓的对于数学符号的解释到底是指什么？其实，就是指对数学符号的使用的语法说明，即从语法角度说明数学记号或语词的正确使用方法，澄清相应的混淆与误解。那么，数学哲学家到底有什么资格对数学家使用的符号表达式评头论足，说其中产生了混淆与误解呢？维特根斯坦认为其中的理由起码有两点：其一是哲学家对于日常语言特别敏感，通晓日常语言中数学词汇的各种使用；其二就是哲学家熟悉初等数学的状况，而数学的很多哲学混淆与初等数学中计算的误解有关。维特根斯坦曾经这样写道：

> 我可以作为一名哲学家谈论数学，是因为我只处理从日常语言比如"证明""数""列""序"等语词中产生的谜团（puzzles）。知晓我们的日常语言——这是我能够谈论它们的一个原因。另外的一个原因就是，我将要讨论的所有的谜团都可以用最初等的数学例示——我们在 6 到 15 岁学习到的计算，或者比如说我们很容易就已经学会过的康托尔的证明。（LFM p.13）

维特根斯坦在此解释了哲学家可以谈论数学基础问题的理由。一方面，哲学家精通日常语言中数学词汇的使用，掌握数学语词的语法规则且通晓如何避免混淆与不清；另一方面，哲学家起码都受过初等数学中相关演算和证明的训练，而在维特根斯坦看来，初等数学中的基本演算，其实例示了数学基础领域的诸多混淆，可以说，数学哲学中的很多概念不清与混乱，都可以通过初等数学领域的相关概念阐明来揭示。维特根斯坦还说："哲学不考察数学计算，而只考察数学家关于那些计算都说了些什么。"（PG Ⅳ §29）

维特根斯坦接着区分了他对数学基础问题的探讨，与其他的数学家或哲学家对于数学基础问题探讨之间的不同。维特根斯坦认为，他对数学基础问题的讨论并不是像罗素所做的那样，即通过《数学原理》阐发逻辑主义的计划为数学奠基，以便使得数学基础成为数学的一个分支，而是通过讨论"数学基础"以及"基础"等词汇如何正确地使用，澄清数学基础领域相关概念的混乱，使得人们不再被似是而非的哲学问题困扰。因为从日常语言的使用角度来看，与"数学基础"相关的很多词汇比如"证明""计算""定义"等中存在着不少混淆和误解，需要及时澄清。

数学语词使用中产生的很多误解源自人们总是试图将语言中起到不同作用的表达式看成相同的或相似的表达式，抹杀了它们之间的差别，而只看到虚幻的相似之处。这也是维特根斯坦哲学的基本特征之一，那就是要在人们只看到的所谓的相似之处看到差异，教人们看到不同。维特根斯坦曾经这样写道："我们借助相同的模型来谈论非常不同的事情。这部分是一个经济的原则；如同原始人类，我们非常倾向于说'所有这些事情，虽然看似不同，实则相同'，而不是说'所有这些事情，尽管看似相同，实则不同'。因而，我将会在人们大多强调相似之处的地方强调事物之间的不同之处，而这种通常对于相似性的强调往往导致了误解的发生。"（LFM p.15）维特根斯坦曾经举例来说明这点。比如数学中经常被使用的词就是"数"。人们在不同的情况中使用"数"词，但是通过一些虚幻的错误的类比，人们以为这些"数"背后一定指称一个客观存在的对象，这些"数"词一定共享相同的普遍的本质。但是，所有这些关于数的本质的表达都是语言的幻相引起的。其实，在数学中，"数"词背后并没有一个普遍的本质的实体存在，数学中的"数"多种多样，彼此之间形成了一个大的家族，它们之间具有相似性，但是没有唯一的普遍的本质。维特根斯坦对数的家族相似性的理解明确地体现了他后期反对普遍主义和本质主义的思想，也即认为数词并不指称一个普遍的或本质的对象，任何试图给数下一个一劳永逸的定义的做法都是徒劳的。我们需要关注的是不同种类的数词如何在数学表达式中使用。

维特根斯坦举了"虚数"（imaginary number）为例来加以说明。人们似乎对于"虚数"的出现产生了很多困惑与误解。人们纳罕于"虚数"一词似乎意指不存在的数，但是我们又在谈论"虚数"，不存在的虚数能被我们谈论吗？对此，维特根斯坦这样澄清到，他认为人们的误解与困惑是建立在通常的意义上的，但是，"虚数"这一表达式其实是被用来表示连接一种新的演算与旧的演算，而不是指存在或不存在。概言之，虚数其实就是指一种新的演算方法，具有特定的演算规则，并且这种新的演算与旧的演算在某些地方有类似，但是也有所不同。通过这样的澄清与辨析，人们关于"虚数"的误解也就消除了。"虚数"看似虚无缥缈，其实在物理学等领域具有广泛的应用，"虚数"的发明极大地拓展了数学领域的演算系统与方法。

　　针对人们对"数学基础"这一概念的误解与混淆，维特根斯坦进一步指出，人们通常所理解的"数学基础"这一概念意谓着两件事。其一，"数学基础"是指某某东西是某某东西的前提，也即意谓着如果不掌握某种东西，比如，技能和知识，人们就不能正确地掌握以后进一步的学习的知识和技能。还比如，我们在数学中经常说，代数是演算的基础。初等数学中的基本运算是我们后来进阶学习高等数学知识的前提和准备，没有这些前提知识的储备，我们就不能掌握后来的高等数学知识。维特根斯坦认为，在这种意义上，我们说，人们为了学习演算，必须学习代数（AWL p.121）。没有代数知识的基本学习和理解，人们是不可能掌握数学演算的。在数学知识的学习次序上来说，数学知识就像一栋建筑。代数是这栋建筑的核心和基础，是人们学习数学的起点。

　　其二，人们用"数学基础"意指支撑某种有争议的东西的手段（AWL p.122）。维特根斯坦认为，如果确实存在关于数学的有争议的东西，那么，这一基础就不是没有争议的，由此，给予它一个所谓的基础也无济于事。比如，人们用一种演算试图支撑数学中有争议的东西，尽管这种演算可能具有哲学的重要性，但是它作为一种单调的繁重的工作本身是不重要的。因为我们所谓数学中有争议的东西，不再指前面所提的学习数学知识和技能的前提，而是我们对于数学中相关的演算或证明的结果的哲学理解可能存在差异与困惑，这种哲学的争议与困惑不能仅靠发明一种新的演算或证明来消除。新的证明或演算不能为数学中有哲学争议的部分提供坚实的基础，这种想法本身是有问题的。我们不能依靠一种新的证明或演算来为数学奠基，而应该思考，如何从哲学角度来澄清数学基础领域中产生争议或困难的根源，分析相应的数学概念之间边界和联系，厘清概念相互之间的关系，理解相关词语的正确使用，由此才能真正地消除误解和争议。

　　"数学基础"这一概念对于维特根斯坦来说，绝不是指科学意义上的奠基作用，而是指从哲学和日常语言角度的相关概念的分析和澄清。那种试图在科学建筑意义上来为数学奠定基础的做法都是误解了"数学基础"一词的正确使用和内涵。维特根斯坦对于"数学基础"概念的分析和澄清，体现了他关于哲学和科学两者学科性质之间存在着根本区别的洞见。数学基础领域产生的争议和问题只能从哲学角度来分析和澄清，而不是从模仿科学方法的角度来试图给数学奠基，亦即为数学提供所谓的科学认识论意义上的基础。科学的方法论与哲学的方法论之间存在着根本的不同。两者之间不能混淆。科学研究的方法主要是在实验基础上的定义和推演，如同盖高楼大厦，最底层的最基本，然后在上面一层层加盖。

　　而哲学的研究方法则主要关注概念的混淆和澄清，强调对语词的正确使用的分析。维特根斯坦曾这样写道：

> 　　哲学对我们的问题的回答对于日常生活，对于科学都应当是根本性的。它们应当不依赖于科学实验的发现。科学用砖建造房子，砖一旦砌上去之后就不再触动了。哲学整理一间屋子，因此必须搬弄各种东西很多次。哲学程序的实质是：它从混乱开始的：我们不在乎对事情的不明，只要这个不明逐渐得到澄清。①

　　"奠基"在科学的意义上就是指一层层地建造相应的大厦，没有最下层的楼房是不可能的。但是，哲学的方法不是像科学建筑一栋大厦似的层层相关，而是整理屋子内的房间里的混乱，比如一个房间里家具摆得很混乱，需要不断地挪移家具的位置，以便打扫房间使之整洁如新。哲学研究针对的就是数学基础领域中诸多概念的混淆，很多数学概念与词汇被人们歪曲地使用，放错了位置，需要将它们重新摆放到它们自己的位置上去。数学哲学或对于数学基础问题的哲学思考，不是建立一套所谓的理论来为原来的有争议的理论问题"奠基"，而在于我们重新理顺不同的数学概念之间的本来关系和联系，看清这些概念到底在我们的日常语言中是如何使用的。数学的概念虽然看上去很专业，但是毕竟需要日常生活中的使用。所以，我们作为哲学家完全有资格从日常语言分析的角度来考察数学基础领域中的概念不清。

　　在维特根斯坦看来，数学根本就不需要任何基础，这是因为：数学是

---

① ［奥］维特根斯坦：《维特根斯坦剑桥演讲集 1930—1932》，德斯蒙德·李（D.Lee）编，周晓亮译，载涂纪亮主编《维特根斯坦全集》第 5 卷，河北教育出版社 2003 年版，第 51 页。

自治的语法规则系统，是独立自为的；数学是其自身的应用，不是其他的应用；数学计算和证明就是其自身的应用。维特根斯坦曾经这样反问数学需要一个基础的观点，他说道：

> 数学为什么需要一个基础呢？我相信，数学不需要这样的基础，正如那些涉及物理对象的命题或者涉及感觉印象的命题不需要分析，不过，数学命题也如其他命题一样，的确需要对它们的语法做出说明。关于所谓基础的数学问题在我们看来不是数学的基础，正如画出的岩石不是画出的城堡的基础。（RFM Ⅶ§16）

针对维特根斯坦的这一比喻，有学者评论指出："简言之，维特根斯坦的这一评论警告说：貌似支撑的东西实际上一点也不支撑什么东西；它是一个伪支撑。"①在维特根斯坦看来，数学不需要任何科学奠基意义上的基础，包括逻辑学以及集合论等，因为科学建构的方法与数学研究的方法之间存在着根本的差异。提出新的数学命题或作出新的数学证明，都不可能为数学奠定新的基础，因为"数学基础"这个概念本身是错位的，"基础"或"奠基"只能应用到科学领域比如化学或物理学领域，而不能应用到数学领域。数学命题不需要任何基础，数学命题需要的是语法的分析和阐明。这里的语法分析和阐明主要就是指分析数学命题的特性、数学证明、数学矛盾或数学计算等概念如何有意义地应用，消除其中蕴含的误解和混淆。所以我们可以看到，维特根斯坦对数学基础的理解与传统的观点截然不同，我们要从科学奠基式的数学基础的理解转向数学命题语法澄清式的理解。因为从数学哲学层面上说，哲学研究的目的就是对相关数学概念作出分析和澄清，哲学做的就是打扫地基的工作，而不是像建筑工人那样实现真正的数学建筑目的。

维特根斯坦不仅对"数学基础"这一概念本身作了哲学的澄清和分

---

① Felix Mühlhölzer, "Reductions of Mathematics: Foundation or Horizon?", in G. M. Mras, P.Weingartner and B.Ritter eds., *Philosophy of Logic and Mathematics*: *Proceedings of the 41st International Ludwig Wittgenstein Symposium*, Berlin/Munich/Boston: Walter de Gruyter GmbH, 2019, p.337.

析，而且对数学基础领域的三大流派以及哥德尔不完全性定理都给出了自己的独特的分析和精辟的评论。考察维特根斯坦对于数学基础领域三大流派即逻辑主义、直觉主义和形式主义数学基础观点的批判，以及维特根斯坦对于哥德尔不完全性定理的评论，对于我们全面而深入地把握数学基础问题具有十分重要的意义。概括地说，面对所谓数学基础领域中出现的悖论和危机，比如罗素悖论，数学三大基础流派都试图为数学奠定一个坚实的基础，其中逻辑主义找到的是逻辑，直觉主义找到的是直觉，而形式主义找到的是一致性证明或公理化的方法，但是他们的这种奠基式的数学基础观恰恰是维特根斯坦主张的澄清式的数学基础观针对和批判的对象。在维特根斯坦看来，数学基础领域三大流派对于"数学基础"的理解仍然是属于科学范畴内的"奠基式的"，本质上是试图为数学寻找一种普遍的本质，并以此为基础在上面盖上数学的大厦，而这种对于数学基础的理解恰恰就是一种将数学科学化的理解，而维特根斯坦认为，数学与科学之间存在着根本的不同，数学具有自己独立的学科地位，数学命题与研究方法根本不同于科学认识论式的方法，我们根本不可能为数学寻找一个共同的普遍的本质作为基础，而是要看到数学基础中诸多概念使用中产生的混淆与不清，并通过阐释数学的语法规则，规定数学语词应该如何使用来消除相应的困惑和误解。后期维特根斯坦强调的是数学中的个性和特殊性，而不是共性或普遍性，因为我们不可能为数学中的"数""证明""计算"寻找一个统一的不变的本质。数学中的"数""证明""计算"等诸多相关概念形成了一个个大的家族，它们之间具有家族相似性。

第二节　对逻辑主义数学基础观的批判

笔者在本书开头部分就大致地介绍过逻辑主义的基本思想，这里主要是阐述维特根斯坦对逻辑主义数学基础观的批判。逻辑主义认为，数学的基础在于逻辑，根据弗雷格和罗素等人的看法，数学真理特别是算术真理可以还原为逻辑定义和公理。逻辑主义者寻求逻辑的严格性和确定性来为数学的严格性与稳固性奠基。数学的本质在于逻辑。弗雷格的《算术基础》《算术的基本法则》以及罗素和怀特海合著的《数学原理》都是逻辑主义的主要经典作品，他们在这些作品中充分地阐述了逻辑主义的基本原则和观点。为什么逻辑主义者认为逻辑可以成为数学的基础呢？或者说，逻辑主义的数学基础观最主要的观点有哪些？简要地说，逻辑主义者认为，数学基础领域之所以会产生危机和动摇，最主要的原因在于数学的核心概念比如"自然数"没有严格的逻辑定义，弗雷格在《算术基础》的序言中这样写道："关于数是什么，人们能说的就更少了。如果展现为一门重要科学奠定基础的概念有困难，那么更精确地研究和展现这些困难，就总是不可推卸的任务。尤其是因为对整个算术大厦的认识还有缺陷，我们就很难真正地获得关于负数、分数以及复数的完全清晰的理解。"[①]弗雷格通过区分概念与对象、函项与主目的方法对数的概念进行了深入的逻辑分析，他认为，数是客观独立存在的对象，人们只能通过概念把握数，而不能通过感觉经验来把握数的性质，关于数的陈述其实包含的是对于数的概念的断言（Die Zahlangabe eine Aussage von einem Begriffe enthalte）。[②]弗雷格认为数是客观的但不是实际存在的（objective non-actual）[③]，这也就是说数是客观实在的东西，不依赖于人们感知或认识它的心灵而独立存在，但是数又不像通常的个体的心灵想象的观念那样是主观的东西。数是客观存在的对象。借助概念的外延，弗雷格给出了数的定义，适合 F 这个概念的数其实就是指"与 F 这个概念等数"的这个概念的外延。弗雷格然后定义了0、1，后继等等，推导出了所有自然数。通过为自然数寻求严格的逻辑定义，以及从逻辑角度定义数学归纳法，弗雷格试图建构起算术以及数学的大厦。

　　另外，除了下定义，从逻辑上对数学进行证明和推导，寻找初始的不

---

① Gottlob Frege, *Die Grundlagen der Arithmetik—Eine logisch mathematische Untersuchung über den Begriff der Zahl*, hrsg.von Christian Thiel, Hamburg: Felix Meiner Verlag, 1988, S.4.

② 参见 Gottlob Frege, *Die Grundlagen der Arithmetik—Eine logisch mathematische Untersuchung über den Begriff der Zahl*, hrsg.von Christian Thiel, Hamburg: Felix Meiner Verlag, 1988, §46, §57。

③ 参见 Michael Beaney, "Introduction", in Michael Beaney ed. and trans., *The Frege Reader*, Oxford: Blackwell, 1997, p.5。

可证明的真理即公理也是数学家的主要任务。弗雷格还在一篇论文《数学中的逻辑》中这样总结数学的主要特征，他写道：

> 与其他学科相比，数学有着与逻辑更加紧密的联系，因为几乎数学家的整个活动都在于进行推理。……除了进行推理外，部分数学家的活动还在于给出定义。……科学要求我们证明那些能够证明的东西，直到我们遇到我们不能证明的东西，否则我们不会停歇。必须要尽可能使不可证明的初始真理的范围尽可能地缩小，因为整个数学就包含在这些初始真理之核心中。我们唯一的关切就是从这种核心中产生整个数学。①

也就是说，数学与逻辑之间存在着天然的紧密的关系，因为这两门学科在下定义和证明这两方面是类似的。如同逻辑研究的任务在于下定义与发现不能证明的公理，数学研究的任务也是要使不可证明的初始真理的范围尽可能地缩小。逻辑研究就是要找出最可靠的最简明扼要的公理，数学的公理系统中的公理都是自明的。而在逻辑主义者看来，公理都是自明的，不需要证明，而定理则需要一步步地严格的形式证明和演绎。罗素也持大致类似的看法。在罗素看来，数学和逻辑本质上是同一的②，数学研究的本质就在于逻辑分析。在罗素看来，几乎所有的算术定义和算术真理都可以还原为逻辑定义和真理。因为现代数学的工作大部分基于逻辑范围之内，而现代的逻辑主要是符号化的和形式化的，数学和逻辑之间的这种非常紧密的关系对于任何一位学生来说都应该是明显不过的事实。

逻辑主义者主张通过逻辑分析和演绎的方法来证明数学的基本法则或规律都可以还原为逻辑的法则或规律。正是由于算术基本法则可以还原或归约为基本的逻辑法则，所以，逻辑可以为数学奠定基

---

① Gottlob Frege, "Logic in Mathematics", in Michael Beaney ed. and trans., *The Frege Reader*, Oxford：Blackwell, 1997, pp.208-310.

② 参见 Bertrand Russell, *Introduction to Mathematical Philosophy*, New York：Dover Publications, Inc., 1993, p.194。

础。在弗雷格看来，算术的基本法则或规律都可以从逻辑角度进行演绎或证明，如果人们对此表示怀疑，弗雷格认为可以通过严格的完善的逻辑推理和证明链条来消除这种怀疑，因为只要进行的逻辑推理串非常完善，其中不会出现不符合逻辑规律的步骤，就可以消除这种疑虑。弗雷格认为在他以前人们还没有尝试过这种系统的证明工作，而他所要做的逻辑主义的任务就是通过运用其所构造的这种新的概念文字（理想的逻辑语言和公理系统）来系统地证明算术的基本法则和规律都可以还原为逻辑真理，这也是他的《算术的基本法则》一书的基本任务。弗雷格主张逻辑或算术的基本法则或真理是自明的（einleuchtend/self-evident）。

需要注意的是，弗雷格强调的逻辑的自明性不是指显然性（obviousness）或心理学上的确定性，而是指一种逻辑或数学上真理的论证性（justification）。关于这点，有学者指出："在弗雷格使用中，自明性并不意谓个体的显然性（obviousness）。"[1] 这也就是说，弗雷格所谓的逻辑的自明性与个体的心理状态中的确定性以及通常的显然性不同，两者之间存在着根本的区别。弗雷格强调的是逻辑和数学中的公理、定义以及推论规则的自明性，也即它们依据其自身就可以被人们独立地识别为真的，而无需借助其他的真理来保证。算术的基本法则或逻辑的公理都是自明的，它们的真是确定的、独立的、不可证明的。通过研究欧几里得几何学中的公理的性质，弗雷格形成了关于公理是自明性的基本观点。弗雷格认为几何学的公理是自明的，逻辑公理也是自明的。[2] 公理是真的、确定的、自明的以及不可证明的。弗雷格这样写道："一个逻辑法则的真是从自身就直接是自明的，从其表达的意义来说就是自明的。"[3] 在弗雷格看来，一个

---

[1]　Tyler Burge, "Frege on Knowing the Foundation", in *Mind*, Vol.107, No.426, 1998, pp.305-347.

[2]　参见 Gottlob Frege, *Die Grundlagen der Arithmetik—Eine logisch mathematische Untersuchung über den Begriff der Zahl*, hrsg.von Christian Thiel, Hamburg: Felix Meiner Verlag, 1988, §13, §90。

[3]　Gottlob Frege, *Collected Papers on Mathematics*, *Logic and Philosophy*, Edited by Brian McGuinness, trans. Max Black, Peter Geach, etc., Oxford: Basil Blackwell, 1984, p.405.

公理或基本的真理"可以独立于其他的真理而被识别为真理"①。对于弗雷格来说，逻辑中的自明性应该理解为独立于其他的真理而自为地就被识别为真的东西。实际上，弗雷格在其逻辑主义中不仅将"自明的"看成公理（逻辑的或算术的）的基本要求，而且还是定义（definition）以及推论规则（rules of inference）②的基本要求。弗雷格认为，基本的推理规则比如肯定前件式（modus ponens）或分离规则就是一种从一个判断或思想转化到另一个判断或思想的主要方法，这种推论规则本身应该是自明的，也就是说，它的真就是自身确定的，无需额外的证明或论证。的确如此，我们一般都会将肯定前件式（p，p→q，⊢q）看成逻辑系统中自明的一条推论规则。弗雷格的《概念文字》中也将肯定前件式或分离规则看成自明的推理规则，还有一条他没有明确提到的规则，是替换规则，这些推理规则都是自明的。也就是说，这些推理规则如同公理和定义，都是真的、确定的和无需证明的。罗素基本上也和弗雷格一样，坚持认为逻辑或数学中的公理、定义以及推论规则都是自明的。

维特根斯坦对逻辑主义的观点有继承和认同的地方，比如他同意逻辑主义关于逻辑命题和数学命题都是人类思维法则的观点，即逻辑命题与数学命题都是先天必然的语法规则，不受经验命题的后天经验的反驳，但是维特根斯坦对逻辑主义的数学基础观进行了批判。维特根斯坦认为逻辑主义的数学基础观中存在着不少概念混淆和不清，逻辑主义试图将数学奠基在逻辑之上的做法，等同于将数学基础问题看成一个科学问题，而不是哲学问题，同时也将数学和逻辑看成同一的东西，而这就意谓着没有清楚地区分数学和逻辑，没有看到数学和逻辑各自的独立性和自主性。维特根斯坦则主张数学基础问题不是一个科学奠基的问题，而是澄清相关混淆的概念的哲学问题。

数学与逻辑一样都是各自独立的学科，不存在谁依附于谁的问题。

---

① Gottlob Frege, "On Euclidean Geometry", in H.Hermes, F.Kambartel and F. Kaulbach eds., *Posthumous Writings*, trans. P.Long and R.White, Oxford: Basil Blackwell, 1979, p.168.

② 参见 Gottlob Frege, *Die Grundlagen der Arithmetik—Eine logisch mathematische Untersuchung über den Begriff der Zahl*, hrsg.von Christian Thiel, Hamburg: Felix Meiner Verlag, 1988, § 5, § 70, § 90.

"数学毕竟不同于逻辑，既然逻辑处理的是命题、谓词和同一性的一般性质，而数学处理的是特殊类型结构中的计算。"[1] 逻辑研究的方法可以对数学研究有所借鉴，但是这并不意谓着逻辑研究的方法就是数学的研究方法。需要注意的是，前期维特根斯坦的确承认数学的方法就是逻辑的方法［数学是一种逻辑方法（TLP 6.2）］，但是中后期维特根斯坦对前期的批判有所批判和修正，中后期维特根斯坦逐渐认识到，数学的研究方法与纯粹逻辑的研究方法之间存在差别，两者之间不能混淆，因为中后期维特根斯坦开始认识到，数学作为等式与逻辑作为重言式之间并不是一回事，因为数学的等式变换与逻辑重言式的推导不同，两者不能相互还原[2]，数学的等式有自己的演算法则，数学命题作为演算法则与重言式作为语法属于不同的演算系统。后期维特根斯坦更加侧重强调数学不同的语言游戏与证明的技术。数学是不同的证明技术的混合体，不是单一的逻辑演算就能说明清楚的。数学有着自己的演算方法。数学演算与逻辑演算是不同的演算系统。

维特根斯坦对逻辑主义的数学基础观的批判在于他认为逻辑主义的数学基础观所诉诸的公理的自明性、数学对逻辑的可还原性、逻辑演算的精确性以及逻辑演算对数学演算的可应用性等概念中存在着不少问题。维特根斯坦对逻辑主义的自明性标准进行了批判，认为这种自明性是含糊不清的一种说法，没有自在的自明性的东西［自明性不可能离开人们对于数学命题的概念和使用而获得确切的涵义］。数学命题并不需要进行逻辑的还原，因为数学命题自身具有自主性和可应用性。数学的精确性、必然性与确定性都可以通过数学自身的语法规则的阐明获得解释，而不需逻辑演算的帮助。下面，我们就试图从分析和澄清自明性、还原性、精确性以及可应用性等概念角度阐述维特根斯坦对逻辑主义数学基础观的批判的观点。

---

[1] ［澳大利亚］克里斯·莫滕森：《不相容的数学：一些哲学影响》，载《爱思唯尔科学哲学手册：数学哲学》，［加］安德鲁·欧文主编，康仕慧译，北京师范大学出版集团2015年版，第810页。

[2] 参见 Wolfgang Kienzler, "Wittgenstein and Frege", in Oskari Kuusela & Marie McGinn eds., *Oxford Handbook of Wittgenstein*, Oxford：Oxford University Press, 2012, p.100.

首先，我们来看看维特根斯坦如何批判逻辑主义关于逻辑的自明性的观点。其实，早在《逻辑哲学论》时期，维特根斯坦就批评过弗雷格和罗素所诉诸的自明性概念。维特根斯坦这样写道：

> 罗素谈得如此之多的自明性（das Einleuchten）在逻辑上是多余的，只是因为语言本身就防止了一切逻辑错误——逻辑是先天的，就在于非逻辑的思维是不可能的。（LPA 5.4731）
>
> 显然，"逻辑的基本法则（Grundgesetze）"的数目是任意的，因为我们可以从一个基本法则，例如单由弗雷格的基本法则构造的逻辑积，把逻辑推导出来［弗雷格也许会说，这样一来，这个基本法则就不再是自明（einleuchte）的了。但奇怪的是，像弗雷格这样精确的思想家竟然诉诸自明的程度（den Grad des Einleuchtens）而作为逻辑命题的标准］。（LPA 6.1271）

在维特根斯坦看来，自明性在逻辑上完全没有必要，因为逻辑本身就是先天必然的，不需要外在的自明性作为识别逻辑基本法则或命题的标准。在逻辑上讲，日常语言本身是有着完美的逻辑次序的。维特根斯坦说："实际上，我们日常语言的所有命题，如同它们所显现的那样，都处于完美的逻辑秩序之中。"（TLP 5.5563）逻辑分析就是通过澄清记号和符号的使用规则使语句的隐藏的内在的逻辑形式得以显现出来。语言和逻辑是内在的同一的关系，不能想象不合逻辑的语言或语句能有什么意义。有意义的语言本身的句法规则提前就排除了逻辑错误的发生。而自明性这一概念在维特根斯坦看来，只是一个外在的强加的认识论的标准，是完全没有必要即多余的，因为只要我们能够正确地使用语言中的记号，以及区分记号所代表的东西，语言中的逻辑自身的正确性就会自动地显现出来，也即在人们使用的符号中显现出来。

这里需要指出的是，维特根斯坦关于语言和逻辑分析的观点与罗素和弗雷格的逻辑分析观点之间存在不同。根据弗雷格和罗素关于语言和逻辑的看法，日常语言本身由于不是理想的逻辑语言，其中存在着很多逻辑混淆与歧义，为了科学研究，需要构造一种理想的逻辑语言来防止日常语言中混淆和歧义的发生。理想的逻辑语言比日常语言要更加精确，更加适合科学和逻辑的目的。弗雷格在《概念文字》中提出模仿算术公式语言就是为了这种科学精确研究而发明的理想的逻辑语言，理想的逻辑语言与日常语言的关系就如同望远镜和眼睛。[①] 因而对于弗雷格和罗素来说，日常语言在诸多方面都是有缺陷的，至少为了科学，需要用理想的逻辑语言取代有缺陷的日常语言。[②] 理想的逻辑语言系统中存在着极少数的公理（自明的），弗雷格的《概念文字》就为我们提供了这样一个包含 9 条公理的系统。弗雷格就是试图运用这种新发明的概念文字系统来对数学基本法则进行证明或归约的。"弗雷格逻辑主义的目的就是为算术发展一种完备的充分公理化（axiomatization）的系统，整个算术科学的内容就揭示其自身的基础在于纯粹的逻辑之中。"[③]

但是，维特根斯坦却对这种纯粹的算术公理化的证明工作没有多大兴趣，他认为日常语言自身是存在着完美的逻辑次序的，我们没有必要发明一种纯粹的模仿算术公式的逻辑语言（像弗雷格那样）去给算术进行奠基，日常语言中的混淆和歧义可以通过正确使用相应的记号和语词而消除，也就是说，日常语言无需用理想的逻辑语言来取代，而只要正确地恰当地分析相应的逻辑结构和逻辑形式，语言自身的正确使用就会自动排除逻辑错误和无意义的表述。逻辑的自明性（公理、定义以及推论规则的自明性的要求）在逻辑主义者那里是多余的和不必要的。因为自明性不可能是外在的人为强加的认识论标准，语言和逻辑自身具有一定的结构和形式，只要正确地理解和使用相应的语词和符号，我们就能排除逻辑命题和数学命题的混淆与不清。

---

① 参见 Gottlob Frege, "Begriffsschrift", in Jean van Heijenoort ed., *From Frege to Gödel*, *A Source Book in Mathematical Logic*, *1879-1931*, Cambridge, Massachusetts.: Harvard University Press, 1967, p.6。

② 参见 Michael Beaney, "Wittgenstein on Language:From Simple to Samples", in Ernest Lepore and Barry C.Smith eds., *The Oxford Handbook of Philosophy of Language*, Oxford: Oxford University Press, 2008, p.2。

③ Danielle Macbeth, *Frege's Logic*, Cambridge, Massachusetts.: Harvard University Press, 2005, p.10.

因而，对于维特根斯坦来说，数学和逻辑中的自明性离不开人们正确地使用，即使用相应的公理、定义以及推论规则。维特根斯坦在《关于数学基础的评论》中这样说：

> 我要说，当平行公理文字被给出时（我们都懂得这种语言），这命题的那种用法及其意义还是很不确定的。在我们说它是自明的时，我们已经无意识地选择了这一命题的一种确定的用法。如果我们不是把这命题正用于此，那它就不是数学公理。……不是因为命题对于我们自明为真，而是因为我们使得它被当做自明的，使它成为数学命题。（BGM Ⅳ §3）

在维特根斯坦看来，我们不能有意义地说数学公理自身对我们而言是自明的，而是说我们在具体的数学实践中使用它们时，它们才是自明的。关于数学和逻辑中的自明性的谈论离不开语言的具体使用语境。

其次，我们来看看维特根斯坦如何批判逻辑主义关于逻辑对数学的可还原的观点。维特根斯坦认为，数学真理不可能也没有必要完全地还原为逻辑真理，数学演算亦不可能也没有必要还原为逻辑演算。数学演算有很多种，比如加法演算、乘法演算、除法演算以及开方演算等，数学的各种演算构成了一个很大的家族，它们之间有相似的亲缘关系，但是也有所不同。我们不可能能将所有的数学演算概括为可以通过逻辑还原的演算。数学和逻辑虽然在语法规则以及思维规则方面存着很大的相似性，但是两者之间也存在着不可忽视的差异，我们如果看不到两者之间的差异，而像逻辑主义者那样试图将两者等同起来，那么就会产生很多哲学概念的混淆。维特根斯坦写道："数学中有许多不同的计算，视觉计算、物理计算、定义、语法规则、假设与命题。"① 根据后期维特根斯坦的观点，数学中的不同的计算实际上表明数学有着不同的语言游戏。我们不能只用单一的逻辑演算的游戏来理解数学中多样化的语言游戏。后期维特根斯坦认为，语言

---

① ［奥］维特根斯坦：《维特根斯坦剑桥演讲集 1930—1932》，德斯蒙德·李（D.Lee）编，周晓亮译，载涂纪亮主编《维特根斯坦全集》第 5 卷，河北教育出版社 2003 年版，第 101 页。

游戏是我们正确地理解逻辑和数学的线索。我们通过在不同的语言游戏中使用相关概念，可以有效地澄清关于"语言""命题""句子"等语词和概念的涵义。

中后期维特根斯坦明确表示他所理解的逻辑与罗素和弗雷格所理解的逻辑观点不同。因为后期维特根斯坦所理解的"命题"可以指很多不同的东西，而不是像前期那样坚持从"真值函项"的角度来理解命题。罗素的命题函项也只是诸多"命题"理解中的一种而已。逻辑主义的逻辑演算比如罗素和怀特海的《数学原理》中的逻辑演算只是一种特殊的演算而已，但是这种所谓的逻辑演算并不能为数学特别是算术奠定基础，或者说算术也不能还原为这种逻辑真理和定义。维特根斯坦这样写道：

> 当弗雷格试图从逻辑中推出数学时，他就以为逻辑演算就是这种演算，所以，由此就产生了正确的数学，与此相关的另一个观念是认为，一切数学都派生于基数算术。数学和逻辑是一座大厦，而逻辑是大厦的基础。我否认这点，罗素的演算体系也只是所有演算体系中的一种而已。它只有一点数学。①

这也就是说，逻辑主义所强调的演算并不能等同于数学体系中的多种的演算。数学演算有其自身的独立性。数学演算不需要逻辑演算为其奠基。

在维特根斯坦看来，数学演算构成了不同的语法系统，具有不同的语法规则。这些规则决定了哪些语句是有意义的，哪些是无意义的。在维特根斯坦看来，几何学不谈论立方体，而只谈论"立方体"这个词的语法，算术谈论的正是数字的语法。"立方体"这个词是由几何学的语法决定的，其意义并不是指关于某个具体事物的命题。我们如果改变了几何学，也就改变了这些词的意义。算术命题并没有谈论数，而是决定了哪些关于数字的命题是有意义的，哪些是无意义的。同理，几何学命题也不谈论立方

---

① ［奥］维特根斯坦：《维特根斯坦剑桥演讲集1930—1932》，德斯蒙德·李（D.Lee）编，周晓亮译，载涂纪亮主编《维特根斯坦全集》第5卷，河北教育出版社2003年版，第142页。

体，而只是决定了哪些关于立方体的命题是有意义的或无意义的。数学本质上是句法的规则，而不是物理式的经验科学。

我们不能混淆数学作为语法规则与力学作为经验科学之间的区别。维特根斯坦写道：

> 我们无法还原数学，我们只能做出新的数学。证明的大小是可以还原的，但是数学本身是不可以还原的。对国际象棋也可以这样说。假定国际象棋是以我们移动棋子的方式而定义的，并且假定我们发现了一种新的产生棋子移动的方式。这并不是去还原旧的游戏，而是产生新的游戏。（AML p.71）

在维特根斯坦看来，如同我们发明一种新的移动棋子的方式并不意谓着我们还原了旧的棋类游戏，我们发明一种新的逻辑的演算并不意谓着数学可以还原为逻辑。数学本身是不可能被还原的，没有什么逻辑演算可以还原所有数学的演算，弗雷格和罗素所发明的新的逻辑演算可以被视为一种新的数学演算，但是不能说整个数学特别是算术就完全可以还原为逻辑演算。

维特根斯坦这里对于罗素和弗雷格的逻辑主义的逻辑对数学的可还原观点的批判是外在的哲学的批判。维特根斯坦主张从哲学角度批判逻辑主义数学基础观中的可还原性的观点。维特根斯坦说："我的任务不是从内部，而是从外部去抨击罗素的逻辑。这就是说，不是从数学的角度对它进行抨击——否则，我就要研究数学了，而是抨击它的地位，它的职务。"（RFM Ⅶ §19）维特根斯坦对逻辑主义数学基础观批判的核心就在于批判逻辑演算在数学研究中的哲学地位和作用。从哲学角度来说，逻辑演算可以算作数学演算中的一种，如果从广义上理解数学和逻辑之间的关系的话。但是这种逻辑演算本身的发明并不意谓着是对于原来数学演算比如算术演算系统的还原。因为维特根斯坦一直强调的是，数学本身是不可以被还原的，逻辑主义者发明新的逻辑演算方法只是在一定意义上扩展了数学的语言游戏，但是不能说原来的数学演算和语言游戏可以被还原为新的逻辑演算与符号系统。

维特根斯坦还举了谢弗的竖记法（stroke notation）为例来说明这点。维特根斯坦认为，谢弗的竖记法的引入的确是数学上的成就，因为谢弗成功地证明用析舍或合舍就可以将所有命题逻辑中的所有联结词构造出来，也就是说只要一个逻辑联结词就可以描述或改写其他通常的"否定""析取""合取""蕴涵"等。那么，我们能否说在谢弗的记法系统中，"否定"可以被还原为析取的问题呢？维特根斯坦认为这样说是完全错误的。他说："否定是否可以'还原'为析取的问题完全提得错误，试图去回答它完全是误入歧途。"（AWL p.122）维特根斯坦认为提出这种还原问题的人没有真正地理解符号记法系统的实质。人们以为这种表达式和表达内容之间的还原关系就如同因果关系，但是实际上这里的符号系统中不存在什么因果关系和还原关系。

维特根斯坦说："表达式和表达的内容之间不是因果关系。"（AWL p.122）"否定可以被还原或表达为析取么？"这一问题在维特根斯坦那里是令人误导的，因为我们不能说析取包含了什么，析取不包含什么，而只能看到在不同的语境和语言游戏中析取和否定起到不同的作用。比如我们说"去任何地方，但不是这里"这句话中包含的"否定"与"去那里或去那里或去……"中的"析取"是不同的。我们一定要联系具体的语境来具体分析逻辑联结词所起的作用，而不能笼统地说"否定可以被析取取代"。所以，在维特根斯坦看来，我们不能说谢弗的竖记法系统中"否定"可以被"析取"取代或还原，而是说谢弗的确发明了一种新的符号记法系统，这种系统对于旧的系统是一种扩展。谢弗发明的是一种新的语言游戏。这种语言游戏不能说可以被还原为旧的语言游戏，因为虽然谢弗的竖记法可以改写原来通常的逻辑符号表达式，但是它的确与旧的记法系统之间存在着不同。维特根斯坦以谢弗的记法系统为例的目的就是说明，发明一种新的逻辑记法系统并不能就是对于旧的算术演算系统的还原，而是说他发明了一种新的逻辑符号记法与一种新的语言游戏。

再次，维特根斯坦批判了逻辑主义数学基础观中的逻辑演算对数学演算的精确性的观点。在逻辑主义数学基础观看来，逻辑定义、演算和推导过程都必须是精确无误的，只有通过严格的逻辑定义和系统的逻辑推导和证明，逻辑才能为数学提供极高的精确性和稳固的确定性。弗雷格曾经在《概念文字》的开端这样阐明自己的研究目标："查明仅仅依靠推理以及超越所有特定的个别对象的思想法则的帮助人们在算术中到底能走多远。我的最初的一步就是试图将一个序列中排序的观念还原为逻辑的后承概念，以便由此进入数的概念，为了防止任何直观性的东西偷偷地溜进来，我集中全力去保持这些推理链条免于漏洞。"[①] 使得每一步证明和推导中不出现漏洞，不让直观和心理的东西偷偷地溜进来，从而保证逻辑推理链条的严格精确性与确定性，这是逻辑主义的一个基本目标。正如有学者指出的："罗素和弗雷格的目标都是一样的：严格的清楚的没有漏洞的证明。"[②] 弗雷格和罗素的逻辑主义的目标固然令人振奋，但是他们所主张的逻辑演算中不可避免地使用了大量的逻辑符号，比如初始记号、逻辑联结词以及相应的推理规则等。我们只要看看弗雷格的《概念文字》和《算术的基本法则》（二卷），以及罗素和怀特海合著的《数学原理》（三大卷）就清楚了。这几本经典的逻辑主义的作品中，逻辑和数学的符号占了相当大的篇幅。我们不可否认的是，这些经典数理逻辑作品在逻辑史上的革新性的地位，对于现代数理逻辑的兴起以及发展起到了非常重要的示范和推动作用；但是也不可否认的是，由于这些作品中安排了大量的逻辑符号以及相应的数学公理和基本法则的逻辑证明过程，没有经过专门的训练的一般人对它们是望而却步的。弗雷格的《概念文字》自 1879 年问世之后几十年默默无闻，没有获得学界的认可和理解[③]，很大原因就在于他所创造的二维平面上书写的符号记法非常独特，难以方便地阅读和理解。

---

① Gottlob Frege, "Begriffsschrift", in Jean van Heijenoort ed., *From Frege to Gödel*, *A Source Book in Mathematical Logic*, *1879-1931*, Cambridge, Massachusetts.: Harvard University Press, 1967, p.1.

② Danielle Macbeth, *Frege's Logic*, Cambridge, Massachusetts.: Harvard University Press, 2005, p.10.

③ 尽管弗雷格的一生是非常具有创造力的一生，但是很遗憾的是，他在其有生之年并没有看到学界对其研究成果的普遍认可和理解。弗雷格对于同时代的胡塞尔、皮亚诺以及希尔伯特等人都产生了积极的影响，特别是对于后来的罗素、维特根斯坦和卡尔纳普以及哥德尔等。学界一般认为，弗雷格在数理逻辑和分析哲学史上的重要地位的重新发现一般归功于罗素、维特根斯坦以及卡尔纳普。

当然弗雷格本人主张其符号记法与同时代的布尔、皮亚诺等人的记法相比更有优势，也更加成功。①

逻辑主义者试图严格地运用数理逻辑技术，即使用大量相关的逻辑和数学符号定义和逻辑证明，来保证逻辑演算和推论的精确性。但是，针对逻辑主义者试图通过大量使用符号进行数学演算，保证数学演算的逻辑精确性的想法，中后期维特根斯坦却持怀疑态度，他认为过度追求逻辑和数学符号技术的使用，反而会起到一定的遮蔽作用，往往并没有达成澄清相关数学概念涵义的目的，哲学的困惑依然还在，因为逻辑主义者们并没有很好地澄清相关数理逻辑符号的哲学涵义。我们在《逻辑哲学论》中看到维特根斯坦对弗雷格和罗素的逻辑符号记法的批评起码有十几处之多。前期维特根斯坦从语言和逻辑的内在结构角度批判地分析了弗雷格和罗素的记法系统的问题主要在于没有真正地区分可以言说的东西与不能言说而只能显示的东西，弗雷格和罗素的逻辑记法在一定意义上，的确起到了帮助我们分析逻辑句法和逻辑形式的作用，但是还没有真正地做到哲学澄清的目的。前期维特根斯坦虽然受到了弗雷格和罗素的逻辑记法的影响，但是由于自己独特的意义图像论的哲学观点，他自觉地与逻辑主义保持了适当的距离。

后期维特根斯坦对于逻辑主义的批判态度更加直接和激烈。根据后期维特根斯坦的观点，数理逻辑技术并不能真正地取代数学技术。数理逻辑符号的过度使用往往会造成很多哲学的混淆和误解。后期维特根斯坦并非完全排斥数理逻辑技术，但是他明确地反对过度使用逻辑符号，因为逻辑符号的过度使用会起到负面的作用，阻碍我们看清楚数学技术自身的作用。维特根斯坦这样写道：

> 逻辑是对数学的"灾难性的入侵"。逻辑技术的害处会使得我们忘记特别的数学技术。因此，逻辑技术只是数学中的辅助技术。例如，它在不

---

① 参见 Gottlob Frege, "Boole's Logical Formula-Language and my Concept-script", in H.Hermes, F.Kambartel and F. Kaulbach, eds., *Posthumous Writings*, Translated by P.Long and R.White, Oxford: Basil Blackwell, 1979, p.47-52。

同的技术之间建立了某些联系。逻辑记号吞没了结构。（RFM V §24）

逻辑技术只是众多数学技术中的一种辅助和补充，它不能反客为主地取代原来已经广泛应用的数学演算技术，这是不可能的，也是不现实的。维特根斯坦还说："对数理逻辑入侵数学的咒骂是这样的：现在，每一个命题都可以在数理符号系统中表示，这使得我们觉得必须懂得它。虽然这种书写方式只是对含糊不清的普通散文的翻译。"（RFM V §46）"由于把我们的日常语言的形式肤浅地解释为对事实结构做出分析，'数理逻辑'完全曲解了数学家和哲学家们的思想。当然，在这方面，它只是继续在亚里士多德逻辑之上的建构。"（RFM V §48）

维特根斯坦越到后期对于逻辑主义主张的广泛使用数理逻辑技术的观点的批判也越激烈。概括地说，后期维特根斯坦坚持从日常语言角度出发批评数理逻辑技术对于数学哲学思想澄清的负面作用，因为数理逻辑技术的使用往往歪曲了日常语言语法形式，误解了哲学家们真正想要表达的思想，数理逻辑技术视角下的逻辑分析往往显得非常不自然。逻辑主义者们所信奉的逻辑符号代表的精确性，其实经常曲解或掩盖了日常语言表达的真正用法。维特根斯坦这样写道：

> 逻辑也不是元数学，就是说，在逻辑计算之内的工作也不可能阐明数学的基本真理（通过罗素与怀特海，特别是怀特海，一种虚假的精确性进入了哲学，它是现实的精确性的最坏的敌人。在这里，这种错误的想法的根源在于：一种计算可能是数学的基础）。（PR III §12）

由此可见，维特根斯坦根本不承认罗素和怀特海的《数学原理》中所宣称的严格的精确性。虽然逻辑符号的使用，在一定程度上可以帮助我们理解和分析相关的语句的逻辑形式，但是却不一定必然带来更好的精确性与清晰性。从哲学角度来说，精确性往往是难以实现的，但是可以通过哲学概念的辨析，促成我们获得对于思想表达式的清晰和理解。

维特根斯坦曾经举例来说明罗素的逻辑分析技术与自然的日常语言表

达式之间的冲突。我们如果比较两者，就很容易理解为什么日常语言表达式的分析往往比逻辑技术的分析更加自然，也更加合理。比如"我遇到一个人"这样一个句子，如果根据罗素的逻辑分析的观点，这样的句子其实应该被分析或还原为"我遇到了一个 X，X 是一个人"这样一个函项有时为真。如果按照罗素的逻辑记法来改写刚才这句话，可以大致改写为：∃x(Øx & ψx)。[①] 维特根斯坦认为，这一表达式是为了唤醒人们注意"我遇到一个人"与"我遇到了一个其他的不是人的动物"之间的不同。我们可以想想我们到底是如何在语言中使用"我遇到一个人"这句话的。谓词到底在语言中如何起作用的？维特根斯坦认为，罗素的这句话中把"人"作为谓词，常常引起很多不必要的哲学误解。逻辑学家使用的例子人们是不会在日常生活中去使用的。维特根斯坦反问道：谁会去说"苏格拉底是一个人"这样的话？我们一般会说"苏格拉底是一位哲学家"，但是不说"苏格拉底是一个人"，那么，这样的一句话出现在什么样的语境和语言游戏中才有意义呢？

　　维特根斯坦对此的批评是，"苏格拉底是一个人"这样的句子不会出现在日常的生活中。逻辑学家往往并没有赋予这些例子以生命。维特根斯坦强调我们要发明使用这些例子的背景，只有在一定的背景或语境下，这些例子才有生命，才有意义。"我遇到一个人"这句话暗含的意思是，我遇到的不是一个其他的别的什么东西，而是一个大活人。"我遇到一个人"强调的不是狗、鸡、猫等其他动物。维特根斯坦认为，我们一般不将"人"或"男人"作为谓词来使用。比如，我们一般不说"柏拉图是男人"，同为只有在区分某一个穿着女装的人究竟是男人还是女人，也即搞不清楚一个人的性别时，我们谈论"男人"作为谓词使用才有意义。这就需要补充相应的语言背景知识。

　　后期维特根斯坦并不认同逻辑主义者关于逻辑精确性的主张，而是强调我们需要根据不同的语境和语言游戏来确定如何理解精确，如何理解模糊。模糊和精确之间并不存在一劳永逸的界限。因为我们的语言游戏是多

种多样的，它们之间既具有相似性，也存在着差异，我们难以在一个特定的语言游戏中找到特定的精确性和本质性的东西。语言游戏并没有绝对的精确的本质，而只有一定程度的相似性和差异性。维特根斯坦在《哲学研究》65 节里开始讨论语言游戏之间的亲缘关系。亲缘关系的讨论的目的是引入 67 节 "家族相似"（family resemblances）的概念。反对者认为维特根斯坦描述了各种语言游戏，但是并没有给出一个关于语言的本质的定义。维特根斯坦承认他不能给出，理由在于我们根本不是由于这些不同语言现象有一个共同点，就用一个词来定义所有这些现象，而是由于这些语词通过各种不同的使用方式而具有亲缘关系（PI §65）。维特根斯坦通过举出各种球类游戏、棋类游戏、牌类游戏等为例说明，这些不同的游戏之间并没有完全绝对共同的本质，而只具有或远或近的亲缘关系。我们很容易发现有些游戏之间出现了一些共同点，但是随后与其他游戏比较，共同点又消失了，出现了新的差异。游戏与游戏之间相似和差异交叉进行，形成错综复杂的网络。

后期维特根斯坦认为他用 "家族相似" 这个概念来描述语言游戏之间的这种相似性最好不过了（PI §67）。因为就像一个家族里各个成员们在身材、面向、步态以及脾性等方面既存在相似又存在差异一样，语言游戏之间也具有这种相似性和差异性。既没有完全绝对的共同之处，也没有完全绝对的不同。我们并不能在各种语言游戏之间划出严格精确的界限（PI §68）。我们只能描述各种不同的语言游戏，而不能直接下定义。由此可见，维特根斯坦强烈地反对通过下定义试图把握事物本质的思想，那种本质主义的观点是充满混淆的。

维特根斯坦认为本质主义思想是和追求完全精确的图画观联系在一起的。他在下面几节继续强调说，没有完全严格的精确的图画。在什么地方，在什么意义上说一个东西是精确的还是模糊的，是需要根据言说的语境确定的。我们不能在 "精确的" 与 "模糊的" 之间一劳永逸地划出明确的界限（PI §§70-71）。维特根斯坦在下面的 72—74 节里指出，我们一定要既看到各个语言游戏之间的共同之处，又看到它们之间存在的差异。维特根斯坦在 79 节里举出 "摩西" 这个词的描述为例，说明 "摩西" 一

词在不同的语境下会有不同的理解，不能说只有一种完全精确的定义。到
底在哪种情况下，采取何种理解，这要根据具体语境而定。所以，维特根
斯坦反对那种所谓科学定义的方法，而强调对于不同的语言游戏现象进行
描述。

　　维特根斯坦在《哲学研究》81节里开始批判那种主张运用逻辑进行理
想语言分析的方法（他自己前期也坚持过）。那些坚持运用逻辑进行理想
语言分析的人实际上就是将逻辑看成一种"规范性的科学"，逻辑可以像
自然科学处理自然现象那样处理我们的日常语言，即通过逻辑分析或演算
所带来的逻辑语言的精确来取代日常语言中的歧义与模糊，因为逻辑语言
比日常语言更好，更加完善和确定。但是维特根斯坦指出，这种想法是充
满了误导的偏见。他的理由在于那种观点并没有澄清什么是思想、理解、
规则、意谓等概念，他们并不清楚这些概念在日常语言中的具体运用，也
不理解一句话或意谓一个概念与遵守一定的演算规则之间的关系。维特根
斯坦在82节里开始分析"他按照行为的规则"这句话的具体应用。维特根
斯坦提到了语言和游戏之间的类比，他分析指出，"规则"这个词在具
体的游戏中的应用和理解是不同的，我们有时可以说是在按照一定的规则
行事，但在另一些情况下，我们也可以说边玩游戏边修改规则（PI §83）。
维特根斯坦说，"一个词的应用并不是处处都是由规则限定的。"（PI §84）
维特根斯坦认为规则仅是一个路标（PI §85），起到引导而不是强迫我们
前行的作用。接着分析了规则和规则之间的关系以及对规则的解释问题。
我们解释规则目的是防止误解规则。

　　维特根斯坦在《哲学研究》88节里批判了那种逻辑分析所追求的精
确性。他认为这只是一种理想，因为在我们的日常生活中，并不能严格
地在"精确"和"不精确"之间划出明确界限。维特根斯坦在89节里继
续批判那种将逻辑看成一切科学的基础，具有特殊的深度的形而上学思
想。他认为，这其实是出自要理解一切经验事物的基础或本质的欲望，这
种逻辑本质主义其实误解了真正的哲学研究，哲学研究不是像自然科学那
样不断去发现新的东西，而是"对已经敞开在我们眼前的东西加以理解"
（PI §89）。维特根斯坦认为，我们总以为语言必须经过逻辑分析才能揭

示隐藏的东西，也以为只要揭示出某种东西，就可以表达得更加清楚（PI §91），"'本质对我们隐藏着' ……我们问：'什么是语言？' '什么是句子？'对于这些问题要给予一劳永逸的、独立于任何未来经验的答案"（PI §92）。"思想一定是某种与众不同的东西。"（PI §95）所有这些其实就是对于语言本质和逻辑分析以及思想本身的多重误解。这种无限拔高句子的倾向，实际上阻碍了我们去看清句子符号在日常生活中的具体应用（PI §94）。维特根斯坦认为，以为思想与语言是世界的独特对应物，是世界的图画的观点都是关于语言和思想的幻觉（PI §96），这些幻觉经常诱惑和误导我们，我们需要做的就是破除这些幻觉。

> 思想被一个光轮环绕——思想的本质，即逻辑表现着一种秩序，世界的先验秩序。……这种秩序是——可以说——超级概念之间的超级秩序。其实，只要"语言""经验""世界"这些词有用处，它们的用处一定像"桌子""灯""门"一样卑微。（PI §97）

因而，维特根斯坦认为，我们根本没有必要构造一种理想的逻辑形式语言来取代日常语言（PI §98），对完满秩序和逻辑清晰性的追求不断地引诱着我们，我们难以摆脱这幅关于语言逻辑纯粹性和清晰性的图画。"我们简直从未想过要把这副眼镜摘掉。"（PI §103）那种以为可以通过逻辑分析就能描述至精至微的东西，从而弥补我们日常语言由于歧义、概念模糊等产生不足的想法，实际上就如同"仿佛要用我们的手指来修补一片撕破的蜘蛛网"（PI §106）。

后期维特根斯坦坚定地抛弃了前期所坚持的逻辑分析的方法，主张日常语言分析方法，将语言从形而上学的使用中解放出来。维特根斯坦在107节里开始阐述他的新哲学观。维特根斯坦认为，我们要考察的是生活中语言的具体应用，而不是努力追求与满足逻辑水晶般纯粹的要求，这种要求必定会面临落空的危险。"我们踏上了光滑的冰面，没有摩擦，因而在某种意义上是理想的，但我们也正因此而无法前行。我们要前行，所以我们需要摩擦。回到粗糙的地面上来吧。"（PI §107）维特根斯坦认为，那种理想的逻辑分析方法实际上是行不通的，我们需要从逻辑纯粹性和清晰性的幻觉中解放出来，关注语言日常使用。"只有把我们的整个考察扭转过来才能消除这晶体般的先入之见。"（PI §108）《哲学研究》109 节是我们理解后期维特根斯坦新哲学观的关键评论。他认为，哲学研究并不是科学的研究，我们在哲学中不提出任何具体的建构性的理论和假设，而只是描述语言的具体用法，从而解决哲学问题。"这些问题当然不是经验问题，解决它们的办法在于洞察我们的语言是怎样工作的，而这种认识又是针对某种误解的冲动进行的。这些问题的解决不是靠增添新经验而是靠集合整理我们早已知道的东西。哲学是一场针对由于我们的语言方式迷惑我们的理智而做的斗争。"（PI §109）我们经常被诱惑着曲解语言的形式，语言的假象使得我们不安。语言的图画囚禁了我们，使得我们难以逃脱（PI §115）。面对这幅难以逃脱的图画，维特根斯坦主张"我们要把语言从形而上学的用法重新带回到日常用法"（PI §116）。因为日常语言才是语词真正的家。维特根斯坦的这种新哲学观不建构任何具体理论，而在于方法论的创新，即哲学研究应该是日常语言的概念分析和语法研究。"我们摧毁的只是搭建在语言地基上的纸房子，从而让语言的地基干净敞亮。"（PI §118）

最后，我们看看维特根斯坦如何批判逻辑主义中的逻辑对数学的奠基式的应用观。按照维特根斯坦的观点，逻辑主义者以为逻辑演算的发明是为了给算术乃至数学奠基，但是却没有真正地关心数学演算自身的应用。换句话说，逻辑主义以为逻辑演算应用的目的为数学演算奠基，这等同于是说，逻辑演算必须在奠基意义上才能算作应用。但是这种观点明显没有阐述数学演算自身的应用问题，即没有正确地阐明数学的语法本身。逻辑给算术奠定基础不是最终目的，最终的目的是应用演算解决实际问题。逻辑演算必须关注自身的应用问题。维特根斯坦曾在《关于数学基础的评论》第 3 篇中这样写道："'它有什么用处？'这是一个完全本质性的问题。因为发明出的计算（演算）并不是为了实践，而是为了'替算术奠定基础'。但是谁说算术是逻辑，或者人们必须在使它成为算术基础的意义上用逻辑来做事情？"（RFM Ⅲ §85）从这段反问式文字中正话反说，我们可以看出，维特根斯坦明显批判那种逻辑对数学奠基式的应用观。逻辑演算发明的目的应该是实践，而不是为数学奠定所谓的逻辑的基础。因为数学不需要逻辑为其奠基，数学演算有其自身的应用。数学演算应用的目的在于自身，而不在于为什么东西奠定基础。

维特根斯坦认为，罗素的逻辑主义没有阐述清楚数学命题的应用问题。维特根斯坦这样写道："罗素的逻辑对于命题的种类和使用什么也没有说——我这里说的并不是逻辑命题，然而逻辑只是从据说它对于命题的应用中获得其全部意义的。"（RFM Ⅳ §14）罗素的逻辑演算宣称是对于算术进行奠基，但是却对数学命题的具体应用关注不多。这是后期维特根斯坦对于罗素的逻辑主义不满的地方之一。维特根斯坦认为，无论发明什么样的逻辑演算来扩展数学演算，都要关心数学演算自身的应用。数学演算自身的应用问题是非常重要的，而逻辑主义却往往只看到纯粹的逻辑定义、证明与推演过程与步骤，而对具体的算术法则的应用问题视而不见，认为其是不重要的。数学命题只有在相应的数学语言游戏中才有具体的应用，我们不能脱离具体的数学语言游戏和语境，抽象地谈论数学命题的应用问题。如果我们刻意谈论数学基础，数学也只能是通过应用为自身建立基础的，而根本不需要额外的逻辑演算来帮助。即使要谈论数学的基础，那也是为了最终的应用而做的准备。我们根本不能脱离数学的应用而谈论奠基问题，这样是没有意义的。维特根斯坦说："当人们谈到某些有关算术的应用问题时，他们总是出于敬畏地要为算术建立一种根据。算术似乎完全肯定地要在自身中建立这种基础。而且这当然来自这样的事实，算术就是它自己的应用。"（RFM Ⅳ §15）

后期维特根斯坦经常抱怨弗雷格和罗素的逻辑演算没有充分地关注数学自身的应用性。这实际上是维特根斯坦长期以来关于逻辑和数学自身性质所坚持的观点。维特根斯坦认为，逻辑和数学有着自身的应用性，他经常说的一句话是"逻辑必须要照料自身"。其实，也可以说"数学必须要照料自身"。这里强调的逻辑和数学要照料自身，其实就是指我们不要人为地干预逻辑和数学的应用问题，它们自身就是其应用。因为逻辑和数学作为思维的法则，其形成就是为了自身的应用。这里自身的应用就是指逻辑演算或算术演算的发明都是为了更好地将它们应用于逻辑和数学实践自身。脱离逻辑和数学实践应用目的的各种演算是空洞的，不切实际的。维特根斯坦把它们比作"空转的轮子"。针对弗雷格和罗素的逻辑主义的观点，维特根斯坦说：

> 弗雷格理论中的一个困难是，"概念"和"对象"这些词的普遍性，因为虽然你可以计算桌子、声音、振动和思想，但是你很难把它们全部集合在一起。……但是（就像我们完全知道的那样），算术根本就不关心这种应用。它的应用性只关心自己。因为，就算术的基础而言，所有对于主谓项之间的区别的焦虑的寻求，以及"在外延上"构造函数，都只是徒劳。这里的问题在于我们的应用概念——空转的机器。算术是它自己的应用。计算是它自己的应用。（RFM Ⅳ §15）。

这里，维特根斯坦指出了弗雷格逻辑分析中的困难："概念"与"对象"的划分。我们前面谈过，弗雷格正是通过"概念"和"对象"的区分，来给数下逻辑定义的。不仅如此，这一对概念的划分也是弗雷格整个语言哲学或数学哲学的基础。维特根斯坦认为，弗雷格的这一划分主要是从外延函数角度的划分，外延函数的普遍性可以为集合论提供说明，但是却很难说明数学自身的应用。数学的应用在于自身的语法分析和阐明，而不在于构造外延函数进行逻辑演算以及推理和证明。所以维特根斯坦强调的是，数学或算术是它自己的应用。

维特根斯坦认为，罗素、拉姆塞以及前期维特根斯坦都曾经犯过这方面的错误，即试图用逻辑方法分析数学特别是算术，而这是误导的，与错误的逻辑分析观念相关。罗素、拉姆塞以及前期维特根斯坦都试图将逻辑分析理解为类似于化学分析的东西，通过不断的分解直到不能再分析的东西为止，以为找到那个最终不能分析的隐藏的东西，就实现了逻辑分析的目的。而后期维特根斯坦则对这种化学式事实结构的逻辑分析观念进行了激烈的批判，认为它误解了真正的语言分析本身。因为真正的语言分析是语法分析，分析各种语词在我们日常生活中的具体使用，以便澄清相关的误解和混淆。对于维特根斯坦来说，语法是一种纯粹的计算。这种纯粹的计算就是语法本身。我们不能指望事先提供一种先验的结构以便进行逻辑分析，从而为未来的语词使用奠定基础，这是不可能的，也是荒谬的。因为不存在先验的结构可以处理一切可能的结果。这种先验的逻辑分析观点或事实结构的分解分析观是不得要领的。因为它们没有关注语言应用自身。我们不可能先验地逻辑上分析一切可能性而不顾具体的语词的应用。维特根斯坦说："逻辑学中的分析意谓着给出语法规则。"[1] 比如，我们一般将"一切"和"某些"等概念逻辑地分析为：

a)（x）φx=φa&φb&φc&φd……

b)（∃）φx=φa∨φb∨φc∨φd……

按照维特很斯坦的看法，以上的 a）和 b) 都是从我们的日常语言中翻译或改写过来的，它们并没有消除我们对"一切"与"某些"语词用法上的含混。我们只有在特定的语境和语言游戏中具体分析这些语词的用法，才有可能消除含混。抽象的逻辑分析是实现不了真正分析和阐明的目的的。逻辑分析的目的是澄清语法规则，而不是发现什么隐藏的或未知的东西。维特根斯坦写道："在化学分析中，你进行研究和发现，但在逻辑分析中不是如此。"[2] 科学研究比如物理研究或化学研究的目的是发现什么未知的东西，这是科学研究的方法，但是真正的逻辑研究方法并不是去发现什么东西，而是去研究语法规则。

维特根斯坦还批评了弗雷格的逻辑中没有关注语法规则。维特根斯坦说："弗雷格的观念是，某些词对于其他的词在不同的程度上是唯一的，例如'词''命题''世界'。而且我也曾以为某些词可以根据它们的哲学重要性而加以区分：如'语法''逻辑''数学'。我想应该取消这种表面的重要性。那么在我的研究中，某些词怎么会一而再地出现呢？这是因为我关心的是语言，是从语言的某种特殊用法中产生的麻烦。我们这里讨论的典型麻烦是由于我们无意识地使用语言，而没有考虑到有关语法

---

① ［奥］维特根斯坦：《维特根斯坦剑桥演讲集 1930—1932》，德斯蒙德·李（D.Lee）编，周晓亮译，载涂纪亮主编《维特根斯坦全集》第 5 卷，河北教育出版社 2003 年版，第 119 页。

② ［奥］维特根斯坦：《维特根斯坦剑桥演讲集 1930—1932》，德斯蒙德·李（D.Lee）编，周晓亮译，载涂纪亮主编《维特根斯坦全集》第 5 卷，河北教育出版社 2003 年版，第 96 页。

的规则。"①

第三节 对直觉主义数学基础观的批判

根据本书开头关于直觉主义数学观的介绍，我们知道直觉主义数学是由布劳威尔及外尔等提倡的一种数学流派，他们认为数学本质上是由人们的心灵的直觉能力建构出来的，数学的基础不是逻辑和一致性的证明，而在于人类心灵中的直觉能力。心灵中的原始直觉能力是数学产生的一切来源。这种原始的直觉能力可以脱离语言和实践而单独存在，整个数学的发展都是心灵直觉一步步作用的结果。数学中最基本的自然数 0、1、2 等都是原始直觉产生的结果。他们一般只承认构造性证明，既不承认反证法，也不承认排中律的普遍有效性，认为排中律只能限于有穷的可构造的领域，而不能无限制地应用于无限领域。数学中的直觉主义是一种很有影响力的数学基础流派，它们对逻辑主义和形式主义数学观提出了自己的批评，认为逻辑主义数学观过分侧重逻辑分析和证明，没有考察和认识到人类心灵直觉本身对于数学的这种主动建构能力，数学不但不是逻辑的附庸，反而具有独立自主性。在这一点上，直觉主义看到了数学与逻辑之间的不同，也即强调数学的独立自主性，这无疑是正确的。另外，直觉主义还批评形式主义数学只看到数学记号与游戏的层面，而没有看到直觉对数学建构的能动性。

布劳威尔的直觉主义数学基础观在一定程度上继承了康德的数学哲学中对直觉作用强调的观点，认为数学的基础和本源不在于逻辑定义和证明，而在于人类心灵中无语言的数学直觉能力。人类心灵中的直觉能力是数学创造的源泉。布劳威尔认为，数学作为一种精神或心灵的建构活动，本质上不能与描述这些数学精神建构活动的逻辑语义表达式相混淆，他批判康托尔的超限数理论，反对罗素的逻辑主义以及希尔伯特的形式主义的方法，认为他们都没有真正地认识到数学作为心灵的建构活动与逻辑语义

---

① ［奥］维特根斯坦:《维特根斯坦剑桥演讲集 1930—1932》，德斯蒙德·李（D.Lee）编，周晓亮译，载涂纪亮主编《维特根斯坦全集》第 5 卷，河北教育出版社 2003 年版，第 142—143 页。

表示之间的不同。

布劳威尔认为，由于受到算术公理化以及非欧几何的影响，逻辑主义以及形式主义都主张用经典逻辑的方法来研究数学，其实本质上是一种外在观察性的立场（observational standpoint），这种逻辑的研究方法将逻辑看作独立自主的，而数学只是逻辑研究方法的应用与附庸，数学没有独立的研究方法，主要依赖于逻辑的方法。但是这种逻辑与语义（logico-linguistic）的研究数学基础问题方法的最大问题就在于：它们只关注逻辑规则下的语词的应用，而没有获得任何经验的指导，偏离了我们的经验直觉，经常导致逻辑系统中产生矛盾或悖论。按照布劳威尔的看法，形式主义流派秉持严格处理数学和逻辑语言、记号的目的，拒斥任何外在于逻辑和数学语言的东西，因而最终取消了"数学和逻辑它们本性上的根本区别以及各自的自主性"①。综上，逻辑语义（logico-linguistic）的方法的最大困境就在于缺乏经验的指导，很容易导致构建的逻辑系统产生矛盾，这种处理数学的逻辑主义的方法根本上是一种外在的观察者立场（observational standpoint）的方法，这种所谓严格地处理数学和逻辑的目的并没有考虑选择数学和逻辑这些学科研究主题的真正目的。②布劳威尔认为，我们应该运用内省（introspective）的方法——直觉的方法，而不是外在的逻辑语义的方法来研究数学。我们需要重新确立数学和逻辑之间的根本区别，以及恢复逻辑和数学各自的自主性。

学界一般认为，维特根斯坦1929年之所以会重返剑桥大学继续从事哲学研究，主要得益于1928年他在维也纳聆听了布劳威尔的一次讲座。1928年3月10日，布劳威尔在维也纳做了一场题为"数学、科学与语言"的讲演，阐释了他的直觉主义的数学观点。他认为，个人生存意志的首要模式就是数学的沉思模式，数学的沉思模式产生于"时间的"和"因果的"态度两个阶段。布劳威尔写道：

① L.B.Brouwer, "Historical Introduction and fundamental notions", in D.Van Dalen ed., *Brouwer's Cambridge Lectures on Intuitionism*, Cambridge：Cambridge University Press, 1981, p.3.

② 参见 L.B.Brouwer, "Historical Background, Principles and Methods of Intuitionism", in William Ewald eds., *From Kant to Hilbert:A Source Book in the Foundations of Mathematics*, Vol.II, Oxford：Clarendon Press, 1996, pp. 1197 -1207。

前者不过是理智的元现象（ur-phenomenon），它可以将生命的一瞬间分裂为两个性质不同的事物，人们感受到一个事物产生另外一个事物，尽管这在人们的记忆行为中被保存下来。……通过时间态度而产生的时间的二（twoness）——或者两个成员的时间的表象序列——能够自身被视为一个新的二的成员之一，由此而产生了时间的三（threeness），如此等等。[①]

可见，布劳威尔将数的诞生看作人的心灵理智行为创造的结果，时间序列可以通过人类心灵理智的无限次重复，产生无限多的数。布劳威尔认为："所有二（twoness）的这种普遍的基质就是数学的原始直觉（ur-intuition），它的自我展开就引入了作为概念实在的无限，具体说来，首先它产生了自然数的总体，然后是实数总体，最终是整个纯粹数学。"[②]

维特根斯坦对布劳威尔的直觉主义立场应该是比较熟悉的，可以说，布劳威尔的直觉主义数学引起了维特根斯坦重新进行数学基础问题思考的兴趣，但是，维特根斯坦对于这种直觉主义总体上持批评态度。[③]维特根斯坦对直觉主义数学基础观进行过深入的分析，同时也认为其中存在着不少问题和混淆。维特根斯坦一方面赞同直觉主义的观点，即直觉主义数学基础观在强调数学的自主性，不应成为逻辑的附庸这方面是正确的，不仅如此，直觉主义不承认实无限，而只承认潜无限的观点，维特根斯坦也是赞同的；但是另外一方面，直觉主义数学基础观过分强调人类心灵直觉的建构能力，而没有看到语言和实践对于数学概念形成与发展的重要作用，无疑也是存在着较大的缺陷的。直觉主义数学基础观过分强调人类心灵的直觉能力，容易滑入心理主义的陷阱，难以有效地解释数学命题的必然性

[①] L.E.J.Brouwer, "Mathematics, Science and Language", William Ewald eds., *From Kant to Hilbert:A Source Book in the Foundations of Mathematics*, Vol.Ⅱ, Oxford：Clarendon Press, 1996, p.1176.

[②] L.E.J.Brouwer, "Mathematics, Science and Language", William Ewald eds., *From Kant to Hilbert:A Source Book in the Foundations of Mathematics*, Vol.Ⅱ, Oxford：Clarendon Press, 1996, p.1177.

[③] 参见 Mathieu Marion, "Wittgenstein and Brouwer", *Synthese*, Vol.137, 2003, pp.103-127.

和确定性，这是直觉主义数学基础观面临的困境之一；另外，直觉主义数学基础观中也存在着不少概念的混淆和不清，因为他们并没有从日常语言角度去分析数学语词和概念的正确使用，比如他们对于排中律以及构造性证明的讨论中也常常掺杂着不清和含混。所以，维特根斯坦对于直觉主义数学基础观既有肯定的一面，同时也有批判的一面。

我们知道，维特根斯坦终其一生都在坚持从语言和逻辑的角度来分析和批判哲学，认为一切哲学都是语言批判（TLP 4.0031），数学哲学当然也不例外，即坚持从语言分析角度来批判地阐明数学哲学问题。布劳威尔强调数学直觉对于数学建构的唯一作用，而数学直觉本身是人类心灵的一种无语言的精神活动，虽然他从数学直觉角度重新说明了数学基本运算法则的形成[①]，但是这种过分强调心灵直觉作为无语言的精神活动的看法仍受到了维特根斯坦的批判。

总体而言，维特根斯坦对布劳威尔的直觉主义持批判的态度，只是前后期批判的力度有所区别。前期维特根斯坦不认同直觉主义关于数学直觉对于解决数学问题的重要作用的说法。前期维特根斯坦在《逻辑哲学论》中这样写道："我们在解决数学问题时是否需要直觉，对这个问题必须回答说，在这里语言恰恰提供了必要的直觉。"（TLP 6.233）"正是计算的过程使人们获得这种直觉。计算不是实验。"（TLP 6.2331）维特根斯坦在这里说得很明确，与其谈论数学直觉，不如分析数学语言本身，因为数学语言本身为我们提供了所谓的"数学直觉"。如果非要谈论"数学直觉"这一概念，那也只能在数学计算以及语言基础之上谈论，而不能脱离数学计算过程与数学表达式来谈论数学直觉。那种主张无语言的纯粹的心灵直觉在数学中起作用的观点是难以理解的。当然，如我们所见，前期维特根斯坦只是批判了"数学直觉"这一概念不能脱离数学计算以及语言而抽象地谈论的观点，而没有详细地分析直觉主义的相关观点。

维特根斯坦之所以批判直觉主义，是因为直觉主义过分强调数学直觉

---

① 参见 L.E.J.Brouwer, "On the foundations of Mathematics（1907）", in A. Heyting ed., *L.E.J.Brouwer: Collected Works*, Vol.I, *Philosophy and Foundations of Mathematics*, Amsterdam：North-Holland Publishing Company, 1975, pp.15-16。

作为无语言的心灵建构活动,这种直觉主义容易滑入心理主义的泥沼。在阐明逻辑命题和数学命题的必然性与确定性方面,维特根斯坦基本上都持反对心理主义的立场,这应该与他早年受到弗雷格反对心理主义的观点的影响有关,且维特根斯坦明确指出心理学研究方法对于逻辑和哲学研究的不重要以及危险性(TLP 4.1121)。在维特根斯坦看来,直觉主义所强调的直觉本质上是一个含糊不清的心理学概念,而心理学的概念带有很强烈的主观色彩——每个人的心灵体验都可能是不一样的,无法证实这些心理学概念的实在性以及有效性,因而我们在进行数学研究时难以有效地分析它们。

维特根斯坦在《哲学评论》中曾这样写道:

> 我们总是听说,数学家靠直觉工作(或者他并不机械地进行工作,就像玩棋的那种人一样),但是,我们并没有体会到,这是应该和数学的本质有关的事情。如果这种心理现象的确在数学中起到了一种作用,那么我们有必要知道,我们可以在什么范围内谈到数学的精确性,以及在什么范围内谈到直觉时,能谈到必须用的不确定性。我要说的总是:我审查的是数学家活动的记录,他们的精神过程、快乐、压抑、本能以及事物,它们在和其他的事情的关系上十分重要,但是它们和我无关。(PR Ⅲ §11)

维特根斯坦认为,数学直觉可能在谈到数学家心灵活动的状态时是有意义的,但是这种数学家的心灵活动与数学研究关系不大,心灵直觉对于数学研究不具有本质性的意义。心理直觉现象如何能有效地说明数学命题的必然性与精确性,非常值得怀疑。维特根斯坦认为,我们需要研究的是数学家们的活动记录,即数学实践本身,从数学实践本身出发分析数学命题以及词汇的意义。

维特根斯坦曾经在准备参加1930年哥尼斯堡会议论文《数学的本质:维特根斯坦的立场》中这样总结数学哲学研究的主要原则:

> 其一,为了能查明一个数学概念的涵义,人们必须注意使用这个

数学概念的方式，那也就是说，人们必须关注数学家实际在其工作中所做的事情；其二，为了能设想一个数学命题的重要性，人们必须弄清楚它到底是如何被证实的。简言之：一个数学概念的意义就在于使用它的方法，一个数学命题的意义就在于证实它的方法。（NMW p.61）

由此可见，维特根斯坦中后期开始强调数学概念与语词意义在于具体应用，我们需要分析和研究的是数学家们到底做了什么，而不是数学家各自的私人性的心灵状态。心灵状态或直觉能力不是数学哲学家关注的重点和核心。因为，我们根本不可能脱离数学对人类生活的重要性这个维度来单纯地研究数学直觉这一心灵活动。

针对直觉主义试图分离数学语言与数学直觉的观点，维特根斯坦指出：

在"形式主义"（Formalismus）和"内容主义数学"（inhaltlichen Mathematik）的争论中，各方主张的是什么？这种争论很像实在论与观念论之间的争吵！例如，因为它很快就变得毫无价值，而且因为双方面对它们不断变化的日常实践仍然坚持过去的主张。……但是，定义的意义就在于它的应用，在于它对生活的重要性。在形式主义和直觉主义的争论中，今天发生了同样的事情。人们不可能把一个事实的重要性、结果和事实本身分开；他不可能把对一件事的描述和描述的重要性分开。（PR Ⅲ§11）

维特根斯坦这里强调的对一件事的描述与描述的重要性不可能分开，其实就是指数学语言与数学对于生活的重要性是不可能分开的，我们不可能脱离数学语言和逻辑语义而单纯地依靠数学直觉来说明数学对于生活实践的重要性。我们只有在数学具体实践中通过数学语言描述数学活动本身，才能准确把握数学研究的要义。

与前期相比，后期维特根斯坦对直觉主义的数学基础观的批判更加激烈。维特根斯坦从数学语义实践出发，认为我们不能在数学中有意义地谈论直觉等心理学概念。我们可以有意义地谈论数学语义实践，以及数学命题或语词在数学实践中如何应用的问题，但是不能通过数学直觉来把握数学真理。数学命题的必然性与确定性不是通过数学直觉确定的，而是通过人们在数学实践中的共同的约定而确定的。维特根斯坦这样写道："人们真的不能谈论数学中的直觉吗？虽然被直觉把握的不是数学真理，而是物理学或心理学的真理。"（RFM Ⅳ §44）很显然，维特根斯坦这里是否定了数学直觉在数学研究中的地位和作用，认为数学直觉只适合谈论物理学或心理学的真理，而不是数学真理。维特根斯坦还说：

> （所谓的"基本直觉"的无意义在这里没有表现出来吗？）当直觉主义者大谈"基本直觉"时——这是一个心理的过程吗？如果是这样的话，那么，它是如何进入数学的呢？或者他们所表示的并不只是一种（弗雷格意义上的）原始符号，一种计算的组成部分？（PG Ⅳ §18）

维特根斯坦对数学的基本直觉的这种心理概念表示质疑，认为它不应该出现在数学之中，因为"基本直觉"这一概念是无意义的和不清晰的，我们不知道这一概念到底是指什么。数学计算和符号的应用是语法和实践问题，而不是直觉问题。数学直觉不可能伴随我们每一步数学计算和证明。我们不可能在数学计算过程或证明过程的每一步中都需要数学直觉的帮助，我们往往需要的是外在的不断的训练和反应，以及对特定语法规则遵守以及计算结果的认同。

数学基本直觉不可能对我们实际的数学语法规则遵守过程起到实质性的作用。比如我们要求另一个人"在100之后写110"，这一命令实际上就是数学语言游戏中的一种。这一命令来自"加10"这条规则。这一语法规则要求我们，当被给出了"加10"这一规则时，我们就指100之后的110。如果有人主张在100之后不是加10，而是加20，这个人似乎就违反了刚才的那条规则。那么，为什么人们可以说，是加20而不是加10就违反了刚才的那条规则呢？或者说，在什么意义上，人们才会说某某违反了刚才的那条规则？维特根斯坦指出，这里存在一种哲学诱惑说，除非

100—110被假定包含于其中，否则人们不能这样做。这里的哲学诱惑明显是错误的，因为它所持的理由就是一幅形而上学的含糊的图画。

这幅形而上学的图画与直觉主义所谈的直觉紧密相关，维特根斯坦这样评论道：

> 数学直觉主义者说，人们对所采取的每一步，例如在推进一个过程时，都需要新的直觉。他们所看到的就是给出普遍规则并没有强迫人们去采取步骤。以为人们通过洞见（insight）而采取步骤，仿佛人们不再有理由而只有启示（revelation）的想法是错误的。说存在一种直觉的过程，仿佛可以被用来说明为什么人们可以如此聪明地在50之后写下51！如果这里涉及任何精神过程，这是一种决定（decision），而不是一种直觉（intuition）。我们实际上的确做出了相同的决定（decision），但我们并不假定我们都有同样的"基本直觉"（fundamental intuition）。这将极大地帮助那些曾经得到哲学谬误的人们。（AWL pp.133-134）

人们在进行数学中数列的书写时，并不是说每一步都需要一个新的直觉，没有那么多的直觉，也不可能需要那么多的直觉来帮助人们完成书写数列的任务，与其说需要直觉，不如说需要决定。我们根本就没有必要假定需要基本的数学直觉来伴随着人们书写数列的每一步。如果说书写数列需要决定的话，那么，书写数列问题就是一个遵守数学语法规则的问题。

但是维特根斯坦随后又指出，其实人们学习继续写数列每一步既谈不上是一个决定，也不是一个直觉，而只是一个数学实践和训练反应问题。因而对于后期维特根斯坦而言，继续书写数列是一个数学实践问题，而不是心灵过程中精神事件发生的问题。谈论书写数列每一步都需要一个新的数学直觉，是毫无意义的，也是令人误导的，只会导致更多的混淆和迷惑。人们是被长期的数学教学训练写下如此如此的数列的。正是由于数学教学训练的作用，当听到相应的数学语言游戏中的命令时，人们就能及时地作出反应，正确地写出结果。不是心灵的直觉的帮助，而是外在的习得性的反应与行为使人们能正确地执行遵守规则的命令。

特别是在很复杂的数学计算比如大数的计算中，往往更是如此。维特根斯坦说："假如我告诉你 418 乘以 563。你是否决定如何应用规则去相乘这两个数呢？不，你仅相乘而已。或许根本就没有相乘的规则进入你的脑海。并且如果一个人这么做，没有其他的应用第一个规则的规则进入你的脑海。这不是一个决定，也不是一个直觉。"（LFM p.237）我们在计算复杂的数学问题时，不是靠数学直觉的帮助，而是通过计算经验和方法的总结，不断地进行实际的演算，才有可能得出准确的结果。

维特根斯坦这样总结数学训练和教导对于数学教育的作用："关键之处在于他是否知道或不知道这个问题，简单来说，就是一个他是否按照我们教他的方法来做的问题：这根本不是直觉的问题。"（LFM p.30）不是说，某某人有着特殊的直觉，可以立即使得他做出了正确的结果，而是说他有没有按照我们教他的方法来进行相关的演算和证明，等等。是数学的实际教导和训练在数学教育中起到核心作用，而不是什么内在的直觉能力。后期维特根斯坦对直觉主义的批判更加不客气，他说："直觉主义是完全的胡说，除非它意谓一种启示。"（LFM p.237）我们知道，不可能存在什么数学启示，所以数学直觉主义只能是胡说而已。这是后期维特根斯坦对直觉主义数学基础观的猛烈的批判。数学直觉根本是一个非常含糊的心理学概念，在数学研究和澄清中起不到应有的作用。直觉主义所谓的基本直觉作为一个空洞的概念是无意义的，不能有效地说明和澄清数学语义实践。

第四节　对形式主义数学基础观的批判

形式主义数学基础观的主要代表是希尔伯特。希尔伯特认为，所有过去的关于数学基础的研究仍然是没有出路的，因为以前数学基础研究的方法是不可能的，不能确保给出清晰无误的回答。希尔伯特说："因为只有遵照以下的方法这样的研究才有可能，即表述每一个与基础相关的问题，从而必须给出对于这些问题的清晰无误的回答。这是我的要求，即在数学的事情处理中，原则上没有怀疑的余地，它应该不是部分的真理，也不可能通过原则上不同的方式获得真理。"[①]希尔伯特认为，通过他所主张的方法和要求，数学基础问题是完全可以澄清和认识的，关于这些数学基础的困难的问题，最终是可以彻底解决的。希尔伯特批判了布劳威尔及外尔等人的直觉主义的数学基础观，认为数学基础领域流行的观点绝不是建构的，也没有外尔所指的"恶性循环"，数学分析和基础中的"恶性循环"是外尔捏造的。希尔伯特认为公理化的方法可以为数学奠定新的基础，因为只有公理化的方法才能消除数学基础中的矛盾，公理化的方法是每种精确研究的合适的不可或缺的工具，是我们获得真正的数学确信的最终保障。因而，希尔伯特主张对于公理系统进行无矛盾或一致性的证明，而我们需要认识到追问公理无矛盾证明的重要性。希尔伯特认为，数学基础问题的解决在其本质上深受将数论与数学分析奠基在集合论基础之上以及将集合论奠基在纯粹逻辑之上的古老努力的影响。

希尔伯特一方面赞赏弗雷格和戴德金对于数学基础研究的贡献，即认为他们开启了对于数学分析的现代批判，但是另一方面也批判地分析了弗雷格和戴德金分析方法中存在的问题。希尔伯特说："弗雷格曾经将数学奠基在逻辑之上，戴德金试图将数学奠基在作为纯粹逻辑的一章的集合论基础之上——他们都没有实现自己的目标。弗雷格并没有足够谨慎地处理通常的逻辑的概念构成在数学基础上的应用：他将一个概念的外延看作无需进一步给定的东西，如此一来，他便将这些非限定的外延看作事物自身了。从某种程度上讲，他由此深陷极端的概念实在论。相似的境况出现在戴德金身上；他的典型的错误在于，他采取了一种将所有事物的系统作为开端的观点。因而，戴德金的杰出的无法抵挡的思想，即认为将有穷数奠基在无穷数之上的观点，现在看来，这一思想的道路也是行不通的——至少不能通过我的下面的方式加以阐明——这无疑是可以确定

[①] David Hilbert, "Neubegrundung der Mathematik", in *Gesammelte Abhandlungen*, Band Ⅲ, *Analysis.Grundlagen der Mathematik Physik.Verschieden Lebensgeschichte*, Zweite Auflage, Berlin：Springer Verlag, 1970, p.157.

的。"①在希尔伯特看来，弗雷格的逻辑方法和戴德金的集合论方法最终都失败了，弗雷格的主要问题在于他的极端概念实在论，而戴德金的问题在于他将一切所有事物的系统作为开端的观点，这种实无限集合论观点是行不通的。这种抽象的通过概念的范围和内容的研究最终被证实为不充分和不稳固的。

希尔伯特进一步分析指出，作为逻辑推理应用以及实施逻辑研究的先决条件，在观念中必须给予某些东西，更确切地说，在观念 (Vorstellung) 中已经给予了某些东西。某些超出逻辑的具体的对象，它们直观的主要作为思想的直接的经验已经呈现在那里。所以，那些直接被给予的对象是不能进行逻辑还原的。希尔伯特说：

> 通过这种方法，我采取这种立场，对我来说——正好与弗雷格和戴德金相对——数论的对象（Gegenstände）自身就是记号，我们普遍地和稳固地重新认识这些记号，它的形状 (Gestalt) 独立于时间和地点，独立于构建这些记号的特定的条件，在完成的产品中也独立于这些记号之间的微不足道的区分。②在这里，即为纯粹数学——也为所有科学思想、理解以及表达交流——奠基的过程中，我确定了这样一种哲学的观点：在开端处就是数字记号（am Anfang ist das Zeichen）。③

希尔伯特这里强调他的哲学立场——形式主义立场——与弗雷格的逻辑主义立场和戴德金的集合论立场的不同之处在于，数学基础研究的对象自身就是数学记号和公式（语言），不存在独立于语言符号之外的所谓客观实在的对象，我们只有系统地分析数学记号和公式之间的内在关系，才能正确地认识数学对象自身。数学记号是独立于数学建构方法而存在的，也

---

① David Hilbert, "Neubegrundung der Mathematik", in *Gesammelte Abhandlungen*, Band Ⅲ, *Analysis.Grundlagen der Mathematik Physik.Verschieden Lebensgeschichte*, Zweite Auflage, Berlin: Springer Verlag, 1970, p.162

② 在这种意义上我将具有相同形状的记号也称为"相同的记号"。原注。

③ David Hilbert, "Neubegrundung der Mathematik", in *Gesammelte Abhandlungen*, Band Ⅲ, *Analysis.Grundlagen der Mathematik Physik.Verschieden Lebensgeschichte*, Zweite Auflage, Berlin: Springer Verlag, 1970, p.163.

是独立于时空的客观对象，是我们理解和把握数学语言和思想的前提。我们只有通过研究数学符号语言才能真正地理解数学对象，把握数学中客观存在的真理，我们只有通过系统的公理化的方法即一致性证明才能消除隐藏在公理系统内部的矛盾，消除集合论的悖论，为数学奠定真正的基础。

笔者在这里简单地介绍一下希尔伯特的形式主义数学哲学观点。按照希尔伯特的观点，数的说明是最基本的。数字 1 是一个数。一个以 1 开始或结束的数字，只要它处于从 1 后面总是跟随 + 以及从 + 后面总是跟随 1 的序列中，也同样是一个数字，例如，这个数学记号

$$1+1$$
$$1+1+1$$

希尔伯特认为，这些数学记号 (Zahlzeichen) 以及形成的完整的数字自身是我们考察的对象，但是它们并没有任何意义（bedeutung）。希尔伯特认为，从新的形式化的立场出发，我们可以达到初等计算的定理。我们必须有一个公理的图表，开始如下：

$$1.a=a$$
$$2.1+(a+1)=(1+a)+1$$
$$3.a=b \rightarrow a+1=b+1$$
$$4.a+1=b+1 \rightarrow a=b$$
$$5.\ a=c \rightarrow (b=c \rightarrow a=b)$$

此外，在推理中我们还用到这样的推理图式

$$S$$
$$S \rightarrow T.$$
$$T$$

随后让我们对数字等式进行形式化的证明。一个证明（Beweis）是一个图形，对于我们来说，证明必须是作为如此直观的存在的东西；它由推理图示的可能推论构成：

$$S$$
$$S \rightarrow T$$
$$T$$

希尔伯特是这样理解证明的：对于证明这件事来说，每次每一个证明的前提，亦即所相关的公式 S 和 S → T，要么是一个公理，说得更确切点，它是直接通过代入一个公理而形成的；要么它与以前证明中出现的推论的最后公式（*Endformel*）T 相一致，说得更确切点，它是通过从一个这样的最后公式代入而形成的。一个公式称为"可证的"（*beweisbar*）[1]。正是在希尔伯特对于证明的严格定义和规范下，逐渐发展出了一套证明论和元数学方法，以便消除数学公理系统内部的矛盾，为数学奠定坚实的基础。

概言之，在希尔伯特看来，数学本质上是关于数学符号的游戏和操控，这些数学符号并没有实质性的涵义，数学的基础在于公理化的方法即一致性证明的方法，通过一致性证明的方法消除隐藏在公理系统内部的矛盾，从而为数学奠定坚实的基础。希尔伯特的关于公理系统的一致性证明思想，后来发展出一种元数学（metamathematics）思想，即专门从元数学角度研究数学证明以及公理系统自身内部的一致性问题，研究数学公式语言本身的严格性与精确性。但是在 20 世纪 30 年代后期，随着哥德尔不完全性定理的发现，希尔伯特的形式主义的计划也以失败告终。哥德尔不完全性定理的主要结论是，不存在一致性的公理系统，它的定理通过一种有效的程序（比如算法）被列出来能证明所有关于自然数算术的真理。换句话就是说，对于任何这样的一致性的形式化的公理系统，在该系统内部，总能找到一些关于自然数的陈述，它们是真的，但是不能被证明。哥德尔的发现宣告了希尔伯特试图通过一致性证明来寻找完备的公理系统的希望的破灭。我们在前面关于数学矛盾的一章里论述过维特根斯坦对于希尔伯特的一致性证明（无矛盾证明）的批判观点，这里不再赘述。本节主要阐

---

[1]　David Hilbert，"Neubegrundung der Mathematik"，in *Gesammelte Abhandlungen*，Band Ⅲ，*Analysis · Grundlagen der Mathematik Physik · Verschieden Lebensgeschichte*，Zweite Auflage，Berlin：Springer Verlag，1970，p.16

述维特根斯坦批判形式主义关于数学就是关于数学符号操作游戏的观点，批判形式主义的证明观以及元数学观点和有限论思想。

首先，我们看看维特根斯坦对于数学形式主义的符号游戏观点的批判。维特根斯坦对于希尔伯特的形式主义观并未全盘否定，而是看到了形式主义中的合理成分。比如形式主义认识到数学如同棋类游戏，其实就是关于数学符号的游戏，需要按照一定的游戏规则来操控，数学记号或命题本身完全是无意义的字符操作，没有任何实质性的内容和意义。维特根斯坦这样写道："形式主义中有些东西是正确的，有的是错误的，把每一种句法理解为游戏规则系统，这是形式主义正确的方面。"（WVC p.103）

维特根斯坦认同形式主义关于数学本质上是关于句法的游戏规则系统的观点，即数学就是按照不同的句法规则规范性的句法系统构成的，在这些不同的句法规则游戏系统内部，数学符号需要按照不同游戏规则才能进行有意义的使用。这些数学符号系统本身是没有意义的，其意义在数学符号应用于外在的经验实践领域之中。在关于数学符号自身无意义的方面，维特根斯坦站在形式主义数学一边，与弗雷格的观点截然有别，因为当年弗雷格就曾经批判形式主义数学关于数学符号自身无意义的观点。弗雷格认为包含数学符号的数学表达式自身是有概念内容的，表达的是客观的存在的思想，不是无意义的字符游戏，这与我们在本书的开始部分提到的弗雷格所坚持的数学柏拉图主义（概念实在论）相关。但是维特根斯坦明确反对数学柏拉图主义，他并不认为数学符号或记号指称任何实在的对象或结构，这些记号都是人为发明出来的描述人类的思维法则的语义工具。这些数学记号自身是没有语义内容和意义的，数学命题以及数学记号的意义在于数学记号实际地应用于外在的经验。比如"2+2=4"，在这个数学等式中，无论是记号"2"还是记号"4"，或者"+""="，自身都是没有意义的，因为这些记号没有指称对象，但是这个等式可以应用到我们的经验生活中。比如我们可以用它来描述桌子上苹果的数量。如果一个桌子上有两个苹果，再放上两个苹果，那么，一共就会得到四个苹果。"2+2=4"自身虽无意义，但是可以有意义地检验和计算我们经验中苹果的数量，对于我们的日常生活起到非常重要的作用。

进一步来说，维特根斯坦批判数学形式主义者没有看到数学符号的真正意义在于外在的应用之中，没有在数学字符游戏与一般的游戏之间作出真正的区别。而维特根斯坦认为，数学符号的意义在于实际的经验应用之中，这是数学符号游戏规则不同于一般的棋类游戏规则之处。一般的棋类游戏可能有将死之说，也可能有绝招或臭棋之别，但是数学游戏规则本质上是非常精确和严格的句法规则系统，其真正的意义在于外在的经验应用之中。维特根斯坦说：

> 如果有人问我，根据什么来区分语言句法与国际象棋游戏规则？我将回答：根据句法的应用，也只能根据这种运用。我们能提供一语言句法，而无需知道这种句法是否已被运用（超复数的数）。句法只能被运用于它所能运用于其上的东西，此外，人们不能说更多的东西。（WVC p.103）

后期维特根斯坦虽然只是笼统地强调"语言游戏"概念，表面上看并没有在不同的"语言游戏"之间作出区别和分层，但是只要我们联系维特根斯坦对于数学语言游戏以及其他语言游戏的理解，我们就不难发现，维特根斯坦其实还是比较强调数学语言游戏作为一种高度句法化游戏规则系统，是与一般的游戏规则存在着根本的区别的。这种区别就是刚才所谈的实际应用之中。维特根斯坦这样写道：

> 如果数学是游戏，那么做游戏就是搞数学，这样一来，跳舞为什么不也是数学？……要说数学是游戏意谓着：在证明时，我们无需诉诸符号的意义，即无需诉诸数学之外的应用。但是，诉诸此到底意味着什么呢？这样的诉诸会有什么用处？（RFM V §4）

维特根斯坦在这里，明确反驳了一般的游戏或娱乐活动与数学游戏之间没有差别的观点，并提出数学证明时，我们需要诉诸符号的意义，因为我们如果不理解数学符号的意义在于内在的应用的话，我们根本就不能真正理解数学对于我们生活的重要性。关于数学符号的意义在于应用，维特根斯坦说："我要说：对于数学至关重要的是，它的符号是着便服使用的。这是在数学之外的使用，符号的意义亦是如此，这意义使得对于数学做起了符号的游戏。"（RFM V §2）数学符号的意义在于经验中的应用。我们不能离开具体的经验来思考数学符号的应用问题，我们更不能离开数学符号的应用来纯粹地谈论数学语言游戏。数学语言作为语法规则系统，有着严格的应用程序，正是数学语言符号的可应用性使得数学游戏成为可能。我们通常有一种关于"语言游戏"的误解，总以为"游戏"这个概念是不严谨的、散漫的、随意的娱乐活动，这其实都是误解。[①]"语言游戏"其实在德语中所指的意思比我们一般理解的娱乐活动的"游戏"要宽泛得多，其实就是指与生活方方面面交织在一起的"语言活动"。

其次，维特根斯坦理解的数学证明不是一般的形式主义所理解的形式证明或检验[②]，而是一种数学规则变形的技术。在维特根斯坦看来，数学证明不是单纯的形式证明或检验，而是与数学实践联系在一起的规则变形的技术。维特根斯坦说："形式检验概念以变形规则概念为前提，从而也以技巧概念为前提。因为只有借助技巧，我们才能把握规律性。……证明只有在变形技巧的范围内才是一种形式检验。"（RFM VI §2）由此，我们可以看出，维特根斯坦所理解的数学证明不同于一般意义上的形式证明，数学证明需要以变形规则以及相应的技巧为前提，而这些变形规则与技巧是与数学实践紧密联系在一起的，没有数学实践的参与，很难想象一个人会

---

① "语言游戏"这个概念的英文翻译是"language-games"，这一概念的德文原词是"Sprachspiel"，"Sprachspiel"要比中文译文"语言游戏"宽泛得多。因为 das Spiel 这个词不仅指"游戏"，还指其他的含义，比如"玩耍"、"各种输赢比赛"、"运动会"（die Olpmpischen Spiele）、"赌博"、"表演"、"转动"，等等。与 Spiel 组合在一起的词还有：戏剧（Schauspiel）、节日（Festspiel）。"Sprachspiel"翻译成"语言游戏"比较狭窄，笔者觉得其实翻译成"语言活动"比较好。但是学界现在已经习惯将这词翻译成"语言游戏"，那就约定俗成，只要不被中文中的"游戏"一词误导即可。

② M.Marion 认为维特根斯坦并没有区分形式证明（formal proofs）与非形式证明（informal proofs），参见 Mathieu Marion, "Wittgenstein on Surveyability of Proofs", in Oskari Kuusela and Marie McGinn ed., *The Oxford Handbook of Wittgenstein*, Oxford University Press, 2011, online publication。

掌握相应的规则变形技巧。正如有学者指出"维特根斯坦从来没有将'证明'等同于'形式的演绎'"①。所以，数学证明实际上是与数学语法规则的应用紧密结合在一起的。维特根斯坦写道："如果一个命题在应用时显得不合适，那么证明必须向我们表明为什么不适合，必须怎样才能适合，这就是说，我必须知道如何使命题与经验相适合。因此，证明也是对规则用法的一种说明。"（RFM Ⅵ §3）数学证明表明数学语法如何应用，或者说，数学语法规则的作用就体现在数学证明的具体推导之中。

最后，维特根斯坦批判了希尔伯特的元数学思想。"希尔伯特以他的形式主义理论为依据，建立一门元数学，把一种特别的计算规则作为这种元数学的规则。"②维特根斯坦不承认有元数学的存在（PG Ⅲ §12），他不相信在数学和元数学之间能作出有效的区分。逻辑和数学都没有等级，逻辑证明和数学证明都没有等级系统，正如罗素的类型论是不可能的，希尔伯特的元数学也是不存在的。维特根斯坦认为希尔伯特建立了一个特别的计算规则来作为元数学的规则，但是"计算不可能决定一个哲学问题。一种计算不可能告诉我们有关数学基础的信息"（PG Ⅲ §12）。这也就是说，希尔伯特实际所做的只是建立了一个新的计算规则，但是这种新的计算不能被看作元数学或数学的基础。因为在维特根斯坦看来，数学基础问题是一个哲学问题，是需要我们澄清数学概念和语法说明的问题，而不是提供一种新的计算规则就可以解决的。不仅如此，维特根斯坦还认为，计算不是数学中必要的概念，有很多数学领域中根本就没有提到计算，"换言之，'计算'一词并不属于数学的棋子。它没有必要出现在数学中——如果它仍然被用在计算中，那么，这并不会使得计算成为一种元计算；在这种情况下，词只是一个棋子，就像所有其他的棋子一样"（PG Ⅲ §12）。

正如棋类游戏中不可能出现关于如何下棋的元游戏，在数学计算中也不可能出现元计算。我们很难想象一种棋类游戏是关于人们如何下各种棋类游戏的。元棋类游戏规则是不存在的，只能存在另一种新的棋类游戏规

---

① Juliet Floyd, "Wittgenstein, Mathematics and Philosophy", in Alice Crary & Rupert Read, eds., *The New Wittgenstein*, London: Routledge, 2000, p.234.

② 涂纪亮：《维特根斯坦后期哲学思想研究》，载《涂纪亮著作选》第二卷，武汉大学出版社2007年版，第267页。

则。那么，同理，在数学中也不可能出现元计算，即关于我们应该如何计算的计算。因为如此进行下去的话，就会导致无穷后退。难道还会存在关于数学计算的计算的计算吗？会存在关于元数学的元数学吗？很明显，这是不可理喻的。当然这是维特根斯坦的观点。其实，我们知道，后来逻辑和语义学的发展逐渐出现了元语言和对象语言的说法，我们现在确实有元数学的说法。对象语言和元语言之间的区分是元数学的重要内容，但是维特根斯坦似乎并不承认元语言与对象语言的这些区分。由于维特根斯坦不承认这些区分，所以他不承认元数学的存在。

维特根斯坦认为，希尔伯特的所谓的"元数学"不过是另一种新的数学演算而已，其实并不是数学的新的基础。维特根斯坦认为，一个体系是否以最初的原则为基础，或者它是否只是从它们之中推导发展出来的，这是两回事，两者之间不可混淆。我们只能说根据一些公理或定义，推导出了一些数学定理，但是我们不能就说，所有数学的分支都是可以还原为这些公理或定义的，或者都是以这些公理或定义为基础的。维特根斯坦认为，以上两者的区别如同以下两种情况的区别："下面这两种情况也是不同的：它是否就像一座房屋建在它最矮的墙上，或者，它就像一个天体自由地悬浮在我们正在下面开始建设的空中，虽然我们也可以建在任何别的地方。"（PG Ⅲ §12）

如果把建房屋比喻为数学奠基，那么，维特根斯坦这里想强调的是，我们其实是在空中悬浮地建筑，有点类似于空间站中的各个舱室的拼接。我们在太空中建立空间站时，应该无法谈论哪块舱室是基础，因为在太空悬浮的状态中，打乱了方位，情形完全不同于一般理解的建筑房屋谈论的地基。维特根斯坦这样总结道："逻辑和数学并不以公理为基础。一个群也很少以规定它的运算和原理为基础。这里的错误在于：把对初始命题的说明和证明认为是逻辑中正确性的一种标准。一个没有根据的根据就是一个坏的根据。"（PG Ⅲ §12）这也就是说，我们在逻辑和数学中从一些初始命题或公理出发进行推导，但是不能就以为我们对公理的说明，就可以看作整个逻辑或数学系统的基础和标准，这是两件不同的事情。

　　综上所述，维特根斯坦对数学基础的三大流派基本上都持批判的态度，这里所谓的批判态度并不是指全盘否定，而是指批判地分析它们理论中的合理成分以及存在的问题。概括地说，维特根斯坦对于三大流派逻辑主义、直觉主义以及形式主义都既有继承，也有批判。维特根斯坦继承了逻辑主义关于逻辑和数学之间具有高度相似性的观点，看到了逻辑与数学和一般的经验命题的不同，即逻辑和数学命题作为句法规则刻画的是人类的思维规则，逻辑和数学的必然性与确定性就在这些句法规则的规范性之中。但是他反对逻辑主义关于逻辑是数学的基础的观点以及数学依赖于逻辑的分析方法，认为逻辑主义的这种观点导致数学丧失了自身的独立性，使数学成为逻辑的附庸。而维特根斯坦强调的恰恰是数学相对于逻辑的独立性与自治性。维特根斯坦认同直觉主义关于数学相对于逻辑的独立性的观点，但是不同意直觉主义的解释，认为数学直觉这个心理学概念是不清晰的和无意义的，强调在数学计算和证明中我们不可能脱离语言和外在的数学实践来谈论内心的直觉或精神过程，直觉主义最大的危险在于心理主义，而这与维特根斯坦一直强调的数学的必然性与确定性是相左的。关于形式主义，维特根斯坦一方面认同形式主义关于数学语法规则的游戏性的解释，即同意数学记号自身没有意义的观点，但是不同意形式主义关于数学公理系统的一致性证明以及元数学的观点，认为一致性证明并不能为数学奠定基础，元数学是不存在的，数学记号的应用内在于经验之中。

　　维特根斯坦认为，数学自身是不需要任何其他的东西作为其基础的，数学基础这个概念不应该从科学奠基的角度加以理解，而应该从哲学的语法分析和澄清的角度来理解。传统的数学基础观包括三大流派以及柏拉图主义其实都有共同之处，即本质主义和普遍主义，总是想为数学找到一个普遍的本质的基础，逻辑主义找到的是逻辑，直觉主义找到的是直觉，而形式主义找到的是公理系统与一致性证明，但是所有这些数学基础流派共同的缺陷就在于它们对"数学基础"的错位理解以及认识论的混淆与不清。

　　后期维特根斯坦反对本质主义和普遍主义，主张个体之间的差别性，强调家族相似。维特根斯坦认为，数学计算是语法规则体系，这种句法规则是自治和自洽的系统，不需要任何其他外在的东西来为其奠基。数学自身就是自基础，因为数学应该要关注其自身的应用，数学的应用内在于实在经验。数学不是一种单纯的可以脱离语言和实践的心灵活动，恰恰相反，我们只有通过数学语言和命题的分析才能正确地理解数学计算和证明技术，也只有在具体的数学实践之中才能正确地理解数学活动对于人类生活的极端重要性。数学命题的必然性、确定性以及精确性都在数学计算和证明技术的规范性的实践活动之中。不是我们意见的一致导致数学证明和计算结果的一致，而是数学证明和计算自身作为人类生活技巧即生活形式的一部分才成为一致性的最终的标准。生活形式和生活实践是我们有意义地谈论数学计算和证明的依据。正如张志林和陈少明所指出的："我们可以说维特根斯坦认为生活形式是数学游戏的基础。不过，我们要立即补充说，对这里的'基础'二字不能做本质主义（基础主义）的理解，在维特根斯坦看来，追问数学基础的逻辑主义、形式主义以及直觉主义恰恰都陷入了本质主义的泥潭。"[①] 这也就是说，我们不要将维特根斯坦强调的"生活形式"或实践看成新的数学基础，不能对此作本质主义的解释，而应该将其看成从语法分析和阐明角度所做努力的一部分。

---

① 张志林、陈少明：《反本质主义与知识论问题——维特根斯坦后期哲学扩展研究》，广东人民出版社 1995 年版，第 208 页。

第九章　维特根斯坦论数学实践

数学实践是维特根斯坦数学哲学中十分重要的概念，是我们把握维特根斯坦数学哲学基本观点的重要入口。维特根斯坦在其后期数学哲学中多次谈到数学实践和数学技术。根据笔者的分析，维特根斯坦基本上是在同义词的意义上使用数学实践和数学技术这两个概念的。也就是说，维特根斯坦基本上将数学实践与数学技术等同起来，可以交互使用和理解。维特根斯坦在谈到数学实践的地方，可以理解为数学技术实践。维特根斯坦认为，数学本身就是不同的技术的混合体，无论是数学定义、数学计算、数学证明还是数学推论都是不同的技术转换而已，如果不理解这些不同的技术转换，我们就不能理解数学实践。本章试图从数学实践（技术）与生活形式、数学实践与数学规范性、数学实践与数学确定性以及数学实践与遵守规则悖论的解决几个角度深入地阐述维特根斯坦数学哲学的实践特色，把握其数学哲学中独特的分析问题的视角。

第一节　数学实践与生活形式

后期维特根斯坦认为，只有在语义实践中，数学语词才有意义（RFM Ⅱ §41）。数学语词和概念的意义在于使用。根据维特根斯坦的理解，数学定义、数学计算、证明以及推论都是不同的实践技术。"语言""命题""规则""计算""实验""遵守规则"等都是一种技术或实践，与人类的生活形式或习惯息息相关。数学计算不是消遣，而是一种广泛应用于人类生活的技术，计算技术是各种工程建筑技术的一部分。数学实践概念与人类的生活形式紧密相关，数学实践是人类的最基本的生活形式之一，构成了人类实践生活的最硬核的层面。"生活形式"是后期维特根斯坦最核心的哲学概念之一，也是他哲学中最具创造性的概念。维特根斯坦并没有给"生活形式"（forms of life）这一概念一个严格的定义，只是从多角度阐述了这一概念的重要性。我们可以这样理解维特根斯坦所谓的生活形式：生活形式主要是指人类的生活实践，生活方式、生活习惯甚至文化传统。如果把人类实践生活比喻为不断流动的河流，那么数学实践就是这条河流的河床，承担着规范流水流向和速度的重任，同时也为河面的平静起到稳固的支撑作用。

　　"数学实践"概念不仅是我们准确把握和理解数学作为一种人类学现象的一把钥匙，同时也是我们消除哲学困惑与混淆，厘清数学相关概念或语言意义的基本前提。理解数学语言与现象，离不开数学实践。数学实践本质上与人类的生活形式内在相关。维特根斯坦说："语言，我想说的是，与一种生活形式相关。为了描述语言现象，人们必须描述一种实践，不是某种只发生一次的事情，无论这种事情是什么。认识到这点相当困难。"（RFM Ⅵ§34）这也就是说，人类语言的意义（包括数学命题和语言）植根于人类具体的生活实践之中。这里的"实践"不是指一次发生的事情，一次发生的事情不能算作实践，而是指经常发生或者一直发生的事情。谈论一次发生的事情是没有实践意义的。维特根斯坦举了一个例子来说明。比如我们设想一个国度只存在了两分钟，在这个国度里所有的事情都只存在两分钟，这个国度的一个人也做着与英国一位数学家同样的事情，那么，我们能够有意义地说这个人在计算吗？存在两分钟的计算吗？很显然这是荒谬的。维特根斯坦想借此表明，数学计算作为一种技术必须在人们的生活中经常发挥应有的作用，才能被称为真正的数学计算，数学计算需要数学实践为其存在的合法性作辩护。数学技术的发明是为了人类生活的实际便利。

　　数学计算之所以是数学计算，作为数学基本技术之一，就在于它能在人类的具体实践生活中扮演重要角色。比如我们购买物品、建造房子、修建桥梁等，无不用到相应的数学计算技术。数学计算技术可以说渗透到我们生活的方方面面，对我们的生活起到至关重要的作用。①数学计算的正确与否直接关系到人类实践活动的成败。关于数学计算在人类生活中的作用，维特根斯坦曾经这样写道：

> 因为我们称为"计算"的东西是我们生活的一个重要构成部分。计算与演算并非仅仅是消遣。计算（那就意谓着：像这样计算）是一种日常地应用于我们生活活动中最多样化的技术。这也就是我们为什么如同我们所做的那样学习计算：通过无限的实践，无情的精确，这也就是为什么我们冷酷地坚持说，我们都必须说"2"在"1"之后，"3"在"2"之后，如此等等。（RFM I §4）

在维特根斯坦看来，计算或演算并不仅仅是消遣娱乐，而是在我们人类的具体实践生活中起到不可或缺的作用。数学计算在人类实践中应用的范围最广。我们不能想象人类的哪种生活实践中不需要应用数学计算技术，除非人类退回到原始状态去生活。数学计算技术发展水平的高低在很大程度上直接影响和决定了人类文明发展水平的高低。

我们只要学习了基本的数学计算技术，就可以实现生活实践的方方面面的目的和任务。比如我来到一个陌生的国度，虽然我对于该国的语言掌握得不太熟练，但是只要掌握了基本的数学计算技术，那么我在这个陌生的国度基本生活生存应该是没有问题的。比如我来到超市购买日用品，只要能理解数学相关的符号和计价，我就能准确地理解不同商品的价格。在付账的时候只要能识别收银员的数学报价以及相应的货币数字符号，那么我购买商品的交易基本上是没有任何困难和问题的。这里就可以体现出数学计算的伟大作用。只要人类生活实践中需要用到钱，就离不开数学计算。这只是一个比较特殊的例子。如果我们把数学演算看成像棋类游戏一样具

---

① 比如最近中国人民银行在国内一些大城市试点数字货币，其中用到的最核心的就是数学算法技术，没有数学算法技术的革命性的突破和进展，数字货币的出现以及推广和应用都是不可想象的。数学算法技术与金融的结合度越来越高，也表明了数学技术对于我们这样一个快速发展的时代具有多么重要的作用。当今的人工智能、智能手机、5G、英特尔网络以及电商等的快速发展，统统离不开数学计算技术的更新以及普及。

有相应的规则系统，那么人们进行数学演算与游戏规则之间的联系就在于反复的恒常的数学实践。数学实践才最终确立了数学计算与规则之间的内在联系。维特根斯坦这样写道："表达式'让我们玩一种棋类游戏'的意义以及该游戏的规则之间关联在何处？在这个游戏的规则的清单之中，在教授这个游戏的过程之中，在日常的反复练习的实践之中。"（RFM I §17）我们只有通过数学实践中的反反复复的训练，才能准确地把握相关的数学计算技术，理解相应规则的内涵与使用。

维特根斯坦认为，数学命题引入新的概念，这些新的数学概念的意义就在于具体的使用即实践之中。维特根斯坦说："在什么意义上，一个算术命题可以说为我们提供一个概念？……'提供一个新的概念'只是意谓着引入一个关于这个概念的新的使用，一个新的实践。"（RFM VII §70）我们在前面分析和讨论过数学命题的创造性在于引入新的概念，而这些新的数学概念的确立离不开数学实践中的具体使用。因而，我们也可以说，数学的创造性就在于数学概念在实践中的新的使用。数学的创造性就在于发明出各式各样的数学证明和计算技术。数学证明和数学计算技术的发明和创造源于实际的人类生活需要。数学实践是数学证明和计算技术产生的丰饶土壤。数学实践活动既是数学技术产生的源头也是其最终的应用的归宿。我们在生活中所用到的加减乘除等各式数学运算，都与我们的生活实践紧密相关。比如我们有 12 颗核桃，现在有 5 个人，如何给每个人平分核桃呢？这就涉及数学中的除法问题。诸如此类的例子就说明，数学计算在我们的具体生活实践中随处可见。人类生活的丰富多样性，决定了数学计算和数学证明技术的多样性和复杂性。数学计算和证明技术最终的价值就在于应用于人类的生活形式之中。人类生活实践是数学计算和证明技术应用的大本营。维特根斯坦写道："我想说的是：数学是证明技术的混合体（motley）。数学证明技术的重要性以及多样化的可应用性就正是基于此。"（RFM II §46）

不仅如此，维特根斯坦还写道："一个数学命题的应用必须总是计算自身。这决定了计算的活动与数学命题意义之间的关系。"（RFM IV §8）数学命题的意义就在于具体的计算活动之中，因为数学计算技术本身作为数学实践活动核心就规定了数学命题的意义和计算之间的关系。数学命题可以被看作描述了一幅我们如何看待事物的图画，我们利用这幅图画来深化对于我们生活实践和形式的理解。我们的行为方式，我们的生活方式无不深受数学命题和计算方法的影响，因为我们的生活实践离开了数学命题的具体应用就寸步难行。一种数学计算就是一种数学技术，一种数学技术就是一种数学实践，一种数学实践就体现了一种生活形式。理解和把握数学命题与语言，就是掌握和理解数学计算技术和证明技术，把握数学实践。我们根本不可能离开数学实践抽象地理解和把握数学命题，进行数学教学活动。维特根斯坦说："理解一个语句就是意谓着理解一种语言，理解一种语言就意谓着已经掌握了一种技术。"（PI §199）"我们所谓的'理解一种语言'就常常如同我们学习计算的历史或它的实践应用时所获得的理解。"（PG p.40）我们想要弄清楚数学命题和语言的涵义，就必须关注数学命题的具体应用，而理解数学命题的应用就是指掌握数学计算或证明的应用，掌握一种具体的数学实践技术。

　　维特根斯坦之所以非常强调用"数学实践"和"生活形式"这些概念来理解数学哲学，主要是由于只有实践或生活形式概念才能帮助我们澄清相关的哲学混淆和误解。我们只有从数学实践和生活形式出发，才能正确地认识数学命题以及计算的重要意义。维特根斯坦对于数学实践的强调主要是从语言角度来分析和把握数学活动自身，也就是说，对数学实践的描述和刻画离不开语言的帮助。语义实践（linguistic practice）或语言实践（practice of language）都是对于德文"Praxis der Sprache"的一般翻译（PI §21 §50）。无论是语义实践还是语言实践，都是指从语言或语义角度看待数学命题或语句在实践生活中的具体应用。

　　从语言角度分析和考察数学实践活动是维特根斯坦数学哲学的基本特色。因为数学命题的发明就是出于特定的实践目的。维特根斯坦认为，虽然数学本是一门技术性很强的学科，但是数学命题以及语句应用的实践就是我们大家都能理解的生活实践。我们完全可以从日常生活实践出发理解数学命题以及计算的意义。数学家或者形而上学家往往没有从日常生活实践出发，而对于某些数学命题或计算作出抽象的脱离生活实践的解释或说明，无视有关数学概念具体使用的语境，就会导致很多哲学的混淆和不清。按照维特根斯坦的话来说，就是"当语言空转，而不是在工作时，让我们困惑的混淆就会产生"（PI §132），而数学哲学家的任务，就是要努力看清不同的数学概念，在不同的具体的语境或语言游戏中的具体使用。维特根斯坦要做的就是反复告诫人们不能脱离具体的数学实践活动来抽象地分析数学语词或概念的形而上学的使用，那样只会产生哲学谬误或混淆而已。我们需要将数学语词或概念的分析回归到具体的数学实践中去，只有从生活实践或生活形式出发才能正确地理解和把握数学的应用性和价值。数学这门技术性学科的最基本特征就是其语义表达的可理解性不能与其具体的实践应用性分离开来。正如韩林合所言："在维特根斯坦看来，任何数学命题，进而由它们所提供的任何描述规则或规范，都是以人类特定的概念构造活动（如计算活动，证明活动）为基础的，可以说，都是这些活动的结果；而任何概念构造活动又都是以特定的习惯、制度、传统、实践或实际需要为基础的，都在人们的生活形式或人类的自然史中有其最终的根源和根据。"[①]

　　数学实践的过程贯穿数学学习的过程。数学的教学与学习的实现需要借助数学实践活动的开展。根据维特根斯坦关于数学实践的观点，数学教学的要点就是让初学者熟知相应的实践过程，也就是说，只有让初学者观摩相应的数学语义实践过程，才能使其学会数学计算或证明技术。维特根斯坦说："我们是通过学会计算才得以知道计算的性质的。"（OC §45）如果一个人没有学会计算，即只是被人们告知要如何计算，而没有亲自动手去演算的话，是不可能真正地掌握计算的性质和技巧的。按照维特根斯坦的观点，要想知道数学计算和数学证明到底是指什么，我们需要观察数学家是如何进行数学计算和证明的，看看数学计算和数学证明的实际过程中发生了什么，而不仅仅限于被告知关于数学证明或计算的表述。我们需要关注的是人们如何使用数学命题（OC §38）。

　　在数学教学过程中，重要的是要通过实践教会初学者相关的数学技

---

① 韩林合：《维特根斯坦的数学哲学思想》，载《维特根斯坦哲学之路》，云南大学出版社1996年版，第231页。

术，而不仅仅是让初学者写下什么什么东西。比如我们教小孩100以内的加减法，我们需要教会小孩基本的加减运算规则，并且反复地训练小孩，看看他或她能否独立地完成相应的数学计算。再比如，中国小孩从小就要学习和背诵乘法口诀表，但是仅仅背得滚瓜烂熟是不够的，而是需要能成功地计算或解答相应的数学习题。小学生学习初等数学时，要做大量的数学习题，通过反复训练才能促使学生掌握数学的解题技巧，做出正确的答案。我们如何判定一名学生已经掌握了一个数学命题的涵义，就要从实践角度观察，看看他或她能否在实践中正确地使用这个数学命题，正确地玩相应的数学语言游戏。

正如语言游戏的规则有时可以帮助游戏参与者理解如何玩这个游戏，数学语法规则可以帮助实践者学习或教授相应的数学语言游戏。我们不可能脱离数学实践来教会学生不同的数学语言游戏。学生们只有通过观察和学习其他人如何使用相应的数学命题，实际进行数学演算，才能真正地把握数学知识的内容。数学学习的过程是与数学语法规则以及计算技术的实际应用联系在一起的。数学知识学习的最终目的是更好地应用于人类的生活实践和生活形式本身。数学知识不是僵死的知识，而是需要在数学实践中不断加以运用的知识。数学技术就是把握数学知识的关键，数学实践和人类共同的生活形式是理解数学命题和知识的最终归宿。

第二节　数学实践与数学规范性

数学命题的必然性和确定性问题是数学哲学的核心问题。根据前面的分析和阐述，我们知道，维特根斯坦是一名坚定的反对数学柏拉图主义者，他反对认为数学语词指称任何实在的对象，认为数学记号本身是无意义的，但是却有着在数学之外的经验使用。数学命题的意义在于具体的经验的使用。那么，维特根斯坦如何分析和说明数学命题的必然性呢？在维特根斯坦看来，数学命题的必然性实际上是通过数学实践而获得的规范性的必然性，这也就是说，数学命题的必然性在于数学的语法规则以及实际使用。数学命题一经确定为数学语法规则，应用数学命题时就必须遵守相应的语法规则。

数学命题的规范性保证了数学命题的必然性。我们只有先理解数学命题的规范性才能把握数学命题的必然性。在维特根斯坦看来，数学推论的必然性就在于实践中数学证明技术的不同转换，因为数学是证明技术的混合体，数学计算的结果判定具有同一性，而不是用同一性或等同来解释计算。数学定义、数学计算、数学证明以及数学推论等技术无一不是从数学实践角度获得其规范的必然性的。下面我们就从数学定义、数学计算、数学证明等角度逐一阐述数学的规范的必然性。

首先，数学定义不仅仅是一种缩写记号而已，而是为了特定的实践目的从一种技术转换为另一种技术。数学定义是一种特殊的数学技术，与特定的数学实践目的相关。数学定义技术与逻辑定义技术不同，两者根本上是不同的技术（LFM p.43）。数学定义是出于特定的数学实践目的发明出来的，是一种技术到另一种技术的转换和投影。数学定义实际上就是将两种不同的数学技术加以关联，确立两者之间的内在联系。比如我们在自然数系列中定义 0 的后继是 1，1 的后继是 2，2 的后继是 3，等等。通过定义加法，自然数之间就可以通过等号来相互转换。比如 2+3=1+4，数学定义了不同的技术之间的规范性的转换，这也就是说，数学定义本身就是语法规则的一部分，规定了不同的数学技术之间应该如何相互转换。比如加法和减法之间的转换关系就是可以通过相关定义而确定的。维特根斯坦说："人们说，算术的两个表达式之间的等同是一种语法的技术。"（RFM Ⅶ§3）这也就是说，数学定义中的等号其实就是语法规则的一部分，等号意谓着等号两边的表达式可以相互替换。当然，等号所连接的表达式之间的相互替换根本上保证了数学表达式之间的必然性，这种必然性是语法规则规范的必然性。

其次，数学计算本身也是一种数学技术，数学实践赋予数学计算以规范的必然性，使得人们可以从一种计算技术转换到另一种计算技术。想想我们是如何学习乘法和除法的。我们学习乘法的过程必须经过大量的实际的计算才能掌握。我们只要在实践中持续地遵守了数学乘法相关规则，就必然会得出一致性的规范性的结果，否则是不可以想象的。我们不能想象这一次乘法得出的结果是24，下次得出的结果是26，那样的话，乘法就失去了其规范性与必然性，也就失去了应有的意义。数学计算技术中的规范性根植于数学计算的规则的实践性。也就是说，数学计算的规则本身就内在地规定了我们在实际的计算过程中只能如此计算，才能得出准确的结果。维特根斯坦说："假设从现在开始，当我们被告知要进行乘法运算时，我们所有人都持续得到不同的结果，那么，我认为我们不应该再将这种计算称为计算。这整个计算技术（比如计算地板数量的技术）就会失去计算的性质。实际上我们也就不再得到正确或错误的结果。这里的关键之处在于这一事实，即我们根本不可能得出不同的结果。这也就是说 $12 \times 12 = 144$ 得出不同的结果是荒谬的。因为这种获得结果的一致性是对于这种技术的辩护。正是这种一致性（agreements）为我们的数学计算奠基。"（LFM p.83）维特根斯坦还说："一致性（consensus）从属于计算概念本质，这是确定的，也就是说，这种一致性是我们计算现象的一部分。"（RFM Ⅱ §2）维特根斯坦这里强调的是数学计算结果的一致性为数学计算技术本身奠基。数学计算结果的一致性其实就是数学计算应用实践的规范的一致性，它本质上只是一种语法规则，但这些计算语法规则规定了我们在实际计算过程中必须每次得出相同的结果，否则就不是数学计算比如乘法计算。我们不可能想象数学计算中会得出不一致的结果，这是荒谬的、无意义的。数学计算作为一种语法规则本质上已经先天地规定了得出的结果任何时候都必须一致，这就是规范性的一致性与必然性，也是计算规则语法的应有之义。

最后，数学证明作为一种特定的数学技术活动其实就是按照一定的句法规则从一个数学表达式转换到另一个数学表达式。数学家对数学证明的确信是通过数学实践过程建立起来的。这里，数学家对于数学证明的确信与逻辑学家对于逻辑推论的确信的建立比较相似，都离不开相关实践活动的展开。比如逻辑学家为什么总是确信（x）f(x) → fa，即从一个全称命题可以推出一个例示呢？这里，逻辑学家必须对这一逻辑公式持续地实践（constant practice），即只有在具体的实践中才能最终确定这条逻辑推论的真。在这些实践使用中，往往伴随着肢体动作和表情等一系列行为与反应，通过这些外在的行为与反应，人们才能真正把握逻辑推论的准确性与必然性。同理，数学家对于数学证明也是一样的。数学家也需要在反复持续的实践过程中不断地推演和证明相关过程，保证推论的准确无误。维特根斯坦说："这就是为什么有必要看看我们是如何在语言的实践中进行推论的：在语言游戏中推论活动属于什么样的程序。"（RFM I §17）数学推论必须在数学实践中获得规范性与必然性。

关于数学的规范性，维特根斯坦这样写道："我所说的就在于：数学是规范性的（normative），但是规范并不意谓着同于'理想'（ideal）的东西。"（RFM VII §61）在这里，维特根斯坦强调指出，数学的规范性并不是指理想化的东西［比如逻辑主义者对于理想的逻辑语言（概念文字）的追求］，而是数学语法规则在实际应用中所要求的东西。维特根斯坦其实是在强调数学和逻辑作为两种不同的技术之间的差别。逻辑学家或许喜欢谈论理想的语言，但是数学家不能将数学的规范性的必然性混同于逻辑学家所谓的理想化的东西。维特根斯坦并不赞同逻辑主义者要求改革日常语言以追求理想的严格性与精确性的目的，而是主张在日常语言的实践活动中重新认识数学命题或语词的正确使用。

数学证明或计算活动要求的规范性与必然性不是逻辑语言的理想要求能实现的，比如罗素和怀特海的《数学原理》中的那种所谓理想的演算系统其实对于我们解决实际的数学计算或证明问题并不怎么管用，按照维特根斯坦的说法，罗素的那个理想的逻辑演算系统最多只能帮助我们理解一些非常简单的初等数学的计算问题，但是对于大数以及除法等复杂的数学计算的帮助意义不大。维特根斯坦对数学计算或证明技术实践作用的强调，其实也是想祛除数学的神秘化、理想化以及拔高化的形而上学倾向。维特根斯坦并不认为数学表达式是像某些逻辑学家所主张的那样是超级的表达式，而只是普通的语义表达式，但是在数学实践过程中有着非常重要的应用。维特根斯坦这样写道：

> 我所谈论的一种典型的现象就是关于一些数学概念的神秘化并不是被解释为一种错误的观念，或者被解释为一种错误的理念，而是被

看作某种不被鄙视，或许甚至尊崇的东西。我所做的一切就是要表明一条轻便地从这些概念的诱惑和晦涩中逃脱的道路。（RFM Ⅴ§16）

维特根斯坦认为，数学表达式或概念不能被神秘化和拔高化。其实，数学概念或语词并不神秘，数学推论并不是由什么内在的不可感知的过程而是由一系列外在的行为反应组成的。维特根斯坦所做的就是让我们正确地认识这些数学概念的实际使用，祛除这些数学概念上面笼罩的神秘面纱。数学计算或数学证明活动就是人类实实在在的生活实践的一部分而已，数学命题的必然性就在于这些数学活动的规范性，而不是所谓的理想化、神秘化的东西。任何试图将数学概念或语言神秘化和拔高化的企图都是受到了语词幻象的诱惑，没有真正地看清数学语法的规则以及它们的具体使用。

数学推论或证明的必然性在其实践的规范性之中，这也就是说，如果我们在数学推论或证明的过程中得出了不一样的结果，那么，我们就会面临社会实践中未知的惩罚以及与他人之间的外在的冲突。数学实践的后果要求我们必须遵守数学的计算规则或语法规范。一个人、一群人是不可能挑战整个社会共同体对于数学知识的共识的。为什么1+1不可能不等于2，没有其他的可能性：这种数学加法计算结果的必然性是一种语法规则的规范性，当然这种规范性是与生活实践的惩罚联系在一起的。设想一下，有人在计算2+3时异想天开地不想得出5这个结果，认为可以私自地得出6这个结果。那么，我们就可以想象这个人在实际生活中所遇到的困难。这个人能够一致地运用他私自的定义加法吗？这个人能够有效地在现代社会中生存吗？我们很容易想象到，他会面临极大的困难。

一个人不可能在其他所有人都必然遵守数学规则的共同体中去另外发明一套数学计算方法或规则，那样做是毫无益处和意义的，只会徒添麻烦。因为就算他发明了一套完全不同于我们大家的数学加减法，但是也根本不能有效地运用这种加减法在实践生活中进行实际计算，所以极有可能与他人产生严重的冲突。比如他在餐馆用完餐饮，结账时他就会面临极大的难题，他是选择无条件地认同大家都践行的数学加减法系统呢，还是不认同？如果他不认同的话，那么，他如何说服收银员相信他的个人的计算法则是正确的？如果他说服不了收银员，那么他就必须接受收银员的结账要求，赞同他所在的社会共同体对于通常数学计算的共识。

总之一句话，这个人如果天真地试图在数学实践中得出不一样的计算结果，那么，这就根本与数学的规范性以及必然性的要求相冲突，他也就会面临高昂的生活成本的代价。维特根斯坦曾经这样写道："如果你得出不同的结果，你就会陷入与社会以及与其他的实践的后果的冲突之中。"（RFM I §116）这种生活成本代价会高得让人无法承受，而这个人最终只会选择妥协。可以想象，与整个数学共同体的社会作对的这样一个人生活是多么的孤独和悲惨。可以想象，稍微有正常理智的人都不会选择这么做，否则的话，就是选择远离文明社会，选择与整个社会为敌。鉴于数学计算渗入了我们社会实践或生活方法的方方面面，我们如果想要在现代社会过上正常的生活，都会选择融入这个社会，而不是孤立和隔绝自己，我们必须接受现代社会中对于数学计算的实践态度，从而更好地适应这种生活。社会实践会有力地教会人们尊重数学知识和命题，遵守相应的数学计算方法和规则，这是必然的。

数学知识或命题形成一条条规范性的网络（RFM VII §67），这些规范性的网络成为我们有效描述经验世界的工具和框架。维特根斯坦说："数学命题只是提供一个描述的框架。"（RFM VII §2）我们必须在数学语法规则的规范性的网络和框架中，描述和认识经验世界。数学计算的语法规则一旦被数学家确定下来就被置于馆藏之中保存起来，不可撼动和破坏。数学的必然性不是脑洞大开的必然性，而是实践过程得以检验的规范的必然性。数学命题和计算之所以应用范围广泛，数学的必然性之所以如此硬核和冷酷无情，就是数学语法规则与实践使用使然。维特根斯坦认为，数学上的"必定"是数学概念规范性的另一种表达。比如我们说"只要你遵守了相应的乘法计算规则，你就必定会得出这个结果"。这里的"必定"就是指数学规范性的必然性。

在数学的计算和推论过程中，因果联系不起任何作用。所有的数学命题或推论的必然性都是内在于语法规则与实践活动的。小孩学习计算，不仅需要学习计算的技巧与口诀，而且需要学习承担偏离数学规范的实际后果。比如说，小孩学习做一道数学习题，如果他做得正确，他就可能考试得高分，会有奖励，否则，就会有相应的不及格的成绩，可能会有批评和惩罚。所以，小孩学习数学计算，不是单纯地为了学习计算而学习计算，而是这种学习过程和实践行为与其他的可以预见的实践行为或后果联系在一起，这些外在的实践行为为小孩学习数学计算提供了复杂的环境。数学形成的这些规范性网络为人们规范自己的行为提供了最基本的依据和标准。

第三节　数学实践与数学确定性

自古以来，人们就知道数学知识具有不可争议的真理性与确定性。数学知识和命题一旦确立起来，几乎是亘古不变的。数学知识和命题的确定性和真理性不会随着时间和地点的改变而改变。数学命题几乎具有不可撼动的确定性。这是数学知识或命题与经验命题最大的不同之处。我们可以怀疑经验命题的确定性，但是，数学命题的确定性与逻辑命题的确定性一样，都是不可怀疑的。这也就是说，我们对于这些作为语法规则的数学命题或逻辑命题进行怀疑是无意义的，因为只有存在怀疑的地方才有怀疑的余地。数学以其不可怀疑的确定性被其他学科尊崇为一切科学知识的追求真理的样板。数学的方法因而也成为其他学科竞相效仿的榜样。按照维特根斯坦的说法，数学命题将我们置于毋庸置疑的轨道。那么，数学命题和知识的确定性到底是如何建立起来的呢？我们应该如何理解和把握数学知识和命题的无可置疑的确定性？对此维特根斯坦的回答是：数学命题所具有的无可争议的确定性是通过实践建立的；数学命题通过一系列行为而提出确定性；数学命题通过数学实践获得确定性。

数学家通过实际计算而确立对于数学的确信。数学家通过数学计算和证明技术将数学作为句法本质保存起来。比如，数学家可以证明一个五角星图形具有五个角，对此，维特根斯坦说："证明并不是阐明两个图形的本质，但是它表明，我正计算的东西属于图形的本质——我将其置于语言的范式之中。数学家们创造本质。"（RFM Ⅰ §32）这就是说，数学证明其实创造的是两个图形之间的内在联系，比如一个五角星图形与一个包含五个点的图形之间建立起一一对应的关系，这种关系不是这两个图形的本质属性，而是表达这两个图形之间的语法本质。几何学是关于几何图形的语法规则的表述。几何学的语法规则一旦确立起来，就是不可撼动的，是确定的。数学命题作为语法命题的确定性不仅是语法的本质的确定性，更是在实践过程中建立的确定性。维特根斯坦说"一个数学证明铸造（mould）我们的语言。"（RFM Ⅱ §71）

数学计算和证明技术的突破和发展的过程也是不断重塑我们语言的过程，规定我们对于数学命题和语词如何有意义的使用，这种语法的规定当然是确定的，是内在的和实践的。维特根斯坦追问道："关于被证明的东西的不可撼动的确定性是什么？接受一个不可撼动的确定性的命题——我想说的是——意谓着将其视为一个语法规则：这将不确定性从其中移开。"（RFM Ⅲ §39）在维特根斯坦看来，数学的确定性源自数学命题作为语法规则的自身，数学命题作为语法规则本身并没有被怀疑的余地。"数学真理完全在规范的意义上是'确定的'，所有怀疑的可能性都已经被排除了。"[1]

维特根斯坦还在晚期的《论确实性》中论述了数学命题的确定性是如何建立起来的。维特根斯坦认为，人们学习数学的知识并不是去刻意描述人们内心的精神过程，"内心过程"或"状态"是不重要的。需要关注的是，我们如何在实践中使用数学命题。因为只有在数学实践中使用数学命题（OC §38），我们才能真正地建立对于数学的确定性。我们通过不断的学习和训练，学会和掌握了数学计算的基本技巧。如果有人继续追问我们是如何学习计算的，那么对此的回答是："人们就是这样进行计算的，即在这样的情况下，人们认为计算是绝对可靠的，必然正确的。"（OC §38）这也就是说，我们只要观察人们实际的计算过程，就能明白数学计算的准确性和确定性是毋庸置疑的。维特根斯坦认为，我们不是单凭计算规则就

---

[1] Stuart Shanker, *Wittgenstein and the Turning-Point in the Philosophy of Mathematics*, New York: State University of New York Press, 1987, p.285.

知道计算的结果，而是要通过实际的计算训练才能真正理解计算的性质。维特根斯坦还说："一种实践的确立不仅需要规则，而且需要实例。我们的规则留下了不确定性的漏洞，所以实践必须为本身辩护。"（OC §139）"我们是通过学会计算才得以知道计算的性质。"（OC §45）这里的计算的性质即：确定性、准确性以及必然性等都是通过实际的计算过程，即外在的计算实践而获得的。维特根斯坦一直强调的就是计算的确定性离不开具体的应用，但是我们却不能描述我们如何确立对于数学计算确信的细节。

维特根斯坦认为，数学确定性不是仅凭一次规则应用就可以确定的，而是通过与其他规则应用整体联系在一起而决定的。我们之所以不是单纯地学习计算规则就可以掌握数学计算，主要是因为数学计算规则不是孤立的，而是与其他的规则系统联系在一起的。我们是在数学实践的规则整体中把握计算规则的。维特根斯坦说："我们并不是通过学会规则才学会怎样做出经验判断；别人教给我们的是判断以及判断与其他判断之间的关联。一个由判断组成的整体对于我们来说才显得合理。"（OC §140）这里的"判断与其他判断之间的关联"其实就是指规则应用的整个周边环境，强调的是语境原则对于我们理解和把握规则应用的意义。维特根斯坦无论前后期都还是坚持语境原则的，只是在不同的时期表现不同而已。前期维特根斯坦主要是从语义角度强调语境原则，即一个语词只有在一个命题中才有意谓，一个命题只有在上下文中才有意义；而后期维特根斯坦则主要偏向语用层面，强调从语法规则的实际应用的角度来理解语境原则。比如，数学中的乘法 12×12=144，只要我们熟练掌握算术乘法规则，一般是不可能计算错误的。因为这里的"12×12=144"表达的就是一种数学语法规则，并且其确定性在实际应用之中，这种数学计算规则是与其他的计算规则比如 12×11=132，以及 11×11=121，等等，关联在一起的。因而，维特根斯坦强调说："数学命题好像已经正式地打上了不可争议的印章。也就是说：'争论其他的事情吧，这是不可动摇的，是你进行争论所依靠的枢轴。'"（OC §656）数学命题或计算的确定性是毋庸置疑的，因为它们具有规则性的地位，同时又是在实践中逐步建立的。所以，数学中的确定性不可与经验命题的确定性相混淆。数学命题的无可争议的确定性为我们理解和描述经验命题的相对确定性提供了前提。

维特根斯坦认为，为了获得数学中的确定性，我们一般而言是反对数学命题中出现明显的矛盾的。他还曾经举了例子——"矛盾律"来说明人们是如何获得关于这一数学法则（不矛盾律）的确信的。我们首先学会一些使用语词的技巧。在我们学习语词使用的技巧的过程中，我们自然而然地就会消除那些包含前后矛盾的语词或说法，这也就是说，我们在语词的实际使用中尽量排除矛盾，避免使用包含矛盾的词语。为什么需要这么做呢？理由在于，否则的话，我们通常的表述中就会出现不一致或矛盾的情况。人们通过禁止"矛盾"语词的使用是与其他的使用语词的技术关联在一起的。维特根斯坦这样说："我们如何获得关于矛盾律的确信呢？——以这种方式：我们学会某一特定的实践，一种语言的技术；并且我们所有人都倾向于抛弃这种矛盾表述——以这种矛盾表述的方式，我们自然就寸步难行，除非我们重新解释这一特定的表述形式。"（LFM p.206）维特根斯坦这里又一次表明了他对于矛盾的态度。根据我们前面的分析，维特根斯坦其实承认矛盾在我们日常语言和实践中所造成的困难与障碍，也即一般而言，矛盾是不被允许进入我们的语言游戏的。但是这一要求不是绝对的，矛盾可以通过重新的解释，比如从重新定义一套"弗协调逻辑"或语义悖论的角度，我们还是可以在语言中应用矛盾的。无论我们如何解释或定义矛盾，或者禁止矛盾或允许矛盾，都不影响我们关于数学自身的确信。因为矛盾的使用与禁止都是以一定的条件为前提的，而这些条件其实又是语义或语用规则，在这些规则的使用下，矛盾的出现或不出现并不妨碍我们理解和把握数学的确定性。

维特根斯坦认为，只要我们正确地理解了数学计算和数学证明这些数学技术性的概念，我们就会理解数学概念中不可能容许含糊不清和不确定这些语词。也就是说，在数学的语言游戏活动中，不可能出现"大致""差不多"等不清晰的语词或概念。维特根斯坦说："计算概念排除了含混不清。"（RFM Ⅱ§76）"没有一种技术是为语词'大约'而设置的。"（LFM p.120）数学语词或概念的表达式中的混淆是通过实际运算和行动的一致性来消除的。我们生活在一个数学共同体之内，大家都按照一定的数学语法规则行事，彼此之间已经通过无数次的实践行为检验了数学命题和计算的一致性，这种一致性和确定性最终可以说是大家行动的一致或生活形式的一致和确定性。数学命题的确定性不是孤立的，而是与整个数学命题的实际应用网络紧紧结合在一起的。应用一个数学命题在很大程度上取决于什么被算作关于它的证明以及什么不算作它的证明，比如，我们来计算137×373，如果我们计算得出结果是46792，那么也就意谓着这个乘法结果是不可接受的，因为它违反了乘法计算的规则。这个乘法计算得出的正确结果应该是51101。我可以通过运用计算器来帮助我获得正确的答案。有人就会质疑说，你怎么能保证计算器不会算错呢？我只能回答说，在我们这样的一个广泛应用电子设备的时代，一般而言，计算器比如智能手机的计算器对于一般的数学计算是不可能出现错误的。我们拥有对于计算器计算的确信。使用电子设备来帮助我们计算这些琐碎的数学计算，已经构成了我们现代生活形式的一部分。这里我们可以看到，数学计算的确定性已经从传统意义上的人工计算的确定性转移或延伸到电子产品领域。电子计算器或计算机只不过是我们数学计算工具的延伸而已。从实践检验角度而言，人脑计算的准确性与电脑计算的确定性和准确性虽然不可同日而语，但是我们都将人脑计算或电脑计算作为生活实践的一部分，两者计算的一致性与确定性都是需要通过实际的使用来确定的。

正是由于数学命题的毋庸置疑的确定性，我们可以使用数学计算来进行精确的预测。数学计算使得人们的预测成为可能。数学预测不是说，当一个人遵守这个变形规则时，他将会得出这个结果，而是说，当我们说他正在遵守这个计算规则时，他将会得到那个结果。比如25×25=625。按照维特根斯坦的想法，从这个计算公式角度来阐明数学预测是这样的：如果一群人学习过数学乘法运算，知道数学乘法计算规则，并且我们判断他们会遵守这些乘法规则，那么，当他们进行相应的乘法运算时，他们一定会得出625这个结果。这就是一个正确的数学预测，是毋庸置疑的。维特根斯坦说："这也就是说，如果我们不能做出一个确定性的预测，我们不会称某种东西为'计算'。"（RFM II §66）这也就是说，数学计算技术本身的确定性是与数学预测的确定内在联系在一起的。"在一种计算的技术中，预测必定是可能的。"（RFM Ⅱ§67）正是由于数学的确定性，我们才可以应用数学命题或计算去对未来的事情进行有效预测。

维特根斯坦认为，数学实践过程所形成的数学确定性不能误解为"机械地"遵守规则。我们玩数学语言游戏，比如解一道数学习题，计算某一个乘法运算等，在这个过程中，我们遵守确定的游戏规则或计算规则。我们在生活实践中进行数学运算，并不意谓着我们完全"机械地"（mechanically）遵守游戏规则。这里的"机械地"意指对语言游戏进行"形式化"表征。维特根斯坦为什么反对从"机械地"或"形式化"表征角度理解数学语言游戏呢？这是因为在他看来，数学的"形式化"并不能完全令人满意。数学虽然具有与逻辑形式化推论相似的特征，但是数学本身独立于逻辑形式化的技术或语法规则系统。我们应该关注的并不是数学的形式化表征方面，而是数学命题或公式如何应用于生活实践。因为只有从语言的实际使用或语义实践的角度，我们才能澄清数学的确定性问题。脱离语义实践的数学的形式化表征不能说明这一点。这是肯定的。

数学命题的应用总是数学计算自身。我们只能从数学命题的具体应用即计算活动出发才能正确地理解数学的确定性和固定性。维特根斯坦认为，数学命题的发明不能没有应用的目的，甚至可以设想整个数学系统都是应用的，而不是纯粹的数学。维特根斯坦非常强调数学的应用性，他说："人们可以设想只有应用数学而没有任何纯粹数学。"（RFM Ⅳ§15）维特根斯坦这里强调的应该是，数学中的发明或创造肯定都有应用的目的，数学语法规则的构建都必定有实践中的应用之地。不可能只有单纯的理论，而没有实际的应用。否则的话，那种数学技术的价值在哪里呢？数学技术或理论如果不能加以应用的话，又如何确定数学命题的确定性呢？这明显是不可能的。也可能有人提出反对意见说，你瞧瞧数学前沿中的很多理论创造，根本就没有实际的应用。对此，笔者想指出的是，这种观点是短视的和浅薄的，因为虽然数学前沿的理论发展中的某些部分暂时可能还没有应用，或者应用的条件不成熟，由于其他的现实原因不能正确地展示相关理论的可应用性，但是这并不是说，这些理论本身是不能应用的。只是条件还没有成熟而已。数学命题或知识，只要配得起"数学"二字的称谓，就一定可以应用于我们的生活，只是迟早问题而已。因而，我们不能混淆了目前的应用条件限制性与可应用性这两个概念。

再者，笔者想补充的是，虽然维特根斯坦只是设想了"只有应用数学而没有任何纯粹数学"的这种可能性，但其实，如果我们稍微了解我们中国古代的数学知识就不难发现，维特根斯坦所讲的这种情况恰好可以适用于古代中国的数学成就。古代中国的数学其实是非常发达的，比如有《九章算术》等一大批高质量的数学著作的问世，有些数学成果比西方同级别的成果要领先好几百年呢。但是我们几乎知道的一个事实就是，中国古代数学虽然比较发达，但是并没有形成像西方数学一样的公理化或形式化的系统（比如欧几里得几何中发展出来的演绎系统或证明系统），中国古代数学更多的是面向古代人民实际生活中问题而提出的解题技巧，比如解方程、求圆周率等。概言之，古代中国纯粹数学不发达，应用数学比较发达。虽然中国古代数学形式化或理论化程度没有西方那么高，但是却不妨碍中国古代数学知识的确定性与可应用性。中国古代数学知识是在古代先民的生活实践中不断总结和概括出来的，深深地打上了农耕时代的烙印。我们翻翻《九章算术》就可以证实这点。当然，我们这里只是主张说，虽然古代中国数学的发展没有完成高度的公理化或形式化，即没有形成西方数学那样的演绎系统，但是，中国古代的数学知识和成果对于指导中国古代人民的生活实践依然有效。但是由于不同的文化传统以及数学哲学思想发展思路，中国古代以经验实用为目的发展出来的数学与西方近代以来飞速发展的数学相比明显落后了，我们目前面临的紧迫任务可能更多的是学习西方数学形式化或理论化的成果，追赶西方数学发展的最新前沿知识和成果，为我所用；但是一方面，不可否认的是，中国古代数学的伟大成就显示了中国古人所具有的高度的创造性和智慧。现代西方学界也开始有一些有识之士研究古代中国的科学和技术，这其中当然包括古代中国的数学以及数学哲学思想成果。

第四节　数学实践与遵守规则悖论的解决

"遵守规则悖论"是后期维特根斯坦哲学（比如《哲学研究》）中的一个重要主题。后期维特根斯坦在《哲学研究》134—242 节以及《关于数学基础的评论》的第 6 章中专门对这些问题进行了深入的思考，这些思考在学界引发了激烈的争论，产生了大量不同的解读观点，其中影响最大的当属 20 世纪 80 年代初克里普克（Saul A. Kripke）提出的怀疑论解读（sceptical reading）。[①] 克里普克的怀疑论解读的要点在于：从否定存在规则遵守者的个人的事实出发，认为维特根斯坦的规则观念是不一致（incoherence）、不可应用（inapplicability）与不可辩护的（unjustifiable），认为遵守规则不需要任何理由，因而是盲目的。[②] 克里普克认为维特根斯坦接受了这一怀疑论的论证并提供了一个怀疑论解决方案以便克服规则悖论。[③]

克里普克的怀疑论解读观点在学界引起了不少关注与争议。有学者如贝克和哈克（G.P. Baker and P.M.S. Hacker）指责克里普克误解了维特根斯坦的原意，并且就此多次展开驳斥。[④] 也有学者如威尔森（George Wilson）同情克里普克的这种怀疑论的解读策略，试图对克里普克的解读

[①] 参见 S. A. Kripke, *Wittgenstein on Rules and Private Language*, Cambridge, Mass.: Harvard University Press, 1982. 其实，主张怀疑论解读的不止克里普克一人，其他的主要代表人物还有弗格林（Robert Fogelin）、赖特（Crisipin Wright）等。参见 R. Fogelin, *Wittgenstein: The Arguments of the Philosophers*, London and New York: Routledge and Kegan Paul, 1987；C. Wright, *Wittgenstein on the Foundations of Mathematics*, Cambridge, Mass.: Harvard University Press, 1980。

[②] 参见 S. A. Kripke, *Wittgenstein on Rules and Private Language*, Cambridge, Mass.: Harvard University Press, 1982, pp.13-17。

[③] 参见 S. A. Kripke, *Wittgenstein on Rules and Private Language*, Cambridge, Mass.: Harvard University Press, 1982, pp.68-69。

[④] 参见 G.P. Baker and P.M.S. Hacker, *Skepticism, Rules and Language*, Oxford: Blackwell, 1984；G.P. Baker and P.M.S. Hacker, *Wittgenstein: Rules, Grammar and Necessity, Essays and Exegesis of §§185-242*, first Edition, Oxford: Blackwell, 1985。

观点进行辩护，认为维特根斯坦可以被理解为为意义的怀疑论问题提供了怀疑论的解决方案，这个解决方案虽然是怀疑论式的，但可以产生一种语义实在论（semantical realism）[1]。另外，还有学者如麦克道维尔（John McDowell）认为维特根斯坦试图消解（dissolve），而不是"解决"（solve）所有关于意义的哲学问题，因而也就不会提出关于意义的任何哲学理论。[2] 维特根斯坦关于遵守规则悖论引起的诸多解读意见，往往囿于各自的哲学立场，相互之间交锋激烈，至今并没有形成共识。我们依然不清楚的是，维特根斯坦如何分析遵守规则悖论以及如何理解规则和遵守规则。

　　维特根斯坦关于遵守规则悖论的观点之所以会产生这么大的争议，主要还是和人们应该如何理解意义、规则以及规则的应用等问题相关。如果没有真正地理解后期维特根斯坦关于意义、规则和理解的观点，就不可能真正地理解遵守规则悖论的实质。笔者认为，为了解决以上这些问题，我们必须回归维特根斯坦原初语境中关于如何理解规则与遵守规则等问题的分析和处理，只有将这些问题彻底弄清楚了，我们才能准确地把握所谓遵守规则悖论的实质。本节主张从分析规则悖论产生的根源出发，力图阐明在后期维特根斯坦的哲学视角下我们应该如何准确地理解规则和遵守规则，重构出后期维特根斯坦关于遵守规则的论证，对以上问题作出充分解析与澄清，并论证克里普克规则怀疑论解读方案为何是误导的，同时阐明如何消解遵守规则悖论。

　　一般而言，人们喜欢从语言、规则等角度讨论维特根斯坦的"遵守规则悖论"，但是这明显是不够的。笔者认为，"遵守规则悖论"是后期维特根斯坦数学哲学中的一个重大问题，但是这一问题最终应该可以通过阐明

---

[1]　参见 George Wilson, "Kripke on Wittgenstein and Normativity", *Midwest Studies in Philosophy*, Vol.XIX, No.1, 1994, pp.366-390; George Wilson, "Semantic Realism and Kripke's Wittgenstein", *Philosophy and Phenomenological Research*, Vol.LVII, No.1, 1998, pp.99-122。

[2]　麦克道维尔的这种解读观点也被称为"寂静主义"（quietism），本书不打算在此详细评论，而只是满足于指出，无论寂静主义者怎么宣称其反理论的宗旨，但是只要它承认自己为一种"主义"，而这即与维特根斯坦后期所强调的不提任何正面的理论的主张相悖。关于麦克道维尔的观点，参见 J.McDowell, "Wittgenstein on Following a Rule", *Synthese*, Vol.58, 1984, pp.325-363。

数学实践等概念而解决。在这一节里，我们先阐述清楚什么是"遵守规则悖论"，然后再讨论维特根斯坦如何化解这一悖论。这里先只是提示一下维特根斯坦的解决策略，这一解决策略其实很简单。维特根斯坦认为遵守规则假定一种习惯，数学遵守规则是一种数学实践，数学遵守规则是一种特殊的语言游戏。我们只有从数学实践角度理解数学活动中的遵守规则，才能防止"悖论"的出现。"遵守规则"过程中之所以会出现"悖论"，原因在于人们并没有从数学实践角度来理解遵守规则活动，一旦我们转变了看问题的视角，进行面相的转换，遵守规则中的"悖论"就会消失。

首先，我们来看看维特根斯坦是如何提出"遵守规则悖论"的。维特根斯坦主要是在《哲学研究》201节里描述这一悖论的：

> 我们刚才的悖论是这样的：一条规则不能确定任何行动方式，因为我们可以使任何行动方式与这条规则相符合。刚才的回答是：要是可以使任何行动与规则相符合，那么也就可以使它和规则相矛盾。于是无所谓符合也无所谓矛盾。

> 我们依照这条思路提出一个接一个的解释，这就已经表明这里的理解有误。就仿佛每一个解释让我们至少满意了一会儿，可不久又想到了它后面跟着的另一个解释。我们由此要表明的是，对规则的掌握不尽是（对规则的）解释；这种掌握从一例到另一例的应用表现在我们称之为"遵从规则"和"违反规则"的情况之中。

> 于是，人们想说：每一个遵照规则的行动都是一种解释。但是"解释"所意谓的却是用规则的一种表达式来替换另一种表达式。（PI §201）

维特根斯坦这里所谓的"遵守规则悖论"主要是指如果我们只从规则解释的角度来理解遵守规则的话，就会产生悖谬的情况：因为我们遵守规则的实际行动方式可以被解释得与规则一致（符合）或者不一致（相矛盾），如果任何一个行动可以被解释得符合规则或不符合规则，那么，在这里就根本不能有效地谈论规则。也就是说，按照这种对于每一个行动方式都作出解释的话，就实际上取消了规则的确定性的地位。维特根斯坦的所谓的"于是无所谓符合也无所谓矛盾"就是指规则消失了——我们如果试图对遵守规则的每一个步骤都作出解释，这种解释就会产生混乱和不一致，因为我们对于规则的掌握并不是仅仅依靠对规则的解释，而是从实际的应用中理解规则自身。试图对遵守规则的每一步都作出解释的话，只会导致遵守规则的情况或违反规则的情况的发生。这样实际上就取消了规则存在的必要性。这样只会适得其反。概括地说，一味地主张对遵守规则的每一步行动都给出解释，实际上只会取消规则的确定性，也就谈不上遵守规则。

维特根斯坦为什么要提出"遵守规则悖论"这一问题？这一问题到底在其数学哲学中具有什么样的意义？维特根斯坦到底是如何解决这一悖论的？维特根斯坦虽然只是在《哲学研究》201节中明确提出了关于遵守规则的悖论，但是我们要想阐述清楚这一问题仅仅关注这一码段的内容是不够的，我们需要联系维特根斯坦提出"遵守规则悖论"问题的背景，搞清楚他论述这一问题的大的语境才能正确地理解这一问题的本质。要想准确地理解遵守规则问题，我们有必要先看看维特根斯坦是如何阐明和分析"理解规则和遵守规则"这些问题和"继续一个基数序列"这个基本的数学哲学问题的。

我们先看看维特根斯坦是如何阐述"理解规则和遵守规则"这些问题的。由于人们很容易对规则产生误解，我们要想准确地把握遵守规则悖论产生的根源，就必须从"理解规则"这一心理学现象谈起。

一　从数学实践角度看"理解规则和遵守规则"

我们应该如何理解规则？规则的意义是什么？为什么规则问题上会出现悖论呢？我们应该如何去消除这个规则的悖论？维特根斯坦认为，理解规则不是给出无尽的解释，而是掌握一种独立应用规则的能力。比如一名学童只有独立地写出老师教给他的数列时，我们才可能说他的理解和我们一致。老师只有努力教学生把数列正确地继续下去，让学生做得和我们一样了，才可以说这位学生掌握或理解了这个数列的规则。维特根斯坦提出了"无穷后退"（infinite regress）论证，说明理解规则不是无尽的解释。理解规则不在于给规则提出一个又一个的解释，因为这些解释是无穷尽的。如果对规则给出一个解释就算作理解规则的话，那么，解释本身还可以进一步被解释，这样就只会陷入"无穷后退"的困境。维特根斯坦在《哲学研究》201 节里说：

> 我们依照这条思路提出一个接一个的解释，这就已经表明这里的理解有误。就仿佛每一个解释让我们至少满意了一会儿，可不久又想到了它后面跟着的另一个解释。我们由此要表明的是，对规则的掌握不尽是（对规则的）解释；这种掌握从一例到另一例的应用表现在我们称之为"遵从规则"和"违反规则"的情况之中。（PI §201）

以上希望通过无尽的解释来理解规则的思路明显是行不通的。维特根斯坦认为"应用始终是理解的标准"（PI §146）。语词的意义在于使用，规则的意义在于人们能应用规则。后期维特根斯坦一以贯之地侧重从"应用"（application）角度阐明语词和规则的意义。"应用"（application）规则体现的是人们掌握规则的实际能力。如果一个人能在实践中应用一个规则，那么他就真正地理解了这个规则。维特根斯坦进一步分析了"理解""知道"这些词与规则应用的语法的亲缘关系。我们说一个人真正地理解这个规则，也就是指这个人"知道"了该规则的正确使用方法。"'Wissen（知）'一词的语法显然与'können（能）''imstande sein（处于能做某事的状态）'这些词的语法很近。但也同'verstehen（理解）'一词的语法很近（'掌握'一门技术）。"（PI §150）如果一个人不知道如何应用一个规则，那他就还没有真正理解这个规则。

需要注意的是，维特根斯坦认为理解规则不尽是解释，辩证地认识到"解释"在应用规则时的作用，即认为"解释"对于我们理解规则的作用是有限度的，不是万能的，但是也不否定在一定的范围内（澄清误解时），解释具有相应的作用。可以将维特根斯坦关于"解释"的概念区分为两种：自然的解释与人为的解释（强行解释）。自然的解释旨在消除误解与不清，破除怀疑，从而达到确定性。自然的解释的作用是不能否定的，因为自然的解释在一定的范围能帮助我们澄清概念和思想的误解，但它的效力也是有限的。我们在解释概念和规则时需要注意观察相应的自然事实。脱离相应的语境、罔顾相应的自然事实，这样的解释的作用也就大打折扣了。维特根斯坦反对的是对规则进行无尽的解释，以为解释是万能的，特别是反对脱离具体的语境，对规则进行强行的人为的解释，这种解释就不是自然的解释，因为它超出了具体的语义实践范围，而没有真正地起到澄清概念和思想的作用，只会导致越来越多的混淆。强行的解释或人为的解释是维特根斯坦要拒斥的。

那么我们应该如何理解"理解规则"呢？理解规则不是指描述规则在心灵中的状态或过程。"理解不是一个心灵过程。"（PI §153）理解规则的能力不是指理解者某一瞬间心灵产生的状态，因为如果真有这种心灵瞬间或状态，我们也可以设想这个心灵瞬间发生各种不同的事情。维特根斯坦举人们学习数列为例来说明这点。当一个人学习数列极力弄清楚这个数列的规律时，他心中可能会发生各种各样的事情。当这个人喊出"现在我能继续这个数列下去"时，这名叫喊者或许想到的是一个代数公式，或者是一个差数数列，这些都是不同的。应用能力不是某种理解瞬间的经验，理解规则在于应用，而与任何心智状态无关。[①] 维特根斯坦提醒我们注意，理解规则不是理解规则在心灵中发生的过程或伴随物，而应该注意应用规则的周边语境。

从逻辑上讲，理解规则是遵守规则的前提，人们只有真正地理解了相应的规则才能切实地遵守这些规则。但是从实践层面上看，理解规则就体现在遵守规则的活动之中。因为理解规则并不是无尽的解释，而是应用规则的能力，进一步的根据在于：解释必须有终点，而这个终点就是行动。"如果我把道理说完了，我就被逼到了墙角，亮出我的底牌。我就会说：'反正我就是这么做的。'（记住：我们有时要求解释并不是为了解释的内

---

① 参见 D.G. Stern，"The Critique of Rule-based Theories of Meaning and the Paradoxes of Rule-following: §§134-242", in D.G. Stern ed., *Wittgenstein's Philosophical Investigations: An Introduction*, Cambridge：Cambridge University Press, 2004, p.145。

容，而是为了解释的形式。我们的要求是建筑学上的要求，房檐装饰般的解释并不支撑什么）"（PI §217）理解规则不是无尽连续的解释，解释有终点。这个终点就是行动。"'我有没有根据？'那么答案是：我的根据很快就会用完。接着我将行动，没有根据。"（PI §211）维特根斯坦这里所谓的"没有根据"并不是指我们可以无理性地遵守规则，而是指不需要进一步解释的根据，当然需要行动的根据。无尽的解释对于理解规则是不必要的，人们在具体的遵守规则活动中理解规则。因而我们可以认为"在实践中出现相互的理解而没有出现那种无穷后退"[1]。理解规则不是主观的心理活动、过程以及各种伴生物，而是人们在日常生活环境下运用各种规则的能力。真正理解规则的标志体现在规则的正确应用之中。

我们通过分析维特根斯坦关于规则悖论的论述认为：规则的悖论不是指"规则"概念本身存在不一致问题，而是指人们对"规则"的理解或解释与实际的行为之间出现不一致。规则悖论或问题的根源在于对规则的解释与规则应用行为之间的外在分裂，而没有真正地看到两者其实是内在统一的，遵守规则行为体现的是对规则的正确理解，对规则的理解必须以相应的行动为目的。理解规则并不是无尽的解释，因为任何解释都像它所解说的东西一样悬在空中，不能为它提供支撑。各种解释本身不决定含义。

既然理解规则的要义不在于提供各种解释，而在于应用规则和遵守规则，那么我们应该如何遵守一条规则呢？遵守规则有无相应的标准？在维特根斯坦看来，遵守规则是有标准的和根据的，而不是任意的与偶然的。遵守规则的标准不是在脱离语词或规则使用之外设置抽象的实体，而就是规则的应用自身。规则的应用具有规范性（normative）和客观性（objective）特点，而正是规则的规范性和客观性，使得规则的应用成为判定人们是否正确遵守规则的标准。在维特根斯坦看来，语词的意义就在于使用，但是仅认识到这点是不够的，由于人们很容易受到各种内在图像的诱惑，认为"假定语词使用之外的某种东西，以便使得这种外在的东西

① P.Pristone, "Rule-Following and the Limits of Formalization: Wittgenstein's Considerations through the Lens of Logic", in Gabriele Lolli, Marco Panza and Giorgio Venturi, eds., *Boston Studies in the Philosophy and History of Science: From Logic to Practice*, Vol. 308, 2015, pp.91-110.

能起到为语词的使用提供客观的标准的作用"①。认为需要设置某种处于语词或规则使用之外的抽象的实体的这种观点就是典型的语义柏拉图主义（semantic Platonism）。在《哲学研究》139—141节中，维特根斯坦深入地批判了这种柏拉图主义观点内在的不一致。

我们在理解和应用一个语词或规则时，心中出现的关于这个语词或规则的图画可能多种多样，但这并不重要，因为我们心中出现的某个图画最多只能提示我们一种特定的关于这个语词或规则的用法，而我们还能以不同的方式使用它。规则不是语言之外的实体（extra-linguistic entity），规则表达式也不是超级表达式，而是起到各种规范人们行为作用的规定（instructions）。"你没有这个超级事实的范本，却被引诱去使用一个超级表达式（我们称之为哲学的最高级）。"（PI §192）这里的"规范"不是"决定"（…determine…）或"强迫"（…impel…）我们遵守规则，而是"提示"（…suggest…）与"引导"（…guide…）我们遵守规则。

柏拉图主义似乎将规则看成一条无限延伸的且已经完成的铁轨，而规则的应用就是强迫人们在这些规则的铁轨上滑行。针对柏拉图主义的规则观，维特根斯坦认为规则的应用不是机械地遵守柏拉图主义的铁轨式的规则。柏拉图主义的规则观的错误在于：将规则延展化和实体化以及将规则的应用与规则本身相分离。"无限长的铁轨相当于规则的无限应用。"（PI §218）柏拉图主义规则观的出发点和目的其实是为规则的规范性与客观性作出辩护。但是其困难有二：其一，其所理解的规则和应用之间的关系完全是外在的，规则和应用之间产生裂隙，因而不能正确地把握规则和应用之间的内在关系；其二，柏拉图主义的规则观的形而上学与神秘意味太浓，它难以解释我们为什么可以有效地认识到这样一条无限长的已经存在的铁轨。"维特根斯坦关于遵守规则的讨论，主要目的是反对凝结在传统柏拉图主义理论中对规则和内容的神秘拔高。"②很明显，后期维特根斯

---

① Claudine Verheggen, "Wittgenstein's Rule-Following Paradox and the Objective of Meaning", *Philosophical Investigation*, Vol. 26, No.4, 2003, p.290.

② Crispin Wright, *Rails to Infinity: Essays on Themes from Wittgenstein's Philosophical Investigations*, Cambridge, Massachusetts: Harvard University Press, 2001, p.419.

坦反对柏拉图主义规则应用观，因为维特根斯坦并不认为规则是客观存在的无限延展的实体，即便存在这样的规则，"这些客观存在的轨道，同我们人类遵守规则的实践，或者判定一条规则在某些特定情形下是否被正确应用的实践，搭不上任何关系"[1]。在维特根斯坦看来，柏拉图主义的规则应用观是一幅富于象征意义的图画，这是对规则使用的神话式的描述。维特根斯坦既然反对规则应用的柏拉图主义的理解，那么，他应该如何阐明规则的规范性和客观性呢？维特根斯坦完全是从规则的应用活动本身来说明规则的规范性与客观性的。

规则的应用活动自身是判定他人是否正确遵守规则的标准，理由在于规则应用具有规范性与客观性的特点。规则的规范性来自规则表述中的规律性，规则的规范性体现在规则可以在实际规则遵守过程中引导和纠偏人们的行为，遵守规则的客观性是指在遵守规则的个体行为与具体周边环境之间互动的客观性。人类遵守规则具有规范性和客观性等特点，而不是随意的、偶然的、完全经验的。规则的表达如同路标，同行动的关系在于：人们被训练来对这个符号作出特定的反应，而我们就是这样来反应的。"遵守一条规则类似于服从一道命令。我们通过训练学会服从命令，以一种特定的方式对命令做出反应。"（PI §206）判定一个人是否遵守规则的标准不是柏拉图主义的神秘的实体或图画，而是关于这个规则的具体应用。

首先，规则具有规范性。按照维特根斯坦的分析，一条规则之所以被人们称为"规则"，主要理由在于人们可以在规则中认识到规律性（Gleichmäßigkeit），规则之中如果没有规律性，那么这种规则就是名不副实的。在人们应用和遵守规则时，这种规律性引导人们的行为具有规范性。比如老师教学生写下一个数列时，学生只有经常写对才行，100次只有1次写对是不行的。我们可以设想，这名学童的确抄写了老师布置的数列作业，但是写得次序不对，一会儿这样一会儿那样，一点规律都没有，在这种情况下，我们只会说这名学童还是没有真正地理解这个数列规则，因为他写的数列根本是随意的，毫无规律可言。"按照规则行动总是以对规律

---

① ［英］M. 麦金：《维特根斯坦与〈哲学研究〉》，李国山译，广西师范大学出版社2007年版，第127页。

性的认识为前提的，'123 123 123 123，等等'这些符号是一种规律性的自然表达。"（BGM S.348）认识到规则中的规律性是人们正确遵守规则的先决条件。正是对于规则中规律性的认识，使人们的判断和行动能取得一致性。维特根斯坦还举例说明了这点。比如某人用一条线作为规则，用圆规的一脚在规则线上移动，另一只脚也跟着移动。但是如果这个人时时刻刻都在改变圆规的张角，尽管他看上去非常认真地做这件事，只要我们看不到圆规的张角的增减有任何规律性，我们根本就不承认这是按照规则来行动的。

语言游戏要有意义，就必须有相应的语言游戏规则支配。"语言现象立足于规律性之上，立足于行动的一致之上。"（BGM S.342）应用规则活动中的规范性还意谓着，规则会对不按规则行事的人提出纠偏要求，要求人们按照规则的规律性去规范行动。维特根斯坦提请我们回忆老师教学生的场景中发生的事情。"我示范，他跟着我的样子做；我通过同意、反对、期待、鼓励等各种表现来影响他。我让他做下去，让他停下来，等等。"（PI §208）老师这里的各种鼓励和反对的表现就是对于学生行为的规范和纠偏。训练某人做一种有规律的活动。人们正是通过大量的学习和反复的训练，才能逐渐掌握应用规则的能力。

维特根斯坦明确区分了"规范性的"（normative）与"描述性的"（descriptive）。规则具有规范性，而不是描述性。"描述性的"这一词主要被用来对某一发生的经验事实进行描述，主要涉及"是"的层面，而"规范性的"一词则主要指"应该"层面，涉及行动的理由或根据。维特根斯坦反对对规则与行为的关系作因果性的解释。因为规则和行动之间的联系不是因果联系，而是理由联系。韩林合教授也在最近一篇论文中指出了后期维特根斯坦最为独特的哲学贡献就是区分了理由和原因。[①] 维特根斯坦强调的是因果方式和逻辑方式决定之间存在着根本的区别。"如果我说'当你遵守规则时，那件事必定会发生'，这并不是意味着，它之所以必定发生，是因为它总是发生；而是：它会发生，这是我们的一个根据。必定

---

① 参见韩林合《康德区分开了理由与原因吗?》，《学术月刊》2021 年第 12 期。

发生的事情是判断的一个根据。"（BGM S.350）规则和行动的联系不是因果联系，因为因果联系最多只能通过训练和反应来说明这点，但是这并不涉及问题的核心——理由和根据。因果关系是通过经验观察和实验得以确立的有规律的联系，但是它与理由或根据是根本不同的，理由或根据涉及的是语法规则和行动之间的关系，这种关系不受经验的反驳。规则和行动之间的联系是理由和根据。

规则命题之所以具有规范性，原因在于规则命题是语法命题，阐明的是规则和行动之间的理由关联；而一般的经验命题只具有描述性，而不具有规范性，经验命题不可能成为语法命题。谈到规则命题或语法命题时，维特根斯坦这样写道："这个命题不是经验命题。可是，为什么它不是经验命题？规则是我们遵守的东西，从一个数字引出另一个数字的东西。"（BGM S.318）当然，维特根斯坦在这里所谈的主要是数学中的规则，他认为数学命题是语法命题，具有规范性，不同于一般的经验命题只描述经验事实。比如算术中的加法。人们只有首先认识符合规律性的数列，比如加"1"的加法数列，才能正确地计算4+1=5。从加法规则本身来说，不可能一次将人们引到5，另一次将人们引到7。这是不可能的。这种不可能性是语法上的不可能性，而不是经验上的不可能性。"如果从4到5的规则不是经验命题，那么这点、这个结果必定被看作人们按照规则行动的标准。"（BGM S.318）。在维特根斯坦看来，"把+1这种运算应用于4"，这就是一种概念的规定性。"4+1=5"本身就是一条规则，我们根据这条规则来对计算过程作出判断。

其次，规则应用具有客观性。规则的客观性主要是指个人遵守规则行动是与客观的外在自然环境关联在一起的。没有外在的稳固的自然环境和事实，我们很难想象一条规则可以切实地被人们遵守。这里所谓的"稳固的自然环境与自然事实"其实就是指绝大多数的情况下，即"正常的情况"下人们所处的自然环境。"只有在正常的情况下，语词的用法才是明确规定好的；在这种那种情况下该说什么，我们知之不疑。"（PI §142）但是也不排除极少数"非正常情况"会出现，比如"规则成为例外，例外成为规则"。比如人们通常用天平来称奶酪，但是奶酪突然没有明显的原因膨胀或瘪下去，这个用天平称东西的程序就会丧失意义。再如，我们在正常的情况下，当然会记得"疼痛""恐惧""高兴"等词的使用习惯，我们有意识、记忆，会使用表达情感的心理词汇，这些都是经验的事实。但是假如我们的记忆中突然遗忘了"疼痛""恐惧""高兴"等词汇表达，我们关于这些词汇的语言游戏就失去了存在的意义。我们关于这些表达情感和心理词汇的语言游戏，其实也通过以上这些经验事实体现了相当的客观性，也即我们必须在尊重这些自然事实基础上才能谈论这些语言游戏的意义和相关规则。

遵守规则的客观性主要体现在遵守规则的主体和相应的自然环境之间的互动的客观性。维特根斯坦并不否认遵守规则需要外在的自然事实的存在。"我们为了解释一个概念的含义——我指的是概念的重要性——而必须说到的，往往是些极其普通的自然事实，这些事实由于极其普通而几乎不被人提起。"（PI §142）这些自然事实，太多太杂，以致经常被人忽略，但是它们确实是我们得以客观地遵守规则的保证。"但对我们来说，那使得他在这样一种情况下有道理说他理解了、他知道如何继续下去了的东西，乃是他具有这样一种体验时所处的环境。"（PI §155）维特根斯坦这里提到的"环境"（circumstance/Umstände）其实也就是指人们在遵守规则时必须注意的那些周边的自然事实。"当人们谈论遵守规则的客观性时，那就意味着我们眼前所有发生的东西。"[①] 正是由于我们是在具体的时空之中遵守相应的规则的，我们在遵守规则时不可能不关注诸多自然事实。比如我们通过培训拿到了驾照学会了开车，熟记了相应的交通规则，但是这并不代表我们在实际开车遵守交通规则的过程中不需要关注相应的自然事实。开车时的时段、天气和道路的状况，所开车辆的性能状况，以及最新的交通规则等，这些都是我们开车上路时必须注意的自然事实。如果不关注这些自然事实，我们在实际开车过程中遵守相应的交通规则时可能会遇到麻烦，从而导致不必要的危险情况发生。与交通环境相关的这些自然事实，在相当大的程度上决定了人们遵守交通规则的客观性。

① L.M. Covas, *Worte am Werk：Wittgenstein Über Sprache und Welt*, Karlsruhe：Universität Karlsruhe, 2008, S.151.

二 "继续一个数列"中的遵守规则问题

维特根斯坦关于遵守规则问题的讨论是与"继续一个数列"否认问题紧密相关的。"继续一个数列"问题是一个经典例子，可以帮助我们有力地阐明维特根斯坦如何阐明遵守规则问题。维特根斯坦其实在《哲学研究》的第 185 节中就已经开始讨论"继续一个基数系列"的问题。维特根斯坦举了一个学生学习基数系列的例子，试图展现这个学生对于规则的理解有可能与通常的理解发生差异的情况。我们现在假设，按照通常的标准，这个学生已经掌握了基数系列，比如"+n"等形式系列。我们已经教会这个学生，直到教他根据"+n"形式命令写下：0，n，2n，3n，等等形式的系列。比如这个学生已经掌握了"+1"这个规则，能够按照命令写下 1000以内的基数系列，并且通过了相应的测验。维特根斯坦接着写道：

> 现在我们让这个学生写下一个系列（比如说是 +2）——一直写到1000 以上，而到了 1000，他写下的是 1000，1004，1008，1012。
>
> 我们对着他说"瞧瞧你做的！"——他不明白。我们说："你应该加 2，看看你是怎样开始这个系列的！"——他回答说："是啊，这不对吗？我还以为应当这样做呢。"——或者假设他指着这个系列说："可我是在用和以前一样的方式做呀。"——这时再说"可你就看不出来……吗？"再重复原来的解释和例子已经毫无用处了——在这种情况下，我们也许可以说：这个人通过我们的解释理解到了那样的一个命令，可谓本性使然，就像我们听到："加 2 直加到 1000，加 4 直到2000，加 6 直到 3000，等等。"
>
> 这个例子同下面这个例子很像：一个人本性使然地对别人手指姿势做出反应是从指尖向手腕的方向看，而不是从手腕向指尖方向看。（PI §185）

我们从以上的例子中可以看出，这个学生所理解的写下的基数系列与我们通常所理解的不一样。上面提到的这个学生是在遵守"加 2"的规则吗？这个问题就取决于我们怎么看待遵守规则这件事了。如果我们站在通常理解的角度，即"加2"适用于无限继续的基数系列或无限制地对基数进行"加2"，那么，很明显，这个学生（正如上面老师所指出的那样）他没有正确地理解通常所意指的"加2"的规则，因而，他的行为不能算作遵守了"加2"的规则，因为他并没有持续地"加2"，而是在1000之后"加4"；但是如果我们换一个角度来思考这个问题，即这个学生的老师并没有在一开始就解释清楚"加2"可以适用于无限的基数，而只是说可以应用于1000以内，那么，后来这个学生对于1000以后的基数系列有了自己的独特的解释，也就不奇怪了。这也就是说，这个学生完全有理由反驳老师的指责，说你当时一开始教我怎么写基数系列时，根本就没有说"加2"也必须适用于1000以后的无限基数啊。由此，如果这个学生为自己的辩护成立，那么，这个学生的确在遵守另外一套规则，即他自己所理解的"在1000以内加2，在1000以外到2000以内加4，从2000到3000以内加6"。这个规则肯定不是老师前面所提出的"加2"规则。学生私自对规则的这种解释是正确的吗？还是老师前面所说的规则"加2"是正确的呢？问题到底出在哪里？这个学生到底是不是在遵守规则？我们到底应该如何理解这里的遵守规则的不一致情况呢？

按照笔者的分析，这里的问题就是"遵守规则"这件事到底应该如何理解。我们能否像这个学生那样重新解释他的行动（执行写下基数命令），以便使其符合自己所解释的规则呢？前面提到，这个学生之所以会对1000以后的基数系列的理解与通常理解不同，主要根源在于他最先开始学习写下基数系列时，只学习到了1000以内加2的命令。也就是说，从这个学生开始学习写基数系列时，他就以为1000以内是加2，1000—2000是加4，2000—3000是加6，等等。这是他心中默默牢记的东西，他并没有说出来以供老师批评指正。所以，这也就为后来他所理解的遵守规则的"规则"与老师所理解的"规则"之间的不一致埋下了伏笔。这个学生为自己辩解得貌似正确的理由就是，教他写基数系列的老师并没有清楚地告诉他"加2"不仅可以适用于1000以内，还可以适用于1000以外任意大的基数。

那么，我们到底应该如何判定遵守规则这件事呢？在这个例子中，是老师占理还是学生占理呢？根据笔者的理解，维特根斯坦举出这个学生的反常的理解和解释的例子，就是要告诫我们，遵守规则不是一种新的解释。也就是说，这个学生对自己的辩护，貌似有理，实际上是强词夺理，是一种对于遵守规则的误解。遵守规则不是一种个人私下的心灵的任意发挥和解释，而是一种公共的可以检验和认可的实践活动。这是维特根斯坦关于遵守规则的最重要的观点。我们不能脱离实际的语词使用实践来理解和解释遵守规则的一致或不一致。因为，如果这个学生的辩解有道理而被采纳成立的话，那么这个学生也可以不说他当时心里想的规则是"在1000以内加2，在1000以外到2000以内加4，从2000到3000以内加6"，而是其他的规则，比如说"在1000以内加2，在1000以外到3000以内加4，从3000到5000以内加6，如此等等"或者"在1000以内加2，在1000以外到4000以内加4，从4000到8000以内加6，如此等等"，这些所谓的"解释"可以随他想怎么说就可以怎么说。我们不难想象，这个学生关于他的行为的这种事后解释可以有无数种。那么，学生的这种无数种试图为其犯错的辩解的理由肯定是不能成立的，因为这是事后诸葛亮。如果每次行动的事后解释都能成立，这岂不是乱套了吗？这里就谈不上解释得正确或不正确，解释也就丧失了原来应有的意义。这就会出现滥用"解释"的情形。而这个学生所理解的关于规则和行为的"解释"观点明显不是维特根斯坦所理解的遵守规则的"解释"的观点。因为按照那个学生的逻辑进行下去的话，这个学生可以不遵守任何一个规则，但是却可以通过解释来使得他的行为符合所谓的规则，这明显是荒谬的。

由此，我们就得出，遵守规则活动中的行为不可能每次都需要解释，换句话就是说，我们根本就不能承认这种过度的"解释"在遵守规则行动中所起的决定性的作用。为了保证遵守规则的一致性，我们不是通过解释来使得行为获得确定性和一致性，而是将遵守规则本身放在实践中去确定规则的一致或不一致。也就是说，不是"解释"而是"行动"，使得遵守规则成为遵守规则，从而保持遵守规则的确定性。

就像前面所说，不是一个规则的解释规定我们所有的一切行为，而是规则在使用实践中使得规则具有确定性。是我们的实际行动来遵守规则，而不是口头的解释。因为如果任何这种解释都能成立，那么，任何违反原来既定规则的行为也都可以被解释得完美无缺，即符合任意一条规则。任意的解释如果都可以将行为解释得符合规则，那么，这种解释其实是无效的和苍白的。解决这里的遵守规则中的悖论，主要就是让人们转变看待遵守规则的视角，遵守规则不是一种无穷无尽的解释，解释必须是有终点的，这里的终点就是行动。正是行动的出现给遵守规则画上了句号。人们根据一个人在遵守规则的实践过程中的实际的外在行为的表现，比如面部表情、肢体动作等一系列的可以观察的行为，来判断这个人是不是能够独立地遵守一条规则。维特根斯坦在《哲学研究》185节最后说道："这个例子同下面这个例子很像：一个人本性使然地对别人手指姿势做出反应是从指尖向手腕的方向看，而不是从手腕向指尖方向看。"其实就是讽刺那个学生诉诸的"本性使然"的解释是荒谬的。因为我们不可能说，一个人本性使然地对别人手指姿势做出反应是从指尖向手腕的方向看，而不是从手腕向指尖方向看。恰恰相反，如果一个人向另外一个人做出手指姿势和动作，很自然地会让别人从手腕向指尖方向看，而不是从指尖向手腕的方向看。

维特根斯坦在接下来的第186节里继续讨论了学生如何正确执行"+n"的命令问题。为了正确地执行这个命令，如何才能正确地决定一个步骤呢？正确的步骤就是和命令相符合的步骤吗？什么叫作同当时的命令的意思相符合？这种符合是由直觉来保证的吗？每一步都需要一个新的直觉吗？在任何一处，我们都应该把什么叫作与那个句子相符合吗？维特根斯坦认为"说在每一点上都需要一种直觉，几乎还不如说在每一点上都需要一个新的决定来得更正确些"（PI §186）。与前面批判执行命令者心中的解释不同，维特根斯坦在接下来的第187、188节里从批判发出命令者心中的解释出发，指出了发出命令者心中的所谓的解释的不必要性和误导性。比如发出命令者说"但是当时我给出命令的时候的确已经知道他在1000之后写下1002"。维特根斯坦认为，发出命令者说"知道""意思"这些词的用法是误入歧途的，因为"知道"或"意思"这些心理学词汇应用到个人的话，没有一个外在的标准来检验，是难以说服别人的。第 188 节进一步对 187 节中的"知道"或"意思"进行解释，比如解释成"命令里的那个意思已经以自己的方式完成了所有的步骤"或者"即使我还不曾在笔头上或口头上或思想上完成那些步骤，它们真正来说已经完成了"诸如此类的胡话。如果发出命令者反驳说"这些步骤不是由代数公式决定的吗"，那该如何应对？维特根斯坦认为，这句反问中其实包含了混淆。我们的确使用"这些步骤由代数公式决定的"这样的表达式，但是，我们对于这个表达式的使用完全不同于发出命令者前面所作的解释。

因为，一般来说，我们是通过教育和训练来教会别人使用这些表达式的。我们可以说"这些人经过训练，得到'加 3'的命令，他们在同一点上采取同样的步骤"。或者可以说，"加 3"的命令完全决定了他们从一个基数到另一个基数的所有的步骤（PI §189）。只有经过训练和教育的学生才能准确地掌握"决定"一词的语法，才能正确地执行相应的遵守规则的命令。需要注意的是，我们说"掌握一个词的语法"并不意谓着"一下子就把握了这个词的所有的语法"，这是不可能的。在维特根斯坦看来，"一下子抓住"这些词语都属于"超级表达式"，是不得要领的和需要抛弃的。正如我们一般不说一台机器已经隐含地包含了它的一切运转，我们一般也不说，我们可以（一下子抓住）用因果方式或经验方式来确定未来的一个语词的所有用法。因为这些语词还没有真正地被使用，如何加以确定呢？用稀奇的方式以为一下子就掌握了一个词的所有用法的观点是令人误导的。维特根斯坦反对这种稀奇的因果性的解释（PI §195）。维特根斯坦说："我们没有弄懂一个语词的用法，就把它解释成在表达一种稀奇的活动（就像把时间想象成为一种稀奇的媒介，把心灵想象成为一种稀奇的存在物一样）。"（PI §196）想做一件事的意向并不能包含做这件事的所有步骤。维特根斯坦写道："'咱们来下盘棋'这句话的意思和象棋的全部规则之间的联系是在何处形成的？——好，在象棋游戏的规则表格里，在棋艺课上，在下棋的日常实践中。"（PI §197）这里，维特根斯坦强调说，下棋与象棋的规则之间的联系是在棋艺课以及日常的下棋实践中形成的。规则的形成与表述离不开遵守规则的具体实践。我们可以说，只有在具体的实践过程中才能体现出遵守规则。

那么，如果有人问，规则怎么能告诉我在具体的每一步应该如何做呢？是不是无论我怎么做，都可以通过解释使规则和我的行动取得一致呢？很显然不是这样的。规则的解释如果缺乏实践的基础，并不能说明什么，更不能确定什么涵义。那么，规则的表述和我们的行动之间到底是什么关系呢？这里有什么样的联系呢？维特根斯坦回答说："好的，可以是这样的：我被训练来对这个符号做出某种特定的反应的，而我现在就是这样反应的。"（PI §198）维特根斯坦认为，如果我们可以把规则理解为路标的话，只有存在稳定的用法，一种习俗，才说得上一个人沿着路标走，也才说得上一个人遵守规则。这也就是说，遵守规则不是无条件的，而是需要前提的，即要假设存在着稳定的语词的用法习惯，一种文化习俗或一种语义实践。遵守规则不是一次单个人臆想的事情，而是假定存在着某种特定的文化传统或风俗习惯。对此，维特根斯坦这样写道：

> 我们称为"遵守一条规则"的事情，会不会只有一个人能做，在他一生中只做一次的事情？——这当然是对"遵守规则"这个表达式的语法注释。
>
> 只有一个人只有那么一次遵守一条规则是不可能的。不可能只有一次做了一次报告，只下达或只理解了一个命令，等等。——遵守一条规则，做一次报告，下一个命令，下一盘棋，这些都是习惯（风俗、建制）。
>
> 理解一个语句就是说：理解一种语言。理解一种语言就是说，掌握一种技术。（PI §199）

以上所引段落表明，在维特根斯坦看来，遵守规则不是一次性的个别行为，遵守规则就同其他的生活活动一样，都是一种文化风俗或习惯使然。遵守规则类似服从一个命令，是通过不断的训练和惩罚使得初学者们服从这个命令，对这个命令作出正确的反应，以便逐渐适应这套规则。遵守规则本质上就是一种实践行为。维特根斯坦写道："因此，'遵守规则'

是一种实践。以为自己在遵守规则其实并不是遵守规则。因此，不可能'私自'遵守规则。否则以为自己的遵守规则与遵守规则就成为同一件事情了。"（PI §202）

一个人不可能私自地以为自己在遵守规则就是在遵守规则，因为遵守规则是一种公共的实践行为，需要得到他人的认可才算数。前面第185节里初学者以为自己在遵守规则，其实并不能算作遵守规则，因为教他的老师就不认可他的那种辩解。我们大家都是在各自生活的共同体中遵守规则，不能离开特定的文化风俗与习惯来孤立地谈论遵守规则与否。脱离具体的文化传统与风俗习惯，孤立将一个人的行为抽离出来谈论遵守规则与否，就会得出关于"遵守规则的悖论"，而如果将"遵守规则"看成一种语义实践行为，那么，这个"悖论"也就自然消解了。因为也就不存在参与者的"私自的解释"了。一个人的私自的解释并不能成为判定一个人是否遵守一个规则的标准，这个标准应该是我们共同体的风俗习惯。我们共同的人类行为，是我们理解异己的行为的参照系。我们判定一个人是否遵守规则，其实在特定的语境和文化背景下，都有着一套特定的标准。这是肯定的。

在维特根斯坦看来，如果面对的是一位初学者，即他不知道这套规则，我们就需要教会他遵守规则，不断地从实践中训练他对特定的命令作出反应，让他能一致地服从命令；而如果他不是一位初学者，即他已经学会了如何遵守规则，那么，我们就只需要告诉他相应的规则即可。如果还有人对"遵守规则"这件事不明白，追问"我如何才能遵守一条规则？"对此正确的回答是：这里没有原因，也没有更多的解释，我就是这样做的。维特根斯坦写道："如果我把道理说完了，我被逼到墙角，亮出我的底牌。我就会说'反正我就这么做'。"（PI §217）这也是维特根斯坦的一贯思路，解释和辩解都是有终点的，我们不可能"打破砂锅问到底"地追问终极的原因或道理，如果要说有终极的根据的话，那就只能是在具体的行为和反应之中。外在的行为和反应既是我们判定一个人是否理解一个语句或语言的外在标准，也是我们判定一个人是否真正地理解了一套规则的外在标准，而不是他的私自的解释。说得好不如做得好。这也其实体现了后期维特根斯坦哲学中的侧重实践的风格。一切辩解在具体的实践面前都是苍白的，一切理论在生活面前都是灰暗的。

维特根斯坦认为，判断一个人是否真正理解了一个规则或语句表达，正确的标准不是他说出什么样的解释，而是在于他是否真正地掌握了运用这条规则的技术。维特根斯坦这样写道："我们如何判定某人是否意谓如此呢？——比如，他已经掌握了算术和代数中的某一技术，并且用通常的方式教会其他人关于这个系列的展开，这就是标准。"（PI §692）比如前面第185节中，我们如何判定那个学生是否真正地理解了"加2"这个命令与基数展开规则，那就要看，他是否真正地能掌握基数"加2"的技术，并且能否教会别人做相同的题目。如果他能做到这点，就说明他真正地掌握了这种数学技术，如果他做不到，无论他的辩解多么精彩，都是无力的。这应该也就是事实胜于雄辩的道理吧。

因而，在维特根斯坦看来，数学家组成了一个高度专业化和职业化的群体，形成了独自的学术共同体，他们会有一套外在的标准来检验某一个数学家是否真正理解某一算术公式或证明过程。也就是说，数学家对于遵守规则问题，是有着一套非常管用的解决办法的。对此，维特根斯坦是非常乐观的。他说："人们（例如在数学家之间）并不对是否遵从了规则争吵。例如，他们并不为此动手打起来。这属于我们语言据以起作用（例如做出某种描述）的所依赖的框架。"（PI §240）

三　对克里普克怀疑论解读的批判性回应

克里普克在《维特根斯坦论规则和私人语言》中通过构思一种不同于通常数学中"加法"的"伽法"，展开了他对于维特根斯坦这个悖论的怀疑论分析，声称怀疑论者有理由怀疑我们之前所用的"加法"用错了，可能"加法"一直指的是"伽法"，从常识角度来看，这显得比较荒谬，但是克里普克认为这并非逻辑上不可能的。克里普克认为这个怀疑论的挑战在于：其一，我们没有所谓的事实（无论外在的还是内在的）来保证"我指的是加法而不是伽法"；其二，如果有这么个事实存在的话，它就必须表明如何论证了我应该用"125"而不是"5"回答"68+57"。①克里普克认为，维特根斯坦的这个怀疑论的挑战不是一个认识论意义上的挑战，怀疑论解读的要点在于：如果没有我的过去的任何历史事实能确立我们先前对于规则的使用是正确的，那么，如何还能存在"我过去是指加而不是伽"这回事呢？究竟是否存在什么事实会规定它们应该如此呢？

克里普克认为，就像休谟一样，维特根斯坦接受了这一怀疑论的论证，并提出了一个"怀疑论意义上的解决方案"来克服这个表面上的悖论。维特根斯坦同意怀疑论者，无论是"内部世界"还是"外部的世界"，都不存在这样的事实来规定我指的是"加法"还是"伽法"。"这个怀疑论证的全部要点在于，到最后我们总会来到这里：我们的行为，但没有任何理由，于是我们也就没有理由来论证我们的行为。我们毫不迟疑但却盲目地行动。"②克里普克认为，这个怀疑论论证的要点就在于质疑规则观念的不一致（incoherence）、不可应用（inapplicability）与不可辩护（unjustifiable），造成规则不一致、不可应用与不可辩护的原因在于不存在任何事实来保证规则的正确使用。

针对克里普克怀疑论的解读观点，我们认为维特根斯坦并不接受规则怀疑论的解读，理由在于规则概念不是不一致的、不可应用的、不可辩护的，而是一致的、可应用的与可辩护的，因为遵守规则并不是没有理性的与盲目的行为，而是理性的有选择的行为。克里普克的怀疑论的解读观点其实是一种对维特根斯坦哲学的经验论的解读，而根据我们对维特根斯坦哲学的理解，维特根斯坦的哲学是反对经验主义的。因为前期维特根斯坦强调的是逻辑，后期维特根斯坦强调的是语法。无论是逻辑还是语法都是非经验的东西，因为逻辑和语法提供的不是偶然的东西，而是确定的东西。在经验主义的解读观之中，没有必然性的位置。而必然性是维特根斯坦哲学极力要说明的主题。我们的回应主要有以下三点。

第一，克里普克所谓的"没有任何内在的或外在的事实来确定我对于

---

① S. A. Kripke, *Wittgenstein on Rules and Private Language*, Cambridge, Mass.: Harvard University Press, 1982, p.11.

② S. A. Kripke, *Wittgenstein on Rules and Private Language*, Cambridge, Mass.: Harvard University Press, 1982, p.87.

先前规则的使用是正确的"观点是错误的，因为根据我们上面的分析和解读，维特根斯坦承认我们在遵守规则时，必须关注外在的周边环境和自然事实，而正是这些周边环境和事实，使得我们使用语词和遵守规则具有客观性，而不是随意的、偶然的个人行为。我们大家而不是单独的我，都是如此这般地使用"加法"而不是"伽法"的这一事实，表明"我指的是加法而不是伽法"。当然，这里的规则的客观性并不是纯粹的客观性，而是遵守规则者与外在自然环境和事实之间互动的客观性，所以认为不存在客观的事实来保证规则之前的使用的观点是误导的而没有看到维特根斯坦所谓遵守规则的外在周边环境其实是作为遵守规则的前提。孤立地看，以为一个规则可以决定（determine）它的未来的应用的观点是被误导。规则有其应用的语境。

第二，克里普克所谓"规则"不可应用的怀疑论的指控也是不成立的。按照前面的分析，我们认为维特根斯坦关于遵守规则的论述中，针对规则的应用问题，怀疑论者的声音虽然经常出现，但是维特根斯坦很明确地从规则的应用实践角度予以拒斥。在维特根斯坦看来，规则与其应用是内在的统一的，而不是外在分离的关系，规则的意义就在于应用和遵守规则。克里普克误解了维特根斯坦对于怀疑论声音驳斥的要点。因为怀疑论者只从规则和应用分离的角度来解释规则的应用问题，就会得出怀疑论的结论，而维特根斯坦很明确是从两者内在统一的角度理解规则应用问题的。针对这点，艾哈默德（Arif Ahmed）也认为："相当确定的是，维特根斯坦并不是以克里普克展现他的方式来论证的。……正如我们所见，表达式的习惯性的使用为我们所说—或你的所说——你意谓一件事而不是另一件事提供辩护。"① 规则可应用性不是一个理论的或解释的问题，而是遵守规则实践中得以消解的问题。规则的可应用性体现在人们能切实地遵守各种规则的实践活动之中。

第三，克里普克所谓"规则"不一致性的解读也是不成立的，因为维特根斯坦的规则并不是不一致的，而规则的一致性体现在共同体的绝大多

---

① A. Ahmed, *Wittgenstein's Philosophical Investigations: A Reader's Guide*, London: Continuum International Publishing Group, 2010, pp.100-101.

数人的践行行动之中。遵守规则本质上是一种人类实践活动，人类在具体的语义实践中遵守具体的规则。以为自己在遵守规则，其实并不是在遵守规则。遵守规则的悖论只能在具体的遵守实践中得以消除。人们不能"私自"地遵守规则。这也就是说，遵守规则具有公共性，而不是私人性的。"'遵守规则'语言游戏隶属于一个监管当局，这个监管当局就是共同的实践（die gemeinsame Praxis）。如果没有这种相关的实践，就不可能玩'遵守规则'游戏。"① 克里普克所设想的那种"伽法"，即可设想"68+57"的结果不是"125"，而是"5"，其实就是"私自地遵守规则"，这种"私自地遵守规则"并不是公共地遵守规则。这种"伽法"并没有照顾到绝大多数人对于算术"加法"的使用习惯，而只是想象的产物。这里的"共同的实践"其实就是指"共同的人类行为方式"。也就是说，在绝大多数情况下，人们都是正常地按照"加法"规则进行计算，不会把"加法"理解为"伽法"。

语言与生活方式相关。为了描述语言现象，人们必须描述实践，而不是描述一个只发生一次的过程，因为对"遵守规则"这个概念的使用必须以习俗惯例（Gepflogenheit）为前提（BGM S.322）。"只有一个人只那么一次遵守一条规则是不可能的。不可能只那么一次作了一个报告、只下了或只理解一个命令，等等。——遵守一条规则、作一个报告、下一个命令，或者下一盘棋，这些都是习惯（风俗、机制）。"（PI §199）我们不是想怎么遵守规则就怎么遵守规则，我们必须考虑到所处共同体的文化背景和风俗习惯，我们的规则只有放在具体的文化背景和风俗习惯下才有现实意义。人们不可能无视集体的习俗或惯例而私自地遵守自己制定的规则，就如同一个人不能单独玩牌类游戏。正如语言游戏是人类共同体互动的产物，遵守规则也是如此。

维特根斯坦所谓"盲目地遵守规则"也并不是像克里普克所讲的那样只是"遵守规则无需理性"，而是指我们在遵守规则时并不选择，因为在遵守规则之前已经有了选择和判定，我们在遵守规则实践活动过程之中并

---

① W. Kienzler, *Ludwig Wittgensteins"Philosophische Untersuchungen"*, Darmstadt：WBG（Wissenschaftliche Buchgesellschaft), 2007, S.92.

不再需要对规则进行选择和甄别，而是重复规则规范的行为就可以了。这里的重复是和"训练""实践"等概念结合在一起的。另外，"盲目地"不是说不关注"规则"，而是指要排除"规则"被封印给定的各种抽象的形而上学的定义。维特根斯坦所谓的"盲目地遵守规则"是为了反对柏拉图主义的遵守规则。柏拉图主义的规则是在无限的空间中一劳永逸地决定以后的应用行为的无限的铁轨。在维特根斯坦看来，规则不是一种无限的已经被给出的铁轨，规则不是完成的整体，而是与我们具体的语义实践紧密联系在一起的。维特根斯坦对"无限"的理解："无限"不是已经给出的完整的整体，而是潜在的无限的应用性。"无限"不是数，而是一种不间断应用的法则。

四　在遵守规则实践中消除悖论

人们以为遵守规则中存在悖论，这其实是对遵守规则的哲学误解，这并不是维特根斯坦自己的立场，而是维特根斯坦所设想的对话者（哲学受惑者或怀疑论者）的观点，维特根斯坦只是向我们展现了我们在思考规则及其应用时可能造成的哲学混淆，即如果我们误解了规则和规则的应用和行动本身，我们就会得出"遵守规则"与"违背规则"这样不一致的结论。悖论是我们误解的结果，而不是"规则"概念自身固有的。如果我们恰当地理解了规则、规则的应用之间的关系，那么遵守规则的"悖论"自然就会消除。

我们在遵守规则的实践过程中，可以发现规则和其应用之间不是外在分离的或割裂的，而是内在统一的，规则的意义就在于人们应用和遵守规则。如果人们形而上学地理解规则与行动之间的关系，脱离规则的具体应用而将规则进行空洞的解释，规则和行动中的一致性就难以实现，就会产生认识和判断的混淆，从而也就会产生悖论。但是如果我们换个视角——从遵守规则的实践层面来看，遵守规则完全是没有问题的，人们在遵守规则时也是有客观标准的，这些客观标准就是规则遵守者们共同的生活实践中的判断一致和生活形式的一致。遵守规则的一致性并不是指一般共同体意见的一致，而是人类遵守规则实践中所持判断的一致，这种判断的一致性源于人类共同生活形式的一致性。

按照维特根斯坦的语法分析，遵守规则的语法要求"规则"语词的使用应该与"同样""一致"语词的语法之间存在紧密关联。"一致认识"这个词与"规则"这个词是紧密关联在一起的，一致认识和按照规则行动这些现象是关联在一起的。遵守规则与习俗、机制、技术、可重复有规律的集体行为等相关。规则的表述就如同路标，指导人们的行动。因为遵守规则作为一种实践活动本质上要求共同体之间的人们对于某个规则或语词的用法在判断上形成一致，由此人们才能真正地遵守规则。"你没有说明这个'遵循符号'真正是怎么回事。不然，我已经提示出，唯当存在着一种稳定的用法，一种习俗，才说得上一个人依照路标走。"（PI §198）没有稳定的语词用法和对于规则的习俗的看法，就难以想象人们能抽象地孤立地遵守规则。遵守规则需要关注人们所处的环境和生活习惯。我们在具体的文化环境和风俗习惯下，对于哪些行为遵守规则，对于哪些行为违背规则，都是有着极其清楚一致的认识和判断的，不存在遵守规则悖论中所出现的那种"模棱两可"的情况。遵守规则的一致性源于我们生活形式中的一致性。维特根斯坦这样写道：

> 我们说，这些人为了相互理解，必须对词的意义取得一致认识。可是，这种一致认识的标准不只是在定义方面，例如在实指定义方面，不是在实指定义方面的一致认识，而是在判断方面的一致认识。我们对大数量的判断都有一致认识，这一点对理解来说很重要。（BGM S.343）

> "那么你是说，人们的一致决定什么是对，什么是错？"——人们所说的内容有对有错，就所用的语言来说，人们是一致的。这不是意见的一致，而是生活形式的一致。（PI §241）

维特根斯坦认为，实际上人们在很多事情上的判断都是一致的，比如绝大多数人们都能准确地看见和识别各种颜色（极少数的色盲患者除外），人们在绝大部分情况下都会初等算术的计算，等等，因为识别颜色和会计算都是我们生活要求的一部分。如果我们不能掌握识别颜色和基本的算术计算能力，我们共同的生活形式就会受到冲击，甚至会消失。而正是生活形式的一致的要求促使人们在这些问题上的判断必须保持一致，否则人们的共同生活难以为继。因而生活形式的一致与判断的一致为人们遵守规则提供了实践意义上的前提。"假如他每次做的都不一样，我们就不会说：他在遵守规则，这么说有意义吗？毫无意义。"（PI §227）这里所谓的"每次做的都不一样""毫无规律可言"等都是判断一致的对立面，是共同的生活形式必须拒斥的东西。

不是一个规则的解释规定我们所有的一切行为，而是规则的使用实践使得规则具有确定性。在维特根斯坦看来，遵守规则本质上就是一种实践行为。我们大家都是在各自生活的共同体中遵守规则，不能离开特定的文化风俗与习惯来孤立地谈论遵守规则与否。脱离具体的文化传统与风俗习惯，孤立将一个人的行为抽离出来谈论遵守规则与否，就会得出关于"遵守规则的悖论"，而如果将"遵守规则"看成一种语义实践行为，那么，这个"悖论"也就自然消解了。因为也就不存在参与者的"私自的解释"了。一个人的私自的解释并不能成为判定一个人是否遵守一个规则的标准，这个标准应该是我们共同体的风俗习惯。共同的人类行为，是我们理解异己的行为的参照系。判定一个人是否遵守规则，其实在特定的语境和文化背景下，都有着一套特定的标准。

总而言之，人类遵守规则具有一致性、规范性和客观性等特点，而不是随意的、偶然的、完全经验的。维特根斯坦的规则观念是一致的、可应用的，也是可辩护的。因而，克里普克规则怀疑论解读方案是他自己的解读，而不是维特根斯坦的观点，因而是不合适的。从实践层面上看，我们对于如何遵守规则都有一套相应的标准，不存在怀疑论的空间，因而脱离遵守规则实践而进行单纯的怀疑是无意义的。最后，我们可以重构后期维特根斯坦遵守规则的论证以及对怀疑论解读的驳斥如下：遵守规则的悖论不是指"规则"概念本身出现不一致问题，而是指人们对"规则"的理解或解释与实际的行为之间出现了裂隙与不一致。由于人们对"规则"的理解出现了哲学的混乱，导致对"规则"出现了稀奇古怪的解释，各种解释之间就会出现不相容的问题。遵守规则悖论或问题的根源在于对规则的解释与规则应用行为之间的外在的分离，而没有真正地看到遵守规则本质上是一种人类实践活动，人类是在具体的语义实践中遵守具体的规则的。人类在遵守规则的实践过程中实现了规则和规则的应用的内在统一。

第十章　维特根斯坦对哥德尔不完全性
定理的评论

本专著安排最后一章来讨论维特根斯坦对于哥德尔不完全性定理的分析和评论。我们都知道哥德尔不完全性定理在数理逻辑史上大名鼎鼎，不仅对于现代逻辑的发展起到了重要的推动作用，而且对于我们重新思考数学哲学的基本概念比如"真"与"证明"或"可证"之间的关系也极具启发意义。哥德尔不完全性定理的数学和哲学意义到底是什么？我们应该如何正确分析和理解哥德尔证明的意义？这些问题已经成为当代数学哲学不断探讨的热门话题。号称数理逻辑发展史上的重大突破的哥德尔不完全性定理，自然也引起了维特根斯坦的注意。很难想象维特根斯坦作为一名敏锐的数学哲学家不会关注哥德尔的证明及其结果。由于哥德尔不完全性定理在数学和逻辑史上的特殊地位和重要影响力，维特根斯坦对其给予了足够的重视。事实上，维特根斯坦在《关于数学基础的评论》第 1 篇①的附录 3 中专门安排了 20 节来讨论哥德尔不完全性定理，详细而充分地根据各种不同的情境分析了数学中的"真"与"可证"和"不可证"之间的关

---

① 据维特根斯坦研究专家沃尔夫冈·肯策勒（Wolfgang Kienzler）的考证，维特根斯坦原来是打算将《关于数学基础的评论》的第 1 篇（RFM I）作为《哲学研究》（PI）一书的第二部分数学哲学的重要组成部分的。更确切地说，维特根斯坦原来计划将《关于数学基础的评论》的第 1 篇（RFM I）的文本作为《哲学研究》1—188 节早期的版本提供直接连续的数学哲学讨论。参见 Wolfgang Kienzler and Sebastian Sunday Grève, "Wittgenstein on Gödelian 'Incompleteness' Proofs and Mathematical Practice: Reading Remarks on the Foundations of Mathematics, Part I, Appendix Ⅲ, Carefully", in Sebastian Sunday Grève & Jakub Mácha, eds., *Wittgenstein and the Creativity of Language*, Basingstoke: Palgrave Macmillan, 2016, pp. 76-116。

系。这已经表明维特根斯坦对于这个对手的高度重视。

维特根斯坦的这些评论到底应该如何理解？维特根斯坦对哥德尔的证明的结果到底持一种什么样的态度？是批评的态度还是接受的态度？笔者认为，这里需要分为两种情况来考虑：哥德尔不完全性定理的证明本身以及对其所作的解释或说明的态度。维特根斯坦是批评哥德尔不完全性定理（证明以及解释），还是只批评其中一部分？是只批评对其解释，而不批评证明自身，还是两者都批评？根据笔者的理解和思考，我们应该回答的是批判的态度，不是批判其证明自身，而是批判对其的各种哲学解释。本章就是论述维特根斯坦是如何批判哥德尔不完全性定理的相关说明，进而指出在维特根斯坦看来，哥德尔不完全性定理实际上不可避免地被理解为数学中的矛盾，但是这种矛盾不是有害的，而是无意义的以及没有实际用处的。

下面我们先批判地介绍学界不同的解读路径，分析它们各自的特点以及不足，然后在此基础之上提出笔者的新的解读路径和策略。在笔者看来，我们需要考虑的问题是：维特根斯坦评论哥德尔第一不完全性定理的目的是什么？我们认为，维特根斯坦对于哥德尔不完全性定理的评论，其主要目的就是指出哥德尔证明的解释在不同的数学情境中所遇到的问题和内在的困难，难以有效地从基本的数学实践中获得应有的意义和应用。维特根斯坦的评论实际上反映了维特根斯坦后期数学哲学思想与哥德尔数学哲学思想的一次正面的交锋和碰撞，不但是维特根斯坦的反柏拉图主义的观点与哥德尔的柏拉图主义思想的交锋，更是数学哲学中的句法论与语用论对语义论的交锋。可以说，维特根斯坦运用自己成熟时期的数学哲学思想深入地剖析了哥德尔不完全性定理的哲学意义以及局限性，从而更好地呈现基础数学实践对于数学命题的重要意义。

维特根斯坦关于哥德尔不完全性定理的评论促使我们思考以下相关问题：哥德尔的不完全性定理是数学命题吗？如果回答是肯定的，那么，这种数学命题的应用在哪里？哥德尔关于其证明的说明或解释如何能被称为数学命题？也即"p是真的但是不可证的"如何能称为一个合法的数学命题？哥德尔的证明以及关于这个证明的解释并没有在数学实践中获得应有的意义。当然，笔者通过分析维特根斯坦评论的主要内容与要点，澄清我们应该如何理解维特根斯坦的这种分析，并最终指出维特根斯坦的这些评论的价值和意义到底在哪里。首先需要指出的事实是，维特根斯坦绕过了哥德尔不完全性定理证明的技术细节来讨论，而只关注与分析哥德尔的证明的解释所引入的新的情境中的语言游戏。维特根斯坦这样写道："我的任务不是谈论譬如说哥德尔的证明，而是在谈论时绕过它。"（RFM Ⅶ §19）这句话其实就是说，维特根斯坦假定哥德尔不完全性定理的证明细节都是正确的，而只关注哥德尔宣称的结果。

　　本章分为四个部分来展开讨论：第一部分先介绍哥德尔不完全性定理的背景知识以及相应的标准解读的观点，然后指出这种标准的解读带来的问题到底是什么，从而引出维特根斯坦对于哥德尔不完全性定理的评论；第二部分批判地总结目前学界对于维特根斯坦的这些评论的主要解读观点与局限性，并指出笔者坚持的解读策略与路径；第三部分主要是维特根斯坦关于哥德尔不完全性定理的评论的内容分析，重构和澄清维特根斯坦相关论证的要点；第四部分主要阐述维特根斯坦关于哥德尔不完全性定理的评论的真正哲学意义与价值。

第一节　哥德尔不完全性定理标准解读
及其引起的哲学问题

　　哥德尔主要是在 1931 年的一篇著名论文中提出了不完全性定理。[①] 哥德尔不完全性定理涉及的是形式化的公理系统中的证明的极限问题。哥德尔的不完全性定理主要是两组关于数理逻辑的定理，即第一不完全性定理和第二不完全性定理。第一不完全性定理（first incompleteness theorem）是说：在任何一致的形式化的系统 F 中，对这样的系统中可以给出关于算术的说明，存在关于这个形式系统 F 的语言陈述，它既不可证，也不能被

---

　　① 参见 Kurt Gödel, "On Formally Undecidable Propositions of Principia Mathematica and Related Systems I", in Jeanvan Heijenoort, ed., *From Frege to Gödel: A Source Book in Mathematical Logic, 1879-1931*, Cambridge, MA: Harvard University Press, 1967, pp.596-616.

否证。根据第二不完全性定理，这样的形式系统不能证明这个系统自身是一致性的（假定它确实是一致的）。[1]

第一不完全性定理是说，不存在一致性的公理系统，它的定理能通过一种有效的程序（比如算法）被列出来进而证明所有关于自然数算术的真理。换句话就是说，对于任何这样的一致性的形式化的公理系统，在该系统内部，总能找到一些关于自然数的陈述，它们是真的，但是不能被证明。也就是认为，任何一种形式系统中都存在真的但是不可证的命题。第二不完全性定理（second incompleteness theorem）是对第一不完全性定理的扩展，任何这样形式化的公理系统都不能证明自身系统的一致性。

概括地说，哥德尔需要找到一个真的，但在所讨论的系统中不可证的语句。粗略地说，他是把系统中的每一个语句都指派了一个正整数，称为该语句的"哥德尔数"，然后巧妙地构造一个语句 G，该语句断言，某个数 n 是在该系统中的不可证的一个语句的哥德尔数，但是数 n 确实是语句 G 的哥德尔数。于是，哥德尔主张，G 自己的哥德尔数是一个不可证语句（即在系统中不可证）的哥德尔数，也就是说，语句 G 断言 G 在该系统中不可证。因而，我们有两种情况：假定 G 是真的，那么，如其所言，它在该系统中不可证；反之，如果它是假的，那么，与其断定的情况相反，意谓着它在系统中可证。以下两个命题只能有一个成立：

（1）G 是真的但在系统中不可证；

（2）G 是假的但在系统中可证。[2]

命题（2）绝对不可能成立，因为假的语句不是可证的，我们在建立系统时要求只有真的语句可证，这明显不符合我们的原初要求，因而需要排除，那么就只剩下一种情况，即存在真的语句，但是在系统中不可证。[3]

---

[1] 参见斯坦福哲学百科词条中对"哥德尔不完全性定理"的介绍，https://plato.stanford.edu/entries/goedel-incompleteness/。

[2] 参见［美］R. 斯穆里安《哥德尔不完全性定理》，刘晓力译，载［美］罗·格勃尔主编《布莱克韦尔哲学指导丛书：哲学逻辑》，张清宇、陈慕泽等译，中国人民大学出版社 2008 年版，第 80—81 页。

[3] 哥德尔的不完全性定理技术细节非常复杂，这里不具体涉及，而只满足于相关介绍性表述。

　　哥德尔的不完全性定理被广泛地解读为对希尔伯特的计划，即试图为所有数学找到一个完备的一致的公理系统的纲领造成了毁灭性的打击。这两组不完全性定理主要表明，任何能够模拟初等算术的形式化的公理系统都存在内在的局限性，哥德尔的不完全性定理的结果也表明，形式化的公理系统（逻辑）与数学本身之间存在着差异，对于数理逻辑和数学哲学产生了深刻的影响。

　　哥德尔的不完全性定理的提出，一般被人们普遍地视为对于数理逻辑发展作出的巨大的贡献和突破，是数理逻辑史上的里程碑式的成果。哥德尔的证明的成果刚问世就震惊了数理逻辑学界。赞同和接受哥德尔证明的人们基本上都认为哥德尔的证明的结果是数学和逻辑发展的重要发现。[①]人们一般对哥德尔的证明成果赞誉有加，并认为其具有十分重要的数学意义和哲学意义。

　　一般而言，对哥德尔不完全性定理的标准解读是认为，哥德尔的证明表明了数学中存在盲点（blind spot），即在数学中存在着一类特殊的不可证的真理（unprovable truth），这种不可证的真理是通过"真的但不可证的命题 P"表现出来的。对哥德尔不完全性定理的标准的解读观点主要认为：哥德尔在数学基础问题上做出了极其重要的数学发现，其成果令人惊奇，因为数学中居然存在"真的但不可证"的数学命题；这种"真的但不可证"的数学命题的存在从侧面反映了数学中的真与证明（可证）不是一回事，"问题在于真实与可证性不能等量齐观……真实性与可证性是两回事"[②]，"真"与"证明"之间存在着根本的差异，不仅如此，哥德尔语句的真实性还表明了形式的或算法的系统与人类的心灵之间存在着巨大的差异，也可以理解为形式系统自身的局限性。这种标准的解读观点是真的吗？我们所有人都必须接受这种标准的解读观点吗？哥德尔的

[①]　参见 John von Neumann, "The Mathematician", in A.H.Taub ed., von Neumann, John, *Collected Works*, Vol.I, New York：Pergamon, pp.1-9。另外，道森（John Dawson）将哥德尔不完全性定理称为"数学和逻辑史上最深远的发现之一"，可参见 John Dawson, "The Reception of Gödel's Incompleteness Theorems", in G.Shanker, ed., *Gödel's Theorem in Focus*, Oxford：Routledge, 1987, pp.74-95。

[②]　［美］王浩:《哥德尔》，康宏逵译，上海世纪出版集团、上海译文出版社 2002 年版，第 107 页。

证明及成果真的显示了数学中存在特殊的盲点即"真的但不可证的"的命题吗？我们到底应该如何理解"真的但不可证"这一数学命题以及其哲学意义？

面对关于哥德尔不完全性定理的标准的哲学解读观点，维特根斯坦应该如何面对？哥德尔不完全性定理真的像人们赞誉的那样是一项重大的数学发现和天才式的令人震惊的成果吗？我们应该如何理解哥德尔的证明以及解释？维特根斯坦对哥德尔不完全性定理的评论可以被视为对标准的解读的回应，且维特根斯坦指出了其中存在的问题。维特根斯坦对哥德尔不完全性定理的标准解读的回应主要体现在以下几个方面：其一，数学中不存在惊异；其二，数学不是发现，而是发明；其三，脱离具体语言游戏和应用的实践，数学中的"真"、"假"以及"证明"或"可证"等语义概念不具有意义；其四，"真的但不可证"的数学陈述不能算作真正的数学命题，因为其中无论怎么从日常语言和基本的数学实践分析，都包含了矛盾，而这种矛盾是没有实质性的用处的。

我们在本书的开始部分就分析了哥德尔的数学柏拉图主义的哲学立场，因而，哥德尔坚持认为他的证明是一种重要的数学发现也就不难理解了。维特根斯坦认为，数学不是发现，而是发明。维特根斯坦在后期数学哲学著作中多次指出，数学家不是发现者，而是发明者（RFM I Appendix II §2）。维特根斯坦认为，由于数学命题的句法性质和特点，数学命题不是像经验命题那样去描述实在的经验对象，因为数学对象是不存在的，所以不存在客观的数学真理等待我们去发现。数学命题的必然性内在于数学的语言和句法系统。数学家更多是创造新的数学证明，数学证明新技术的引入实际上是数学的新发明和创造。数学家创新数学表达式和语法。根据维特根斯坦的这种关于数学是发明，而不是发现的观点，我们就不难理解为何数学中不存在令人惊异的东西了。

维特根斯坦坚持认为，数学中不存在惊异。面对标准解读关于哥德尔的证明为人们带来令人惊异的成就和事实，维特根斯坦则试图表明，数学中根本不存在什么令人惊异的东西。如果有数学惊异的话，就说明人们还没有真正地理解这个数学证明。维特根斯坦认为，数学的惊异可以有两种不同表现，一种是正面的作用，即通过数学演算得出出乎人意料的东西，这种数学惊异具有重要的价值；但是另一种关于数学惊异的流行看法只是具有负面的作用，即以为这种数学惊异本身具有多样性的意义和价值，表明数学研究潜入得够深入，将数学惊异本身作为发现新的数学成果的工具，就如同人们用望远镜来观察远处事物，没有它的帮助就难以实现远距离的观测，维特根斯坦认为，这种将数学惊异夸大为一种寻找数学隐藏的东西的工具的看法是误导的，是将数学理解成了一种高级的实验。这不会阐明所谓的令人惊讶的事实（RFM I Appendix II §1）。

人们常常说"这个证明里有出乎意料的结果"，但是维特根斯坦认为，如果人们这样来看待哥德尔的证明，就说明人们还没有真正地理解哥德尔的证明及其结果。因为意外或惊异在数学证明中是不合法的。这也是维特根斯坦对于逻辑和数学的一贯的看法。早期维特根斯坦就曾经在《逻辑哲学论》中指出"在逻辑上，过程和结果是等价的（因此没有什么令人意想不到的东西）"（TLP 6.1261）。虽然维特根斯坦在这里谈到的是逻辑，但这句话也可以应用到数学上来。因为早期维特根斯坦认为数学主要是一种逻辑的方法。概言之，在维特根斯坦看来，逻辑和数学的证明只不过是一种辅助的手段，使得我们重新认出逻辑重言式和数学等式自身，证明其实就是不同的逻辑重言式和等式结构按照一定的变换规则进行变形而已。如果对数学和逻辑证明的结果感到意外或惊异，那就说明你还没有真正地理解它们。数学证明的过程中不存在什么隐藏的东西，数学活动中也没有值得发现的东西，所以，维特根斯坦认为，哥德尔的不完全性定理及其结果不应该被称为数学的发现，而应该称为数学的发明。哥德尔构造了一种不可证的语句，这是其特殊之处。

下面，为了更好地阐释维特根斯坦对于哥德尔不完全性定理的评论的具体内容，我们首先有必要总结和回顾一下学界对于维特根斯坦相关评论的解读意见和研究路径，并评析其相应的局限性。

第二节　学界对维特根斯坦对哥德尔
定理评论的评论

维特根斯坦关于哥德尔不完全性定理的评论自从 20 世纪 50 年代出版以来，就吸引了不少数学家和逻辑学家的目光。然而，早期很多的评论者都对维特根斯坦的观点持负面的批判态度，其中包括克雷塞尔（Georg Kreisel）、伯奈斯（Paul Bernays）、达米特（Michael Dummett）等。克雷塞尔曾评论维特根斯坦关于哥德尔不完全性定理评论的论证是"粗鲁的"[①]。伯奈斯曾在评论维特根斯坦的《关于数学基础的评论》一书的文章中指出："维特根斯坦是否充分地意识到一致性条件在证明论推理中的所起的作用，这是可疑的。因而，他的关于哥德尔的不可推导性的定理的讨论就会存在这样一种缺陷，即哥德尔考虑形式系统时相当明确的一致性的前提被忽略了。"[②]达米特虽然很早就对维特根斯坦哲学持同情的理解态度，但是他也认为维特根斯坦关于哥德尔不完全性定理的评论"质量很差并包含了确定的错误"[③]。早期的这些持负面意见的批评者们大多认为维特根斯坦没有真正地理解哥德尔证明自身。甚至连哥德尔本人也曾经这样抱怨过。哥德尔在 1972 年 4 月 20 日回复门格尔 1 月份的信中就维特根斯坦关于自己的定理所作的一些讨论发表了评论：

5.5.5b 从你所引的段落［RFM（指《关于数学基础的评论》）：117-123，385-389］中，的确可以清楚地看出，维特根斯坦并不理解它（或者假装不理解它）。他把它解释为一种逻辑悖论，而事实上恰恰相反，它是数学的一个绝无争议的部分（有穷数论或组合数学）之

[①] Georg Kreisel, "Wittgenstein's Remarks on the Foundations of Mathematics", *British Journal for the Philosophy of Science*, Vol.9, 1958, pp.135-158.

[②] Paul Bernays, "Comments on Ludwig Wittgenstein's Remarks on the Foundations of Mathematics", *Ratio* Vol.Ⅱ, No.1, 1959, pp.1-22.

[③] Michael Dummett, "Wittgenstein's Philosophy of Mathematics", in *The Philosophical Review*, Vol.68, No.3, 1959, p.324.

中的一个数学定理。顺带说一下，你引的那整段话，在我看来全是废话。比如这个说法："数学家对于矛盾的迷信的恐惧。"①

　　哥德尔这里提到的维特根斯坦的评论应该是指《关于数学基础的评论》的第一部分附录3的第8段和第17段，这些段落后来被批评者批评为"臭名昭著的段落"（notorious paragraph）。这些段落的确也构成了维特根斯坦评论哥德尔不完全性定理的核心论述。笔者会在下一节详细讨论这些段落的内容和论证。不可否认的是，囿于不同的哲学立场以及不同的技术旨趣，早期的评论者们的评论中存在不少对于维特根斯坦评论的误解。这种误解主要是由于早期评论者过于推崇哥德尔的不完全性定理，而没有严肃地对待维特根斯坦的哲学批评所致。

　　维特根斯坦的这些评论自从20世纪50年代出版问世一直到30年之后即80年代末，西方学界才有学者开始认真严肃地对待维特根斯坦的这些评论。杉克尔（Stuart Shanker）是较早地认真分析和对待维特根斯坦关于哥德尔不完全性定理的评论的学者，他从哲学角度为维特根斯坦的相关观点进行了正面的辩护。杉克尔在《维特根斯坦关于哥德尔第一定理的重要意义的评论》一文中正确地指出了维特根斯坦关注的焦点不是哥德尔不完全性定理的证明本身，而是这个证明的逻辑和语法的意义（logico-grammatical significance）。杉克尔认为，维特根斯坦批评的不是哥德尔关于不完全性定理的证明，而是哥德尔以及其他人对于这个证明的哲学评论。杉克尔指出，维特根斯坦关于哥德尔定理的评论应该放在他早期批判希尔伯特计划——拒斥元数学的背景之下才能正确地加以理解。②也就是说，杉克尔正确地看到了维特根斯坦关注的中心不是哥德尔证明的数学层面，而是哲学的意义层面，这无疑是正确的，但是，杉克尔并没有在其那篇长文中详细分析维特根斯坦关于哥德尔不完全性定理评论的文本自身的内容，而只是大致地作了一些松散的分析。这明显是不够的。我们对于维

---

① ［美］王浩：《逻辑之旅：从哥德尔到哲学》，邢滔滔、郝兆宽、汪蔚译，浙江大学出版社2009年版，第227—228页。

② 参见 Stuart G. Shanker, "Wittgenstein's Remarks on the Significance of Gödel's Theorem I", in Stuart G. Shanker, ed., *Gödel's Theorem in Focus*, Croom Helm Ltd., 1988, p.155.

特根斯坦相关的评论段落必须作比较细致的分析和解读，从文本本身出发，然后联系维特根斯坦的哲学思想才有可能进行合理的阐释。

维特根斯坦到底是误解了哥德尔不完全性定理的证明，还是自己表述得不够清晰呢？对此问题，学界一直有争论。概括地说，目前学界对于这个问题的讨论大致可以划分为两大派。

一派是理解派，即认为维特根斯坦并没有误解哥德尔不完全性定理，而且通过大量的文本分析和解读为维特根斯坦的相关评论观点进行了辩护，代表学者有弗洛伊德和普特南（Juliet Floyd and Hilary Putnam）、普雷斯特（Graham Priest）以及肯策勒（Wolfgang Kienzler）等。弗洛伊德和普特南认为维特根斯坦那些评论并没有误解哥德尔的不完全性定理，维特根斯坦的那个所谓"臭名昭著的段落"（notorious paragraph）包含了"高度有趣的哲学论点"。他们认为，可以通过将维特根斯坦的论述进行适当的重构，表明维特根斯坦的评论所指的内容正是哥德尔的证明所说明的内容。[1]另外，普雷斯特[2]与肯策勒[3]基本上也持相似的观点，他们都通过大量的文本分析和解读，表明维特根斯坦并没有误解哥德尔的不完全性定理，而是清楚地表明了他自己独特的哲学观点。

另一派是误解派，即强调维特根斯坦误解了哥德尔不完全性定理，且认为维特根斯坦在评论哥德尔不完全性定理时犯下了必须承认的错误，代表学者有罗蒂奇（Victor Rodych）。罗蒂奇发表了一系列文章批判弗洛伊德和普特南关于维特根斯坦相关评论的解读意见，他认为，维特根斯坦并没有像他们所声称的那样正确地理解哥德尔的不完全性定理。[4]另外，与

---

① 参见 Juliet Floyd and Hilary Putnam, "A Note on Wittgenstein's 'Notorious Paragraph' about the Gödel Theorem", *The Journal of Philosophy*, Vol.97, No.11, 2000, p.624。

② 参见 Graham Priest, "Wittgenstein's Remarks on Gödel's Theorem", in y Max Kölbel and Bernhard Weiss, eds., *Wittgenstein's Lasting Significance*, London and New York：Routledge, 2004, pp.207-227。

③ 参见 Wolfgang Kienzler and Sebastian Sunday Grève, "Wittgenstein on Gödelian 'Incompleteness' Proofs and Mathematical Practice: Reading Remarks on the Foundations of Mathematics , Part I, Appendix Ⅲ, Carefully", in Sebastian Sunday Grève & Jakub Mácha, eds., *Wittgenstein and the Creativity of Language*, Basingstoke：Palgrave Macmillan, 2016, pp. 76 -116。

④ 参见 Victor Rodych, "Misunderstanding Gödel: New Arguments about Wittgenstein and New Remarks by Wittgenstein", *Dialectica*, Vol.57, 2003, p.279。

罗蒂奇持相似的解读观点的学者还有贝尔斯（Timothy Bays），他对弗洛伊德和普特南的解读观点进行了激烈的批判，认为他们的论证是不充分的和错误的，认为弗洛伊德和普特南的关于维特根斯坦的解读观点并没有为理解哥德尔不完全性定理提供新的洞见。[①]

在维特根斯坦到底有没有误解哥德尔不完全性定理这个问题上，笔者赞同第一派的观点，即维特根斯坦并没有误解哥德尔不完全性定理，而是从哲学的角度对哥德尔不完全性定理的说明内容进行了批判的分析。维特根斯坦在评论中没有涉及哥德尔不完全性定理的证明细节部分，这并不是说维特根斯坦没有能力理解甚至误解哥德尔不完全性定理，而是他认为没有必要去纠缠这些技术性的细节，而应该关注的是哥德尔证明的相关哲学解释和说明。既然维特根斯坦并没有误解哥德尔不完全性定理，那么，维特根斯坦透过这些评论到底是如何理解哥德尔不完全性定理的？根据目前学界的研究进路，不同的学者持不同的立场。大致地说，可以分为两种进路。

第一种是协调派，主要代表有著名华裔哲学家、逻辑学家王浩（Hao Wang）以及弗洛伊德等。王浩作为哥德尔晚年的好友，不仅精通哥德尔的数理逻辑成果，而且对于哥德尔哲学以及维特根斯坦的哲学都曾有强烈的研究兴趣。王浩曾经写过不少文章来比较哥德尔和维特根斯坦哲学之间的差异和相同之处，也曾经尝试"寻找一个视角使维特根斯坦的观点变得可以理解"，他说：

> 与此同时，很清楚的是，维特根斯坦的确认真地处理哥德尔不完全性定理，多次阐述它们。在我看来，检查它们是更具有启发性的主题（与集合论相比），以此来消解维特根斯坦和哥德尔（以及在这方面那些已经做出严肃的工作努力去理解哥德尔的结果的人们）之间的分歧。……由此可见，哥德尔与维特根斯坦之间的差距并不是看上去那么巨大。[②]

[①] 参见 Timothy Bays, "on Floyd and Putnam on Wittgenstein on Gödel", *The Journal of Philosophy*, Vol.101, No.4, 2004, p.197.

[②] Hao Wang, "To and From Philosophy-Discussions with Gödel and Wittgenstein", *Synthese*, Vol. 88, No.2, 1991, pp.229-277.

王浩在一定程度上尝试缩小哥德尔和维特根斯坦之间的哲学差距，使得两者的哲学观点能够共存和相容。王浩的确也在其他的地方比较过不少维特根斯坦和哥德尔的哲学不同和相似点。[①]

王浩的研究工作也值得我们重视，特别是他对于哥德尔哲学立场的阐释比较深入和全面，但是笔者却不同意王浩对于维特根斯坦哲学立场的评论观点，他认为维特根斯坦的数学哲学的立场是比一般的"有限论者"更加受限的"自由变量的有限论者"（variable-free finitism），即禁止自由变量覆盖所有正整数。与王浩的观点不同，笔者认为，维特根斯坦后期的数学哲学立场并不是任何的"主义（-ism）"，任何这种"主义"式的论断都不符合维特根斯坦后期数学哲学原意，因为维特根斯坦本人并不主张任何积极的正面的哲学主张，而只是要求对于不同的数学表达式进行哲学句法或语用方面的分析，从而达到澄清哲学混乱的目的。因而，王浩将"自由变量的有限论者"归于后期维特根斯坦的数学哲学是不合适的。

另外，弗洛伊德也持协调或相容论观点。弗洛伊德曾提供历史的证据表明，维特根斯坦具有关于哥德尔证明的知识，论证认为，维特根斯坦理解和接受了哥德尔证明的结果。[②]她认为，维特根斯坦的评论与哥德尔关于证明的说明在一定的程度上可以协调起来，两者之间并不是拒斥或否定的关系，而是并存或补充的关系。弗洛伊德认为，维特根斯坦接受了哥德尔的证明作为不可证性证明的一种，并且认为哥德尔语句可以帮助我们以一种新的方式理解什么叫作证明一个算术陈述为真。弗洛伊德的解读观点虽有可取之处，即她正确地看到了维特根斯坦正确地理解了哥德尔证明的结果，但是她认为维特根斯坦完全接受了哥德尔的证明结果还是值得怀疑的，维特根斯坦其实只是假定如果哥德尔不完全性定理是正确的，那么就会如何如何，而不是实际上接受了哥德尔不完全性定理的证明。所以，笔者认为，弗洛伊德的立论依据暂时存疑。

[①] 参见 Hao Wang, *The Logical Journey: From Gödel to Philosophy*, Cambridge, Mass.: The MIT Press, 1997, pp.177-182。

[②] 参见 Juliet Floyd, "Prose versus Proof: Wittgenstein on Gödel, Taski and Truth", *Philosophia Mathematica*, Vol.9, No.3, 2001, p.280。

　　第二种是拒斥派，主要代表有罗蒂奇与肯策勒，拒斥派认为维特根斯坦从自己的哲学立场出发，坚决地拒斥哥德尔证明的哲学表述，否定存在哥德尔式的"真的但不可证"的数学命题，质疑哥德尔命题的有意义性。我们前面曾经提到，罗蒂奇虽然主张维特根斯坦在某些方面误解了哥德尔不完全性定理的证明，但是他主张这并不妨碍维特根斯坦从自己的哲学视角来批判哥德尔不完全性定理的哲学结果，因为在维特根斯坦的哲学视角之下，哥德尔的不完全性定理是无意义的。[①]另外，罗蒂奇还指出，维特根斯坦的相关评论主要是论证三点：其一，用维特根斯坦的术语来说，不可能存在"真的但不可证"的数学命题；其二，哥德尔命题"p"的有意义性（meaningfulness）至少是高度值得怀疑的；其三，根据标准的关于哥德尔不完全性定理的解读，由于哥德尔还没有证明出来所讨论的系统的一致性，他的"不可证的命题"可能或不可能在它的系统中证明。[②]罗蒂奇的以上观点是比较重要的，同时也是正确的，对于我们理解维特根斯坦的相关评论很有帮助，但是不可否认的是，罗蒂奇的解读有时过于陷入纠缠证明的技术细节的陷阱之中，而这是不符合维特根斯坦的哲学原意的。实际上，正如我们前面所指出的，维特根斯坦自己说过，他在讨论哥德尔不完全性定理时要尽量绕过其证明的技术细节，而只关注哥德尔不完全性定理如何能有意义应用的数学情境。因而，我们认为，罗蒂奇的解读虽然有价值，但是也存在着局限性，与维特根斯坦的主要初衷有些背离。

　　另外，拒斥派还有另一主要代表沃夫冈·肯策勒，他认为维特根斯坦对哥德尔的不完全性定理的评论的实际态度要比人们一般所假定的更加彻底，维特根斯坦表明哥德尔式的记号串在通常的数学实践中并不具有有用的功能。因为维特根斯坦对哥德尔不完全性定理不是误解，也不是假装不懂，而是严肃彻底地批评。在维特根斯坦看来，如果我们将哥德尔不完全性定理认真严肃地加以分析，那么，最终我们就会发现，其

[①]　参见 Victor Rodych, "Misunderstanding Gödel: New Arguments about Wittgenstein and New Remarks by Wittgenstein", *Dialectica*, Vol.57, 2003, p.279。

[②]　参见 Victor Rodych, "Wittgenstein's Inversion of Gödel's Theorem", *Erkeentnis* , Vol.51, 1999, pp.173-206。

实哥德尔不完全性定理什么也没有说，因为哥德尔证明的结果确实是某种矛盾。[①]肯策勒认为，维特根斯坦讨论哥德尔不完全性定理主要的意义在于从方法论上考虑 "P 是可证的""非 P 是可证的"，诸如此类的语句或命题的不同的应用的可能性。

肯策勒关于维特根斯坦的相关评论的解读意见是非常有意义的，值得我们认真思考，笔者尤其认同他认为维特根斯坦关于哥德尔不完全性定理本质上是某种矛盾的解读的观点，但是却反对肯策勒认为矛盾完全是无意义的观点。笔者认为，根据前面对于维特根斯坦关于矛盾观点的考察，我们知道，前期维特根斯坦将矛盾等同于非逻辑的东西，认为矛盾是错误的、意义缺失的，中期维特根斯坦认为矛盾不是错误的，而是无意义的，但是后期维特根斯坦对矛盾的态度与前期和中期都不同，后期维特根斯坦并不认为所有的数学中的矛盾都是无意义的，有的矛盾在数学语言游戏中还是起到了不同的作用的，这需要视不同的情形而定。所以，在笔者看来，后期维特根斯坦并不是完全彻底地否定矛盾，只是将矛盾理解为一种无利可图的语言游戏而已（RFM I §12），矛盾可以在语言游戏中有其地位。因而，笔者不同意肯策勒关于矛盾完全是无意义的说法。

总体而言，笔者认为，我们在解读维特根斯坦关于哥德尔不完全性定理的评论时的态度不能僵化，不能只采取协调派的态度，或者拒斥派的态度，而是应该视具体的情况而定。总体上，笔者赞同拒斥派关于维特根斯坦拒斥哥德尔不完全性定理的哲学有意义的分析，但是这并不意谓着作为矛盾的哥德尔定理的表述在数学语言游戏中一定是彻底否定的，因为矛盾在特定的语言游戏中也可能起到相应的作用。所以，笔者对于两派都赞同一部分，保留一部分，因为协调派的解读中存在着不少概念的不清，以及在文本上缺乏相应的依据，拒斥派的一些解读观点也比较牵强附会。笔者也不赞同强硬派或拒斥派，理由在于，无论是从文本上来分析，还是从哲学观念来比较维特根斯坦与哥德尔，我们很容易地发现，维特根斯坦虽然

---

① 参见 Wolfgang Kienzler and Sebastian Sunday Grève, "Wittgenstein on Gödelian 'Incompleteness' Proofs and Mathematical Practice: Reading Remarks on the Foundations of Mathematics , Part I, Appendix Ⅲ, Carefully", in Sebastian Sunday Grève & Jakub Mácha, eds., *Wittgenstein and the Creativity of Language*, Basingstoke: Palgrave Macmillan, 2016, pp. 76-116。

从多角度逐一分析了哥德尔语句即"P是真的但不可证"所导致的矛盾，但是并没有完全否定哥德尔说明的哲学意义，而只是说哥德尔语句其实并没有通常标准解读所认为的那样重要的哲学意义。这也是维特根斯坦经常讲的，既不是无意义，也不是有重要意义，而是有其比较狭隘的意义。就像矛盾一样，矛盾也不是完全无意义的，矛盾只是在一般的陈述语句（肯定或否定的语言游戏）中没有意义，但是不排除矛盾在其他的语言游戏中会有相应的应用。特定的矛盾并不造成什么损害。矛盾是人为地构造出来的，而不是发现出来的。

所以，笔者决定采取一种比较折中的态度来看待维特根斯坦关于哥德尔不完全性定理的评论中的哲学意义。按照维特很斯坦的说法，我们应该关注哥德尔不完全性定理的相关哲学表述"某某在数学中是可证的"这些语句在数学语言游戏中应该如何起到作用。数学语言或命题的意义取决于具体的使用实践或语境，数学实践是哥德尔语句以及与之相似的语句意义的来源。哥德尔语句不能脱离具体的语境而获得抽象的意义，但是这并不是说，哥德尔的语句是完全无意义的。维特根斯坦曾经在《关于数学基础的评论》的第7篇中这样写道：

> 人们可能有理由问：哥德尔的证明对我们的工作有什么重要的意义。因为数学的一部分不能解决那个使我们感到不安的问题。——回答是：使我们感兴趣的是那种证明把我们引入其中的情境。"我们应当说些什么呢？"这就是我们的话题。不论听起来多么奇怪，我们的那个与哥德尔定理相关的任务只不过是想弄清楚，像"假定人们可能证明这一点"这样的命题在数学中意味着什么。（RFM Ⅶ §22）

很明显，我们从维特根斯坦的这段评论中可以看到，维特根斯坦强调哥德尔证明的意义在于他的那个"真的但不可证"的命题将我们引入其中的数学语言游戏和具体的情境。维特根斯坦这里也指出了他评论哥德尔定理相关的目的或任务是弄清楚"假定人们可能证明这点"，这样的命题到

底在数学中起到什么样的具体作用。这才是维特根斯坦评论哥德尔不完全
定理的主要初衷。

第三节　维特根斯坦对"P是真的但不可证"的批判分析

我们只有在从总体上把握维特根斯坦评论哥德尔不完全性定理的主
要目的以及出发点，才能正确地理解他的评论内容本身。这一节的主要目
的就是大致地结合维特根斯坦的评论文本，批判地重构维特根斯坦论证的
相关细节，从而更好地展示维特根斯坦对于哥德尔不完全性定理的说明即
"P是真的但不可证"的批判性的分析要点。在笔者看来，维特根斯坦关于
哥德尔定理的评论包含着以下这些基本的论证。

（1）哥德尔关于证明的说明其实包含了矛盾，这种矛盾虽然没有损
害，但是无利可图。

（2）不可证性的证明貌似几何学上的不能性的证明，但是其实两者之
间存在着不同，不可证性的证明作为矛盾是不可用的，而几何学中的不能
性的证明（比如不能用直尺和圆规三等分一个角，构造一个七边形等）是
指不能构造出一个这样的证明，具有预言式的作用。

（3）"不可证性的证明"包含着难以克服的内在的困难：证明和解释
不可兼得。如果证明了P，那就不能说P不可证，就要放弃解释"P是不
可证的"；如果接受解释"P是不可证的"，那就不能证明它。所以，"不
可证性的证明"这一表达式是存在问题的。

（4）纯粹的数理记号游戏并不能使我们获得数学上的确信。

为了阐述清楚以上四点论证的要点，我们下面就依照维特根斯坦在
《关于数学基础的评论》第1篇中的附录3的行文结构来具体看看维特根
斯坦是如何批判地分析哥德尔的定理的。首先，笔者基本上赞同肯策勒
关于维特根斯坦这些评论的看法，即认为他的这些评论并不像通常的意
见所认为的那样只是松散的评论的拼凑，而是具有一种紧密的统一的内

在结构。[①] 维特根斯坦在这一附录中的评论有一个显著的特点，那就是通篇都没有提到哥德尔的名字，而只提到了"真的但不可证"的命题 P，熟悉哥德尔定理的人们都一致地认为，维特根斯坦这里的评论就是针对哥德尔的不完全性定理的。这是所有的评论者没有质疑的。笔者也同意这种分析。

我们先看看维特根斯坦是如何阐明哥德尔不完全性定理的说明实质上只是一种矛盾的表述。维特根斯坦在附录 3 的第 1 小节设想了一种特殊的语言，其中没有疑问句和命令句，而只有陈述句的形式表述，比如疑问句和命令句都分别以"我想知道是否是……"与"我希望……"（RFM I Appendix III §1）开头，在这种语言中没有一句话涉及真和假的问题，那么，维特根斯坦提出疑问了，我们是不是总是可以用这样的没有真假的语句来描述外在的世界呢？维特根斯坦在接下来的第 2 节里明确指出，这是不可能的，因为"我们讲话、写作和阅读的绝大多数的语句都是断定句（Behauptungssätze）。而你会说这些语句有真假。或者也会像我会说的那样，真值函项的游戏是和它们一起玩的。因为断定并不是为命题增加什么东西，而是我们用它所玩的游戏的根本特征"（RFM I Appendix III §2）。

维特根斯坦在这里明确指出了，断定不是像弗雷格所理解的那样为命题通过增加一个断言符而增强了语力，而是认为，断定是我们日常语言游戏的基本特征之一，也就是肯定一句话的真假的这种语言行为。陈述句或断定句是与真值函项游戏，或者更准确地说，一般是与真假的语言游戏相关联的，但并不是绝对的。因为维特根斯坦认为，我们可以设想一种特定的语言游戏中没有真假。维特根斯坦举了棋类游戏为例来说明。他说，正如我们一般在棋类的游戏中有输赢有将死或被将死之说，我们其实也可以想象一种特定的类似于棋类游戏的游戏，其中有走动棋子，但是没有输赢之说，或者说输赢的条件与一般的棋类游戏不同。如同我们可以设想一个特定棋类游戏中没有输赢，或者，其输赢条件与通常的棋类游戏不同，我

---

① 参见 Wolfgang Kienzler and Sebastian Sunday Grève, "Wittgenstein on Gödelian 'Incompleteness' Proofs and Mathematical Practice: Reading Remarks on the Foundations of Mathematics , Part I, Appendix III, Carefully", in Sebastian Sunday Grève & Jakub Mácha, eds., *Wittgenstein and the Creativity of Language*, Basingstoke: Palgrave Macmillan, 2016, p. 76.

们也可以设想一种特定的断定的语言游戏，其中没有真假，或者说真假条件与一般的断定的语言游戏中的真假条件不同。但是，问题就在于，我们是如何作出两者之间的区分的呢？把一种棋类游戏称为有输赢的游戏，把另一类游戏称为没有输赢的游戏，这两者之间区分的标准到底是什么？同理，我们如何有意义地说，可以存在一种断定的语言游戏，其中没有真假呢？这里的区分的标准到底何在？正如肯策勒所指出的："这些条件必须如何不同，以致于我们并不再谈论'输'或'赢'了呢？"①

维特根斯坦在接下来的第 3 节里开始设想一种特定的语言游戏，其中："命令是由建议（假定）组成的，以及对建议的东西做出命令。"（RFM I Appendix III §3）维特根斯坦在这里给出了另一个可能产生误解的情形，即以为我们理论上可以区分一个言语行为（命令）以及这个命令的内容组成，这其实就内在地隐含着这样一种理解，即以为言语行为（命令）是对于前面所指的对象"建议"或"假定"的东西附加的行为②，以为建议或假定的内容就是命令所指向的对象。维特根斯坦在接下来的第 4 节里，转向了算术。他提出了这样一个问题，即我们是不是可以只做算术而不说出算术命题即提及算术符号与日常语言之间的关联呢？维特根斯坦认为，我们通常说"2×2是4"，以此来表述数学等式"2×2=4"，但是实际上，两者之间是不能完全等同的，因为数学命题与我们日常语言之间是存在很大的差距的。看似两者之间等同，实则只是表面的相似性而已。

维特根斯坦在接下来的第 5 节里开始讨论罗素系统与真命题的问题。他追问道："在罗素的系统中存在不能在该系统中得到证明的命题吗？——那么，什么叫做罗素系统中的真命题？"（RFM I Appendix III §5）我们到底应该如何理解罗素系统中的真命题呢？我们只有先弄清这个问题，才能

① Wolfgang Kienzler and Sebastian Sunday Grève, "Wittgenstein on Gödelian 'Incompleteness' Proofs and Mathematical Practice: Reading Remarks on the Foundations of Mathematics , Part I, Appendix III, Carefully", in Sebastian Sunday Grève & Jakub Mácha, eds., *Wittgenstein and the Creativity of Language*, Basingstoke: Palgrave Macmillan, 2016, p. 92.
② 参见 Wolfgang Kienzler and Sebastian Sunday Grève, "Wittgenstein on Gödelian 'Incompleteness' Proofs and Mathematical Practice: Reading Remarks on the Foundations of Mathematics , Part I, Appendix III, Carefully", in Sebastian Sunday Grève & Jakub Mácha, eds., *Wittgenstein and the Creativity of Language*, Basingstoke: Palgrave Macmillan, 2016, p. 92。

回答在罗素的系统中是否有不能在该系统中得到证明的问题。第6节开始仔细分析什么叫作"真"命题。按照维特根斯坦的理解，这个问题其实回答起来很简单："p"为真＝P。也即，说"P"为真，其实就是肯定或断定P而已。那么，人们到底是如何使用对命题的断定的呢？或者人们可以这样来发问："在什么情况下一个命题在罗素游戏中得到了断定？"如果我们将回答的范围缩小到罗素的系统中，在罗素的系统中被断定（为真）其实就是指罗素系统中证明的结尾或作为推论的"基本定律"，也就是说，在罗素系统中为真，意味着在罗素系统中可以通过给定的推导规则推导出来。除此之外，别无其他方法。

维特根斯坦在接下来的第7节里开始追问"为真但不可证的命题"存在的可能性的问题。他写道："但是，难道不能有用这种记号方式写出来的真命题，是不能在罗素系统中证明的？"（RFM I Appendix Ⅲ §7）为什么不应该有这样的命题呢？维特根斯坦认为，这一问题类似于问："在欧几里得的语言中可以有真命题，但是这些命题在他的系统中不能证明，但是也为真？为什么甚至有这样的命题，它们在欧几里得系统中是可证的，但是在其他系统中不真。"这一问题类似于说，在不同于欧几里得的系统中，有一个这样的三角形，它们是相似的，但是没有相等的角。维特根斯坦设想的匿名的对话者对此回答说"但是这不过是个笑话！"这也就是说，我们难以想象这样的情况。也就是说，一个三角形如果在欧几里得的系统中与另一个三角形相似的话，那么，我们可以根据欧几里得系统中的相关公理和定理，证明这个三角形肯定与另一个三角形具有相等的角，因为两个相似三角形肯定具有相等的角。但是，如何设想前面这种情况是可能的呢？维特根斯坦接下来说，如果你非要这么说的话，那只能说明，在别的不同于欧几里得的系统中所谓的"相似"与欧几里得系统中所谓的"相似"，意义并不相同。维特根斯坦在第7节最后指出，"不能在罗素系统中证明的命题是在另一种意义上，在与《数学原理》中命题不同的意义上是'真的'或是'假的'"（RFM I Appendix Ⅲ §7）。

维特根斯坦在接下来开始了第8节的评论，这一节评论非常重要，是我们理解维特根斯坦关于哥德尔定理评论的核心论述之一。维特根斯坦在评论的一开头就有一匿名的对话者向其提出劝告，他说他用罗素的记号方式构造了一个命题（用"P"表示），通过某些定义和变形规则，可以把它解释为"P在罗素系统中是不可证的"，我们能否说这个命题P，一方面为真，但是另一方面不可证呢？这里的论证过程似乎是这样的：

（1）假设它不真即为假的话，那么，它是可证的这一点就是真的，前面假设它是假的，而这里又说它是真的，所以这里存在着矛盾，是不可能的；

（2）如果它得到了证明，那么，被证明的就是：它是不可证的。这里又出现了矛盾，是不可能的。所以，只能存在剩下的一种选择，即为真但不可证。

我们只要细看一下这里的论证过程，就能发现实际上两次用到了反证法。从（1）第一个反证法得出这个命题P必须是真的，根据（2）中的第二个反证法，得出这个命题P是不可证的。综合（1）和（2），我们必然得出P是真的但是不可证的。维特根斯坦接着分析什么叫作"在哪个系统中是'可证'?"以及"在哪个系统中是'为真'?"如果我们以罗素系统来作回答，那么就是说：在罗素系统中为真意谓着在罗素系统中被证；在罗素系统中为假，意谓着相反的东西在罗素系统中被证。因而，在罗素系统中，假如它是假的话，那么也就意谓说，证明了它的反面，即它是被证的为真的，这样就会放弃原来的解释：它是不可证的；那么，如果这个命题P在罗素系统中可证，也就是说，它在罗素的意义上是真的，而"P是不可证的"这个解释又必须放弃。无论如何都会得出相应的矛盾。

维特根斯坦在接下来的第9节里追问命题P和"P是不可证的"这两个说法之间的关系。上一节说P和"P是不可证的"是同样的命题，到底是指什么意思呢？维特根斯坦认为，可能正确的回答是：这两个德语语句如此这般的记号系统中有一个表达式（RFM I Appendix III §9）。维特根斯坦在第10节里继续反思这里的说法，他追问道："为什么我不应该让证明成立并说我必须收回我的解释'P是不可证的'?"现在假定我证明了P在罗素系统中的不可证性，那么，是不是根据这个不可证性的证明，我就证明了 P 呢？维特根斯坦分析到，如果真有不可证性的证明，那么，这个在所谓的罗素系统中被证的不可证性到底属不属于罗素系统呢？一方面，根据它是不可证性的证明，就是说它本质上是一个在罗素系统中得到证明的不可证性的证明，那么也就意味着它属于罗素系统，但是另一方面，如果它是不可证的，也就是说，它不属于罗素系统中的证明。因而，最终我们会得到一个矛盾的说法：这个不可证性的证明既属于又不属于罗素系统。维特根斯坦写道："但是这里有矛盾！嗯，所以这里有矛盾。它在这里造成了什么损害？"（RFM I Appendix Ⅲ §11）维特根斯坦在这里已经明确指出，命题 P 如果是真的不可证，就会导致矛盾。

　　维特根斯坦在接下来的第 12 节里比较了说谎者悖论与矛盾的特点。一个人宣称自己在说谎，这种悖论性的表述到底有什么危害？我们通常在自然语言中是尽量去避免矛盾性的说法，因为如果我们的日常的陈述性语言中包含了矛盾，那么我们语言的表达作用就会大打折扣，人们就不知道你到底想表达什么。这是一般而言的情况。但是，维特根斯坦还进一步论述到，"这一语句（即包含了矛盾的）本身是没有用处的，这些推论同样也是这样的。但是为什么不应该把它做出来呢？——这是无利可图的技能。这是与抓拇指游戏相似的语言游戏"（RFM I Appendix Ⅲ §12）。维特根斯坦这里指出，矛盾一般不被大家接受或者在日常语言中被禁止的原因主要在于它是没有用的技能，是无利可图的。矛盾在传达信息断定句方面肯定不能实现相应的目的，但是却有可能用于非陈述性的其他的目的。维特根斯坦在第 13 节里说："这种矛盾的重要性仅仅因为它使人烦恼，它说明使人烦恼的问题如何从语言中发展出来，哪一类事物会使我们烦恼。"（RFM I Appendix Ⅲ §13）也就是说，类似于说谎者悖论的矛盾表达式仅仅徒增人们的烦恼而已。

　　维特根斯坦在第 14 节里提出了这种思考的可能性，即我们能否将不可证性的证明（Ein Beweis der Unebeweisbarkeit/A proof of unprovability）比作几何学中的不能构造的证明来理解？比如，我们在几何学中经常会遇到尺规作图的问题，如此这般的构造用圆规和直尺是做不出来的。比如，我们不能用直尺和圆规来三等分一个角，还有，我们不能用直尺和圆规来构造一个正七边形，诸如此类。关于几何学中的这类不能构造的证明，维特根斯坦这样写道：

> 现在这么一个证明包含了预言的因素，物理的因素。因为作为这样的一个证明的结果，我们会对别人说："别费神去构造（例如说三等分角）——可以证明是做不出来的。"这即是说：至关重要的是，不可证性的证明应能以这种方式应用。可以说，我们有无可辩驳的理由（triftiger Grund）放弃对于一个证明的研究（也即如此这般的一类构造）。矛盾是不用作这样的预言的。（BGM I Appendix Ⅲ §14）

维特根斯坦在这里将哥德尔不完全性定理中的不可证性的证明与几何学中的不可证的证明作了一些比较，让我们来看到它们之间的相同点与差异之处。弗洛伊德曾经在她的长文中论述过这个问题，她在那篇论文中详细地梳理了尺规不能三等分一个角的历史以及与维特根斯坦这里所讲的不可证性的证明之间的关联。[①]弗洛伊德认为，维特根斯坦试图压缩（deflate）哥德尔证明的意义，因为对于维特根斯坦来说，哥德尔的证明既不是关于数学证明本质的结果，也不是数学本质的结果，而只是数学中许多证明中的一个例子而已。弗洛伊德认为，维特根斯坦并没有提供关于哥德尔证明的任何批评。她认为，维特根斯坦之所以评论哥德尔证明，其主要的目的在于合适地理解哥德尔定理：去践行、去表明以及最终证实他的哲学的态度，她认为维特根斯坦的关于角的不能三等分的证明的处理与哥德尔不完全性定理的处理是相同的哲学处理。[②]

但是，弗洛伊德的历史考察有点过于烦琐，实际上并没有切中要害。在第 14 节中，维特根斯坦关于角的不可三等分的证明的说明，其主要的

---

① 参见 Juliet Floyd, "On Saying What You Really Want to Say: Wittgenstein, Gödel and the Trisection of the Angle", in Jaakko Hintikka, ed., *From Dedekind to Gödel: Essays on the Development of Foundations of Mathematics*, Dordrecht: Kluwer Academic Publishers, 1995, pp.373-425。

② 参见 Juliet Floyd, "On Saying What You Really Want to Say: Wittgenstein, Gödel and the Trisection of the Angle", in Jaakko Hintikka, ed., *From Dedekind to Gödel: Essays on the Development of Foundations of Mathematics*, Dordrecht: Kluwer Academic Publishers, 1995, p.375。

目的是表明作为矛盾的不可证性的证明其实与几何学上的角的不可三等分的证明之间是存在着根本差异的。因为在维特根斯坦看来，几何学上的角的不可三等分的证明具有切实的预言式的应用，即这个证明告诫人们：不要再试图用直尺和圆规来构造一个角的三等分的图形了，没有其他的工具的帮助，这种构造被证明是做不出来的，这是徒劳的。也就是说，在维特根斯坦看来，尺规不能三等分一个角的证明其实是一种不能构造性的几何证明，具有预言性质的作用，即告诫后来人不要再试图做如此无用功的事情。不可三等分一个角的证明的意义在于：通过这个证明，我们就需要将关于角的三等分的证明说法排除在正常的数学表达式的范围之外，因而角的三等分就不是一个合法的数学命题或陈述了。

但是，形式系统中的不可证性的证明却并没有像角的三等分的证明那样的预言的作用，因为维特根斯坦在第 14 节最后一句话强调的是"矛盾是不用作这样的预言的"，即不可证性的证明作为一种矛盾并不能起到预言的作用。这也就是说，虽然几何学中的角的不可三等分的证明表面上与不可证性的证明相似，实则两者之间不能等同。因为几何学上的角的不可三等分的证明具有现实的预言的作用，但是不可证性的证明却没有起到预言的作用——在维特根斯坦看来，矛盾是不能起到预言作用的。因而，弗洛伊德关于维特根斯坦将角的不可三等分的证明与哥德尔的证明完全等同的哲学态度是不能令人接受的。

维特根斯坦在接下来的第 15 节和第 16 节里进一步追问"不可证性的证明"的标准到底是什么。维特根斯坦认为，某种东西是否被正确地称为命题"X 是不可证的"，取决于我们如何证明这个命题。那么，不可证性的证明的标准就在于人们能否找到关于这个命题"X 是不可证的"的证明。因为只有证明才能表明什么算作不可证性的标准。找到这样的证明，就说明这样的标准是存在的，因为这样的证明必须是运算系统的一部分，是语言游戏的一部分，人们通过在命题中使用这样的证明来显示命题的意义；但是，如果找不到这样的证明，不可证性的标准就依然是不清楚的。那么，问题现在就变成了这样的："对 P 的不可证性的证明"是否有极为充分的理由以假定不会发现证明 P ？（RFM I Appendix III §15）

维特根斯坦认为，

> "P 是不可证的"在被证之前与之后具有不同的意义，因为如果在被证之后，也就是说已经找到证明，那么，这个命题"P 是不可证的"就被证明了，它就是证明推演的最后一步；而如果在被证之前，那么，就意味着什么算作它为真的标准依然是不清楚的，它的含义是模糊不清的。（RFM I Appendix III §16）

维特根斯坦在第 17 节里继续分析我们应该如何把 P 当成已经得到了证明。他的思路是这样的，是不是还存在除不可证性的证明之外的其他方法？维特根斯坦在这里一共假设了四种情况来展开讨论。

（1）假设 P 是通过不可证性的证明（Unbeweisbarkeitsbeweis/ unprovability）而得证的。那么，P 到底是如何通过不可证性的证明而被证的呢？维特根斯坦认为，为了看清楚到底被证的是什么，我们要看看证明吧。或许这里被证的是这样的一种情况：从这个不可证的证明的形式并不能推导出 P。这种情况明显是不可能的。因为这里存在着明显的矛盾，前提是"P 是通过不可证性的证明而得证的"，但是这里的结论却是"从这个不可证的证明的形式并不能推导出 P"。第一种情况需要排除。

（2）假设 P 是通过直接的方式而被证明的。如果 P 是以直接的方式而被证明，那么，我们就会有命题"P 是不可证的"，人们就必须表明，这种关于 P 的符号的说明如何与证明的事实相冲突，以及为什么这种说明必须被放弃。这也就是说，如果 P 是以直接的方式而被证明，那么，P 就不是不可证的，这种关于 P 是"不可证的"的解释或说明就与 P 已经直接被证的这一事实相冲突了，如果我们选取 P 是直接可证的这一事实，那么，为了避免产生矛盾，我们就不得不放弃对于 P 的符号的说明——"P 是不可证的"。这也就表明，关于 P 的直接证明与 P 的符号解释之间必然会产生矛盾；这种产生矛盾的情况也要排除。

（3）假设非 P 是通过 P 的直接证明而被间接证明。如果从这两个前提出发，必然会得出：P 是可证的，并且非 P 也可证。那么，在这种情况下，我们也仍然会面临一个两难抉择：我们应该如何说呢，是说"P"还是说"非P"？为什么不是两个——P和非P——同时存在？我们应该作出何种选择呢？维特根斯坦设想了一位匿名的对话者进一步追问我们应该如何处理这个矛盾。我们可能回答说："P处于罗素证明的结尾，因此你把P写在罗素系统里；另一方面，它因此是可证的，而这是通过非P而表达出来的，但是这一证明并不处于罗素证明的末尾之处，因而不属于罗素系统。当对P做出解释'P是不可证的'，人们就不能肯定地说证明P了，人们也不能说：P说这个证明不存在——一旦得到了证明，它就创造了一种新的情况：现在我们必须决定（entscheiden/decide）我们是否把这个称作一个证明（仍然是一个证明），或者我们是否仍然把这叫做对于不可证性的陈述（die Aussage der Unbeweisbarkeit）。"（BGM I Appendix Ⅲ § 17）这也就是说，如果P是直接被证明，非P是通过P的直接证明而被证明，那么，我们依然会面临一个两难处境，一个可能的解决这个两难处境的建议就是：人们自己决定这个是否叫作对于这个不可证性的证明，还是把这称作这个不可证性的陈述。也就是说，人们其实可以选择依然接受以上的关于这个不可证性的证明的证明以及相应陈述的说明，也可以选择拒绝。这里在面对这种情况时，就只是人们在实践情况中的实际选择问题，而不是理论上的不可证性的证明本身以及相应的解释问题了。但是即便如此，这种情况本质上也是一种矛盾。这种矛盾体现在决定和选择之中，如果人们选择依然承认原来的说法，肯定是会导致矛盾的，那么，为了避免矛盾，唯一的选择就是不承认原来的说法，即我们不再把这个称作一个证明（仍然是一个证明），并且我们也不再把这叫作对于不可证性的陈述。

（4）假设非P是直接被证的。因而它证明了P可以被直接证明！也就是说，非P是直接被证的，同时，P也是直接被证的。维特根斯坦认为，这里又是一个解释的问题。除非我们现在有对P的直接证明。如果事情好像是这样的，那么，它就会是这样的（RFM I Appendix Ⅲ § 17）。维特根斯坦实际上在这里已经指出了这种情况其实又是一个矛盾问题。因为非P和P直接被证明的话，就会必然产生矛盾。

维特根斯坦通过以上四种情况展开分析，表明了无论我们如何分情况讨论 P 和非 P 的证明情况，都会遇到相应的矛盾的情况。（1）（2）（4）明显就是矛盾，（3）的情况有些复杂，因为（3）中的情况涉及属于或不属于罗素系统的问题、我们是否决定依然接受不可证性的证明以及相应的解释问题，本质上还是矛盾问题。因为说一个证明属于且不属于罗素系统是矛盾的表述，另外，关于人们决定承认还是放弃原来的不可证性的证明以及相应的解释：如果人们不放弃原来的说法，肯定会导致矛盾；唯一的最终的选择就只能是放弃原来的说法，即我们不再把 P 看作不可证的并且作出相应的解释。

维特根斯坦在第 18 节里讨论矛盾与假的关系。人们通常认为，矛盾的东西就是假的，因为人们通常规定"矛盾"的定义就是指既肯定又否定同一个命题（比如 P 并且非 P），这是很好理解的，因为根据真值函项的一般约定，重言式为真，矛盾律为假。维特根斯坦在第 19 节中再次分析所谓结论性的命题："……因此 P 为真但不可证。"这大概就是说"因此 P"，也即"P 为真但不可证"，其实就相当于肯定性的断言 P。但是进一步追问：人们为什么而写下这个断言 P？怎么能使得我相信这个 P 是真的？维特根斯坦分析说，除了玩弄一些"逻辑的把戏"（Logische Kunststucken/conjuring tricks）[1] 外，并没有什么其他的应用目的，因为玩弄一些所谓的技巧并不算真正地使用它。

维特根斯坦在最后一节即第 20 节里进行了一个总结。他认为，逻辑命题本身是毫无所说的，也即逻辑命题不能在实践中传达有用的信息。人们有充分的理由认为，逻辑命题根本就不是真正意义上的命题。既然逻辑命题不能在实践中传达有用的信息，如果人们再给这些命题附加上另外一种类似语句的结构，那么，人们就更加不清楚这个符号结合系统到底有什么用了。因为只有语句的声音（Satzklang）还并不能给予记号连接以一种意义（BGMI Appendix III §20）。在维特根斯坦看来，哥德尔的定理和证明如果是逻辑命题加上一些特定的种类的语句结构，那么，人们根本就不

---

[1]　维也纳小组成员卡尔·门格尔（Karl Menger）曾写道："实际上，维特根斯坦如此误入歧途地说，不可判定性证明的唯一使用就是'逻辑的把戏'。"很明显，门格尔没有真正地理解维特根斯坦这些评论的内涵。以上参见 Rebecca Goldstein, *The Proof and Paradox of Kurt Gödel*, New York and London：W.W.Norton & Company, 2005, p.117.

会知道这样的符号系统到底会有什么样的实际作用。因为单纯的数学符号的连接，如果没有实际的使用，就只是没有意义的虚构的技巧而已。

第四节　维特根斯坦对哥德尔定理的
哲学意义的澄清

在维特根斯坦看来，哥德尔不完全性定理并没有像通常所理解的那样具有非常重要的哲学意义，恰恰相反，哥德尔的定理和证明，如果进行严格的哲学分析和推敲，就会产生很多哲学困惑与问题。哥德尔证明的说明即认为在数学中存在一种特定的真理即"P是真的但不可证"，严格地说，维特根斯坦通过以上的文本评论和分析表明，它们本质上就是一种矛盾的表述。这话矛盾的表述是无意义的，因为它并不能在基本的数学实践中获得真正的应用。维特根斯坦这样评论道："不要忘记：一个说它自身不可证的命题，被理解为数学陈述——因为它并非是不言而喻的。一个关于某种结构不能被构造出来的命题被理解为数学命题，这不是不言而喻的。"（RFM Ⅶ §21）

实际上，通过前面的分析我们可以看到，维特根斯坦并不承认这种哥德尔语句可以被算作真正的数学命题。这其实与维特根斯坦本人的数学哲学立场有关。在数学哲学中，维特根斯坦是一名彻底的反对柏拉图主义者。在维特根斯坦那里，数学命题其实只是句法规则而已，根本就不关涉实在，并不对实在有所言说，因而我们不能说数学命题为真或为假，因为数学命题只是我们描述外在世界的框架而已，只是语法规则，不能言说其真和假。而我们知道，哥德尔是一名彻底的柏拉图主义者，他坚持认为数学中存在着客观的实在的真理，因而，在他看来，数学命题必须有真和假之别，这是其柏拉图主义的必然要求之一。而维特根斯坦反对认为数学命题中存在着客观的真和假，而主张数学命题是我们的语法创造和构建的产物。因而，在维特根斯坦的眼中，哥德尔的这种彻底的柏拉图主义为他分析和批判哲学混淆提供了极好的例证。

维特根斯坦批判地分析哥德尔定理及其说明，认为这种说明或解释本身是包含内在的困难和矛盾的，我们单纯地从语义分析的角度很难使人们获得真正的数学的确信，但是哥德尔的证明似乎就是按照这样的语义分析（"真""假""可证"等说明）进路来尝试使人接受他的定理，认为其证明的结果是毋庸置疑的，是绝对正确的。但是数学的确信并不是单纯依靠语义的分析比如分析"真""假"以及"可证""不可证"等概念的关系就可以实现的。而维特根斯坦通过他的批判性的评论试图表明，数学的确信的需要建立在语用分析或句法分析的基础之上，数学中的语义分析要让位于语法分析。我们不能单纯地依靠数学记号系统的证明游戏来实现真正的数学确信，因为这很容易导致我们在这些概念之间兜圈子，而没有关注到数学中这些重要的语词比如"可证"与"不可证"等在数学实践中如何使用的问题。质言之，数学的概念和语词的意义的确定性以及确信的建立，都离不开数学实践中语词和概念的具体使用以及数学语言游戏的践行。

维特根斯坦曾经这样总结道：

> 是否可以说，哥德尔说过，如果人们事实上把数学证明理解为一种按照证明的规则对命题的模型的可构造性所作的证明，那么人们就必定可以依赖这种数学证明？或者可以说，可以把一个数学命题理解为一个确实被应用于自身的几何学命题，如果人们这么说，那么就表明人们在某些场合下可能不会信任某个证明。"经验的界限"并不是一些未经证明的假定，或者被直观地理解为正确的，而是人们用于比较和行动的方式和方法。（RFM Ⅶ §21）

在维特根斯坦看来，超过经验的界限而获得的数学的确信，不是仅仅依靠未经证明的假定以及直观的理解就可以建立的，而应该是通过人们在具体的数学实践中的行为和比较的方法中最终建立起来。

维特根斯坦通过评论和分析哥德尔不完全性定理，考察各种不同的数学情境，分析数学语词比如"可证"与"不可证"等概念的真正使用，研究数学确信的建立过程，最终表明了自己对于数学的重要哲学态度。维特根斯坦对哥德尔不完全性定理不是为了评论而评论，其最终的目的是阐释和深化他自己的数学哲学思想：比如数学中不存在发现，而只有发明，数学中没有惊异，数学中"真""假"以及"可证""不可证"等概念的语义在于具体的使用之中。我们不能抽象地脱离相应的语境来分析这些概念的关系，否则就会陷入模糊不清的境地。

结 束 语

我们追随维特根斯坦经过一段艰辛的数学哲学旅行，终于达到了旅行的终点。笔者还是觉得有必要写几句话来对这段旅程作一小的总结。维特根斯坦的数学哲学内容丰富、思想深刻，讨论的话题和范围非常广泛，涉及数学哲学的方方面面。本专著只是择其要旨而论述之，还有不少内容没有纳入本书讨论范围，比如维特根斯坦论述无理数和实数，对集合论的批判，等等，稍有遗憾（将来有机会专门论述），但是这并不影响我们阐述维特根斯坦数学哲学思想的主要内容和要点。笔者认为，维特根斯坦的数学哲学思想最大的特色就是坚持从语言和实践角度来思考数学哲学，无论前后期都是这样。语言和实践两个维度是我们理解其数学哲学思想的必不可少的前提，语言批判是维特根斯坦数学哲学的切入点，生活实践则是其最终的归宿。数学语言和数学实践是紧密结合在一起的。数学哲学问题是维特根斯坦思考哲学的重要途径，而语言则是维特根斯坦批判数学哲学思想的利器和工具，维特根斯坦的数学哲学其实是数学语言和命题的批判性分析和研究，这种数学语言的分析和批判离不开数学实践这些周边环境，因为数学语言和表达式的意义就在于具体的数学实践的使用之中。

语言和实践是维特根斯坦深入进行数学哲学思考的核心概念载体和展示深刻思想的舞台，故而本书的题目选作《数学、语言与实践：维特根斯坦数学哲学研究》，试图从语言和实践结合的角度，比较全面而充分地展示维特根斯坦的数学哲学思想的主要内容和重要意义。本书从批判数学柏拉图主义、数学命题、数的定义、数学语法、数学无限、数学矛盾、数学证明、数学基础、数学实践，以及评论哥德尔不完全性定理等多视角全方位展示了维特根斯坦数学哲学的多维度、深层次的思想内涵。通过本书的主要章节的考察，我们得出了以下三点结论。

第一，维特根斯坦的数学哲学在当代数学哲学家族图谱中处于非常特殊的位置，它并不属于任何一门既定的门派，也即用任何"主义（-ism）"来说明维特根斯坦的数学哲学立场，似乎都是不恰当的。因为后期维特根斯坦本人并不主张一种正面的积极的哲学主张，而只是关注于从语言分析和批判的角度澄清数学基础研究中出现的数学哲学概念的混淆和不清，阐明数学概念和表达式的真正使用在于具体的数学语义实践。维特根斯坦的这种无立场的数学哲学与其数学哲学思想的形成具有重要的关联。

根据前面的分析，我们知道，维特根斯坦的数学哲学思想的形成和发展成熟，离不开与其他数学哲学思想的交锋和碰撞。比如我们在本书的第一章就安排了维特根斯坦对于数学柏拉图主义的批判和超越，同时也阐明了维特根斯坦对于其他的数学哲学思想包括逻辑主义、直觉主义、形式主义等数学基础观的批判。但是我们也要注意到，维特根斯坦批判其他的数学哲学流派思想，并不是完全彻底地否定它们，而是继承性地批判，即批判的同时也有一些继承。比如维特根斯坦早期虽然不同意逻辑主义的数学观，提出了自己的一套关于数与数学命题的哲学思考，但是他承认了数学方法主要是逻辑的方法，也承认了逻辑对于数学哲学研究的重要影响。再到后来，维特根斯坦批判形式主义数学观的同时也看到了形式主义数学观点中存在的合理成分，即看到了形式主义数学观关于数学游戏与棋类游戏思考的相似性。概括地说，维特根斯坦就是在不断与其他思想的刺激和交锋的过程中形成了自己的独特的数学哲学，这种数学哲学思想的主要目的不是建构正面的哲学观点，而是消除其他数学哲学中出现的概念混淆和不清。维特根斯坦对几乎所有同时代的数学基础领域的哲学思想都有批判性的评论，同时也有一些继承，但是批判性的成分往往多于继承性的成分，这就使得维特根斯坦的数学哲学思想是与其他的数学哲学思想交织纠缠在一起的。因而，在笔者看来，我们不可能用一种统一的哲学立场来刻画维特根斯坦的数学哲学立场，也没有这个必要，因为维特根斯坦的数学哲学就没有一个统一的哲学立场，而是在处理和讨论不同的具体数学哲学问题时表现的发散化、多元化、语境化的特点，这也为我们在今后继续思考数学哲学问题提供了不同的维度和新的视角。

第二，维特根斯坦的数学哲学思想是其整个哲学思想的重要构成部分，按照著名维特根斯坦研究专家弗洛伊德的话来说，维特根斯坦的数学哲学构成了其哲学中最有价值和最有分量的部分。但是长期以来，由于种种历史原因以及维特根斯坦自身写作的风格等，维特根斯坦的数学哲学思想不被学界重视，好在目前这一状况已经得到了比较好的改善。目前在国际学界，在重要的学术期刊上经常刊载关于维特根斯坦数学哲学研究的最新研究成果，这也从侧面说明了维特根斯坦数学哲学思想的永恒魅力。

只要我们能够深入地挖掘其数学哲学思想，一定会有很多值得我们继续思考和关注的内容。可以说，维特根斯坦的数学哲学方面的手稿和打印稿就是一笔巨大的宝藏，只要我们认真地分析和研究，不仅会更加清晰而全面地理解维特根斯坦的哲学思想本身，而且对于我们重新认识和思考数学哲学本身亦具有十分重要的意义和价值。维特根斯坦作为一名高度原创性的哲学家，他的数学哲学思想为我们树立了重要的进行哲学创作的典范。我们深入地分析和研究其哲学思想，不仅是为了理解和弄清楚他的数学思想本身的原意，更重要的是为了促进和推动我们自己形成原创性的哲学意识，学习他勇于挑战强悍的哲学对手的勇气，学习他处处与别人思想保持距离的思想敏锐性和洞察性，进而能在哲学纷纭和复杂的概念网络中精准地抓住问题的实质，展现思想的多面性和无限可能性。思想的创新是人类不断前行的指明灯，思想的创新离不开具体的生活实践本身。生活实践是一切思想创造的源泉，为我们反思未来可能的生活提供不竭动力。

第三，关注人类的生活形式和具体的实践是维特根斯坦数学哲学的基本底色。我们对于数学哲学的思考，不能脱离具体的数学语义实践。只有在数学活生生的实践过程中，我们才能看清所谓哲学问题的价值以及局限性。维特根斯坦的数学哲学研究给我们最大的启示就是：数学实践是人类生活实践中最重要的组成部分，对于数学表达式进行不断的哲学思考，对于我们全面把握和理解当今的生活形式具有非常重要的意义。我们如今生活在一个被数码控制的时代，生活的方方面面都受到了数学语义和实践的影响，可以说，数学对我们生活的影响无处不在。从来没有一个时代像今天这样深度地受制于数学思维的影响。数学概念和表达式在我们生活中扮演的角色越来越多样化，我们必须看清这样的事实。我们这个时代不是不需要数学哲学，而是更加需要数学哲学，需要从哲学的多样化的视角出发来分析数学对我们生活的可能性的影响以及其利弊。

笔者认为，维特根斯坦数学哲学对语言分析和实践考察的强调，对于我们理解数学哲学的生命力至关重要，因为数学哲学的生命力和价值就在于不断用创新的语言和生动的实践来解释和指导我们的具体生活。数学哲学也并不是像流行的偏见认为的那样是抽象的概念分析和演绎，脱离我们的具体生活，维特根斯坦的数学哲学则向我们展现了数学哲学如何可以有效地在我们的生活实践中落地生根，繁荣发展。数学哲学不是一堆假设和概念的游戏，而是从数学概念角度重新理解我们的生活形式，具有不可替代的哲学意义。毕竟生活形式和实践的一致与数学概念的理解的一致之间存在着千丝万缕的联系，这也是两千多年以来西方大哲学家几乎都不得不讨论数学哲学的缘故。数学哲学的研究可以进一步地展现理性分析的力量，为构建良好的理性健康的生活提供充分的哲学依据。

参考文献

一 外文文献

Anscombe, G.E.M., *An Introduction to Wittgenstein's Tractatus*, London: Hutchinson, 1959.

Anderson, A.R., "Mathematics and the 'Language-game'", *Review of Metaphysics*, Vol.Ⅱ, 1957/1958.

Aristotle, *Physics: Books Ⅲ and Ⅳ*, Translated with Notes by Edward Hussey, Oxford: Clarendon Press, 1983.

Ahmed, A., *Wittgenstein's Philosophical Investigations: A Reader's Guide*, London: Continuum International Publishing Group, 2010.

Arrington, R., "Wittgenstein on Contradiction", in Shanker, Stuart, ed., *Ludwig Wittgenstein: Critical Assessments*, Vol.Ⅲ, London: Croom Helm Ltd, 1986.

Arruda, A.I., "A Survey of Paraconsistent Logic", in A.I. Arruda, R. Chua qui, N.C.A.daCosta, eds., *Mathematical Logic in Latin America*, Amsterdam: North-Holland, 1980.

Baker, G.P. and Hacker, P.M.S., *Skepticism, Rules and Language*, Oxford: Blackwell, 1984.

Baker, G.P. and Hacker, P.M.S., *Wittgenstein: Rules, Grammar and Necessity, Essays and Exegesis of §§185-242*, first Edition, Oxford: Blackwell, 1985.

Brouwer, L.E.J., "Historical Introduction and Fundamental Notions ", in D.Van Dalen ed., *Brouwer's Cambridge Lectures on Intuitionism*, Cambridge: Cambridge University Press, 1981.

Brouwer, L.E.J., "Historical Background, Principles and Methods of Intuitionism", in Ewald, W.ed., *From Kant to Hilbert: A Source Book in the Foundations of Mathematics*, Vol. II, Oxford: Clarendon Press, 1996.

Brouwer, L.E.J., "Mathematics, Science and Language", in Ewald, W.ed., *From Kant to Hilbert: A Source Book in the Foundations of Mathematics*, Vol. II, Oxford: Clarendon Press, 1996.

Brouwer, L.E.J., "On the Foundations of Mathematics", in Heyting, A.ed., *L.E.J.Brouwer: Collected Works*, Vol.I, *Philosophy and Foundations of Mathematics*, Amsterdam: North-Holland Publishing Company, 1975.

Bangu, Sorin, "Ludwig Wittgenstein: Later Philosophy of Mathematics", *Internet Encyclopedia of Philosophy*, https:// www.iep.utm.edu/ wittmath/.

Balaguer, Mark, "Realism and Anti-Realism in Mathematics", in Irvine, A.ed.*Philosophy of Mathematics*, Amsterdam: Elsevier B.V., 2009.

Bernays, Paul, "On Platonism in Mathematics", in Benacerraf, P. and Putnam, H., eds., *Philosophy of Mathematics: Selected Readings*, Cambridge: Cambridge University Press, 1983.

Bernays, Paul, "Comments on Ludwig Wittgenstein's Remarks on the Foundations of Mathematics", *Ratio*, Vol. II, 1959/1960.

Benacerraf, Paul, "Mathematical Truth", in Benacerraf, P. and Putnam, H., eds., *Philosophy of Mathematics: Selected Readings*, Cambridge: Cambridge University Press, 1983.

Ben-Yami, Hanoch, "Vagueness and Family Resemblance", in Glock, Hans-Johann and Hyman, John, eds., *A Companion to Wittgenstein*,

Oxford：Wiley Blackwell，2017.

Ben-Yami，Hanoch，*Logical & Natural Language：On Plural Reference and Its Semantic and Logical Significance*，London and New York：Routledge Taylor & Francis Group，2004.

Black，Max，*A Companion to Wittgenstein's Tractatus*，Cambridge：Cambridge University Press，1971.

Beaney，Michael，*Analytic Philosophy：A Very Short Introduction*，Oxford：Oxford University Press，2017.

Beaney，Michael，*Frege：Making Sense*，London：Gerald Duckworth，1996.

Beaney，Michael，"Wittgenstein and Frege"，in Glock，Hans-Johann and Hyman，John，eds.，*A Companion to Wittgenstein*，Oxford：Wiley Blackwell，2017.

Beaney，Michael，"Wittgenstein on Language：From Simple to Samples"，in Lepore，Ernest and Barry，C.Smith，eds.，*The Oxford Handbook of Philosophy of Language*，Oxford：Oxford University Press，2008.

Beaney，Michael，"Frege，Russell and Logicism"，in Beaney，M.，and Reck，E.，eds.，*Gottlob Frege：Critical Assessments of Leading Philosophers*，Vol. I，Oxford：Routledge，2005.

Bolzano，Bernard，"Paradoxes of The Infinite"，in Eward，William，ed.，*From Kant to Hilbert：A Source Book in the Foundations of Mathematics*，Vol.I，Oxford：Clarendon Press，1999.

Bays，Timothy，"On Floyd and Putnam on Wittgenstein on Gödel"，*The Journal of Philosophy*，Vol.101，No.4，2004.

Burge，Tyler，"Frege on Knowing the Foundation"，*Mind*，Vol.107，No.426，1998.

Burge，Tyler，"Frege on Knowing the Third Realm"，in M.Schirn ed.，*Frege: Importance and Legacy*，Berlin & New York：de Gruyter，1996.

Cantor, Georg, "Foundations of a General Theory of Manifolds:a Mathematical-Philosophical Investigation into Theory of the Infinite", in Eward W., trans. And ed., *From Kant to Hilbert*: *A Source Book in the Foundations of Mathematics*, Vol.II, Oxford: Clarendon Press, 1999.

Chihara, Charles, "Wittgenstein's Analysis of the Paradoxes in His Lectures on the Foundations of Mathematic", *The Philosophical Review*, Vol.86, No.3, 1977.

Covas, L.M., *Worte am Werk: Wittgenstein Über Sprache und Welt*, Karlsruhe: Universität Karlsruhe, 2008.

Craig, Edward ed., "Mathematics, Foundations of", in *Routledge Encyclopedia of Philosophy*, version 1.0, London and New York: Routledge, 1998.

Detlefsen, Michael, "Philosophy of Mathematics in Twentieth Century", in Shanker, Stuart G., *Routledge History of Philosophy* Vol. IX, *Philosophy of Science*, *Logic and Mathematics in Twentieth Century*, London and New York: Routledge, 2004.

Dedekind, Julius, "Was sind und Was sollen die Zahlen?", in Ewald, W.ed., *From Kant to Hilbert*: *A Source Book in the Foundations of Mathematics,* Vol. II , Oxford: Clarendon Press, 1996.

Dummett, Michael, "Wittgenstein's Philosophy of Mathematics", *The Philosophical Review*, Vol.LXVIII, 1959.

De Vera, Dennis A., "Grammar, Numerals and Number Words: A Wittgensteinian Reflection on the Grammar of Numbers", *Social Science Diliman*, Vol.10, No.1, 2014.

Duhem, Pierre , *Medieval Cosmology Theories of Infinity*, *Place*, *Time*, *Void*, *and the Plurality of Worlds* ed. and trans. Ariew, Roger, Chicago and London: The University of Chicago Press, 1985.

Dumitriu, Anton, "Wittgenstein's Solution of Paradoxes and the

Conception of the Scholastic Logician, Petrus de Allyaco", *The History of Philosophy*, Vol.X, 1974.

Dawson, John, jr., "The Reception of Gödel's Incompleteness Theorems", in Shanker, S., ed., *Gödel's Theorem in Focus*, The Netherlands: Routledge, 1987.

Dawson, Ryan, "Wittgenstein on Set Theory and the Enormously Big", *Philosophical Investigations*, Vol.39, No.4, 2016.

Diego, Marconi, "Wittgenstein on Contradiction and Philosophy of Paraconsistent Logic", *History of Philosophy Quarterly*, Vol.1, No.3, 1984.

Einstein, Albert, *Relativity: The Special and General Theory*, trans. Lawson, W., London: Methuen & Co Ltd, 1920.

Ewald, William ed., *From Kant to Hilbert:A Source Book in the Foundations of Mathematics*, Vol.I-II, Oxford:Clarendon Press, 1996.

Ertz, Timo-Peter, *Regel und Witz: Wittgensteinsche Perspektiven auf Mathematik, Sprache und Moral*, Berlin: Walter de Gruyter, 2008.

Frege, Gottlob, "Begriffsschrift ", in Jean van Heijennoort ed., *From Frege to Gödel*, Cambridge, Mass.: Harvard University Press, 1967.

Frege, Gottlob, *Die Grundlagen der Arithmetik: Eine logisch mathematischen Untersuchung über den begriff der Zahl*, Breslau: W.Koebner, 1884.

Frege, Gottlob, *Die Grundlagen der Arithmetik—Eine logisch mathematische Untersuchung über den Begriff der Zahl*, hrsg.von Christian Thiel Felix, Hamburg: Meiner Verlag, 1988.

Frege, Gottlob, *The Foundations of Arithmetic, A Logico -Mathematical Enquiry into the Concept of Number*, Translated by J.L.Austin, New York: Harper&Brothers, 1960.

Frege, Gottlob, *Basic Laws of Arithmetic: Derived Using Concept-*

script, Vol.I-II, trans. and ed., Ebert, Philip&Rossberg , Marcus with Wright, Crispin, Oxford: Oxford University Press, 2013.

Frege, Gottlob, "Logic", in Beaney, Michael, ed., *The Frege Reader*, Oxford: Blackwell Publishers Lt.d., 1997.

Frege, Gottlob, "Concept and Object", in Beaney, Michael, ed., *The Frege Reader*, Oxford: Blackwell Publishers Lt.d., 1997.

Frege, Gottlob, "On Sinn and Bedeutung", in Beaney, Michael, ed., *The Frege Reader*, Oxford: Blackwell Publishers Lt.d., 1997.

Frege, Gottlob, "Logic in Mathematics", in Beaney, Michael, ed., *The Frege Reader*, Oxford: Blackwell Publishers Lt.d., 1997.

Frege, Gottlob, *Collected Papers on Mathematics*, *Logic and Philosophy*, ed. McGuinness, Brian, trans. Black, Max, Geach, Peter, Oxford: Basil Blackwell, 1984.

Frege, Gottlob, "On Euclidean Geometry", in *Posthumous Writings*, Hermes, H., Kambartel, F., Kaulbach, F. , eds., trans.Long, P. and White, R., Oxford: Basil Blackwell, 1979.

Frege, Gottlob, "Boole's Logical Formula-Language and my Concept-script", in *Posthumous Writings*, Hermes, H., Kambartel, F., Kaulbach, F. , eds., trans.Long, P. and White, R., Oxford: Basil Blackwell, 1979.

Frege, Gottlob, *Tagebuch Von Gottlob Frege*, *Deutsche Zeitschrift für Philosophie*, Vol. 42 , No.6, 1994.

Fogelin, R., *Wittgenstein: The Arguments of the Philosophers*, London and New York: Routledge and Kegan Paul, 1987.

Floyd, Juliet, "Wittgenstein, Mathematics and Philosophy", in Crary, Alice and Read, Rupert, eds., *The New Wittgenstein*, London: Routledge, 2000.

Floyd, Juliet, "Prose versus Proof: Wittgenstein on Gödel, Taski and Truth", *Philosophia Mathematica* , Vol.9, No.3, 2001.

Floyd, Juliet, "Wittgenstein on Philosophy of Logic and Mathematics", in Shapiro, Stewart, ed., *The Oxford Handbook of Philosophy of Mathematics and Logic*, Oxford: Oxford University Press, 2005.

Floyd, Juliet and Putnam, Hilary, "A Note on Wittgenstein's 'Notorious Paragraph' about the Gödel Theorem", *The Journal of Philosophy*, Vol.97, No.11, 2000.

Floyd, Juliet, "On Saying What You Really Want to Say: Wittgenstein, Gödel and the Trisection of the Angle", in Hintikka, Jaakko, ed., *From Dedekind to Gödel:Essays on the Development of Foundations of Mathematics*, Dordrecht: Kluwer Academic Publishers, 1995.

Floyd, Juliet, "Number and Ascriptions of Number in Wittgenstein's Tractatus", in Erich H. Reck, *From Frege to Wittgenstein: Perspectives on Early Analytic Philosophy*, Oxford: Oxford University Press, 2002.

Floyd, Juliet, "Wittgenstein and Turing", in Mras , G. M., Weingartner, P., Ritter, B., eds., *Philosophy of Logic and Mathematics: Proceedings of the 41st International Ludwig Wittgenstein Symposium*, Berlin/ Munich/Boston: Walter de Gruyter GmbH, 2019.

Friederich, Simon, "Motivating Wittgenstein's Pespective on Mathematical Sentences on Norms", *Philosophia Mathematica*, Vol.19, No.1, 2011.

Frascolla, Pasquale, *Wittgenstein's Philosophy of Mathematics*, London: Routledge, 1994.

Forster, M.N., *Wittgenstein on the Arbitrariness of Grammar*, Princeton: Princeton University Press, 2004.

Grayling, A.C., *Wittgenstein: A Very Short Introduction*, Oxford: Oxford University Press, 1988.

Gödel, Kurt. "What is Cantor's Continuum Problem?", in Solomon Feferman, John W. Dawson, Jr. Stephen C. Kleene, Gregory H. Moore, Robert M. Salovay, Jean van Heijenoort eds., *Kurt Gödel:*

Collected Works, Vol. II, *Publications 1938-1974*, Oxford and New York: Oxford University Press, 1990.

Gödel, Kurt "On Formally Undecidable Propositions of Principia Mathematica and Related Systems I ", in Jeanvan Heijenoort, ed., *From Frege to Gödel: A Source Book in Mathematical Logic, 1879-1931*, Cambridge, MA: Harvard University Press, 1967.

Gefwert, Christoffer, *Wittgenstein on Mathematics, Minds and Mental Machines*, Aldershot: Ashgate Publishing Company, 1998.

Gefwert, Christoffer, *Wittgenstein on Philosophy and Mathematics: An Essay in the History of Philosophy*, Åbo: Åbo Akademi University Press, 1994.

Glas, Eduard, "Mathematics as Objective Knowledge and as Human Practice", in Hersch, Reuben , ed., *18 Unconventional Essays on the Nature of Mathematics*, Berlin: Springer, 2006.

Gerrard, Steve, "Wittgenstein 's Philosophy of Mathematics", *Synthese ,* Vol.87, pp.125-142, 1991.

Geach, Peter , "Infinity in Scholastic Philosophy", in Laktos.I., ed., *Problems in the Philosophy of Mathematics*, Amsterdam: North-Holland Publishing Company, 1967.

Geach, Peter , "Frege", in Anscombe, G.E.M., and Geach, P.T., eds., *Three Philosophers*, Oxford: Blackwell, 1973.

Goldstein, Laurence, *Clear and Queer Thinking: Wittgenstein's Development and His Relevance to Modern Thought*, New York: Rowman & Littlefield Publishers.Inc, 1999.

Goldstein, Laurence, "The Development of Wittgenstein's Views on Contradiction", *History and Philosophy of Logic*, Vol.7, No.1, 1986.

Goldstein, Rebecca, *The Proof and Paradox of Kurt Gödel*, New York and London: W.W.Norton & Company, 2005.

Gabriel, Gottfried, "Frege, Lotze, and The Continental Roots of Early Analytic Philosophy", in Beaney, Michael, and Reck, Erich H., eds., *Gottlob Frege: Critical Assessments of Leading Philosophers*, vol.I, London: Routledge, 2005.

Hilbert, David, "Neubegrundung der Mathematik, Erste Mitteilung〔Abhandl.(1922)〕", in *Gesammelte Abhandlungen*. Ban. Ⅲ, *Analysis · Grundlagen der Mathematik Physik · Verschieden Lebensgeschichte*, Zweite Auflage, Berlin: Springer Verlag, 1970.

Hilbert, David, "On the Infinite", in Benacerraf, Paul and Putnam, Hilary, eds., *Philosophy of Mathematics: Selected Readings*, Second Edition, Cambridge: Cambridge University Press, 1983.

Hilbert, David, "The New Grounding of Mathematics", in Ewald, W., ed., *From Kant to Hilbert: A Source Book in the Foundations of Mathematics*, Vol. Ⅱ, Oxford: Clarendon Press, 1996.

Hacker, P.M.S., "A Normative Conception of Necessity: Wittgenstein on Necessary Truth of Logic, Mathematics and Metaphysics", in Munz, V., Puhl, K. and Wang, J., eds., *Language and World Part One:Essays on the Philosophy of Wittgenstein*, *Proceedings of the 32th International Ludwig Wittgenstein- Symposium in Kirchberg*, Frankfurt: Ontos Verlag, 2009.

Hardy, G.H., "Mathematical Proof", *Mind*, New Series, Vol.38, No.149, 1929.

Hiroshi, Ohtani, "Philosophical Pictures about Mathematics: Wittgenstein on Contradiction", *Synthese*, Vol.195, No. 5, 2018.

Harvard, Donald W., "Wittgenstein and the Character of Mathematical Propositions", in Shanker, S., ed., *Ludwig Wittgenstein: Critical Assessments: From the Tractatus to Remarks of Foundations of Mathematics*, *Wittgenstein on the Philosophy of Mathematics*, Vol.3, London: Croom Helm Ltd., 1986.

Kreisel, George, "Wittgenstein's Remarks on the Foundations of Mathematics", *The British Journal for the Philosophy of Science*, Vol.9, No. 34, 1958.

Kienzler, Wolfgang, "Was ist Philosophie? ", in Rentsch, Thomas Hrsg., *Einheit der Vernunft? Normativität zwischen Theorie und Praxis*, Paderborn, mentis Verlag, 2005.

Kienzler, Wolfgang, *Wittgensteins Wende zu seiner Spätphilosophie 1930—1932: Eine Historische und systematische Darstellung*, Frankfurt am Main: Suhrkamp Verlag, 1997.

Kienzler, Wolfgang, *Ludwig Wittgensteins Philosophische Untersuchungen*, Darmstadt: WBG (Wissenschaftliche Buchgesellschaft), 2007.

Kienzler, Wolfgang and Grève, S.S., "Wittgenstein on Gödelian 'Incompletenes', Proofs and Mathematical Practice: Reading Remarks on the Foundations of Mathematics , Part I, Appendix III, Carefully", in Grève, Sebastian Sunday , & Mácha, Jakub , eds., *Wittgenstein and the Creativity of Language*, Basingstoke: Palgrave Macmillan, 2016.

Kienzler, Wolfgang, "Wittgenstein and Frege", in Kuusela, Oskari & McGinn, Marie, eds., *Oxford Handbook of Wittgenstein*, Oxford: Oxford University Press, 2012.

Kant, Immanuel, *Critique of Pure Reason*, Guyer, Paul, and Wood, Allen W. , trans., Cambridge: Cambridge University Press, 1998.

Kretzmann, Norman, "Syncategoremata, Sophismata, Exponibilia", in Kretzmann, N. Kenny,A.and Pinborg,J. eds., *Cambridge History of Later Medieval Philosophy*, *From the Rediscovery of Aristotle to the Disintegration of Scholasticism 1100-1600*, Cambridge: Cambridge University Press, 2008.

Kremer, Michael, "Sense and Reference: The Origins and Development of the Distinction", in Potter, Michael and Ricketts, Tom,

Cambridge Companion to Frege, Cambridge：Cambridge University Press，2010.

Keicher, Peter, "Heidegger und Wittgenstein zur Ontologie und Praxis der Technik", in Pichler, Alois &Hrachovec, Herbert, eds., *Wittgenstein and the Philosophy of Information*, Vol.6, Heusenstamm: Onto Verlag, 2008.

Kripke, S. A., *Wittgenstein on Rules and Private Language*, Cambridge, Massachusetts: Harvard University Press, 1982.

Lampert, Timm, "Wittgenstein on the Infinity of Primes", *History and Philosophy of Logic*, Vol.29, 2008.

Link, Montgomery, "Wittgenstein and Logic", *Synthese*, Vol.166, 2009.

Loner, David, "Alice Ambrose and the American Reception of Wittgenstein's Philosophy of Mathematics", *Journal of the History of Philosophy*, Vol.58, No. 4, 2020.

Landini, Gregory, *Wittgenstein's Apprenticeship with Russell*, Cambridge：Cambridge University Press, 2007.

Macbeth, Danielle, *Frege's Logic*, Cambridge, Massachustts：Harvard University Press, 2005.

Monk, Ray, *Ludwig Wittgenstein：The Duty of Genius*, New York：Macmillan, 1991.

Monk, Ray, "Bourgeois, Bolshevist or Anarchist? The Reception of Wittgenstein's Philosophy of Mathematics", in Kahane, Guy, Kanterian, Edward and Kussela, Oskari, eds., *Wittgenstein and His Interpreters*, Oxford：Blackwell , 2007.

Majetschak, Stefan, *Ludwig Wittgensteins Denkweg*, Freiburg/München：Karl Alber Verlag, 2000.

Majetschak, Stefan, *Wittgenstein und Die Folgen*, Stuttgart：J.B. Metzler Verlag, 2019.

Mühlhölzer, Felix, *Braucht die Mathematik eine Grundlegung? Ein*

Kommentar des Teils III von Wittgensteins Bemerkungen über die Grundlagen der Mathematik, Frankfurt am Main: Vittorio Klostermann, 2010.

Mühlhölzer, Felix, "'Mathematical Proof must Be Surveyable' What Wittgenstein Meant by This and What It Implies", *Grazer Philosophische Studien*, Vol.71, 2005.

Mühlhölzer, Felix, "Wittgenstein's Philosophy of Mathematics: Felix Mühlhölzer in Conversation with Sebastian Grève", *Nordic Wittgenstein Review*, Vol. 3, No2, 2014.

Mühlhölzer, Felix, "Reductions of Mathematics: Foundation or Horizon?", in Mras , G. M., Weingartner, P. , Ritter, B., eds., *Philosophy of Logic and Mathematics: Proceedings of the 41st International Ludwig Wittgenstein Symposium*, Berlin/ Boston: Walter de Gruyter GmbH, 2019.

Marion, Mathieu, "Wittgenstein on Surveyability of Proofs", in Kuusela, Oskari and McGinn, Marie, eds., *The Oxford Handbook of Wittgenstein*, Oxford: Oxford University Press, 2011.

Marion, Mathieu, *Wittgenstein, Finitism, and The Foundations of Mathematics*, Oxford: Clarendon Press, 1998.

Marion, Mathieu, "Wittgenstein and Brouwer", *Synthese*, Vol.137, 2003.

Moore, A.W., *The Infinite*, Second Edition, London and New York: Routledge, 2001.

Murdoch, J.E. and Thijssen, J.M.M.H., "John Buridan on Infinity", in J.M.M.H. and Zupko, J., eds., *The Metaphysics and Natural Philosophy of John Buridan,* Thijssen, Leiden: Brill, 2000.

Marconi, Diego, "Wittgenstein on Contradiction and Philosophy of Paraconsistent Logic", *History of Philosophy Quarterly*, Vol.1, No.3, 1984.

Matthíasson, Ásgeir Berg, "Contradictions and Failing Bridge: What Was Wittgenstein's Reply to Turing?", *British Journal for the History of Philosophy*, Vol.29, No.3, 2021.

McDowell, J., "Wittgenstein on Following a Rule", *Synthese*, Vol.58, 1984.

Priest, Graham, "Wittgenstein's Remarks on Gödel's Theorem", in Kölbel, Max and Weiss, Bernhard, eds., *Wittgenstein's Lasting Significance*, London: Routledge, 2004.

Priest, Graham, "The Logic of Paradox", *Journal of Philosophical Logic*, Vol.8., 1979.

Plato, *Republic*, in *Plato: Complete Works*, Cooper, J.M., ed., translated by G.M.A. Grube, Indianapolis/Cambridge: Hackett Publishing Company, 1997.

Potter, Michael, "Propositions in Wittgenstein and Ramsey", in Mras, G. M., Weingartner, P., Ritter, B., eds., *Philosophy of Logic and Mathematics: Proceedings of the 41st International Ludwig Wittgenstein Symposium*, Berlin/ Munich/Boston: Walter de Gruyter GmbH, 2019.

Pristone, P., "Rule-Following and the Limits of Formalization: Wittgenstein's Considerations through the Lens of Logic", in Lolli, Gabriele, Panza, Marco, Venturi, Giorgio, eds., in *Boston Studies in the Philosophy and History of Science: From Logic to Practice*, Vol.308, 2015.

Russell, Bertrand, *Introduction to Mathematical Philosophy*, New York: Dover Publications INC., 1993.

Russell, Bertrand and Whitehead, Alfred North, *Principia Mathematica*, Vol. I-III, First Published in 1913, Second Edition, London: Cambridge University Press, 1927.

Russell, Bertrand, *Principle of Mathematics*, First Edition, 1903,

Reprinted in Routledge Classics, London and New York: Routledge, 2010.

Russell, Bertrand, *My Mental Development*, *The philosophy of Bertrand Russell*, Schillp, P.A., ed., New York: Tudor, 1944.

Russell, Bertrand, "Russell's Letter to Frege", in *Philosophical and Mathematical Correspondence*, ed., Gabriel, Gottfried, trans.Kaal, Hans, Oxford: Basil Blackwell, 1980.

Russell, Bertrand, *Introduction to Mathematical Philosophy*, Original published by George Allen & Unwin, LTd., London, 1919, Online Corrected Edition version 1.0, 2010.

Rodych, Victor, "Misunderstanding Gödel: New Arguments about Wittgenstein and New Remarks by Wittgenstein", *Dialectica*, Vol.57, 2003.

Rodych, Victor, "Wittgenstein's Inversion of Gödel's Theorem", *Erkenntnis* , Vol.51, 1999.

Rodych, Victor, "Wittgenstein on Irrationals and Algorithmic Decidability", *Syhthese*, Vol.118, 1999.

Rodych, Victor, "Wittgenstein's Philosophy of Mathematics", *Stanford Encyclopedia of Philosophy*, Jan 31, 2018. https://plato. stanford.edu/ entries/ wittgenstein-mathematics/.

Ramsey, Frank, "The Foundations of Mathematics", in Frank Ramsey, *The Foundations of Mathematics and Other Logical Essays*, Braithwaite, R.B., ed., London: Kegan Paul, 1931.

Shapiro, Stewart, "Philosophy of Mathematics and Its Logic: Introduction", in Shapiro, Stewart, ed., *The Oxford Handbook of Philosophy of Mathematics and Logic*, Oxford: Oxford University Press, 2005.

Shanker, S.G., *Wittgenstein and the Turning-Point in the Philosophy of Mathematics*, New York: State University of New York Press, 1987.

Shanker, S.G., "Wittgenstein's Remarks on the Significance of Gödel's Theorem I", in Shanker, S.G., ed., *Gödel's Theorem in Focus*, London: Croom Helm Ltd, 1988.

Shanker, S.G., "Introduction: The Portals of Discovery", in Shanker, S.G., ed., *Ludwig Wittgenstein: Critical Assessments*, Vol.3, London: Croom Helm, 1986.

Säätelä, Simo, "From Logical Method to 'Messing About': Wittgenstein on 'Open Problems'in Mathematics", in Kussela, Oskari and McGinn, Marie, eds., *The Oxford Handbook of Wittgenstein*, Oxford: Oxford University Press, Online Publication Date: Jan. 2012.

Skolem, Thoralf, "The foundations of elementary arithmetic established by means of the recursive mode of thought, without the use of apparent variables ranging over infinite domains", in Heijenoort, Jean van ed., *From Frege to Gödel: A Source Book in Mathematical Logic, 1879-1931*, Cambridge, Massachusetts: Harvard University Press, 1967.

Stern, D.G., *Wittgenstein's Philosophical Investigations: An Introduction*, Cambridge: Cambridge University Press, 2004.

Tarski, Alfred, *Introduction to Logic and the Methodology of Deductive Sciences*, Oxford: Oxford University Press, 1965.

von Neumann, John, "The Mathematician", in *von Neumann, John, Collected Works*, Vol.I, ed. A.H.Taub, New York: Pergamon, 1961.

Verheggen, Claudine, "Wittgenstein's Rule-Following Paradox and the Objective of Meaning", *Philosophical Investigation*, Vol. 26, No.4, 2003.

Wright, Crispin, *Wittgenstein on the Foundations of Mathematics*, Cambridge, Massachusetts.: Harvard University Press, 1980.

Wright, Crispin, *Rails to Infinity: Essays on Themes from Wittgenstein's Philosophical Investigations*, Cambridge, Massachusetts: Harvard

University Press，2001.

Wrigley，Michael，"Wittgenstein on Inconsistency"，in Shanker，Stuart，ed.，*Ludwig Wittgenstein: Critical Assessments*. Vol.Ⅲ，London：Croom Helm Ltd.，1986.

Wittgenstein，Ludwig，*Notebooks 1914–1916*，2nd edition，eds.，G.H. von Wright and G.E.M Anscombe，trans. G.E.M. Anscombe，Oxford：Blackwell，1979.

Wittgenstein，Ludwig，2002，*Tractatus Logico-Philosophicus*，trans. D. F. Pears and B. F. McGuinness，London and New York：Routledge & Kegan Paul.

Wittgenstein，Ludwig，*Wittgenstein's Lectures，Cambridge 1932—1935*，from the notes of A. Ambrose and M. McDonald，A. Ambrose ed.，Oxford：Blackwell，1979.

Wittgenstein，Ludwig，*Wittgenstein：Lectures，Cambridge 1930—1933*，from the Note of G.E.Moore，D.Stern，Rogers and Citron，eds.，Cambridge：Cambridge University Press，2016.

Wittgenstein，Ludwig，*The Blue and Brown Books*，Oxford：Blackwell，1958.

Wittgenstein，Ludwig，"The Nature of Mathematics: Wittgenstein's Standpoint"，Fredrich Waismann，trans. S.G.Shanker，in *Ludwig Wittgenstein，Critical Assessments*，Stuart Shanker ed.，Vol.3，London：Croom Helm，1986.

Wittgenstein，Ludwig，*Wittgenstein's Lectures on the Foundations of Mathematics，Cambridge 1939*，from the notes of R. Bosanquet，N. Malcolm，R. Rhees and Y. Smythie，Cora Diamond ed.，Ithaca：Cornell University Press，1976.

Wittgenstein，Ludwig，*The Big Typescript(TS 213)*，German–English Scholars'Edition，eds. and trans. C. Grant Luckhardt and Maximilian A. E. Aue，Oxford：Basil Blackwell，2005.

Wittgenstein, Ludwig, *Philosophical Remarks*, R. Rhees , ed., R. Hargreaves and trans., R. White, Oxford: Blackwell, 1964.

Wittgenstein, Ludwig, *Philosophical Grammar*, R. Rhees , ed., A. Kenny, trans., Oxford: Blackwell, 1974.

Wittgenstein, Ludwig, *Remarks on the Foundations of Mathematics*, G. H. von Wright, R. Rhees and G. E. M. Anscombe , eds., G. E. M. Anscombe, trans., Oxford: Blackwell, 1978.

Wittgenstein, Ludwig, *Philosophical Investigations*, The German Text, with an English Translation by by G.E.M.Anscombe, P.M.S.Hacker and Joachim Schulte, Revised 4th edition by P.M.S. Hacker and Joachim Schulte, Oxford: Wiley-Blackwell, 2009.

Wittgenstein, Ludwig, *On Certainty*, G.E.M.Anscombe and G.H.von Wright, eds., Denis Paul and G.E.M.Anscombe trans., Oxford: Blackwell, 1969.

Wittgenstein, Ludwig, *Culture and Value*, *A Selection from the Posthumous Remains*, ed., G.H.von Wright, trans.Peter Winch, Oxford: Blackwell, 1998.

Wittgenstein, Ludwig, *Wittgenstein and Vienna Circle*, *Conversations Recorded by Friedrich Waismann*, Brian McGuinness ed., trans. Joachim Schulte and Brian McGuinness, Oxford: Basil Blackwell, 1979.

Wittgenstein, Ludwig, *Zettel* , Oxford: Basil Blackwell, 1967.

Wittgenstein, Ludwig, *Logisch-philosophische Abhandlung*, Werkausgabe Band 1, Frankfurt am Main: Suhrkamp Verlag, 1984.

Wittgenstein, Ludwig, *Philosophische Bemerkungen*, Werkausgabe Band 2, Frankfurt am Main: Suhrkamp Verlag, 1984.

Wittgenstein, Ludwig, *Ludwig Wittgenstein und der Wiener Kreis, Gespräche, aufgezeichnet von Friedrich Waismann,* Werkausgabe Band 3, Frankfurt am Main: Suhrkamp Verlag, 1984.

Wittgenstein, Ludwig, *Philosophische Grammatik*, Werkausgabe Band 4, Frankfurt am Main: Suhrkamp Verlag, 1984.

Wittgenstein, Ludwig, *Bemerkungen Über die Grundlagen der Mathematik*, Werkausgabe Band 6, Frankfurt am Main: Suhrkamp Verlag, 1984.

Wittgenstein, Ludwig, *Vermischte Bemerkungen*, Werkausgabe Band 8, Frankfurt am Main: Suhrkamp Verlag, 1984.

Wittgenstein, Ludwig, *Wittgenstein's Nachlass*, *The Bergen Electonic Edition*, Edited by The Wittgenstein Archives at the University of Bergen, Oxford: Oxford University Press, 2000.

Wittgenstein, Ludwig, *The Voices of Wittgenstein The Vienna Circle:Ludwig Wittgenstein and Friedrich Waismann*, ed.Gordon Baker, trans.Gordon Baker, Michael Mackert, John Connolly and Vasilis Politis, London and New Work: Routledge, 2003.

Wittgenstein, Ludwig, *Ludwig Wittgenstein: Dictating Philosophy, To Francis Skinner—The Wittgenstein—Skinner Manuscripts*, Edited by Arthur Gibson and Niamh o'Mahony, Berlin: Springer, 2020.

Wittgenstein, Ludwig, "Wittgenstein's Philosophical Conversations with Rush Rhees (1939–50): From the Notes of Rush Rhees", Gabriel Citron , ed., *Mind*, Vol. 124 , No. 493, 2015.

Wehmeier, Kai F., "How to Live without identity—And Why", *Australasian Journal of Philosophy*, Vol.90, No.4, 2011.

Wilson, George, "Kripke on Wittgenstein and Normativity", *Midwest Studies in Philosophy*, Vol. XIX, No.1, 1994.

Wilson, George, "Semantic Realism and Kripke's Wittgenstein", *Philosophy and Phenomenological Research* , Vol.LVII, No.1, 1998.

Wang, Hao, "To and From Philosophy-Discussions with Gödel and Wittgenstein", *Synthese*, Vol.88, No.2, 1991.

Wang, Hao, *The Logical Journey: From Gödel to Philosophy*, Cambridge, Massachusetts: The MIT Press, 1997.

二 中文文献

［奥］维特根斯坦:《向摩尔口述的笔记：1914 年 4 月》，陈启伟译，载涂纪亮主编《维特根斯坦全集》第一卷，河北教育出版社 2003 年版。

［奥］维特根斯坦:《维特根斯坦剑桥演讲集 1930—1932》，德斯蒙德·李（D.Lee）编，周晓亮译，载涂纪亮主编《维特根斯坦全集》第五卷，河北教育出版社 2003 年版。

［德］G.弗雷格:《算术基础》，王路译，王炳文校，商务印书馆 2007 年版。

［德］G.弗雷格:《思想：一种逻辑研究》，载《弗雷格哲学论著选辑》，王路译，商务印书馆 2013 年版。

［德］康德:《任何一种能够作为科学出现的未来的形而上学导论》，庞景仁译，商务印书馆 1997 年版。

［德］沃夫冈·肯策勒:《什么是哲学?》，徐弢译，贺腾校，载《德国哲学》2021 年卷第 40 期，社会科学文献出版社 2022 年版。

［古希腊］柏拉图:《国家篇》，载《柏拉图全集》（第二卷），王晓朝译，人民出版社 2003 年版。

［古希腊］柏拉图:《斐多篇》，载《柏拉图全集》（第一卷），王晓朝译，人民出版社 2003 年版。

［古希腊］柏拉图:《巴门尼德篇》，载《柏拉图全集》（第二卷），王晓朝译，人民出版社 2003 年版。

［古希腊］柏拉图:《美诺篇》，载《柏拉图全集》第一卷，王晓朝译，人民出版社 2003 年版。

［古希腊］亚里士多德:《物理学》，载《亚里士多德全集》（第二卷），苗力田主编，徐开来译，中国人民大学出版社 1991 年版。

［加］安德鲁·欧文主编:《爱思唯尔科学哲学手册：数学哲学》，康仕慧译，北京师范大学出版集团，北京师范大学出版社 2015 年版。

［加］斯图加特·G.杉克尔主编:《20 世纪科学、逻辑和数学哲学》，江怡、许涤非、张志伟等译，中国人民大学出版社 2016 年版。

［美］保罗·贝纳塞拉夫、希拉里·普特南编:《数学哲学》，朱水林、应制

夷等译，商务印书馆 2010 年版。

［美］罗·格勃尔主编:《布莱克韦尔哲学指导丛书：哲学逻辑》，张清宇、陈慕泽等译，中国人民大学出版社 2008 年版。

［美］侯世达:《哥德尔、艾舍尔、巴赫——集异璧之大成》，本书翻译组译，商务印书馆 2016 年版。

［美］莫里斯·克莱因:《古今数学思想》邓东皋、张恭庆等译，第三册，上海科学技术出版社 2014 年版。

［美］司各特·索姆斯:《分析的开端：20 世纪分析哲学史》卷一，张励耕、仲海霞译，华夏出版社 2019 年版。

［美］查尔斯·赛弗:《神奇的数字零：对数学与物理的数学解读》，杨立汝译，海南出版社 2017 年版。

［美］王浩:《哥德尔》，康宏逵译，上海世纪出版集团、上海译文出版社 2002 年版,

［美］王浩:《逻辑之旅：从哥德尔到哲学》，邢滔滔、郝兆宽、汪蔚译，浙江大学出版社 2009 年版。

［美］王浩:《哥德尔与维特根斯坦》，李幼蒸译，《哲学研究》1981 年第 3 期。

［美］斯图尔特·夏皮罗:《数学哲学——对数学的思考》，郝兆宽、杨睿之译，复旦大学出版社 2014 年版。

［意］伽利略:《关于两门科学的对话》，武际可译，北京大学出版社 2006 年版。

［英］苏珊·哈克:《逻辑哲学》，罗毅译，商务印书馆 2003 年版。

［英］M.麦金:《维特根斯坦与〈哲学研究〉》，李国山译，广西师范大学出版社 2007 年版。

［英］迈克尔·莫里斯:《维特根斯坦与〈逻辑哲学论〉》，李国山译，广西师范大学出版社 2022 年版。

［英］罗素:《逻辑与知识》，载《罗素文集》第十卷，苑莉均译，张家龙校，商务印书馆 2012 年版。

［英］瑞·蒙克:《维特根斯坦传：天才之为责任》，王宇光译，浙江大学出

版社 2011 年版。

韩林合：《〈逻辑哲学论〉研究》，商务印书馆 2007 年版。

韩林合：《维特根斯坦的数学哲学思想》，载《维特根斯坦哲学之路》，云南大学出版社 1996 年版。

韩林合：《康德区分开了理由与原因吗?》，《学术月刊》2021 年第 12 期。

涂纪亮：《维特根斯坦后期哲学思想研究》，载《涂纪亮著作选》第二卷，武汉大学出版社 2007 年版。

宋伟：《穆勒的语言逻辑思想研究》，光明日报出版社 2019 年版。

王宪钧：《数理逻辑引论》，北京大学出版社 1982 年版。

王振：《专名与意向》，湖北人民出版社 2021 年版。

徐明：《符号逻辑讲义》，武汉大学出版社 2008 年版。

徐弢：《前期维特根斯坦意义理论研究》，人民出版社 2018 年版。

邢滔滔：《数理逻辑》，北京大学出版社 2008 年版。

叶峰：《从数学哲学到物理主义》，华夏出版社 2016 年版。

叶峰：《二十世纪数学哲学：一个自然主义者评述》，北京大学出版社 2010 年版。

张清宇：《布劳威尔》，载《当代西方著名哲学家评传第五卷：逻辑哲学》，张尚水编，山东人民出版社 1996 年版。

张志林、陈少明：《反本质主义与知识论问题——维特根斯坦后期哲学扩展研究》，广东人民出版社 1995 年版。

张景中、彭翕成：《数学哲学》，北京师范大学出版集团、北京师范大学出版社 2010 年版。

后　记

　　本书的初稿是在 2020 年 9 月 10 日即我德国访学归来之前完成的，其间又经历近三年时间不断修改完善，时至今日终于完成定稿。2016 年我有幸申请到国家社科基金一般项目"维特根斯坦数学哲学研究"，本书就是该项目的最终结项成果。我自从申请到国家社科基金一般项目之日起，就曾暗下决心好好地研究清楚维特根斯坦的数学哲学思想，因为在我看来，国内对维特根斯坦的数学哲学关注度并不高，偶有少数学者讨论过相关主题。我希望借此机会，系统地研究维特根斯坦数学哲学思想，努力挖掘其中蕴含的宝藏。我过去曾围绕这个主题收集过不少相关资料，也发表过少量论文。这些研究只能说为本书的写作奠定了一定的基础，但是还不够深入与系统。为了进一步提升自己的研究水平，我感到亟须到国外高水平大学哲学系进修访学，以便了解国际学界关于维特根斯坦数学哲学研究的最新动态。

　　我于 2019 年 4 月成功申请到国家留学基金委公派访问学者项目，并于 2019 年 9 月底顺利抵达德国。进修单位为德国柏林洪堡大学哲学系（Philosophische Fakultät Humboldt- Universität zu Berlin），合作导师为洪堡大学哲学系分析哲学史讲席教授毕明安教授（Prof.Michael Beaney）。毕明安教授是世界著名的分析哲学史、弗雷格、维特根斯坦研究专家，在分析哲学史、逻辑哲学、语言哲学以及数学哲学等领域均有精深的造诣。赴德之后，我除了每周准时参加毕教授主持的高级研讨班（Colloquium）与中级研讨班（Seminar）之外，就是集中精力构思和安排本书的提纲和写作。本书中关于数学命题以及数学矛盾的两章内容曾以"The

Necessity and Creativity of Mathematics: Wittgenstein on Mathematical Propositions" 以及 "Philosophical Confusion and Clarification: Wittgenstein on Contradictions in Mathematics" 为名，分别于 2020 年 1 月 7 日以及 2020 年 6 月 29 日在毕教授主持的高级讨论课上宣读过，引起与会者热烈的讨论。毕教授及与会者们对我的这两篇论文均提出了不少修改建议，我在此表示感谢。

2020 年年初，一场突如其来的新冠疫情打乱了原定的生活节奏。我远在欧洲的德国也没能幸免于难。由于我来自湖北武汉，2020 年年初对武汉的疫情爆发的担心随着武汉疫情逐渐得到控制而减缓，但是不久就将关注的目光转移到了身处疫情中心的欧洲甚至德国。疫情期间，德国的疫情时有反弹，由于政府抗疫措施限制了人们外出活动的机会，除非必要，我都尽量待在家里看书写作。疫情的出现，一方面对于我的生活的确产生了一定的影响，使我在德访学最后一个学期只能通过 Zoom 远程视频来参加线上教学。但是另一方面，也迫使我不得不专心致志地进行本书的写作并完成初稿。

本书的顺利写作要感谢不少帮助过我的组织和个人。首先需要感谢组织国家社科基金评审的全国哲学和社会科学工作办公室以及国家留学基金委对我科研与访学工作的大力支持。其次，我需要感谢的就是南开大学哲学院李国山教授。十五年前，正是作为我博导的李国山教授将我领进了维特根斯坦哲学之门。多年以来，李老师经常关心我对维特根斯坦的哲学研究，经常于百忙中为我思考的相关问题解惑。李老师严谨治学、淡泊名利，一直是我辈学习的榜样。另外，本人还要感谢湖北大学资深教授江畅教授、湖北大学哲学学院舒红跃院长、湖北大学文学院万明明书记，以及哲学学院其他各位老师对本人科研与教学工作的大力支持。

另外，我还要特别感谢在德访学期间德国柏林洪堡大学哲学系的毕明安教授为我访德学习提供的便利、慷慨的帮助以及良好的写作建议。我还要感谢德国耶拿大学哲学系的肯策勒教授（Wolfgang Kienzler）。肯策勒教授不仅多次耐心地为我解答关于维特根斯坦哲学方面的问题，而且还赠送给我不少维特根斯坦方面的珍贵的研究资料，他对维特根斯坦哲学的精辟理解为我留下了深刻印象。最后，还要感谢中山大学哲学系黄敏教授、我的同事庄威副教授、西安电子科技大学石伟军博士，以及还在柏林洪堡大学攻读博士学位的梁小岚，他们为我在德国访学期间的生活和学习提供过良好的建议和帮助，让我在德国度过了一段令人难忘的愉快时光。

在疫情期间，得益于会议视频软件的普及，本人在异国他乡能继续和国内的同行们进行学术研讨和交流，特别是每周定期参加由我的同事宋伟、王振和武汉理工大学马克思主义学院杨海波老师主持的分析哲学读书会，以及由中国人民大学哲学系刘畅老师组织的维特根斯坦的《哲学研究》的读书会。通过参加这些读书会，积极讨论分析哲学和维特根斯坦哲学问题，本人获益良多。我对组织以上读书会的同事同仁一并表示感谢。本书的部分章节也曾在国内个别学术会议上宣读过，感谢与会者提出的批评意见，特别感谢中国社会科学院哲学研究所陈德中研究员、湖北大学哲学学院阮航副院长、陶文佳副教授的良好建议。另外需要感谢中国社会科学出版社郝玉明编辑，正是由于她认真负责的编辑工作使得本书得以及时出版面世。

最后需要感谢的就是我的家人。疫情三年来，发生了太多生离死别之事，令人刻骨铭心。世事无常，2022年7月底，我的老父亲由于常年的病痛，永远地离开了我们。父亲的离去，对我打击很大。2022年整个暑假，我都感到浑浑噩噩，不能正常工作。因为我根本没有想到父亲会这么早地离去。父亲一直以来是我精神的教父和力量的来源，从小就鼓励姐姐和我，要好好读书，立远大志向。作为儿子的我，因常年在外而不能在父亲身边尽孝，深感惭愧与内疚。待父亲离去之际，真正地体会到了什么叫作"子欲养而亲不待"的悲痛与遗憾。感谢母亲一直以来对儿子的关心和支持，但愿儿子将来多陪伴在她身边，让她不再感到孤独。稍感欣慰的是，2022年7月初，本人又添了一小儿七宝，感谢妻子颜于银为这个家的默默付出与操劳，感谢妻子与小女依依对我工作的理解与包容。彩云易散琉璃脆，生命之旅且珍惜。愿世间一切安好！

由于维特根斯坦哲学博大精深且晦涩难解，本人才疏学浅，能力有限，错误讹误之处可能不少，欢迎专家学者不吝赐教。

徐弢

初稿于 2020 年 9 月 10 日教师节

柏林寓所

二稿于 2022 年 9 月 4 日

三稿于 2023 年 1 月 7 日

定稿于 2023 年 5 月 30 日

武昌沙湖之滨